冶金工业出版社

普通高等教育"十四五"规划教材

微型计算机原理及接口技术

董洁 刘丽 马亮 主编

U0342166

北 京

冶 金 工 业 出 版 社

2022

内 容 提 要

本书以 Intel 系列芯片为基础，重点介绍了微型计算机原理及接口技术。本书根据微处理器的最新发展，从 x86 微处理器系列整体入手，介绍了微机系统原理、微处理器结构、工作方式、指令系统、x86 汇编语言程序设计、存储器及其与 CPU 的接口、输入/输出、中断以及常用的微机接口电路等。

本书可作为各类高等院校、成人教育学校相关专业的教材，也可作为相关专业技术人员的参考用书。

图书在版编目 (CIP) 数据

微型计算机原理及接口技术/董洁，刘丽，马亮主编 .—北京：冶金工业出版社，2022.1

普通高等教育"十四五"规划教材

ISBN 978-7-5024-9051-5

Ⅰ.①微…　Ⅱ.①董…　②刘…　③马…　Ⅲ.①微型计算机—理论—高等学校—教材　②微型计算机—接口技术—高等学校—教材

Ⅳ.①TP36

中国版本图书馆 CIP 数据核字 (2022) 第 014075 号

微型计算机原理及接口技术

出版发行	冶金工业出版社	**电　话**	(010)64027926
地　址	北京市东城区嵩祝院北巷 39 号	**邮　编**	100009
网　址	www.mip1953.com	**电子信箱**	service@ mip1953.com

责任编辑　戈　兰　郭雅欣　美术编辑　彭子赫　版式设计　孙跃红
责任校对　王永欣　责任印制　李玉山
北京印刷集团有限责任公司印刷
2022 年 1 月第 1 版，2022 年 1 月第 1 次印刷
787mm×1092mm　1/16；22.75 印张；551 千字；353 页
定价 45.00 元

投稿电话　(010)64027932　投稿信箱　tougao@cnmip.com.cn
营销中心电话　(010)64044283
冶金工业出版社天猫旗舰店　yjgycbs.tmall.com
(本书如有印装质量问题，本社营销中心负责退换)

前　言

微型计算机技术在引领 IT 业最先进的设计技术和制造技术的同时，为了保持其兼容性，保留着各个发展阶段的技术精华。目前，微型计算机技术形成了技术跨度大、内容极度膨胀、学科深入交叉的局面。

"微机原理及应用"是电子信息、自动化、电气工程等相关专业的一门重要的专业基础课，其任务是使学生能从应用的角度出发，了解微机的工作原理，形成微机工作过程的整体概念，从理论和实践的结合上掌握微机接口技术和汇编语言程序设计方法，并在此基础上可以具备软、硬件开发的能力。本书系统地介绍了微型计算机的结构和工作原理，以及接口的实现技术，可以作为相关专业的教材。

"微机原理及应用"基本知识点包括现代微型计算机的基本结构和工作原理、汇编语言程序设计及典型接口技术，落脚点是各种工程实践，因此必须坚持工程教育的 OBE 教学理念，培养学生能够解决工程实践问题的能力。在工程实践中，通过硬件设计、软件编程、系统联调、数据处理等，使学生可以从理论和实践上掌握微型计算机的基本组成和工作原理，具备利用微机技术进行软、硬件开发的能力，真正做到知行合一。本书充分借鉴 CDIO（Conceive、Design、Implement、Operate）工程实践能力一体化培养理念，注重理论与实践相结合，应用性强。本书首先介绍微型计算机系统原理和汇编语言程序设计，然后以各种接口控制器为核心，深入系统地阐述了微型计算机系统接口技术的基本原理与应用，使读者可以快速地掌握各种接口控制器的工作原理、设计方法和设计思想。本书内容丰富、完整、深入浅出，在注重完整性和系统性的前提下，坚持少而精的原则。书中配有应用案例，便于读者理解和掌握基本概念和基本方法，从而增强独立分析和解决问题的能力，对具体的工程应用也有一定的指导作用。书中的程序均调试通过，另外，各章均配有一定数量的习题。

全书分为 8 章，其中第 1、2、6 章由刘丽编写，第 3、4、5 章由董洁编写，第 7、8 章由马亮编写。董洁、刘丽、马亮负责全书的统稿工作。

由于编者水平有限，加之时间仓促，书中不妥之处，欢迎同行专家和读者批评指正。

编　者

2021 年 10 月

目　　录

1 计算机系统概述

本章在简单介绍计算机技术术语及发展简史的基础上，详细介绍了微型计算机系统结构及各部分功能，计算机中的数制和编码，数值数据的表示与运算。

1.1 计算机发展概况

1.1.1 冯·诺依曼体系结构

早在 1945 年，美籍匈牙利科学家、数学家、化学家，"现代电子计算机之父"冯·诺依曼提出了计算机的体系结构，其基本思想如下：

（1）根据电子元件双稳工作的特点，提出计算机以二进制形式表示指令和数据；

（2）提出了"存储程序"的工作原理。存储程序的概念是指把程序和数据以二进制形式保存到计算机的存储器中。计算机工作时只需要给出程序的首条指令地址，控制器就可根据存储程序中指令顺序，完成取出指令、分析并执行指令，直至完成全部指令。

基于这种思想，冯·诺依曼定义计算机的硬件系统由五大部件组成，即运算器、控制器、存储器、输入设备和输出设备。其结构示意图如图 1-1 所示。其中，运算器和控制器合称为中央处理器（Central Processing Unit，CPU），又称为微处理器，是由一片或几片大规模集成电路组成的，这些电路执行控制部件和算术逻辑部件的功能。

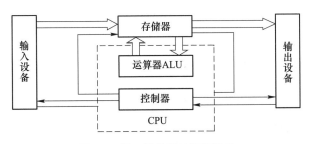

图 1-1　冯·诺依曼计算机结构

输入设备通过输入接口电路读入程序和数据保存到存储器；存储器是能够保存指令和数据的设备；CPU 控制从存储器中取出指令，经译码送给运算器；运算器执行指令，运算得到结果后送存储器；存储器保存数据或者通过输出接口电路输出到输出设备；控制器是计算机的指挥中心，负责对指令进行译码，产生控制信号，控制运算器、存储器和输入输出接口等部件完成指令操作。

从 1946 年第一台电子计算机 ENIAC 到当前最先进的计算机都采用的是冯·诺依曼体系结构，"存储程序"原理仍然是现代计算机的基本工作原理。

1.1.2 计算机的发展

计算机的发展自始至终与电子技术的发展密切相关，特别是与微电子技术密切相关。通常，按照构成计算机所采用的电子器件及其电路的变革，通过把计算机划分为若干"代"来标志计算机的发展历程。自从 1946 年世界上第一台电子计算机问世以来，计算机技术得到了突飞猛进的发展。

（1）第一代计算机：电子管计算机。

1946 年，世界上第一台电子数字积分式计算机——埃尼克（ENIAC）在美国宾夕法尼亚大学莫尔学院诞生。ENIAC 重达 30t，占地 170m²，内装 18000 个电子管，但其运算速度比当时最好的机电式计算机快 1000 倍。

1949 年，第一台存储程序计算机——EDSAC 在剑桥大学投入运行，ENIAC 和 EDSAC 均属于第一代电子管计算机。

电子管计算机采用磁鼓作为存储器。磁鼓是一种高速运转的鼓形圆筒，表面涂有磁性材料，根据每一点的磁化方向来确定该点的信息。第一代计算机由于采用电子管，因而体积大、耗电多、运算速度较低、故障率较高而且价格极贵。第一代计算机的软件处于初始发展期，符号语言已经出现并被使用，主要应用于科学计算。

（2）第二代计算机：晶体管计算机。

1947 年，肖克利、巴丁、布拉顿三人发明的晶体管，比电子管功耗少、体积小、质量轻、工作电压低、工作可靠性好。1954 年，贝尔实验室制成了第一台晶体管计算机 TRADIC，使计算机的体积大大缩小。

1957 年，美国研制成功了全部采用晶体管的计算机，标志着第二代计算机诞生了。第二代计算机的运算速度比第一代计算机提高了近百倍。

第二代计算机的主要逻辑部件采用晶体管，内存储器主要采用磁芯，外存储器主要采用磁盘，输入和输出功能有了很大的改进，价格却大幅下降。在程序设计方面，研制出了一些通用的算法和语言，其中影响最大的是 FORTRAN 语言，操作系统的雏形开始形成。

（3）第三代计算机：集成电路计算机。

20 世纪 60 年代初期，美国的基尔比和诺伊斯发明了集成电路，引发了电路设计的革命。随后，集成电路的集成度以每 3~4 年提高一个数量级的速度迅速增长。

1962 年 1 月，IBM 公司采用双极型集成电路，生产了 IBM 360 系列计算机。DEC 公司生产了数千台 PDP 小型计算机。

第三代计算机用集成电路作为逻辑元件，使用范围更广，尤其是一些小型计算机在程序设计技术方面形成了三个独立的系统：操作系统、编译系统和应用程序。结合计算机终端设备的广泛使用，使得用户可以在办公室或家中使用远程计算机。

（4）第四代计算机：大规模集成电路计算机。

20 世纪 70 年代初期，以大规模集成电路应用为基础研制成功的微型计算机，是第四代计算机的重要标志。一方面，由于军事、空间及自动化技术的发展需要体积小、功耗低、可靠性高的计算机；另一方面，大规模集成电路技术的不断发展也为微型计算机的产生打下了坚实的物质基础。

1971 年发布的 INTEL 4004 是微处理器（CPU）的开端，也是大规模集成电路发展的显著成果。INTEL 4004 用大规模集成电路把运算器和控制器做在一块芯片上，虽然字长只有 4 位，并且功能很简单，但它却是第四代计算机在微型机方面的先锋。

1972～1973 年，8 位微处理器相继问世，最先问市的是 INTEL 8008。尽管它的性能还不完善，但却展示了无限的生命力，驱使众多厂家投入竞争，微处理器得到了蓬勃的发展。后来相继出现了 INTEL 8080、MOTOROLA 6800 和 ZILOG 公司的 Z-80。

1978 年以后，16 位微处理器相继出现，微型计算机的发展达到一个新的高峰，典型的代表有 INTEL 公司的 INTEL 8086、ZILOG 公司的 Z-8000 和 MOTOROLA 公司的 MC68000。

INTEL 公司不断推进着微处理器的革新。紧随 8086 之后，又研制成功了 8088、80286、80386、80486、奔腾（PENTIUM）、奔腾二代（PENTIUM Ⅱ）、奔腾三代（PENTIUM Ⅲ）和奔腾四代（PENTIUM 4）等。

随着个人电脑（PC）不断更新换代，第四代计算机以大规模集成电路作为逻辑元件和存储器，使计算机向着微型化和巨型化两个方向发展。

从第一代到第四代，计算机的体系结构都是相同的，即都由控制器、存储器、运算器和输入输出设备组成，称为冯·诺依曼体系结构。

（5）第五代计算机：智能计算机。

1981 年日本东京召开了第五代计算机——智能计算机研讨会，随后制定出研制第五代计算机的长期计划。第五代计算机的系统设计中考虑了编制知识库管理软件和推理机，机器本身能根据存储的知识进行判断和推理。同时，多媒体技术得到广泛应用，使人们能用语音，图像，视频等更自然的方式与计算机进行信息交互。

智能计算机的主要特征是具备人工智能，能像人一样思维，并且运算速度极快，其硬件系统支持高度并行和快速推理，其软件系统能够处理知识信息。神经网络计算机（也称神经计算机）是智能计算机的重要代表。

（6）第六代计算机：生物计算机。

半导体硅晶片的电路密集，散热问题难以彻底解决，大大影响了计算机性能的进一步发挥与突破。研究人员发现，遗传基因——脱氧核糖核酸（DNA）的双螺旋结构能容纳巨量信息，其存储量相当于半导体芯片的数百万倍。一个蛋白质分子就是一个存储体，而且阻抗低、能耗少、发热量极小。

研制采用基于蛋白质分子制造的基因芯片的生物计算机（也称分子计算机、基因计算机），已成为当今计算机发展的最前沿技术。生物计算机比硅晶片计算机在速度、性能上有质的飞跃，被视为极具发展潜力的"第六代计算机"。

1.2 微型计算机系统的基本组成

微型计算机是以微处理器 CPU 为核心，配以内存储器（读写存储器 RAM 和只读存储器 ROM）、输入输出（I/O）接口电路，以及系统总线所组成的。

微型计算机系统是指以微型计算机为核心，配以相应的外围设备、电源、辅助电路（统称硬件），以及支持和控制微型计算机工作的系统软件所构成的。简而言之，微型计算机系统由硬件系统和软件系统两大部分组成，二者相互协同运行。

1.2.1 微型计算机系统的软件

没有配置软件的计算机称为裸机，是无法使用的，一个完整的微型计算机系统必须配置系统软件和应用软件。系统软件包括操作系统、数据库管理系统、程序设计语言等；应用软件是用户利用计算机为解决某类问题而设计的程序。

1.2.1.1 系统软件

A　操作系统

操作系统（Operating System，OS）是微机最基本、最重要的系统软件。它负责管理计算机系统的各种硬件资源（例如 CPU、内存空间、磁盘空间、外部设备等），并且负责将用户对机器的管理命令转换为机器内部的实际操作。例如 Windows、Unix、Linux 等。

B　程序设计语言和编译程序

计算机语言分为机器语言、汇编语言和高级语言。机器语言的运算效率是所有语言中最高的；汇编语言是"面向机器"的语言；高级语言不能直接控制计算机的各种操作，需编译后运行，编译程序产生的目标程序往往比较庞大、程序难以优化，所以运行速度较机器语言和汇编语言慢。

C　数据库管理系统

数据库管理系统（DateBase Management System，DBMS）是安装在操作系统之上的一种对数据进行统一管理的系统软件，主要用于建立、使用和维护数据库。比较著名的数据库管理系统有 Access、Oracle、SQL server、Sybase 等。

1.2.1.2 应用软件

应用软件是指除了系统软件以外，利用计算机为解决某类问题而设计的程序集合，例如文档编辑软件、各种工具软件、信息管理软件、辅助设计软件、实时控制软件等。

1.2.2 微型计算机系统的硬件结构

微型计算机的硬件系统结构如图 1-2 所示。

1.2.2.1 微处理器

微处理器（Micro Processor），简称 μP 或 MP，是由一片或几片大规模集成电路组成的、将运算器和控制器集成在一片硅片上制成的集成电路，是微型计算机的核心芯片。微处理器芯片也称为中央处理单元（Central Processing Unit），简称为 CPU，由运算器、控制器和寄存器阵列组成。

（1）运算器：运算器又称算术逻辑单元（Arithmetic Logic Unit，ALU），用来进行算术或逻辑运算以及移位循环等操作。

（2）控制器：控制器又称控制单元（Control Unit，CU），是计算机的神经中枢，它指挥各个部件自动、协调的工作。负责把指令逐条从存储器中取出，经译码分析后发出取数据、执行指令、存数据等控制命令，以保证正确完成程序所要求的功能。

（3）内部寄存器组：内部寄存器组（阵列）相当于微处理器内部的存储器，常用寄存器包括：

1）程序计数器 PC（Program Counter）：用来存放从存储器取出的将要执行的指令地址。

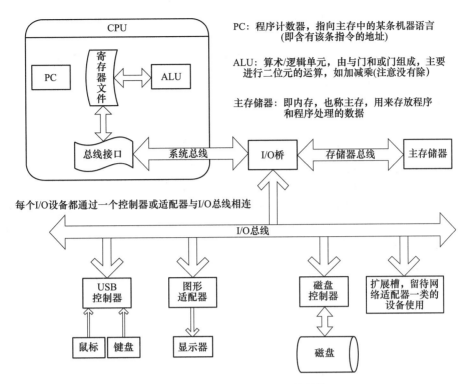

图 1-2　微型计算机的硬件系统结构

2）地址寄存器 AR（Address Register）：用来保存当前 CPU 所访问的内存单元的地址。

3）数据寄存器 DR（Data Register）：用来暂时存放指令和数据。

4）指令寄存器 IR（Instruction Register）：用来保存从存储器取出的将要执行的指令代码，以便指令译码器对其操作码字段进行译码，产生执行该指令所需的微操作指令。

5）累加器 A（Accumulator）：是使用最频繁的一种寄存器，用来暂时存放 ALU 运算结果。

6）标志寄存器 FLAGS（Flag Register）：也称程序状态字 PSW，用来存放执行算术运算指令、逻辑运算指令及测试指令后建立的各种状态码内容以及对 CPU 操作进行控制的控制信息。

1.2.2.2　存储器

存储器主要功能是存放程序和数据，由存储体、地址译码器、读写控制电路、地址总线和数据总线组成。能由中央处理器直接随机存取指令和数据的存储器称为主存储器（内存），磁盘、磁带、光盘等大容量存储器称为外存储器（或辅助存储器）。

A　内存分类

本书中存储器指内存储器，是微机的存储和记忆装置，用来存放指令、原始数据、中间结果和最终结果。从应用的角度可将半导体存储器分为两大类：随机读写存储器 RAM（Random Access Memory）和只读存储器 ROM（Read Only Memory）。

随机读写存储器 RAM 是可读、可写的存储器，CPU 可以对 RAM 的内容随机地读写访问，RAM 中的信息断电后即丢失。RAM 包括动态随机存取存储器（DRAM）和静态随机存取存储器（SRAM），当关机或断电时，其中的信息都会随之丢失。DRAM 主要用于内存，SRAM 主要用于高速缓冲存储器（Cache）。

只读存储器 ROM 的内容只能随机读出而不能写入，断电后信息不会丢失，常用来存放不需要改变的信息（如某些系统程序），信息一旦写入就固定不变了。ROM 主要用于 BIOS 存储器。

B   几个常用术语

（1）位（Bit）："位"是指计算机能表示的最基本最小的单位，在计算机中采用二进制表示数据和指令，所以位就是一个二进制位，有两种状态，"0"和"1"。

（2）字节（Byte）：相邻的 8 位二进制数称为一个字节，1 Byte = 8 Bit，如：1100 0011，字节是存储器系统中的最小存取单位。

（3）字和字长：字是 CPU 内部进行数据处理的基本单位；字长是每一个字所包含的二进制位数。常与 CPU 内部的寄存器、运算装置、总线宽度一致。字长是衡量 CPU 工作性能的一个重要参数。不同类型的 CPU 有不同的字长。如：Intel 4004 是 4 位，8080 是 8 位，8088/8086/80286 是 16 位，80386/80486、Pentium 是 32 位。

把一个字定为 16 位，1 Word = 2 Byte；一个双字定为 32 位，1 DWord = 2 Word = 4 Byte。几者关系如下：

位	1 或 0		1 位
字节	1100	0011	8 位
字	1100 0011	0011 1100	16 位
双字	1100 0011 0011 1100	1100 0011 0011 1100	32 位
	高字节	低字节	
	高 字	低 字	

（4）位编号：为便于描述，对字节，字和双字中的各位进行编号。从低位开始，从右到左依次为 0、1、2、…。字节的编号为 7 ~ 0，相应的数据位编号为 $D_7 \sim D_0$；字的编号为 15 ~ 0，相应的数据位编号为 $D_{15} \sim D_0$。

例如，1 0 1 0 1 0 1 0
       $D_7\ D_6$ ··· $D_2\ D_1\ D_0$

（5）内存单元：存储信息的基本单元称为内存单元，每片内存芯片有若干个内存单元。每个单元可存储 1 位或多位二进制数。

（6）内存单元的地址：为区分各内存单元，每个内存单元对应有一个地址。地址线上的数据经译码后只有唯一的内存单元被选中。内存单元数与地址线宽度有关，例如，20 位的地址线经译码可产生 2^{20} 个地址，能寻址 2^{20}（1M）个内存单元。

（7）内存单元的内容：内存单元的内容指的是每个内存单元所存储的二进制数据。

（8）内存容量：内存容量为内存中存储单元的总数与每单元存放数据大小的乘积，是存储器的重要性能参数，以字节为单位，如 KB，MB，GB，TB。

C   内存的操作

对内存的存取操作包括读操作和写操作。

当系统需要读取内存时，CPU 读取地址信息，经地址总线送到地址译码器，内存读到地址信号译码后选中指定地址的内存单元，CPU 发出读控制信号，然后将此存储单元的数据放到数据总线上，送入 CPU 的有关部件进行处理。

写入内存的过程类似，系统将要写入单元的地址信息送到地址总线上，将待写入的数据放到数据总线上，CPU 发出"写"控制信号，将待写入数据写入相应地址的内存单元中。

1.2.2.3 总线

总线是计算机各部件间传递信息的通道，是各部件共享的传输介质，它在微机中的地位相当于现代化城市中的交通及通信网络。总线的性能直接影响计算机的整体性能。

系统总线上传送的信息包括数据信息、地址信息、控制信息。因此，微型计算机总线包含有三种不同功能的总线，即数据总线（Data Bus）、地址总线（Address Bus）和控制总线（Control Bus）。CPU 通过这些总线和存储器、I/O 接口等部件组成不同规模的系统并相互交换信息。在总线结构的微机系统中：任一时刻只能有一个设备利用总线进行数据传送（时序），输入/输出设备的数据线应通过三态门/锁存器与系统相连。

数据总线 DB 用于传送数据信息。数据总线是双向三态形式的总线，既可以把 CPU 的数据传送到存储器或 I/O 接口等其他部件，也可以将其他部件的数据传送到 CPU。数据总线的位数是微型计算机的一个重要指标，通常与微处理器的字长相一致。

地址总线 AB 是专门用来传送地址的，由于地址只能从 CPU 传向外部存储器或 I/O 端口，所以地址总线是单向三态的，这与数据总线不同。地址总线的位数决定了 CPU 可直接寻址的内存空间大小。

控制总线 CB 用来传送控制信号和时序信号。控制信号中，有的是微处理器送往存储器和 I/O 接口电路的，如读/写信号、片选信号、中断响应信号等；也有从其他部件反馈给 CPU 的。

1.2.2.4 输入输出接口电路和设备

微型计算机无论是用于科学计算、数据处理或实时控制，都需要与输入/输出设备或被控对象之间频繁地交换信息。例如要通过输入设备把程序、原始数据、控制参数、被检测的现场信息送入计算机处理，而计算机则要通过输出设备把计算结果、控制参数、控制状态输出等信息送给被控对象。

CPU 和外界交换信息的过程称为输入/输出（Input/Output，简称 I/O）。常用的输入设备有键盘、操纵杆、鼠标、光笔等；常用的输出设备有 CRT 显示终端、打印机、绘图仪、模/数、数/模转换器等。输入设备和输出设备统称为外部设备，简称外设或 I/O 设备。

一般来说，任何一台外部设备都不能直接与微机系统相连，都必须通过输入输出接口（I/O 接口）电路与微机系统总线相连，通过 I/O 接口完成外部设备与 CPU 之间的速度匹配、信号转换，并完成某些控制功能。

1.2.3 微型计算机的工作过程

微机的工作过程就是不断地从内存中取出指令并执行指令的过程。当开始运行程序时，首先应把第一条指令所在存储单元的地址给程序计数器 PC（Program Counter），然后机器就进入取指阶段。在取指阶段，CPU 从内存中读出的内容必为指令，于是，数据缓冲寄存器的内容将被送至指令寄存器 IR，然后由指令译码器对 IR 中指令的操作码字段进行译码，并发出执行该指令所需要的各种微操作控制信号。取指（令）阶段结束后，机器就进入执行指令阶段，这时 CPU 执行指令所规定的具体操作。当一条指令执行完毕后，转入下一条指令的取指阶段。这样周而复始地循环，直到遇到暂停指令时结束。

对于所有的机器指令而言，取指阶段都是由一系列相同的操作组成的，所用的时间都是相同的。而执行指令阶段由不同的事件顺序组成，它取决于被执行指令的类型，因此，不同指令执行阶段的时间存在很大差异。

需要说明的是，指令通常由操作码（Operation Code）和操作数（Operand）两部分组成。操作码表示该指令完成的操作，而操作数表示参加操作的数本身或操作数所在的地址。指令根据其所含内容的不同而有单字节指令、双字节指令以及多字节指令等。因此，计算机在执行一条指令时，就可能要处理一到多个不等字节数目的代码信息，包括操作码、操作数或操作数的地址。

1.3　计算机中的数制和编码

计算机的基本功能是进行数据和信息的处理。数据、信息以及为处理这些数据和信息而编写的程序代码都必须输入到计算机中。由于电子器件容易实现对两种状态的表示（晶体管导通/截止，电平高/低），也便于存储和运算，即计算机硬件只能识别和处理"0"和"1"数码。因此，计算机中的一切数据，无论是无符号数、有符号数，还是字母、字符都必须进行二进制编码才能被计算机处理，即数字、字符和指令等都使用二进制编码保存在内存中。

1.3.1　数制

数制又称为进位计数制，是按进位制的方法进行计数。同一个数可以用不同进制来表示，比如十进制、二进制、十六进制、八进制等。

1.3.1.1　十进制数表示方法

十进制计数法的特点是：

（1）使用 10 个数字符号（0，1，2，…，9）的不同组合来表示一个十进制数；

（2）采用"逢十进一，借一当十"的计数原则进行计数；

（3）用后缀 D（或 d）表示十进制数（Decimal），如无任何后缀则默认为表示十进制数。

【例 1-1】　$138.5 = 1\times10^2 + 3\times10^1 + 8\times10^0 + 5\times10^{-1}$

1.3.1.2　二进制数表示方法

二进制计数法的特点是：

（1）用 2 个数字符号（0，1）的不同组合来表示一个二进制数；

（2）采用"逢二进一，借一当二"的计数原则进行计数；

（3）用后缀 B 或 b 表示二进制数（Binary）。

【例 1-2】 $1101.11(B) = 1×2^3 + 1×2^2 + 0×2^1 + 1×2^0 + 1×2^{-1} + 1×2^{-2} = 13.75(D)$

1.3.1.3 十六进制数表示方法

十六进制计数法的特点是：

（1）使用 16 个数字符号（0，1，2，3，…，9，A，B，C，D，E，F）的不同组合来表示一个十六进制数，其中 A ~F 依次表示 10 ~15；

（2）采用"逢十六进一，借一当十六"的计数原则进行计数；

（3）用后缀 H 或 h 表示十六进制数（Hexadecimal）。

【例 1-3】 $0E5AD.BF(H) = 14×16^3 + 5×16^2 + 10×16^1 + 13×16^0 + 11×16^{-1} + 15×16^{-2}$

1.3.1.4 其他进制数

除以上介绍的二进制、十进制和十六进制数以外，计算机中还可能会用到八进制数，用后缀 O（或 Q）标识八进制数（Octal），八进制采用"逢八进一，借一当八"的计数原则进行计数。

对于任意一个 X 进制数 N，可用多项式表示为：

$$N_X = \sum_{i=-m}^{n-1} k_i X^i$$

式中，X 为基数，表示 X 进制；i 为位序号；m 为小数部分位数；n 为整数部分的位数；k_i 为第 i 位上的数值，可以为 0，1，2，…，$X-1$ 共 X 个数字符号中任一个；X^i 为第 i 位的权。

【例 1-4】 $503.04(O) = 5×8^2 + 0×8^1 + 3×8^0 + 0×8^{-1} + 4×8^{-2}$

1.3.2 数制转换

1.3.2.1 任意进制数转换为十进制数

将二进制、十六进制、八进制以及任意进制数转换为十进制数的方法非常简单，只要将各位按权展开（即该位的数值乘于该位的权）之后再求和，即得到对应的十进制数。

1.3.2.2 十进制数转换为二进制数

A 整数部分的转换

下面通过一个简单的例子对转换方法进行分析。例如，

13D = 1 1 0 1 B = $1×2^3 + 1×2^2 + 0×2^1 + 1×2^0$

　　　 ↓　↓　↓　↓　　　 ↓　↓　↓　↓

　　　 B_3　B_2　B_1　B_0　　　B_3　B_2　B_1　B_0

可见，要确定 13D 对应的二进制数，只需从右到左分别确定系数 B_0，B_1，B_2，B_3，… 即可。十进制整数部分转换为二进制数的一般方法是：除 2（基数）取余（数），直到商为 0，先得到低位（B_0）后得到高位。

【例 1-5】 求十进制整数 26 对应的二进制整数。

解： 采用除二取余法

被除数	除数	商	余数	二进制数位
26	2	13	0	B_0
13	2	6	1	B_1
6	2	3	0	B_2
3	2	1	1	B_3
1	2	0	1	B_4

余数合在一起的时候将顺序倒过来，得到 26D = 11010B。

显然，这种方法也适用于十进制整数转换为八进制整数（基数为 8）、十六进制整数（基数为 16）以及其他任何进制整数。

B　小数部分的转换

例如，$0.75D = 0.11B = 1 \times 2^{-1} + 1 \times 2^{-2}$

$$B_{-1} \qquad B_{-2}$$

要将一个十进制小数转换为二进制小数，实际上就是求 B_{-1}，B_{-2}，…。

十进制小数部分转换为二进制小数的方法：小数部分乘 2（基数）取整（数），直到要求的精度，先得到高位（B_{-1}）后得到低位。

【例 1-6】　求十进制小数 0.25 对应的二进制小数。

解：采用乘二取整法。

被乘数	乘数	商小数	商整数	二进制数位
0.25	2	0.5	0	B_{-1}
0.5	2	0.0	1	B_{-2}

显然，这种方法也适用于将十进制小数转换为八进制小数（基数为 8）、十六进制小数（基数为 16）以及其他任何进制小数。

【例 1-7】　将十进制数 13.75 转换为二进制数。

解：分别采用除二取余法对整数部分进行转换，采用乘二取整法对小数部分进行转换。

整数部分：13 = 00001101B

小数部分：0.75 = 0.11B

将两部分合在一起，得到 13.75 = 1101.11B

【例 1-8】　将十进制数 28.75 转换为十六进制数。

解：整数部分采用除 16 取余法，28 = 1CH

被除数	除数	商	余数	十六进制余数	十六进制数位
28	16	1	12	C	H_0
12	16	0	1	1	H_1

小数部分采用乘 16 取整法：0.75×16 = CH，小数部分为 0，则停止计算。

被乘数	乘数	商小数	商整数	十六进制整数	十六进制数位
0.75	16	0.0	12	0	H_{-1}

因此，28.75 = 1C. CH。

1.3.2.3 二进制数与十六进制数之间的转换

因为每位二进制数有 0 和 1 两种状态，则 4 位二进制数 0 和 1 的组合共有 16 种状态，即 $2^4 = 16$，即可用四位二进制数表示一位十六进制数，所以可得到二进制数与十六进制数之间的转换方法。

（1）将二进制数转换为十六进制数的方法：以小数点为界，向左（整数部分）每 4 位为一组，高位不足 4 位时用 0 补足；向右（小数部分）每 4 位为一组，低位不足 4 位时用 0 补足；最后分别用 1 位 16 进制数表示每组中的 4 位二进制数。

（2）将十六进制数转换为二进制数的方法：直接将每 1 位十六进制数写成其对应的 4 位二进制数即可。

【例 1-9】 1101110. 01011B = 0110 1110. 0101 1000B = 6E. 58H

2F. 1BH = 10 1111. 0001 1011B

1.3.3 编码

1.3.3.1 十进制数的二进制编码（BCD 编码）

计算机采用二进制数制，但是人的习惯是使用十进制数。为了解决这一矛盾，提出了一个采用二进制编码特殊形式的十进制计数系统，即将 1 位十进制数（0~9）的 10 个数字分别用 4 位二进制码的组合来表示，在此基础上可按位对任意十进制数进行编码。这就是十进制数的二进制编码，简称 BCD 码（Binary-Coded Decimal）。

4 位二进制数码有 $2^4 = 16$ 种组合（0000~1111），原则上可任选其中的 10 个来分别代表十进制中的 10 个数字。但为了便于记忆，最常采用的是 8421 BCD 码，这种编码从 0000~1111 这 16 种组合中选择前 10 个即 0000~1001 来分别代表十进制数码 0~9，8、4、2、1 分别是 BCD 编码从高位到低位每位的权值。BCD 码有两种形式，即压缩型 BCD 码和非压缩型 BCD 码。表 1-1 为 8421 BCD 码部分编码示例。

（1）压缩型 BCD 码：压缩型 BCD 码用一个字节表示两位十进制数。例如，10000110B 表示十进制数 86。

（2）非压缩型 BCD 码：非压缩型 BCD 码用一个字节表示一位十进制数。高 4 位总是 0000，低 4 位用 0000~1001 中的一种组合来表示 0~9 中的某一个十进制数。

表 1-1　8421 BCD 码部分编码表

十进制数	压缩型 BCD 码	非压缩型 BCD 码
01	0000 0001	0000 0000 0000 0001
02	0000 0010	0000 0000 0000 0010
03	0000 0011	0000 0000 0000 0011
…	…	…
09	0000 1001	0000 0000 0000 1001
10	0001 0000	0000 0001 0000 0000
11	0001 0001	0000 0001 0000 0001
…	…	…

虽然 BCD 码可以简化人机联系，但它比采用纯二进制编码效率低，对同一个给定的十进制数，用 BCD 编码表示时的位数比用纯二进制码多，而且用 BCD 码进行运算所花的时间也更多，计算过程更复杂，因为 BCD 码是将每个十进制数用一组 4 位二进制数来表示，若将这种 BCD 码送给计算机进行运算，由于计算机总是将数当作二进制数来运算，所以结果可能出错，因此需要对计算结果进行修正，才能使结果为正确的 BCD 码形式。

【例 1-10】 十进制数与 BCD 数相互转换。

（1）将十进制数 69.81 转换为压缩型 BCD 数：

$69.81 = (0110\ 1001.1000\ 0001)_{BCD}$

（2）将 BCD 数 1000 1001.0110 1001 转换为十进制数：

$(1000\ 1001.0110\ 1001)_{BCD} = 89.69$

总结：

（1）如果两个对应位 BCD 数相加的结果向高位无进位，且结果小于或等于 9，则该位不需要修正；若得到的结果大于 9 而小于 16，则该位需要加 6 修正。

（2）如果两个对应位 BCD 数相加的结果向高位有进位（结果大于或等于 16），则该位需要进行加 6 修正。

因此，两个 BCD 数进行运算时，首先按二进制数进行运算，然后必须用相应的调整指令进行调整，从而得到正确的 BCD 码结果。

1.3.3.2 ASCII 字符编码

字符是数字、字母以及其他一些符号的总称。

现代计算机不仅用于处理数值领域的问题，而且还要处理大量的非数值领域的问题。这样就必然需要计算机能对数字、字母、文字以及其他一些符号进行识别和处理，而计算机只能处理二进制数。因此，通过输入/输出设备进行人机交换信息时使用的各种字符也必须按某种规则，用二进制数码 0 和 1 的各种组合来编码，计算机才能进行识别与处理。

目前国际上使用的字符编码系统有很多种。在微机、通信设备和仪器仪表中广泛使用的是 ASCII 码（American Standard Code for Information Interchange）——美国标准信息交换码（见表 1-2）。ASCII 码用一个字节来表示一个字符，采用 7 位二进制代码来对字符进行编码，最高位一般用做校验位。7 位 ASCII 码能表示 $2^7 = 128$ 种不同的字符，其中包括数码（0~9），英文大、小写字母，标点符号及控制字符等。例如，数字"1"的 ASCII 码值为 0110001B，即 31H，字母"A"的 ASCII 码值为 1000001B，即 41H，符号"?"的 ASCII 码值为 0111111B，即 3FH，删除键"DEL"的 ASCII 码值为 1111111B，即 7FH。

表 1-2 美国标准信息交换码 ASCII（7 位代码）

低四位 $b_3b_2b_1b_0$		高三位 $b_6b_5b_4$							
		0	1	2	3	4	5	6	7
		000	001	010	011	100	101	110	111
0	0000	NUL	DLE	SP	0	@	P	、	p
1	0001	SOH	DC1	!	1	A	Q	a	q
2	0010	STX	DC2	"	2	B	R	b	r
3	0011	ETX	DC3	#	3	C	S	c	s

续表 1-2

低四位 $b_3b_2b_1b_0$		高三位 $b_6b_5b_4$							
		0	1	2	3	4	5	6	7
		000	001	010	011	100	101	110	111
4	0100	EOT	DC4	$	4	D	T	d	t
5	0101	ENQ	NAK	%	5	E	U	e	u
6	0110	ACK	SYN	&	6	F	V	f	v
7	0111	BEL	ETB	'	7	G	W	g	w
8	1000	BS	CAN	(	8	H	X	h	x
9	1001	HT	EM	)	9	I	Y	i	y
A	1010	LF	SUB	*	:	J	Z	j	z
B	1011	VT	ESC	+	;	K	[	k	{
C	1100	FF	FS	,	<	L	\	l		
D	1101	CR	GS	−	=	M	]	m	}
E	1110	SO	RS	.	>	N	^	n	~
F	1111	SI	US	/	?	O	−	o	DEL

1.4 数值数据的表示与运算

数值数据在计算机中的表示形式称为机器数。计算机字长限制了机器数表示的数值范围。数值数据包括无符号数和有符号数两种。所谓无符号数，就是数中每一位 0 或 1 均用来表示数值本身，不考虑符号；有符号数是具有正负性质的数，因为计算机硬件不能直接识别"+"或"−"符号，因此有符号数的二进制数位除了必须表明其数值大小以外，还需要有 1 位用来表示"+"或"−"符号。计算机中规定有符号数的最高位为符号位，"0"表示正，"1"表示负。这种将正负号用 0 和 1 表示的数称为机器数。

1.4.1 无符号二进制数的算术运算和逻辑运算

1.4.1.1 二进制数的算术运算
二进制数算术运算的基本法则见表 1-3。

表 1-3 二进制数算术运算的基本法则

算数运算	运算法则			
加法	0+0=0	0+1=1	1+0=1	1+1=0（有进位）
减法	0−0=0	1−1=0	1−0=1	0−1=1（有借位）
乘法	0×0=0	0×1=0	1×0=0	1×1=1
除法	二进制除法运算是二进制数乘法的逆运算			

一个 N 位无符号数可表示数的范围为 $0 \sim 2^N-1$，例如 8 位二进制数的表示范围为 $0 \sim$ 255。无符号数相加/相减会产生进位/借位。对无符号数加减运算，用最高位向前是否进

位（或相减有借位）来判断数运算结果是否超出无符号数表示的范围。

【例 1-11】 $A=11010101B$，$B=10100001B$，求 $A+B=?$

$$
\begin{array}{r}
1 1 0 1 0 1 0 1 \\
+)\quad 1 0 1 0 0 0 0 1 \\
\hline
1\quad 0 1 1 1 0 1 1 0
\end{array}
$$

这两个 8 位二进制数相加结果为 9 位，即运算结果超出数的可表示范围。若最高位进位 1 被舍掉，运算结果就会错误。如例 1-11，11010101B=213，10100001B=161，两数相加为 374，超出了 8 位二进制无符号数所能表示的最大值 255。按二进制计算时运算结果舍掉最高位后为 01110110B（118），把最高位的进位 1（代表 256）丢失了，这样运算结果错误。因此对于无符号数加减运算来讲，程序设计者应该考虑获取进位值，在运算中对进位值进行处理。

1.4.1.2　二进制数的逻辑运算

逻辑运算是按位操作的，数据每一位独立操作，也就是说逻辑运算没有进位和借位。基本逻辑运算规则见表 1-4。

表 1-4　二进制数的逻辑运算

逻辑运算	逻辑表示符号	运算规则				特点
"与"（AND）又称逻辑乘	"∧"或"•"	$0 \wedge 0=0$	$0 \wedge 1=0$	$1 \wedge 0=0$	$1 \wedge 1=1$	两个变量均为"1"时，"与"运算的结果才为"1"
"或"（OR）又称逻辑加	"∨"或"+"	$0 \vee 0=0$	$0 \vee 1=1$	$1 \vee 0=1$	$1 \vee 1=1$	两个变量中只要有一个"1"，"或"的结果就为"1"
"非"运算（NOT）		$\overline{0}=1$	$\overline{1}=0$			"非"运算的结果与原来的数值相反
"异或"运算（XOR）		$0 \forall 0=0$	$0 \forall 1=1$	$1 \forall 0=1$	$1 \forall 1=0$	两个变量不同时，"异或"运算的结果才为"1"

【例 1-12】 $A=11110101B$，$B=00110000B$，求

$A \wedge B=?$ $A \vee B=?$ $A \forall B=?$ $\overline{A}=?$ $\overline{B}=?$

解：$A \wedge B=00110000B$　$A \vee B=11110101B$　$A \forall B=11000101B$

$\overline{A}=00001010B$　　$\overline{B}=11001111B$

1.4.2　有符号二进制数的表示及运算

1.4.2.1　有符号数的表示方法

日常生活中除了上述无符号数外，还有带符号数。对于有符号的二进制数，就要表示出其正负符号。在计算机中，为了区别正数和负数，通常用二进制数的最高位表示数的符号。对于一个字节型二进制数来说，用 D_7 位作为符号位，$D_6 \sim D_0$ 位作为数值位。在符号位中，用"0"表示正数，用"1"表示负数，而数值位则用来表示该数的数值大小。

把在机器中的一个数及其符号位作为一组二进制数的表示形式，称为"机器数"。机器数所表示的值称为这个机器数的"真值"。

A 原码

设数 x 的原码记作 $[x]_原$，如机器字长为 n，则原码定义如下：

$$[x]_原 = \begin{cases} x & 0 \leqslant x \leqslant 2^{n-1}-1 \\ 2^{n-1}+|x| & -(2^{n-1}-1) \leqslant x \leqslant 0 \end{cases}$$

原码表示的最高位为符号位(正数为 0，负数为 1)，其余数字位表示数的绝对值。

十进制数	原码(机器字长 $n=8$)	原码(机器字长 $n=16$)
$[+0]_原$	00000000	0000000000000000
$[-0]_原$	$2^7+0=10000000$	$2^{15}+0=1000000000000000$
$[+8]_原$	00001000	0000000000001000
$[-8]_原$	10001000	1000000000001000
$[+127]_原$	01111111	0000000001111111
$[-127]_原$	11111111	1000000001111111
$[+32767]_原$		0111111111111111
$[-32767]_原$		$2^{15}+32767=1111111111111111$

可以看出，原码表示数的范围是：8 位二进制原码表示数的范围为 $-127\sim+127$，16 位二进制原码表示数的范围为 $-32767\sim+32767$；"0"的原码有两种表示法：00000000 表示+0，10000000 表示-0。

虽然原码表示法简单、直观，而且与真值的转换很方便，但是原码不便于在计算机中进行加减运算。在进行两数相加之前，必须先判断两个数的符号是否相同。如果相同，则进行加法运算；如果不同，则进行减法运算。在进行两数相减之前，必须先比较两数绝对值的大小，再由大数减小数，结果的符号要和绝对值大的数的符号一致。按照上述运算方法设计的算术运算电路会很复杂。因此，计算机中通常使用补码进行加减运算，为此引入了反码表示法和补码表示法。

B 反码

设数 x 的反码记作 $[x]_反$，如机器字长为 n，则反码定义如下：

$$[x]_反 = \begin{cases} x & 0 \leqslant x \leqslant 2^{n-1}-1 \\ (2^n-1)-|x| & -(2^{n-1}-1) \leqslant x \leqslant 0 \end{cases}$$

正数的反码与其原码相同。负数的反码是在原码的基础上，符号位不变（仍为 1），数值位按位取反。

十进制数	原码（机器字长 $n=8$)	原码（机器字长 $n=16$)
$[+0]_反=[+0]_原$	00000000	0000000000000000
$[-0]_反$	$(2^8-1)-0=11111111$	$(2^{16}-1)-0=1111111111111111$
$[+8]_反=[+8]_原$	00001000	0000000000001000
$[-8]_反$	11110111	1111111111110111
$[+127]_反=[+127]_原$	01111111	0000000001111111
$[-127]_反$	$(2^8-1)-127=10000000$	1111111110000000
$[+32767]_反$		0111111111111111
$[-32767]_反$		$(2^{16}-1)-32767=1000000000000000$

C　补码

设数 x 的补码记作 $[x]_{补}$，如机器字长为 n，则补码定义如下：

$$[x]_{补} = \begin{cases} x & 0 \leqslant x \leqslant 2^{n-1} - 1 \\ 2^n - |x| & -2^{n-1} \leqslant x < 0 \end{cases}$$

正数的补码与其原码、反码相同。负数的补码是在原码基础上，符号位不变（仍为 1），数值位按位取反，末位加 1；或在反码基础上末位加 1。

十进制数	原码（机器字长 $n=8$）	原码（机器字长 $n=16$）
$[+0]_{补} = [+0]_{原}$	00000000	0000000000000000
$[-0]_{补}$	$2^8 - 0 = 00000000$	$2^{16} - 0 = 0000000000000000$
$[+8]_{补} = [+8]_{原}$	00001000	0000000000001000
$[-8]_{补}$	$2^8 - 8 = 11111000$	1111111111111000
$[+127]_{补} = [+127]_{原}$	01111111	0000000001111111
$[-127]_{补}$	$2^8 - 127 = 10000001$	1111111110000001
$[+32767]_{补} = [+32767]_{原}$		0111111111111111
$[-32767]_{补}$		$2^{16} - 32767 = 1000000000000001$

1.4.2.2　真值与补码之间的转换

A　原码转换为真值

根据原码的定义，将原码的各数值位按权展开、求和，由符号位决定数的正负，即可由原码求出数的真值。

【例 1-13】　已知 $[x]_{原} = 00011111B$，$[y]_{原} = 10011101B$，求 x 和 y。

解： $x = +(0 \times 2^6 + 0 \times 2^5 + 1 \times 2^4 + 1 \times 2^3 + 1 \times 2^2 + 1 \times 2^1 + 1 \times 2^0) = 31$

$y = -(0 \times 2^6 + 0 \times 2^5 + 1 \times 2^4 + 1 \times 2^3 + 1 \times 2^2 + 0 \times 2^1 + 1 \times 2^0) = -29$

B　反码转换为真值

要求反码的真值，只要先求出反码对应的原码，再按上述原码转换为真值的方法即可求出数的真值。

正数的原码是反码本身。负数的原码可在反码基础上，保持符号位为 1 不变，数值位按位取反。

【例 1-14】　已知 $[x]_{反} = 00001111B$，$[y]_{反} = 11100101B$，求 x 和 y。

解： $[x]_{原} = [x]_{反} = 00001111B$，则 $x = +(0 \times 2^6 + 0 \times 2^5 + 0 \times 2^4 + 1 \times 2^3 + 1 \times 2^2 + 1 \times 2^1 + 1 \times 2^0) = 15$

$[y]_{原} = 10011010B$，则 $y = -(0 \times 2^6 + 0 \times 2^5 + 1 \times 2^4 + 1 \times 2^3 + 0 \times 2^2 + 1 \times 2^1 + 0 \times 2^0) = -26$

C　补码转换为真值

要求出补码的真值，也要先求出补码对应的原码。正数的原码与补码相同。负数的原码可在补码的基础上再次求补，即：

$$[x]_{原} = [[x]_{补}]_{补}$$

【例 1-15】　已知 $[x]_{补} = 00001111B$，$[y]_{补} = 11100101B$，求 x 和 y。

解： $[x]_{原} = [x]_{补} = 00001111B$，则 $x = +(0 \times 2^6 + 0 \times 2^5 + 0 \times 2^4 + 1 \times 2^3 + 1 \times 2^2 + 1 \times 2^1 + 1 \times 2^0) = 15$

$[y]_原=[[y]_补]_补=10011011B$，则 $y=-(0×2^6+0×2^5+1×2^4+1×2^3+0×2^2+1×2^1+1×2^0)=$
-27

1.4.2.3　补码运算

A　补码加法

在计算机中，凡是带符号数一律用补码表示，运算结果自然也是补码。补码运算的特点是：符号位和数值位一起参加运算，并且自动获得结果（包括符号位与数值位）。

补码加法的运算规则为：$[x]_补+[y]_补=[x+y]_补$

【例 1-16】　已知 $[x]_补=00001111B$，$[y]_补=11100101B$，求 x 和 y。

解：由例 1-15，$[x]_补+[y]_补=00001111B+11100101B=11110100B$

而　　　$[x+y]_补=[15-27]_补=[-12]_补=11110100B$

可见　　$[x]_补+[y]_补=[x+y]_补=11110100B$

即：两数补码的和等于两数和的补码。

B　补码减法

补码减法的运算规则为：$[x]_补-[y]_补=[x]_补+[-y]_补=[x-y]_补$

计算机中带符号数用补码表示时有如下优点：

（1）可以将减法运算变为加法运算，因此可使用同一个运算器实现加法和减法运算，简化了电路。

（2）无符号数和带符号数的加法运算可以用同一个加法器实现，结果都是正确的。

$$
\begin{array}{ccc}
& 无符号数 & 带符号数 \\
11100001 & 225 & [-31]_补 \\
+)\ 00001101 & +)\ \ \ 13 & +)\ \ [+13]_补 \\
\hline
11101110 & 238 & [-18]_补
\end{array}
$$

若两操作数为无符号数，11100001B 的真值为 225，00001101B 的真值为 13，两数和也为无符号数 11101110B，和的真值为 238，结果正确；

若两操作数为带符号数，则采用补码形式表示，11100001B 的真值为 -31，00001101B 的真值为 +13，计算结果为 $[11100001]_补+[00001101]_补=[11101110]_补=10010010B$，两数和的真值为 -18，结果也是正确的。

1.4.2.4　溢出

A　进位与溢出

进位（或借位）是进行加（减）运算时，运算结果的最高位向更高位产生的进位（或借位），用来判断无符号数加减运算结果是否超出了计算机所能表示的最大无符号数的范围。有进位（或借位时），CF=1（CF 为进位标志，后文详解）。

溢出是指有符号数进行加减运算时，如果运算结果超出了该字长补码所能表示的范围，就会发生溢出，使得运算结果错误。例如，字长为 n 位的有符号数，它能表示的补码范围为 $-2^{n-1}\sim+2^{n-1}-1$，如果运算结果超出此范围，就叫做溢出。

B　溢出的判断方法

判断有符号数运算是否溢出的方法如下：

（1）若次高位向最高位有进位（或借位），而最高位向前无进位（或借位），则结果溢出，OF＝1（OF 为溢出标志，后文详解）；

（2）反之，若次高位向最高位无进位（或借位），而最高位向前有进位（或借位），则结果溢出，OF＝1。

也就是说次高位向最高位是否有进位与最高位向前是否有进位的异或值为 1 时，则运算结果溢出，OF＝1；次高位向最高位是否有进位与最高位向前是否有进位的异或值为 0 时，则运算结果不会溢出，OF＝0。

【例 1-17】 设有两个操作数 x＝11010101B，y＝10100001B，将这两个操作数送运算器做加法运算，试问：（1）若为无符号数，计算结果是否正确？（2）若为带符号补码数，计算结果是否溢出？

解：

$$
\begin{array}{ccc}
 & \text{无符号数} & \text{带符号数} \\
11010101 & 213 & [-43]_\text{补} \\
+)\quad 10100001 & +)\quad 161 & +)\quad [-95]_\text{补} \\
\hline
101110110 & 374 & [-138]_\text{补}
\end{array}
$$

若为无符号数最高位 D_7 向前有进位，此时 CF＝1，运算结果超出 8 位无符号数表示的范围 0～255，若丢掉进位，计算结果不正确。

若为带符号数，两数相加后 D_6 向 D_7 无进位，而最高位 D_7 向前有进位，因此产生溢出。实际上 11010101B 为带符号数时代表-43 的补码，10100001B 代表-95 的补码，两补码相加为-138 的补码，显然超出 8 位补码能够表示数的范围-128～127，因此产生溢出，OF＝1。

习　　题

1-1 填空题

$[+38]_\text{原}$＝（　　　）　　$[-38]_\text{反}$＝（　　　）　　$[-38]_\text{补}$＝（　　　）

1-2 单项选择题

1. 在下面几个不同进制数中，最大的数是（　　　）。

　A. 1100010B　　　　　　B. 255Q　　　　　　C. 500　　　　　　D. 1FEH

2. 十进制数-75 用二进制数 10110101 表示，其表示方式是（　　　）。

　A. 原码　　　　　　　　B. 补码　　　　　　C. 反码　　　　　　D. ASCII 码

3. 若 8 位二进制数 10000000 为补码表示数，则其对应的十进制数为（　　　）。

　A . -128　　　　　　　B. -0　　　　　　　C. -127　　　　　　D. 128

4. 在计算机内部，一切信息的存取、处理、传递的形式都是（　　　）。

　A. BCD 码　　　　　　　B. ASCII 码　　　　C. 十六进制数　　　D. 二进制数

5. 计算机系统总线中，可用于传送读、写信号的是（　　　）。

　A. 地址总线　　　　　　B. 数据总线　　　　C. 控制总线　　　　D. 以上都不对

1-3 计算题

1. 已知 $[x]_\text{原}$＝10101101B，$[y]_\text{补}$＝11000111B，求 $[x+y]_\text{补}$。

2. 设有两个带符号补码数 $x = 10101110B$ 和 $y = 11001000B$，将这两个操作数送运算器做加法运算，试问计算结果是否溢出？

1-4　简答题

1. 微型计算机的发展是以什么来表征的？简述微型计算机的基本结构。

2. 什么是微处理器、微型计算机、微型计算机系统？

2 80x86 微处理器

中央处理器（CPU）是指计算机内部对数据进行处理并对处理过程进行控制的部件，伴随着大规模集成电路技术的迅速发展，芯片集成度越来越高，CPU 可以集成在一个半导体芯片上，这种具有中央处理器功能的大规模集成电路器件，统称为"微处理器"。按照其处理信息的字长，CPU 可以分为：4 位微处理器、8 位微处理器、16 位微处理器、32 位微处理器以及 64 位微处理器。

本章首先详细介绍 16 位微处理器，包括 Intel 8086 微处理器的内部结构、寄存器结构、工作模式、引脚功能、存储器组织及实地址模式的分段管理。然后基于 Pentium 微处理器介绍 32 位微处理器原理结构、寄存器结构、引脚信号及功能以及工作模式。最后简单介绍多核微处理器技术的设计。

2.1 Intel 微处理器发展概况

Intel 处理器是英特尔公司开发的中央处理器，有移动、台式、服务器三个系列，是计算机中最重要的一个部分，由运算器和控制器组成。按照其处理信息的字长，CPU 可以分为：4 位微处理器、8 位微处理器、16 位微处理器、32 位微处理器以及 64 位微处理器等。自从 1971 年微处理器和微型计算机问世以来，微处理器的集成度几乎每两年就翻一番，大约每隔 2~4 年就更新换代一次。

第一代（1971~1973 年）：*4 位或低档 8 位微处理器和微型机。* 其代表产品是 1971 年美国 Intel 公司生产的 4004 微处理器，以及由 4004 微处理器组成的 MCS-4 微型计算机（集成度为 1200 晶体管/片）。这一突破性的发明当年被应用于一种计算器中，这一创举开始了人类将智能内嵌于电脑的历程。

随后又研制成 Intel 8008 微处理器（见图 2-1），以及由 8008 微处理器组成的 MCS-8 微型计算机。

第一代微型机就采用了 PMOS 工艺，基本指令时间约为 $10~20\mu s$，字长为 4 位或 8 位，指令系统比较简单，运算功能比较差，运算速度比较慢，系统结构仍然停留在台式计算机的水平上，软件主要采用机器语言或简单的汇编语言，其价格比较低。

第二代（1974~1978 年）：*中档的 8 位微处理器和微型机。* 其间又分为两个阶段：1973~1978 年为典型的第二代，以美国 Intel 公司的 8080（集成度为 4900 管/片，见图 2-2）和 Motorola 公司的 MC6800 为代表，处理器芯片集成度提高 1~2 倍，运算速度提高了一个数量级。8080 是划时代的产品，使得 Intel 公司有了自己真正意义上的微处理器。

1976~1978 年为高档 8 位微型计算机和 8 位单片微型计算机阶段，又称之为二代半。

图 2-1　Intel 8008 CPU 芯片

图 2-2　Intel 8080 CPU 芯片

高档 8 位微处理器，以美国 ZILOG 公司的 Z80 和 Intel 公司的 8085 为代表，CPU 的集成度和运算速度都比典型的第二代提高了一倍以上（Intel 8085 集成度为 9000 管/片）。8 位单片微型机以 Intel 8048/8748（集成度为 9000 管/片）、MC6801、MOSTEK F81/3870、Z80 等为代表，主要用于计算机控制和智能仪器。第二代微型机的特点是采用 NMOS 工艺，芯片集成度提高 1~4 倍，运算速度提高 10~15 倍，基本指令执行时间约为 1~2μs，指令系统比较完善，已具有典型的计算机系统结构以及中断、DMA 等控制功能，寻址能力也有所增强，软件除采用汇编语言外，还配有 BASIC，FORTRAN，PL/M 等高级语言及其相应的解释程序和编译程序，并在后期开始配上操作系统。

　　第三代（1978~1981 年）：16 位微处理器和微型机。　其代表产品是 Intel 8086（集成度为 29000 管/片，见图 2-3（a）），Z8000（集成度为 17500 管/片）和 MC68000（集成度为 68000 管/片）。这些 CPU 的特点是采用 HMOS 工艺，基本指令时间约为 0.05μs。Intel 8086 的出现成为 20 世纪 70 年代微处理器发展过程中重要的分水岭。Intel 8086 是真正的 16 位 CPU。8086 将 8 位数据总线独立出来，减少了管脚数目，降低了成本。Intel 8088 是 Intel 8086 的一个简化版本。

(a)

(b)

图 2-3　Intel 8086 CPU 芯片（a）和 80286 芯片（b）

　　从第三代微机的各项性能指标评价，都比第二代微型机提高了一个数量级，已经达到或超过中、低档小型机（如 PDP11/45）的水平。这类 16 位微型机通常都具有丰富的指令系统，采用多级中断系统、多重寻址方式、多种数据处理形式、段式寄存器结构、乘除运算硬件，电路功能大为增强，并都配备了强有力的系统软件。

1982 年发布了 16 位的 80286 CPU（见图 2-3（b）），其性能有很大提高。80286 的闪光点在于：首次提出了实方式和保护方式这两种对 CPU 不同的操作方式。保护方式的提出使得 80286 突破了 8086/8088 CPU 受 16 位地址总线制约而不能访问 1MB 以上存储空间的约束，其 24 位地址总线可以访问 16MB 地址空间。另外，80286 引入了描述符表的概念，可以将能访问的 1GB 虚拟地址空间的任务映射到 16MB 地址空间，从而实现了多任务并行处理，对之后出现的多任务操作系统的普及至关重要，并且 80286 是一款"100%向下兼容的"Intel 微处理机。

第四代（1985～1993 年）：32 位高档微型机。 随着科学技术的突飞猛进发展，计算机应用日益广泛，现代社会对计算机的依赖已经越来越明显。原来的 8 位、16 位机已经不能满足广大用户的需要，因此，1985 年以后，Intel 公司在原来的基础上又发展了 80386 和 80486。

其中，80386（图 2-4）的工作主频达到 25MHz，有 32 位数据线和 24 位地址线。以 80386 为 CPU 的 COMPAQ 386、AST 386、IBM PS2/80 等机种相继诞生。同时，随着内存芯片制造技术的发展和硬盘制造技术的提高，出现了配置 16MB 内存和 1000MB 外存的微型机，微机已经成为超小型机，可执行多任务、多用户作业。由微型计算机组成的网络、工作站相继出现，从而扩大了用户的应用范围。80386 提出了"虚拟 8086"工作方式，使得芯片能够同时模拟多个 8086 处理机，实现同时运行多个 8086 应用程序，从而保证了多任务处理能够向下兼容。与此同时，为了加快浮点操作速度，80386 还成功地推出了数值协同处理器 80387（浮点运算部件），为 880486 和 Pentium（奔腾）的研制奠定了技术基础。

1989 年，Intel 公司在 80386 的基础上又研制出了 80486（见图 2-5）。80486 是 80386 之后改进型的 32 位处理器，仍然保留与 80386 一样的外部 32 条数据线和 32 条地址线。为了适应数据处理器的快速要求，在 80386 的基础上，增加了 8KB 的 Cache（高速缓冲存储器）和 FPU（浮点部件）。因此从结构上看，80486 在 80386 的芯片内部增加了一个 8KB 的高速缓冲内存和 80386 的协处理器芯片 80387 而形成新一代 CPU，并支持二级 Cache，微处理器的性能大大提高。首次采用 5 级流水线操作，使一条简单指令可以在一个时钟周期内完成。

图 2-4   Intel 80386 CPU 芯片

图 2-5   Intel 80486 CPU 芯片

第五代（1993~2005 年），**奔腾 Pentium 系列微处理器时代。** 1993 年 3 月 22 日，Intel 公司发布了它的新一代处理器 Pentium（见图 2-6）。Pentium 的名字取自拉丁文"五"（Pente）和元素周期表的公用后缀 IUM 组合而成，意指 Intel 公司的第五代 CPU 产品，人们为其翻译了一个非常好听的中文名字"奔腾"。Pentium 采用 0.8μm 的 BicMOS 技术，集成了 310 万个晶体管，工作电压也从 5V 降到 3V。随着 Pentium 新型号的推出，CPU 晶体管的数目增加到 500 万个以上，工作主频率从 66MHz 增加到 333MHz。作为世界上第一个 586 级微处理器，Pentium 是第一个超频最多的微处理机。由于其制造工艺精良，所以整个系列 CPU 的浮点性能最强，可超频最大。Pentium 家族的频率有：60MHz、66MHz、75MHz、90MHz、100MHz、120MHz、133MHz、150MHz、166MHz、200MHz，CPU 的内部频率则从 60MHz 到 66MHz 不等。

1998 年 3 月，Intel 公司在 CeBIT 贸易博览会展出了一种速度高达 702MHz 的 Pentium Ⅱ 芯片（见图 2-7）。1999 年 2 月，Intel 公司发布了 Pentium Ⅲ 芯片（见图 2-8），称为"多能 Pentium Ⅱ 二代处理机"。作为第一款专为提高用户的互联网计算体验的微处理机，Pentium Ⅲ 使用户能够尽享丰富的音频、视频、动画和生动的三维效果。同年，以 Pentium Ⅱ 450、Pentium Ⅲ 450 为微处理器、内存 128MB、硬盘 8.4GB 的微机在我国上市。

2001 年 1 月，Intel 公司推出 Pentium Ⅳ CPU（见图 2-9）。奔腾Ⅳ完全不同于 Pentium Ⅱ 和 Pentium Ⅲ 微处理器芯片，采用了 Netburst 技术，主要是为了加快以突发方式传送数

图 2-6 Pentium 微处理器芯片

图 2-7 Pentium Ⅱ 微处理器芯片

图 2-8 Pentium Ⅲ 微处理器芯片

图 2-9 Pentium Ⅳ微处理器芯片

据的速度，如流媒体、MP3 播放器和视频压缩程序等的传送速度，更好地处理目前互联网与用户的需求，在数据加密、视频压缩和对等网络等方面的性能都有较大幅度的提高。与 Intel Pentium Ⅲ CPU 处理器相比，体系结构的流水线深度增加了一倍，达到了 20 级。从而极大地提高了 Pentium Ⅳ CPU 的性能和频率。

2005 年 Intel 推出的双核心处理器有 Pentium D 和 Pentium Extreme Edition，同时推出 945/955/965/975 芯片组来支持新推出的双核心处理器，采用 90nm 工艺生产的这两款新推出的双核心处理器使用没有针脚的 LGA 775 接口，但处理器底部的贴片电容数目有所增加，排列方式也有所不同。双核和多核处理器设计用于在一枚处理器中集成两个或多个完整执行内核，以支持同时管理多项活动。英特尔超线程（HT）技术能够使一个执行内核发挥两枚逻辑处理器的作用，因此与该技术结合使用时，英特尔奔腾处理器至尊版 840 能够充分利用以前可能被闲置的资源，同时处理四个软件线程。

第六代 64 位酷睿（Core）系列微处理器（2005 年以后）。 第六阶段（2005 年至今）是酷睿（Core）系列微处理器时代（见图 2-10），通常称为第六代。2006 年初 Intel 宣布下一代处理器将采用 Core 微架构。"酷睿"是一款领先节能的新型微架构，设计的出发点是提供卓然出众的性能和能效，提高每瓦特性能，也就是所谓的能效比。早期的酷睿是基于笔记本处理器的。酷睿 2：英文名称为 Core 2 Duo，是 Intel 在 2006 年推出的新一代基于 Core 微架构的产品体系统称。酷睿 2 是一个跨平台的构架体系，包括服务器版、桌面版、移动版三大领域。2006 年 7 月，Intel 公司面向家用和商用个人电脑与笔记本电脑，发布了十款 Intel 酷睿 2 双核处理器和 Intel 酷睿至尊处理器。

图 2-10　酷睿系列处理器

64 位处理器是采用 64 位处理技术的 CPU，相对 32 位而言，64 位指的是 CPU 通用寄存器的数据宽度为 64 位，64 位指令集就是运行 64 位数据的指令，处理器一次运行 64 位数据。Intel 64 指令集被应用于 Intel Core 2、Intel Core i3、Intel Core i5、Intel Core i7 及 Intel Core i9 处理器上。

Core i3 最大的特点是整合 GPU（图形处理器），也就是说 Core i3 将由 CPU+GPU 两个核心封装而成。由于整合的 GPU 性能有限，用户想获得更好的 3D 性能，可以外加显卡。超线程技术的应用让酷睿 i3 处理器可以在同时间内完成更多的工作。Core i3 与 i5 区别最大之处是 i3 没有睿频技术。

Core i5 是一款基于 Nehalem 架构的四核处理器，采用整合内存控制器，三级缓存模式，L3 达到 8MB，定位主流的酷睿 i5 处理器支持智能的"睿频加速"技术，能实时改变主频，可以让处理器即时进行高性能和高效能的转换。

Core i7 处理器是 Intel 于 2008 年推出的 64 位四核心 CPU，沿用 x86-64 指令集，并以 Intel Nehalem 微架构为基础。支持超线程技术，同时还将三级缓存引入其中。其 L1 缓存的设计与酷睿微架构相同，而 L2 缓存则采用超低延迟的设计，不过容量大大降低，每个内核仅有 256KB，新加入的 L3 缓存采用共享式设计。

综上所述，微处理器性能的不断提高是计算机应用得以迅速发展的驱动力，已成为现代计算机领域中一个极为重要的技术，并正以难以想象的速度向前发展。

2.2 Intel 8086 16 位微处理器

8086 是 Intel 公司 1978 年的产品，内部 16 位数据线，外部 16 条数据引脚，为完全 16 位 CPU。由于当时所有的外设都是 8 位的，为了解决 16 条数据引脚的 CPU 与 8 条数据引脚的外设连接时的不便，Intel 公司随后又推出了内部 16 位数据线，但外部 8 位（有 8 条数据引脚）的一种准 16 位 CPU——8088。8086 与 8088 在软件上完全相同，具有包括乘法和除法的 16 位运算指令，所以能处理 16 位数据，同时也能处理 8 位数据。硬件上稍有区别。8086/8088 有 20 条地址线，其直接寻址能力达到 1M 字节。采用 40 条引线封装，单相时钟，电源为 5V。

2.2.1 8086/8088 CPU 内部结构

8086/8088 CPU 内部功能结构，分为总线接口单元 BIU（Bus Interface Unit）和执行单元 EU（Execution Unit）两大部分，如图 2-11 所示。

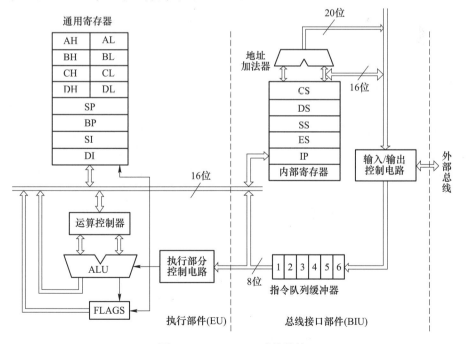

图 2-11 8086/8088 功能结构

2.2.1.1　总线接口单元 BIU

总线接口单元 BIU 负责与存储器、I/O 端口传送数据，其主要功能是取指令、取操作数、填充指令队列、保存运算结果。

BIU 由段寄存器、指令指针寄存器、地址加法器、指令队列以及总线控制逻辑组成。其中，段寄存器有代码段（CS）、数据段（DS）、堆栈段（SS）和附加段（ES），用于对存储空间分段管理，保存相应段基地址。IP 是指令指针寄存器，用于保存下一条要执行指令的偏移地址。地址加法器是用来获得 20 位的物理地址，即将段寄存器中的段基地址左移 4 位与偏移地址值相加，计算得到 20 位的物理地址。数据和地址通过总线控制逻辑与外面的系统总线相联系。8086 有 20 位地址总线，16 位双向数据总线，一组控制总线。处理器与存储器或 I/O 传送数据时，一次可传送 16 位二进制数。

指令队列用于存放预先取来的指令，是一种先进先出（FIFO）的数据结构。BIU 从内存取指令送到指令队列缓冲器中，指令队列使得 BIU 具有预取指令的功能。8088 CPU 指令队列长度为 4 个字节，8086 CPU 指令队列长度为 6 个字节。CPU 执行指令时，如果需要访问存储器或 I/O，如从指定的内存单元或外设端口取数据，将数据传送给执行部件，或者将执行部件的操作结果传送到指定的内存单元或外设端口中，则请求 BIU 进入总线周期完成数据传送。

2.2.1.2　执行单元 EU

执行单元 EU 主要功能是执行指令、分析指令、保存中间运算结果以及相应结果的状态。

EU 由通用寄存器、标志寄存器、算术逻辑单元（ALU）和相关控制电路组成。通用寄存器可用以存放数据、变址和堆栈指针等，ALU 对数据执行算术运算或逻辑运算，运算结果的标志位（如进位标志、符号标志等）保存在标志寄存器 FLAGS 中。EU 控制系统的功能是接受从 BIU 的指令队列中取来的指令代码，对其译码和向 EU 内各有关部件发出时序命令信号，协调执行指令规定的操作。

2.2.1.3　指令流水线

CPU 取指令和执行指令是分开而且可以重迭的。指令队列的存在使得 8086/8088 CPU 的 EU 和 BIU 能够并行工作。CPU 在执行一条指令的同时，就可以取出下一条或多条指令并将其送至指令队列缓冲器中，即具有预取指令的功能。在执行完一条指令后便可立即执行下一条指令，从而减少了 CPU 为取指令而等待的时间，提高了 CPU 的利用率，加快了程序运行速度，并且降低了对存储器的存取速度的要求。这是一种流水线操作方式，图 2-12 给出了流水线操作方式示意图。在执行转移、调用等指令时，BIU 会自动清除指令队列，从存储器中装入另外的指令。

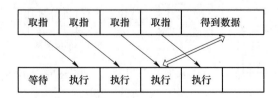

图 2-12　8086/8088 流水线操作方式示意图

2.2.2　8086/8088 CPU 寄存器结构

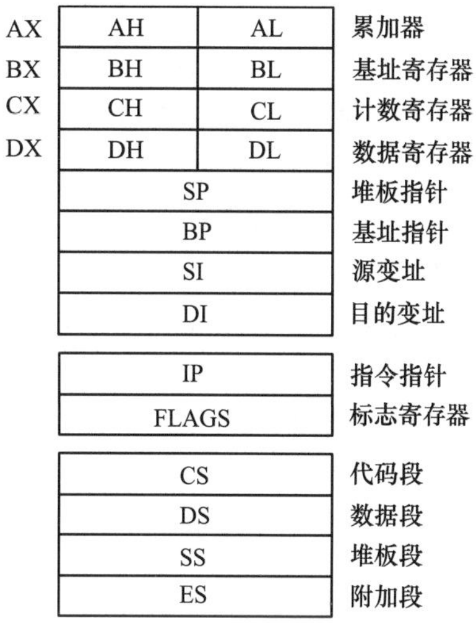

在 CPU 中，寄存器是其最主要的特征。8086/8088 的寄存器结构如图 2-13 所示，包括 8 个通用寄存器，4 个段寄存器，2 个控制寄存器。

2.2.2.1　通用寄存器

通用寄存器又分为数据寄存器、地址指针寄存器和变址寄存器。

A　数据寄存器

AX、BX、CX 和 DX 均为 16 位数据寄存器，用于暂存计算过程中所用到的 16 位操作数。当 8086/8088 处理 8 位数时，这 4 个 16 位寄存器可以作为 8 个 8 位寄存器（AH，AL，BH，BL，CH，CL，DH 和 DL）使用。它们的高 8 位记作：AH、BH、CH、

AX	AH	AL	累加器
BX	BH	BL	基址寄存器
CX	CH	CL	计数寄存器
DX	DH	DL	数据寄存器
	SP		堆栈指针
	BP		基址指针
	SI		源变址
	DI		目的变址
	IP		指令指针
	FLAGS		标志寄存器
	CS		代码段
	DS		数据段
	SS		堆栈段
	ES		附加段

图 2-13　8086/8088 寄存器

DH，低 8 位记作 AL、BL、CL、DL。这样灵活使用既可以处理 16 位数据，也能处理 8 位数据。关于数据寄存器，需要注意的是它们并不独立，修改一个寄存器可能会影响其他两个寄存器。例如，对 AX 的修改会影响寄存器 AL，AH。这一点相当重要，在汇编语言初学者所编写的程序当中，一个很常见的错误就是寄存器值的破坏。

数据寄存器各自有其独特的用法。

（1）AX（Accumulator）：累加器，用于存放算术逻辑运算中的操作数，此外，所有 I/O 指令都使用 AL 或 AX 与外设端口传送数据。

（2）BX（Base）：基址寄存器，在计算内存储器地址时，经常用来存放基地址。

（3）CX（Count）：计数寄存器，在循环 LOOP 指令和串处理指令中用作隐含计数器。

（4）DX（Data）：数据寄存器，一般在双字长乘/除法运算时，双字长（32 位）数放在 DX 和 AX 中，DX 用来存放高 16 位；此外，在 I/O 端口间接寻址时，DX 在指令中用来存放 I/O 端口的地址（详见 3.2.3 节 I/O 端口寻址方式）。

B　地址指针寄存器

（1）SP（Stack Pointer）：堆栈指针寄存器。在堆栈操作时，用来指示栈顶的偏移地址，必须与 SS 段寄存器联合使用确定栈顶的物理地址。

（2）BP（Base pointer）：基址指针寄存器，常用来存放访问内存时的基地址。默认与 SS 寄存器联合使用来确定堆栈段中某一内存单元的物理地址。

C　变址寄存器

源变址寄存器 SI（Source Index Register）、目的变址寄存器 DI（Destination Index Register）可用于存放 16 位操作数，也可与数据段寄存器 DS 联用，用来确定数据段中某一存储单元的物理地址；在串操作中，通过在标志寄存器 FLAGS 中设置方向标志 DF，使得 SI 和 DI 具有自动增量和自动减量功能。

2.2.2.2　段寄存器

8086/8088 中的段寄存器共有 4 个 16 位段寄存器 CS、DS、SS、ES。

（1）CS（Code Segment Register）：代码段寄存器，用于保存代码段的段基地址。

（2）SS（Stack Segment Register）：堆栈段寄存器，用于保存堆栈段的段基地址。

（3）DS（Data Segment Register）：数据段寄存器，用于保存数据段的段基地址。

（4）ES（Extra Segment Register）：附加数据段寄存器，用于保存附加段的段基地址。

设置这 4 个寄存器使 8086/8088 能在 1M 字节范围内对内存寻址，表 2-1 为 8086/8088 段寄存器与提供段内偏移地址的寄存器之间的默认组合。正是由于设置这几个段寄存器，使内存寻址更加多样化。

表 2-1　8086/8088 段寄存器与保存段内偏移地址的寄存器之间的默认组合

段寄存器	提供段内偏移地址的寄存器
CS	IP
DS	BX、SI、DI 或一个 16 位数
SS	SP 或 BP
ES	DI（用于字符串操作指令）

2.2.2.3　控制寄存器

8086/8088 中的指令指针 IP（Instruction Pointer）类似于 8 位 CPU 中的 PC（程序计数器），IP 寄存器用来存储代码段中的预取指令的偏移地址，程序运行过程中 IP 始终指向下一次要取出的指令偏移地址。在 8086/8088 中 IP 要与代码段寄存器 CS 配合才能形成指令真正的物理地址。

标志寄存器 FLAGS，也称程序状态字寄存器（Program Status Word，PSW），16 位寄存器，由状态标志和控制标志构成，只用了其中 9 位，包括 6 位状态标志（也称条件码标志）和 3 位控制标志，如图 2-14 所示。

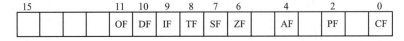

15				11	10	9	8	7	6		4		2		0
				OF	DF	IF	TF	SF	ZF		AF		PF		CF

图 2-14　8086/8088 的标志寄存器

（1）状态标志：状态标志用来记录程序中运行结果的状态信息，作为后续条件转移指令的转移控制条件，因此也称为条件码标志，包括 6 位：CF、SF、ZF、OF、AF、PF。

1）CF（Carry Flag）进位标志，CF=1 表示运算时从最高有效位产生进位（减法为借位）；CF=0 表示运算时从最高有效位不产生进位（或借位）。

2）SF（Sign Flag）符号标志，SF=1 表示运算结果的符号为负（最高位为 1）；SF=0 表示运算结果的符号为正（最高位为 0）。

3）ZF（Zero Flag）零标志，运算结果为 0，则 ZF=1；运算结果不为 0，则 ZF=0。

4）OF（Overflow Flag）溢出标志（一般指补码溢出），OF=1 表示在运算过程中，如果有符号数补码运算结果超过了补码能表示的范围，称为溢出；OF=0 表示在运算过程中，补码运算结果没有超过所能表示的范围，称为不溢出。8 位有符号数补码允许范围为 $-128 \sim +127$，16 位有符号数补码允许范围为 $-32768 \sim +32767$。

5）AF（Auxiliary Carry Flag）辅助进位标志，AF=1 表示运算时 D_3 位（半个字节）

向 D_4 位产生进位（或借位）；AF = 0 表示运算时 D_3 位（半个字节）向 D_4 位不产生进位（或借位）。

6）PF（Parity Flag）奇偶标志，PF = 1 表示运算结果数据低 8 位中有偶数个 1；PF = 0 表示运算结果数据低 8 位中有奇数个 1。

（2）控制标志位包括 3 位：TF、IF、DF。对控制标志位进行设置后，对其后的操作起控制作用。

1）TF（Trap Flag）跟踪（陷阱）标志位，TF = 1 则每执行一条指令后，自动产生一次内部中断，使 CPU 处于单步执行指令工作方式，便于进行程序调试，用户能检查程序。TF = 0 则 CPU 正常工作，不产生陷阱。

2）IF（Interrupt Flag）中断标志位，IF = 1 表示允许外部可屏蔽中断，CPU 可以响应可屏蔽中断请求。IF = 0 则关闭中断，CPU 禁止响应可屏蔽中断请求。IF 的状态对不可屏蔽中断和内部软中断没有影响。

3）DF（Direction Flag）方向标志位，DF 方向标志位用于串操作指令中控制处理信息的方向。DF = 1，每次串操作后使变址寄存器 SI 和 DI 减量，使串操作从高地址向低地址方向处理。DF = 0，每次串操作后使变址寄存器 SI 和 DI 增量，使串操作从低地址向高地址方向处理。

需要注意的是，控制信息是由系统程序或用户程序根据需要用指令来设置的。状态信息由中央处理器，根据计算结果自动设置，机器提供了设置状态信息指令，必要时，程序员可以用这些指令来设置状态信息。

2.2.3　8086/8088 CPU 工作模式

8086/8088 有两种工作模式：最小模式和最大模式。

2.2.3.1　最小模式

最小模式是指系统中只有一个微处理器（8086/8088）——单处理器方式，适用于较小规模的微机系统。在这种系统中，所有的总线控制信号全部由 8086/8088 CPU 本身直接提供，即系统中只有 8086（或 8088）一个微处理器。

最小模式典型系统结构如图 2-15 所示，系统主要由 8086/8088 CPU、时钟发生/驱动器 8284、地址锁存器 8282 及数据总线收发器 8286 组成。图中 8284A 外接晶体的基本振荡频率为 15MHz，经 8284A 三分频后，送给 CPU 做系统时钟。8282 为 8 位地址锁存器。当 8086 访问存储器时，在总线周期的 T_1 状态下发出地址信号，经 8282 锁存后的地址信号在访问存储器操作期间始终保持不变。8086 采用 20 位地址，再加上 $\overline{BHE}$ 信号，所以需要 3 片 8282 作为地址锁存器。8286 为具有三态输出的 8 位数据总线收发器，用于需要增加数据驱动能力的系统。在 8086 系统中需要 2 片 8286，而在 8088 系统中只用 1 片即可。系统中还有一个等待状态产生电路，它向 8284A 的 RDY 端提供一个信号，经 8284A 同步后向 CPU 的 READY 线发数据准备就绪信号，通知 CPU 数据已准备好，可以结束当前的总线周期。当 READY = 0，即数据没有准备好时，CPU 在总线周期 T_3 之后自动插入 T_w 等待状态，避免 CPU 与存储器或 I/O 设备进行数据交换时，因后者速度慢而丢失数据（详见 2.2.5 节总线周期与时序）。

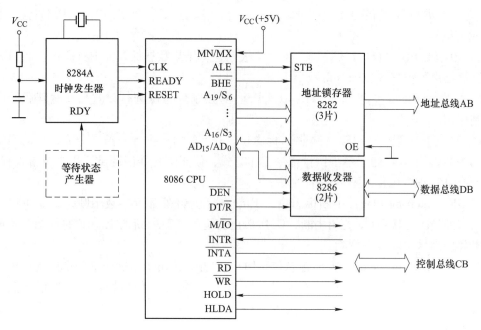

图 2-15　8086 最小模式典型系统结构

2.2.3.2　最大模式

最大模式是相对最小模式而言的，指系统中含有两个或多个微处理器，其中一个为主处理器 8086/8088，其他的处理器称为协处理器，负责协助主处理器工作。最大模式可构成多处理器系统，系统中所需要的控制信号由总线控制器 8288 提供。其典型系统结构如图 2-16 所示。比较最大模式和最小模式的基本结构图，可以看出，最大模式和最小模式有关地址总线和数据总线的电路部分基本相同，即都需要地址锁存器及数据总线收发器，而控制总线的电路部分差别很大。在最小模式下，控制总线直接从 8086 CPU 得到，不需外加电路；最大模式是多处理器模式，需要协调主处理器和协处理器的工作。因此，控制总线不能直接从 8086 CPU 引脚引出，而需外加总线控制器 8288 对 CPU 发出的控制信号（$\overline{S_0}$，$\overline{S_1}$，$\overline{S_2}$）进行变换和组合，以得到对存储器和 I/O 端口的读写控制信号、对地址锁存器 8282 以及对数据收发器 8286 的控制信号，使总线的控制功能更加完善。最大模式用在中等规模或者大型的 8086/8088 系统中。

2.2.4　8086/8088 CPU 引脚功能

8086/8088 CPU 是 40 引脚双列直插式芯片，图 2-17 是 8086/8088 的引脚图。为了减少芯片上的引脚数目，8086/8088 CPU 采用了分时复用的地址/数据总线。正是由于这种分时复用的方法，才使得 8086/8088 CPU 可用 40 条引脚实现 20 位地址、16 位数据（8 位数据）、若干控制信号、状态信号及时钟、电源、接地信号的传输。由于 8088 只传输 8 位数据，所以 8088 只有 8 根地址引脚兼作数据引脚，而 8086 有 16 根地址/数据复用引脚。这些引脚构成了 8086/8088 CPU 的外总线，包括地址总线、数据总线和控制总线。8086/8088 CPU 通过这些总线和存储器、I/O 接口等部件组成不同规模的系统并相互交换信息。

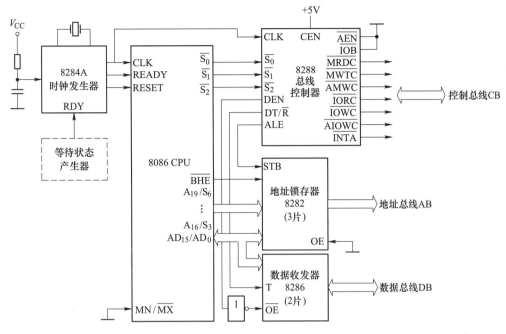

图 2-16 8086 最大模式典型系统结构

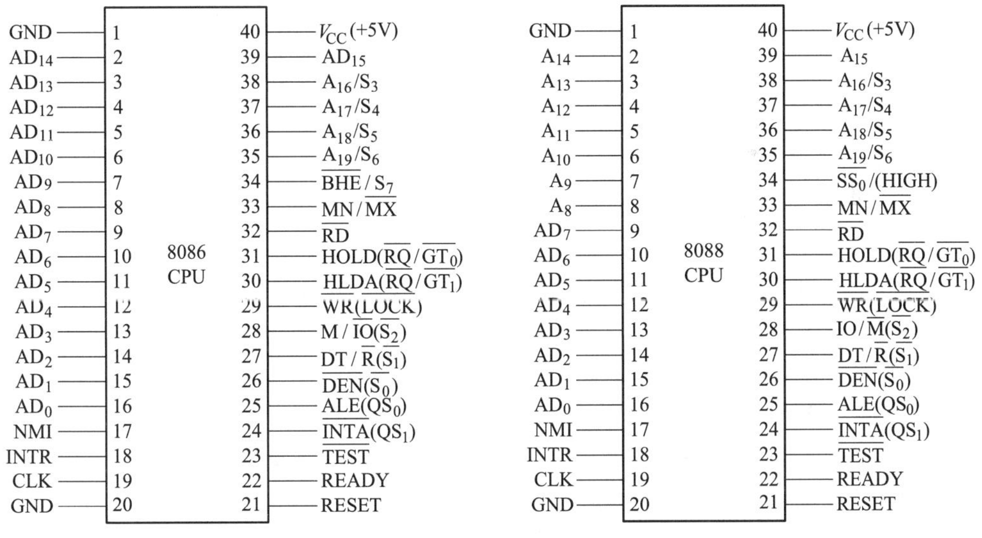

图 2-17 8086/8088 CPU 引脚图

8086/8088 有两种工作模式：最小模式和最大模式。引脚 MN/$\overline{\text{MX}}$决定 8086/8088 的工作模式，MN/$\overline{\text{MX}}$为高电平（接+5V）时，8086/8088 工作在最小模式，此时微型计算机中只包含一个处理器（CPU），且系统总线由 8086/8088 CPU 直接引出；MN/$\overline{\text{MX}}$为低电平（接地）时，8086/8088 工作在最大模式，此时 8086/8088 与外部协处理器一起工作，系统总线由

8086/8088 与总线控制器（8288）共同形成。在不同方式下工作时，8086/8088 的部分引脚（第 24~31 引脚）具有不同的功能，图 2-17 中括号内的引脚信号用于最大模式。

2.2.4.1 8086 最大模式和最小模式下公共引脚

V_{CC}：电源输入线。8086 采用±10% 单一+5V 电源。

GND：电源地输入线，8086 有 2 个接地端。

$AD_{15} \sim AD_0$（Address Data Bus，输入/输出，三态）：地址/数据复用引脚，地址总线的低 16 位与数据总线复用。总线周期的 T_1 状态输出访问地址的低 16 位，作数据线时是双向的；在直接存储器存取（DMA）方式时（详见 6.2.4 节），处于三态（高阻）。

$A_{19}/S_6 \sim A_{16}/S_3$（Address/Status）：地址/状态复用输出线。总线周期的 T_1 状态输出访问地址的高 4 位，其他 T 状态输出状态信息。在总线周期的 $T_2 \sim T_4$ 状态中，S_6 始终为低电平，指示 8086 当前与总线相连；S_5 是标志寄存器 FLAGS 中的中断允许标志位 IF 的当前状态，$S_5 = 1$ 表明 CPU 可以响应可屏蔽中断的请求，$S_5 = 0$ 表明 CPU 禁止一切可屏蔽中断；S_4 和 S_3 的组合表明当前正在使用的段寄存器，详见表 2-2。

表 2-2 S_4 和 S_3 的组合所代表的正在使用的寄存器

S_4	S_3	当前正在使用的段寄存器
0	0	ES
0	1	SS
1	0	CS（或 I/O，中断响应）
1	1	DS

NMI（Non-Maskable Interrupt）：非屏蔽中断请求输入线，上升沿有效。此请求不受标志寄存器 FLAGS 的中断允许标志位 IF 状态的影响，只要此信号出现，在当前指令执行结束后立即进行中断处理。

INTR（Interrupt Request）：可屏蔽中断申请输入线，高电平有效。这类中断可用软件屏蔽。CPU 在每个指令周期的最后一个 T 状态的起始时刻检测该信号是否有效，若此信号有效，表明有外设提出了中断请求，这时若 IF = 1，则当前指令执行完后立即响应中断；若 IF = 0，则中断被屏蔽，外设发出的中断请求将不被响应。程序员可通过指令 STI 或 CLI 将 IF 标志位置 1 或清零。

CLK（Clock）：时钟输入线。为 CPU 和总线控制逻辑电路提供定时信号，该引脚一般接至时钟发生器 8284A 集成电路的输出线，由 8284A 提供 CPU 所需的 4.77MHz、33% 占空比（即 1/3 周期为高电平，2/3 周期为低电平）的系统时钟信号。

RESET：系统复位信号输入线，高电平有效。8086/8088 要求该信号的有效时间至少为 4 个时钟周期。接通电源或按 RESET 键，都可产生 RESET 信号。CPU 接收到 RESET 信号后，处理器马上结束现行操作，对处理器内部寄存器进行初始化，恢复到机器的起始状态。复位后，内部寄存器的状态如表 2-3 所示。同时，具有输出能力的引脚中，具有三态功能的引脚进入高阻态，不具有三态功能的引脚则输出无效电平。复位信号 RESET 从高电平到低电平的跳变会触发 CPU 内部的一个复位逻辑电路，经过 7 个时钟周期之后，CPU 就被启动而恢复正常工作，将从 FFFF0H 处开始执行程序。通常在 FFFF0H 开始的几个单元中放一条无条件转移指令，转到一个特定的区域中，这个程序往往实现系统的初始化、引导监控程序或者引导操作系统等功能。系统正常运行时，RESET 保持低电平。

表 2-3　复位后内部寄存器状态

内部寄存器	状态
标志寄存器	0000H
IP	0000H
CS	FFFFH
DS	0000H
SS	0000H
ES	0000H
指令队列缓冲器	空
其余寄存器	0000H

READY："准备就绪"信号输入线，高电平有效。该信号来自所寻址的存储器或 I/O 设备，当其有效时，表示内存或 I/O 设备已准备好，CPU 可以进行数据传送。若内存或 I/O设备还未准备好，则使 READY 信号为低电平。CPU 在 T_3 周期的开始采样 READY 线，若为低电平，则在 T_3 周期结束后插入 T_W 等待周期，直至 READY 变高后，则在此 T_W 周期结束以后，进入 T_4 周期，完成数据传送。

TEST：测试信号输入线，低电平有效，与 WAIT 指令结合使用，用来使处理器与外部硬件同步。当 CPU 执行 WAIT 指令时，每隔 5 个时钟周期对该引脚进行一次测试。若为高电平，CPU 就仍处于空转状态进行等待，直到该引脚变为低电平，CPU 结束等待状态，执行下一条指令。

$\overline{RD}$（Read）：读信号输出线，低电平有效。当 $\overline{RD}$ 为低电平时，表明 CPU 正在对内存或外设进行读操作。

MN/$\overline{MX}$（Minimum/Maximum Mode Control）：最小/最大模式控制信号输入线。该引脚接至高电平时，表明 8086/8088 工作在最小模式；该引脚接至低电平时，表明其工作在最大模式。

2.2.4.2　最小模式下的引脚

由于地址与数据、状态线分时复用，因此系统中需要地址锁存器将地址锁存。数据线连至内存及外设，负载重，需用数据总线收发器做驱动。而控制总线一般负载较轻不需要驱动，故直接从 8086 CPU 引出。

最小模式下第 24~31 引脚信号：

$\overline{INTA}$（Interrupt Acknowledge）：中断响应信号输出线，低电平有效。用来对外设的中断请求做出响应，当 CPU 响应外设中断申请时，发出两个连续有效的 $\overline{INTA}$ 信号，通常与中断控制器 8259A 的 $\overline{INTA}$ 相连（详见 6.4 节）。

ALE（Address Latch Enable）：地址锁存允许信号输出线。ALE 信号是 CPU 提供给地址锁存器的控制信号。在总线周期的 T_1 状态输出高电平，表示当前地址/数据复用总线上输出的是地址信息，ALE 由高到低的下降沿将地址装入地址锁存器中。

$\overline{\text{DEN}}$（Data Enable）：数据允许信号输出线，常用作总线收发器的输出允许信号，为收发器的输出端提供控制信号，该信号决定是否允许数据通过数据总线收发器。$\overline{\text{DEN}}=1$ 时，收发器在收或发双向都不能传送数据，当 $\overline{\text{DEN}}=0$ 时，允许数据通过数据总线收发器。当 CPU 处于 DMA 方式时，此线浮空，呈高阻态。

$\text{DT}/\overline{\text{R}}$（Data Transmit/Receive）：数据发送/接收信号输出线。该信号用来控制数据总线收发器的传送方向。该引脚为高电平时，CPU 向内存或 I/O 端口发送数据；该引脚为低电平时，CPU 从内存或 I/O 端口接收数据；当 CPU 处于 DMA 方式时，$\text{DT}/\overline{\text{R}}$ 被置为浮空态。

$\text{M}/\overline{\text{IO}}$（Memory/Input and Output）：存储器和 I/O 控制信号输出线，决定进行存储器还是 I/O 访问。8086 CPU 中存储器空间与 I/O 空间是独立编址的。该引脚为低电平时，表示 CPU 正与 I/O 端口进行数据传送；当其为高电平时，表示 CPU 正与内存进行数据传输；当 CPU 处于 DMA 方式时，此线浮空。此引脚电平定义 8088 与 8086 相反，为 $\text{IO}/\overline{\text{M}}$。

$\overline{\text{BHE}}/\text{S}_7$（Bus High Enable/Status）：高 8 位数据总线允许/状态复用输出线。在总线周期的 T_1 状态，输出 $\overline{\text{BHE}}$，总线周期的其他状态输出 S_7（暂无定义）。$\overline{\text{BHE}}$ 是高 8 位数据总线允许信号输出线。因为 8086 有 16 条数据线，它可以传送一个字，也可以用高 8 位数据线或低 8 位数据线传送一个字节。$\overline{\text{BHE}}$ 在总线周期的 T_1 状态时输出，当该引脚输出为低电平时，表示当前数据总线上高 8 位数据有效。该引脚和地址引脚 A_0 配合表示当前数据总线的使用情况，如表 2-4 所示。

表 2-4　$\overline{\text{BHE}}$ 与地址引脚 A_0 编码含义

$\overline{\text{BHE}}$	A_0	数据总线使用情况
0	0	16 位字传送（偶地址开始的两个存储器单元的内容）
0	1	在数据总线高 8 位（$\text{D}_{15} \sim \text{D}_8$）和奇地址单元间进行字节传送
1	0	在数据总线低 8 位（$\text{D}_7 \sim \text{D}_0$）和偶地址单元间进行字节传送
1	1	无操作

$\overline{\text{WR}}$（Write）：写信号输出线，低电平有效。该引脚低电平表明 CPU 正在对内存或 I/O 端口进行写操作。当 CPU 处于 DMA 方式时，该信号置为浮空态。

HOLD（Hold Request）：总线保持请求信号输入线，高电平有效。当 CPU 外的总线主设备要求占用总线时，通过该引脚向 CPU 发一个高电平的总线保持请求信号。

HLDA（Hold Acknowledge）：总线保持响应信号输出线，高电平有效。当 CPU 接收到 HOLD 信号后，如果 CPU 允许让出总线，就在当前总线周期完成时，在 T_4 状态发出高电平有效的 HLDA 信号进行响应。此时，CPU 让出总线使用权，发出 HOLD 请求的总线主设备获得总线的控制权。

2.2.4.3　最大模式下 8086 CPU 的引脚信号定义与功能

当 MN/$\overline{\text{MX}}$ 接低电平时，系统工作于最大模式，即多处理器方式，8086 CPU 的部分引脚需要重新定义。

$\overline{S_2}$、$\overline{S_1}$、$\overline{S_0}$（Bus Cycle Status）：总线周期状态信号输出线，低电平有效，用于最大模式时 8086/8088 给 8288 总线控制器发送控制代码。这三个状态信号连接到总线控制器 8288 的输入端，8288 对这些信号进行译码后产生对存储器或 I/O 端口的读/写控制信号。三个状态信号的代码组合、对应的操作及产生的控制信号见表 2-5。

表 2-5　$\overline{S_2}$、$\overline{S_1}$、$\overline{S_0}$ 最大模式编码表

$\overline{S_2}$	$\overline{S_1}$	$\overline{S_0}$	8288 产生的控制信号	功能	相关指令举例
0	0	0	$\overline{INTA}$	发中断响应信号	无
0	0	1	$\overline{IORC}$	读 I/O 端口	IN AL, DX
0	1	0	$\overline{IOWC}$ 和 $\overline{AIOWC}$	写 I/O 端口	OUT DX, AL
0	1	1	无	暂停	NOP
1	0	0	$\overline{MRDC}$	取指令	无
1	0	1	$\overline{MRDC}$	读存储器	MOV AX, [BX]
1	1	0	$\overline{MWTC}$ 和 $\overline{AMWC}$	写存储器	MOV [BX], AX
1	1	1	无	无效	无

对于表中的前七种情况，三个状态信号中至少有一个为有效的低电平，每一种情况都对应一种总线操作。在总线周期的 T_3、T_W 状态并且 READY 信号为高电平时，$\overline{S_2}$、$\overline{S_1}$、$\overline{S_0}$ 都成为高电平（第八种情况），此时，前一个总线操作就要结束，后一个新的总线周期尚未开始，通常称为无效状态。而在总线周期的最后一个状态，即 T_4 状态，$\overline{S_2}$、$\overline{S_1}$、$\overline{S_0}$ 中任何一个或几个信号的改变，都意味着下一个新的总线周期的开始。在 DMA 方式时，这 3 条线处于高阻态。

$\overline{RQ}/\overline{GT_0}$，$\overline{RQ}/\overline{GT_1}$（Request/Grant）：总线请求信号输入/总线请求允许信号输出复用线。用于 CPU 以外的总线主设备请求总线 $\overline{RQ}$（相当于最小方式时的 HOLD 信号）并促使 CPU 在现行总线周期结束后让出总线 $\overline{GT}$（相当于最小方式的 HLDA 信号）。$\overline{RQ}/\overline{GT_0}$ 比 $\overline{RQ}/\overline{GT_1}$ 有更高的优先权。这些线的内部有一个上拉电阻，所以允许这些引脚不接外电路。在 IBM PC 及 PC/XT 中，8086 的 $\overline{RQ}/\overline{GT_1}$ 接至 8087 的 $\overline{RQ}/\overline{GT_0}$ 端。

$\overline{LOCK}$：总线封锁信号输出线，低电平有效。当其有效时，系统中其他的总线主设备不能获得对系统总线的控制。$\overline{LOCK}$ 信号由指令前缀 LOCK 产生，且在下一个指令完成以前保持有效。当 CPU 处于 DMA 响应状态时，此线处于高阻态。

QS_1、QS_0（Instruction Queue Status）：指令队列状态信号输出线，它允许外部（例如协处理器）跟踪 8086 内部的指令队列。QS_1、QS_0 两个信号电平的不同组合指明了 8086 内部指令队列的状态，其代码组合对应功能含义如表 2-6 所示。

8288 总线控制器还提供了其他一些存储器与 I/O 的读写命令以及中断响应控制信号：$\overline{MRDC}$（Memory Read Command）、$\overline{MWTC}$（Memory Write Command）、$\overline{IORC}$（I/O Read Command）、$\overline{IOWC}$（I/O Write Command）和 $\overline{INTA}$ 等。此外，还有提前写内存/写 I/O 信

号：$\overline{\text{AMWC}}$ 与 $\overline{\text{AIOWC}}$，其功能与 $\overline{\text{MWTC}}$ 和 $\overline{\text{IOWC}}$ 类似，只是它们由 8288 提前一个时钟周期发出信号，这样，一些较慢的存储器和外设将得到一个额外的时钟周期执行写入操作。

表 2-6　QS_1、QS_0 编码表

QS_1	QS_0	功　能
0	0	指令队列无操作
0	1	从指令队列的第一字节中取走代码
1	0	队列空
1	1	除第一字节外，还取走队列中的其他字节

2.2.5　8086/8088 系统的总线周期与时序

微型计算机在结构形式上总是采用总线结构，即构成微机的各功能部件（微处理器、存储器、I/O 接口电路等）之间通过总线相连接，这是微型计算机系统结构上的独特之处。采用总线结构之后，使系统中各功能部件间的相互关系转变为各部件面向总线的单一关系，一个部件（功能板/卡）只要符合总线标准，就可以连接到采用这种总线标准的系统中，从而使系统功能扩充或更新容易、结构简单、可靠性大大提高。

2.2.5.1　总线的分类

总线是连接计算机内部多个部件之间的信息传输线，是各部件共享的传输介质。CPU 通过总线完成与存储器、I/O 端口之间的操作。多个部件和总线相连，在某一时刻，只允许一个部件向总线发送信号，而多个部件可以同时从总线上接收相同的信息。总线是由许多传输线或通路组成，每条线可传输一位二进制代码，一串二进制代码可在一段时间内逐一传输完成。若干条传输线可以同时传输若干位二进制代码，如 16 条传输线组成的总线，可同时传输 16 位二进制代码。

从不同角度，总线可以有不同的分类方法。如按数据传送方式可分为并行传输总线和串行传输总线。在并行传输总线中，又可按传输数据宽度分 8 位、16 位、32 位、64 位等传输总线。通常总线分为以下几类：

（1）按传输信号性质可分为数据总线（Data Bus）、地址总线（Address Bus）、控制总线（Control Bus）。

（2）按层次可分为：片内总线、片总线、内总线（系统总线）和外总线，如图 2-18 所示。

片内总线位于微处理器芯片内部，故称为芯片内部总线。如在 CPU 芯片内部，寄存器与寄存器之间、寄存器与算术逻辑单元之间都有总线连接。由于受芯片面积及对外引脚数的限制，片内总线大多采用单总线结构，有利于提高芯片集成度和成品率，若要求加快内部数据传送速度，可采用双总线或三总线结构。

片总线，又称元件级（芯片级）总线或局部总线，用于集成电路芯片内部各部分的连接。微机主板、单板机及其他一些插件板/卡（如各种 I/O 接口板/卡），它们本身就是一个完整的子系统，板/卡上包含有 CPU、RAM、ROM、I/O 接口等各种芯片，这些芯片间也是通过总线来连接的，因为这有利于简化结构，减少连线，提高可靠性，方便信息的传送与控制。

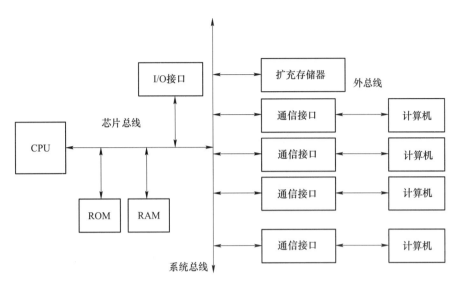

图 2-18　微机总线层次结构示意图

内总线，又称系统总线或板级总线。因为该总线是用来连接微机各功能部件而构成一个完整微机系统的，所以称之为系统总线。系统总线是微机系统中最重要的总线，人们平常所说的微机总线就是指系统总线。系统总线上传送的信息包括数据信息、地址信息、控制信息，因此，系统总线包含有三种不同功能的总线，即数据总线 DB、地址总线 AB 和控制总线 CB。内总线的性能直接影响整个计算机系统的性能，本书总线操作指的是系统总线。

外总线，又称通信总线，用于微机之间、微机系统与其他电子仪器或电子设备之间的通信，如 RS232C，USB 等。

2.2.5.2　时钟周期与总线周期

一条指令的执行需要若干个总线周期才能完成，而一个总线周期又由若干个时钟周期构成。

A　时钟周期

时钟周期，又称 T 状态（T 周期），CPU 的基本时间计量单位，是控制微处理器工作的时钟信号的一个周期（下降沿、低电平、上升沿、高电平）。时钟信号是一个按一定电压幅度，一定时间间隔发出的脉冲信号。CPU 按严格的时间标准发出地址、控制信号，存储器、接口也按严格的时间标准送出或接收数据。这个时间标准由时钟信号确定。它由计算机的主频决定，如 8086 CPU 的主频为 5MHz 时，1 个时钟周期就是 200ns。

B　总线周期

CPU 通过系统总线对外部存储器或 I/O 端口进行一次访问所需的时间称为总线周期。8086/8088 CPU 中，一个基本的总线周期由 4 个时钟周期组成，习惯上将 4 个时钟周期分别称为 4 个状态，即 T_1、T_2、T_3 和 T_4 状态。当存储器和外设速度较慢时，要在 T_3 状态之后插入 1 个或几个等待状态 T_W，如图 2-19 所示。

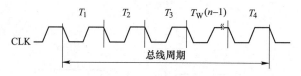

图 2-19   总线周期与时钟周期

常用的总线操作和对应的总线周期如表 2-7 所示。

表 2-7   总线操作与总线周期

总线操作	总线周期
读存储器操作（取指令、取操作数）	存储器读周期
写存储器操作（将结果存放到内存）	存储器写周期
读 I/O 端口操作（取 I/O 端口中的数）	I/O 端口读周期
写 I/O 端口操作（往 I/O 端口写数）	I/O 端口写周期
中断响应操作	中断响应周期

C   指令周期

CPU 执行某一条指令所需的时间（包括取指令的总线周期和执行指令的具体操作所需的时间），用所需的时钟周期数表示。不同指令的执行时间不同；同一类型的指令，由于操作数不同，指令周期也不同。执行指令的过程中，若需从存储器或 I/O 端口读取或存放数据，则一个指令周期通常包含若干个总线周期。8086/8088 CPU 取指令、执行指令分别由 BIU、EU 完成，取指令和执行指令是并行的，故 8086/8088 CPU 的指令周期不考虑取指时间。

例   MOV   AX, BX   ;2 个 T 周期
      MUL   BL   ;70~77 个 T 周期
      MOV   [BX], AX   ;14 个 T 周期，需存放结果到（DS：BX）内存单元，
                            包括存储器写周期

2.2.5.3   时序

在微机系统中，CPU 在时钟信号控制下，按顺序执行指令操作。以时钟信号为节拍，各操作执行的时间顺序，称为时序。工作时序表明了 CPU 各引脚在时间上的工作关系。时序是计算机操作运行的时间顺序，也是指信号高低电平（有效或无效）变化及相互间的时间顺序关系。

尽管不同的 CPU 有不同的指令和时序关系，但是也有很多相同的地方。因此掌握了一种 CPU 的时序之后，容易学习和了解其他 CPU 的时序，本书以 8086 最小模式下的总线操作为例，介绍其各引脚的时序关系。

对总线操作时序的学习是理解 CPU 对外操作的关键。用时序图描述某一操作过程中芯片/总线上相关引脚信号随时间发生变化的关系。时序图以时钟脉冲信号为横坐标轴，表示时间顺序；相关操作的引脚信号随时间发生变化的情况为纵轴。

A   总线读操作时序

总线读操作就是指 CPU 从存储器或 I/O 端口读取数据。图 2-20 是 8086 在最小模式下的总线读操作时序图。

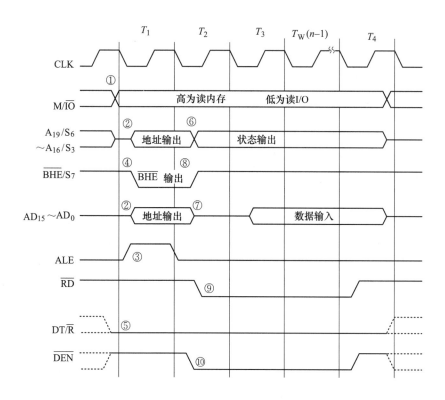

图 2-20　8086 读周期的时序

a　T_1 状态

为了从存储器或 I/O 端口读出数据，首先要用 M/$\overline{\text{IO}}$ 信号指出 CPU 是要从内存还是 I/O 端口读，所以 M/$\overline{\text{IO}}$ 信号在 T_1 状态变为有效（见图 2-20 ①）。M/$\overline{\text{IO}}$ 信号的有效电平一直保持到整个总线周期的结束，即 T_4 状态。

为指出 CPU 要读取的存储单元或 I/O 端口的地址，8086 的 20 位地址信号通过分时复用引脚 $A_{19}/S_6 \sim A_{16}/S_3$ 和 $AD_{15} \sim AD_0$ 输出，送到存储器或 I/O 端口（见图 2-20 ②）。

必须锁存地址信息，才能在总线周期的其他状态，利用这些引脚传输数据和状态信息。为了实现地址锁存，CPU 在 T_1 状态从 ALE 引脚输出一个正脉冲作为地址锁存信号（见图 2-20 ③）。在 ALE 下降沿到来之前，M/$\overline{\text{IO}}$ 信号、地址信号均已有效。锁存器 8282 利用 ALE 下降沿对地址进行锁存。

$\overline{\text{BHE}}$ 信号通过 $\overline{\text{BHE}}/S_7$ 引脚送出（见图 2-20 ④），表示高 8 位数据总线上的信息可用。

此外，当系统中接有数据总线收发器时，在 T_1 状态 DT/$\overline{\text{R}}$ 输出低电平，表示本总线周期为读周期，即让数据总线收发器接收数据（见图 2-20 ⑤）。

b　T_2 状态

地址信号消失，$AD_{15} \sim AD_0$ 进入高阻状态（见图 2-20 ⑦），为读入数据作准备；而 $A_{19}/S_6 \sim A_{16}/S_3$ 和 $\overline{\text{BHE}}/S_7$ 输出状态信息 $S_7 \sim S_3$（见图 2-20 ⑥和⑧）。

$\overline{\text{DEN}}$ 信号变为低电平（见图 2-20 ⑩），从而在系统中接有总线收发器时，获得数据传输允许信号。

CPU 在 $\overline{RD}$ 引脚上输出读有效信号（见图 2-20 ⑨），送到系统中所有存储器或 I/O 接口芯片，但是，只有被地址信号选中的存储单元或 I/O 端口，才会被从中读出数据，并将数据送到系统数据总线上。

c　T_3 状态

在 T_3 状态前沿（下降沿处），CPU 对引脚 READY 进行采样，如果 READY = 1，则 CPU 在 T_3 状态后沿（上升沿处）通过 $AD_{15} \sim AD_0$ 获取数据；如果 READY = 0，将插入等待状态 T_W，直到 READY 信号变为高电平。

d　T_W 状态

当系统中所用的存储器或 I/O 设备的工作速度较慢，不能用最基本的总线周期执行读操作时，系统就要用一个电路来产生 READY 信号。低电平的 READY 信号必须在 T_3 状态启动之前向 CPU 发出，则 CPU 将会在 T_3 状态和 T_4 状态之间插入若干个等待状态 T_W，直到 READY 信号变为高电平。在执行最后一个等待状态 T_W 的后沿（上升沿）处，CPU 通过 $AD_{15} \sim AD_0$ 获取数据。

e　T_4 状态

总线操作结束，相关系统总线变为无效电平。

B　总线写操作时序

总线写操作就是指 CPU 向存储器或 I/O 端口写入数据。图 2-21 是 8086 在最小模式下的总线写操作时序图。

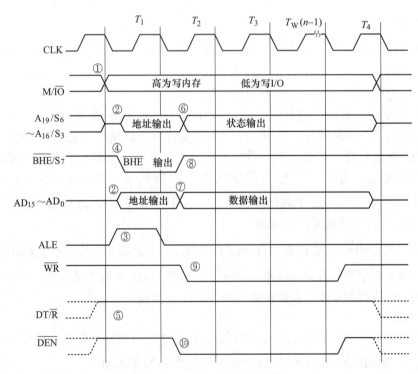

图 2-21　8086 写周期的时序

总线写操作时序与总线读操作时序基本相同，区别在于：

（1）对存储器或 I/O 端口操作选通信号的不同。总线读操作中选通信号是$\overline{\text{RD}}$，总线写操作中是$\overline{\text{WR}}$，全部总线周期 DT/$\overline{\text{R}}$ 输出高电平。

（2）T_2 状态 $AD_{15} \sim AD_0$ 上地址信号消失后的状态不同。总线读操作中，此时 $AD_{15} \sim AD_0$ 进入高阻状态，并在随后的状态中为输入方向；而在总线写操作中，此时 CPU 立即通过 $AD_{15} \sim AD_0$ 输出数据，并一直保持到 T_4 状态中间。

C 中断响应周期

CPU 在每条指令的最后一个 T 状态，采样中断请求 INTR 信号（要求 INTR 信号是一个高电平信号，并且维持两个时钟周期）。CPU 在一条指令的最后一个时钟周期采样 INTR，若有效，如果中断允许标志 IF = 1，则 CPU 在当前指令执行完毕以后响应中断，产生两个连续的中断响应周期，图 2-22 是中断响应周期时序图。

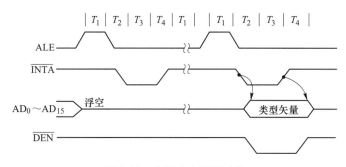

图 2-22 中断响应周期时序

在第一个中断响应总线周期，CPU 通过发出中断响应信号$\overline{\text{INTA}}$来通知外设，表示 CPU 准备响应此中断请求（INTR）。在第二个中断响应总线周期，CPU 再次发出$\overline{\text{INTA}}$中断响应信号，该信号通知外设送中断类型码，中断源将中断类型码放到数据总线上，CPU 读取中断类型码并据此转入中断服务子程序。

在中断响应期间，ALE 为低，数据/地址线浮空，数据/状态线浮空。在两个中断响应周期之间可安排 2~3 个空闲周期 T_1（8086）或没有（8088）。在最小模式下，中断应答信号$\overline{\text{INTA}}$来自 8086 的引脚，而在最大模式时，则是通过$\overline{\text{S}}_2$、$\overline{\text{S}}_1$、$\overline{\text{S}}_0$ 的组合由总线控制器产生。

2.3 8086/8088 微处理器的存储器组织结构

8086/8088 微处理器对存储器的管理采用实模式（也称为实地址模式）存储器寻址，即允许微处理器寻址内存起始的 1MB 存储空间，这 1MB 存储器也称为实模式存储器。CPU 工作在实模式下具有软件向上兼容特性，即实模式操作时允许 8086/8088 上设计的程序可以直接在 Intel 更高型号的 CPU 上运行。8086/8088 CPU 只能工作在实模式，80286 及更高型号 CPU 可以工作于实模式或保护模式，32 位系统每次启动或复位后均默认为实模式。

2.3.1　8086 的存储器组织

8086/8088 有 20 条地址线，可直接对 1M(2^{20}) 个存储单元进行访问，每个存储单元存放一个字节型数据，每个存储单元都有一个 20 位的地址：00000H~FFFFFH。一个存储单元中存放的信息称为该存储单元的内容。如图 2-23 所示，地址为 00001H 存储单元的内容为 9FH，记为：(00001H) = 9FH。

8086/8088 字长是 16 位的，存储器数据存放以字节为单位，一个字存入存储器占有相邻的两个内存单元：低位字节存入低地址，高位字节存入高地址。字单元的地址采用它的低地址来表示。

注意：同一个地址既可以看作字节单元地址，又可看作字单元地址，也可以看作双字单元地址；需要根据使用情况确定。字单元地址可以是偶数也可以是奇数，为提高传送效率，建议字单元地址为偶地址，因为如果字操作数存放在奇地址开始两个存储单元中进行数据传输，CPU 读取需要 2 个总线周期。

（1）内存单元中的字节。每个内存单元保存一个字节数据，例如图 2-23 中，地址为 00000H 存储单元中的字节数据为 78H，表示为：(00000H) = 78H。

（2）内存单元中的字。如果数据以字为单位，则占用连续的两个内存单元，且用低地址表示，低地址保存低位字节，高地址保存高位字节。例如图 2-23 中，地址为 0011FH 存储单元中的字数据为 DF46H，表示为：(0011FH) = DF46H。

（3）内存单元中的双字。如果数据以双字为单位，则占用连续的四个字节单元，且用低地址表示。例如图 2-23 中，地址为 0011FH 存储单元中的双字数据为 886CDF46H，表示为：(0011FH) = 886CDF46H。

存储单元内容	存储单元地址
78H	00000H
9FH	00001H
⋮	⋮
46H	0011FH
DFH	00120H
6CH	00121H
88H	00122H
⋮	⋮
6FH	FFFFFH

图 2-23　数据在存储器中的存放

2.3.2　存储器的分段结构

因 8086/8088 有 20 条地址线，可直接寻址 1MB 的内存空间，为保证每个内存单元都有唯一地址，必须采用长度为 20 位的地址码，即地址从 00000~FFFFFH 编码，给定一个 20 位的地址就可以从内存相应地址单元中取出所需要的指令和操作数，这个 20 位地址称为内存单元的物理地址。

问题是在 8086/8088 内部如何形成这 20 位的地址？由于 8086/8088 为 16 位体系结构处理器，其内部寄存器和算术逻辑运算器 ALU 均为 16 位，因此对地址的运算也只能是 16 位的。即对于 8086/8088 来说，寻址的范围最多只能是 64KB(2^{16}) 的存储空间。为了能够寻址 1MB 内存，8086/8088 采用将地址空间分段的方法，即把 1MB 的存储器分成若干个 64KB 的段，对于每一段分别管理，用段地址和偏移地址的组合来访问存储单元，由微处理器总线接口单元 BIU 中的地址加法器完成段地址和偏移地址的组合过程，得到 20 位物理地址。

2.3.2.1　段地址和偏移地址

每个段的第一个单元为段首，8086/8088 对段的起始地址有限制，即段不能从任意地址开始：必须从任一小段（paragraph）的首地址开始。从 0 地址开始每 16 字节为一小段，每个小段的起始地址（段首地址）的低 4 位为 0。段首地址用十六进制可表示为 XXXX0H，其高 16 位 XXXXH 称为段基址，可用 16 位的段寄存器 CS、SS、DS 和 ES 保存段基址。

每个段的最大长度为 64KB，这样段内每个单元与段首的距离小于 64KB，将一个段内某一内存单元到段首的距离称为偏移地址，该地址也可以用 16 位地址指针寄存器和变址寄存器保存，如 SP、IP、BX、BP、SI 或 DI 寄存器。

在寻址一个具体的内存单元时，必须得到该内存单元的物理地址，每当需要形成一个 20 位物理地址时，会选择相应的段寄存器，将其中的段基址左移 4 位（即乘 16），然后与段内 16 位偏移地址相加，如图 2-24 所示。

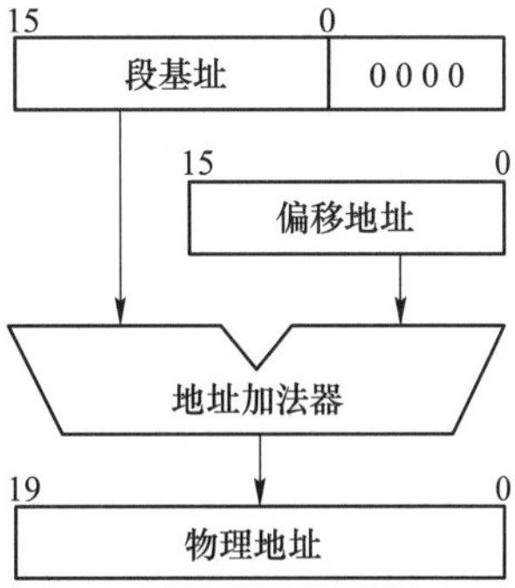

2.3.2.2 逻辑地址与物理地址

由于采用了存储器分段管理方式，8080/8088 CPU 在对存储器进行访问时，根据当前的操作类型（取指令或存取操作数）以及读取操作数时指令所给出的寻址方式，CPU 就可确定要访问的存储单元所在段的段地址以及该单元在本段内的偏移地址。

图 2-24　20 位物理地址的形成

将用段基址和偏移地址来表示的存储单元的地址称为逻辑地址，表示为段基址：偏移地址。

物理地址是由 CPU 内部总线接口单元 BIU 中的地址加法器根据逻辑地址计算产生的。由逻辑地址形成 20 位物理地址的方法为：

$$物理地址 = 段首地址 + 偏移地址 = 段基址 \times 16（或 10H）+ 偏移地址$$

一个物理地址可对应多个逻辑地址。例如物理地址 10145H 既可以由段基址 1010H 左移 4 位（乘 16）与偏移地址 0045H 相加得到，也可以由段基址 1014H 左移 4 位与偏移地址 0005H 相加得到。

2.3.2.3 段寄存器的使用分配

8086/8088 将整个存储器分为许多逻辑段，每个逻辑段的容量小于或等于 64KB，允许它们在整个存储空间中浮动，各个逻辑段之间可以紧密相连，也可以互相重叠。

用户编写的程序（包括指令代码和数据）被分别存储在代码段、数据段、堆栈段和附加数据段中，这些段的段基址分别存储在代码段寄存器 CS、数据段寄存器 DS、堆栈段寄存器 SS 和附加段寄存器 ES 中，而指令或数据在段内的偏移地址可由对应的地址寄存器以各种寻址方式确定的有效地址给出，8086/8088 系统访问存储器时存放段地址的段寄存器和存放偏移地址的寄存器之间的组合如表 2-8 所示。

（1）代码段用于存放指令，其段基地址存放在 CS 中，段内偏移地址保存在 IP 寄存器中。取指令时，自动选择代码段寄存器 CS，乘 16，再加上由 IP 决定的 16 位偏移量，计算得到要取指令的 20 位物理地址，即 (CS)×16+(IP)。

（2）数据段用于存放程序所需要的数据，其段基址存放在 DS 中，段内偏移地址可由指令直接给出，或根据不同寻址方式计算得到有效地址（EA）（详细描述见 3.2.1 节），用于保存数据段偏移地址的寄存器为 BX、SI、DI。

表 2-8　存储器操作时段地址和偏移地址组合

存储器操作	段地址		偏移地址
	缺省	段跨越	
取指令	CS	无	IP
存取操作数	DS	CS、ES、SS	有效地址 EA
BP 间址存取操作数	SS	CS、ES、SS	有效地址 EA
堆栈操作	SS	无	BP、SP
源字符串	DS	CS、ES、SS	SI
目的字符串	ES	无	DI

涉及到操作数存取时，在指令中没有给出段寄存器时，自动选择数据段寄存器 DS，乘 16，再加上 16 位偏移地址，计算得到操作数的 20 位物理地址。其中：16 位偏移地址根据寻址方式不同，通过有效地址（EA）得到，数据段中某一内存单元的物理地址为（DS）×16+EA。

（3）堆栈段作为临时数据存储区，用于存放暂时不用又必须保存的数据。其段基址存放在堆栈段寄存器 SS 中，栈顶偏移地址由堆栈指针寄存器 SP 给出，段内除栈顶外其他内存单元的地址存放在寄存器 BP 中。

堆栈栈顶操作时，自动选择堆栈段寄存器 SS，乘 16，再加上由 SP 决定的 16 位偏移地址，计算得到堆栈栈顶操作需要的 20 位物理地址，即（SS）×16+（SP）。

（4）附加段是辅助的数据区，用于串操作指令，保存目的串数据，其段基地址保存在 ES 中，段内偏移地址保存在目的变址寄存器 DI 中，附加段内某一内存单元的物理地址为（ES）×16+（DI）。

【例 2-1】　当前的寄存器（CS）= 3000H,（DS）= 5000H,（IP）= 2000H,（SI）= 1000H，某一操作数保存在数据段中，其偏移地址保存在 SI 寄存器中，求下一条要读取指令的物理地址和操作数所在存储单元的地址。

解：因指令保存在代码段寄存器 CS，其偏移地址由 IP 给出，则下一条要读取的指令所在存储单元的物理地址为：（CS）×10H+（IP）= 3000H×10H+2000H = 32000H。

由题知数据保存在数据段 DS，该操作数在数据段内的偏移地址保存在 SI 中，则该操作数所在存储单元的物理地址为：（DS）×10H+（SI）= 5000H×10H+1000H = 51000H。

2.3.2.4　段的分配

各段在存储器中分配：

（1）一般情况，各段在存储器中的分配是由操作系统负责，每个段可以独立地占用 64KB 存储区。

（2）各段也允许重迭，这是指每个段的大小允许根据实际需要来分配，而不一定要占 64KB 的最大段空间。当然每个存储单元的内容不允许发生冲突（段可重迭，但使用时应防止冲突）。

（3）如果程序中的四个段都是 64KB 的范围之内，而且程序运行时所需要的信息都在本程序所定义的段区之内，程序员只要在程序的首部设定各段寄存器的值就可以了，在程序中就不用再考虑这些段寄存器。

（4）如果程序的某一段（如数据段）在程序运行过程中会超过 64KB 空间，或者程序中可能访问除本身四个段以外的其他段区的信息，那么在程序中必须动态地修改段寄存器的内容。

上述的存储器分段方法，对于要求程序区、堆栈区和数据区互相隔离的这类任务是非常方便的。对于一个程序中要用的数据区超过 64KB，或要求从两个或多个不同区域存取操作数时，也极为方便，只要在取操作数前用指令给 DS 重新赋值即可。这种分段方法也适用于程序的再定位，可以实现同一个程序能在内存的不同区域中运行而不改变程序本身。

2.3.2.5　8086 存储区的分配

8086/8088 CPU 系统中，存储器首尾地址的用途固定：

00000H~003FFH 共 1KB 内存单元用于存放中断向量（中断矢量），该区域称为中断向量表。中断向量的概念及应用参阅第 6 章有关中断的内容；

FFFF0H~FFFFFH 是存储器底部的 16 个单元，系统加电复位时，会自动转到 FFFF0H 单元执行，而在 FFFF0H 处存放一条无条件转移指令，转向系统初始化程序。

2.3.3　堆栈

堆栈是一种数据结构，是在内存中的一个大小可由指令指定的临时数据区，这个区域中数据的存取采用"后进先出"的原则。堆栈通常用于子程序调用、系统功能调用、中断处理等操作，或作为临时数据区用于存放寄存器或存储器中暂时不用又必须保存的数据。例如，如果在程序中要用到某些寄存器，但它的内容却在将来还要用，这时就可以用堆栈把它们保存起来，然后到必要时再恢复其原始内容。

2.3.3.1　栈顶和栈底

堆栈区域的段基址存放在堆栈段寄存器 SS 中，其出入口是用堆栈指针 SP 来指示的，SP 任何时候都指向当前堆栈数据区的栈顶。

栈底是指堆栈段中最高地址单元，栈底到栈顶之间表示已存储数据，栈顶到堆栈段段首之间的存储单元是空余存储空间，可以继续存放数据。

例如，如图 2-25 所示，如果（SS）＝9000H，（SP）＝0E200H，堆栈段为 64KB，则整个堆栈段的物理地址范围为：90000H~9FFFFH；栈顶的物理地址为：9E200H；栈底的物理地址为：9FFFFH。

2.3.3.2　堆栈用途

堆栈用于存放 CPU 寄存器或存储器中暂时不使用的数据，使用数据时将其弹出；调用子程序、响应中断时都要用到堆栈。调用子程序（或过程）或发生中断时要保护断点的地址，子程序或中断返回时恢复断点。

（1）调用子程序：将下条指令地址，即 IP 值，保存起来（代码段寄存器 CS 和指令指针 IP），保证子程序执行完后准确返回主程序继续执行。

（2）执行子程序时，通常用到内部寄存器，执行结果会影响标志位，必须在调用子程序之前将当前寄存器内容保护起来（入栈），需要时再弹出（出栈）。

（3）存放 CPU 寄存器或存储器中暂时不使用的数据，用入栈指令将数据压入堆栈。

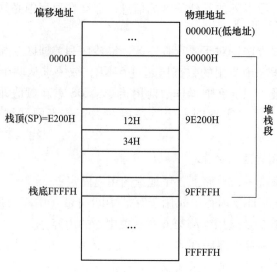

图 2-25　堆栈示例图

2.3.3.3　堆栈操作

对堆栈的操作包括入栈和出栈，对堆栈的存取必须以字（16 位）为单位。堆栈段在内存中基地址由 SS 给出，栈顶偏移地址由 SP 给出，对堆栈的操作遵循"后进先出"的原则。

A　入栈

向堆栈存放数据称为入栈，该操作从高地址向低地址方向移动，每执行一次入栈操作，SP 减 2，将一个 16 位字数据存放在栈区中。

B　出栈

从堆栈取出数据称为出栈，该操作从低地址向高地址方向移动，每执行一次出栈操作，从栈区取一个 16 位字数据，SP 加 2。

2.4　32 位微处理器的内部结构

1985 年 10 月，Intel 公司宣布了其第一片 32 位微处理器 80386，在 80386 芯片内部集成了存储器管理部件和硬件保护机构，内部寄存器的结构及操作系统全都是 32 位的。它的地址线为 32 位，可寻址的物理存储空间为 4GB（2^{32}），80386 支持的虚拟地址空间（逻辑地址空间）可以达到 64TB（Tera Byte）。80486 是 Intel 公司的一款 CISC（Complex Instruction Set Computer，即复杂指令系统计算机）架构的 x86 CPU。内外部数据总线是 32 位，地址总线为 32 位，可寻址 4GB 的存储空间，支持虚拟存储管理技术，虚拟存储空间为 64TB。Pentium 是 Intel 第五代 x86 架构微处理器，是继 486 产品线之后的 32 位微处理器，Pentium 是 x86 系列一大革新，其中晶体管数大幅提高，增强了浮点运算功能。下面以 Pentium 微处理为例介绍其结构及 32 位微处理器的工作模式。

2.4.1　Pentium 微处理器的内部结构

Pentium CPU 内部的主要部件包括：总线接口部件、U 流水线和 V 流水线、指令高速缓冲存储器 Cache、数据高速缓冲存储器 Cache、指令预取部件、指令译码器、浮点处理单元 FPU、分支目标缓冲器 BTB（Branch Target Buffer）、控制 ROM、寄存器组。Pentium 微处理器的原理结构图如图 2-26 所示。

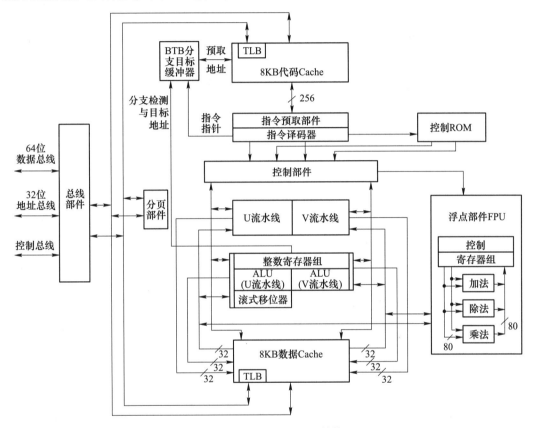

图 2-26　Pentium CPU 原理结构图

2.4.1.1　总线接口单元

在 Pentium CPU 中，总线接口部件实现微处理器与微型计算机系统总线的连接，其中包括 64 位双向的数据线、32 位地址线和所有的控制信号线，具有锁存与缓冲等功能，总线接口部件实现 CPU 与外设之间的信息交换，并产生相应的各类总线周期。Pentium 微处理器与外部交换数据可以是 64 位，还可以是 32 位、16 位或者 8 位。

2.4.1.2　分段单元和分页单元

分段单元将程序提供的逻辑地址转换为线性地址，分页单元将线性地址转换为物理地址。分页是将段分为多个固定大小的页面（通常为 4KB），分页支持虚拟存储器环境。内存中只保留程序访问的页面，而众多的页面被存储在磁盘中。当程序要访问线性地址空间中的某个地址时，分页单元先将线性地址转换为存储器的物理地址，然后执行对该地址的读操作或写操作。如果所访问的页面不在物理内存中，微处理器就会暂时中断该程序的执行，由操作系统将所需的页面从磁盘读入物理内存中，然后接着执行被中断的程序。

2.4.1.3　指令 Cache 和数据 Cache

Pentium 在片内设置了 2 个独立的 8KB Cache，分别用于存放指令代码与数据。指令 Cache 是内存中一部分程序的副本，通过触发方式从内存中每次读入一块，即存入某一 Cache 行中，便于 CPU 执行程序时取出并执行；数据 Cache 是可以读写的，双端口结构，每个端口与 U、V 两条指令流水线交换整数数据，或者组合成 64 位数据端口，用来与浮点运算部件交换浮点数据。指令 Cache 与数据 Cache 均与 CPU 内部的 64 位数据线以及 32 位地址线相连。互相独立的指令 Cache 和数据 Cache 有利于 U、V 两条流水线的并行操作，它不仅可以同时与 U、V 两条流水线分别交换数据，而且使指令预取和数据读写能无冲突地同时进行。可以通过硬件或软件方法来禁止或允许使用 Pentium CPU 内部的 Cache。

2.4.1.4　U 流水线和 V 流水线

Pentium 有 U、V 两条指令流水线，故称之为超标量流水线，超标量流水线技术的应用，使得 Pentium CPU 的速度较 80486 有很大的提高。因此，超标量流水线是 Pentium 系统结构的核心。U、V 流水线中整数指令流水线均由 5 段组成。分别为预取指令、指令译码、地址生成、指令执行和结果写回。由于采用了指令流水线作业，每条指令流水线可以在 1 个时钟周期内执行一条指令。

2.4.1.5　指令预取单元、指令译码单元和控制 ROM

指令预取单元从指令 Cache 中预先取指令，每次取两条指令。如果是简单指令，通过指令译码单元译码后，将两条指令分别送到 U 流水线和 V 流水线执行。如果是复杂指令，通过控制 ROM 将其转换成对应的一系列微指令，再送到 U 流水线和 V 流水线执行。复杂指令对应的微指令存放在控制 ROM 中。微指令是微处理器能够直接执行的指令，它的长度是固定的，因此很容易在流水线中进行处理。

2.4.1.6　浮点处理单元

Pentium CPU 内部的浮点运算部件在 80486 的基础上进行了重新设计。浮点运算部件内有专门用于浮点运算的加法器、乘法器和除法器，还有 80 位宽的 8 个寄存器组，内部的数据通路为 80 位。

2.4.1.7　分支转移目标缓冲器

Pentium 采用了分支目标缓冲器 BTB 实现动态转移预测，可以减少指令流水作业中因分支转移指令而引起的流水线断流。引入了转移预测技术，不仅能预测转移是否发生，而且能确定转移到何处去执行程序。许多分支转移指令转向每个分支的机会不是均等的，而且大多数分支转移指令排列在循环程序段中，除了一次跳出循环体之外，其余转移的目标地址均在循环体内。因此，分支转移指令的转移目标地址是可以预测的，即根据历史状态预测下一次转移的目标地址。预测的准确率不可能为 100%，但是对于某些转移指令预测的准确率却非常高。

2.4.1.8　控制单元

控制单元的功能是通过对来自指令译码单元和控制 ROM 中微程序的解析，控制 U 流水线、V 流水线和浮点处理单元的正常运行。

2.4.2 32位微处理器的寄存器结构

32位微处理器的寄存器组主要包括：基本寄存器组、系统寄存器组和浮点寄存器组。基本寄存器组包括通用寄存器、指令指针寄存器、标志寄存器、段寄存器；系统寄存器组包括系统地址寄存器、控制寄存器、调试与测试寄存器；浮点寄存器组包括数据寄存器、控制寄存器、状态寄存器、指令指针寄存器和数据指针寄存器、标记字寄存器。

Pentium 微处理的寄存器结构如图 2-27 所示，它实际上是呈现在程序设计者面向的寄存器集合，因此也称为微处理器的编程结构。Pentium 系列微处理为 32 位结构，其寄存器模型包括 8 个 32 位通用寄存器、6 个段寄存器、1 个指令指针寄存器、1 个标志寄存器。

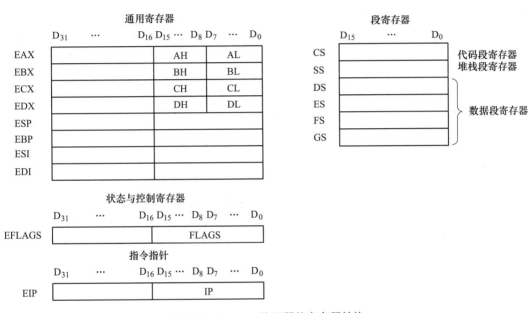

图 2-27　Pentium 处理器的寄存器结构

2.4.2.1 通用寄存器

通用寄存器最常被用来进行算术运算和数据寻址，包含 4 个数据寄存器（EAX、EBX、ECX、EDX）、2 个变址寄存器（ESI 和 EDI）和 2 个指针寄存器（ESP 和 EBP）。

A　数据寄存器

数据寄存器包括 EAX、EBX、ECX、EDX，它们都可以作为 32 位寄存器、16 位寄存器或者 8 位寄存器使用，如表 2-9 所示。大多数算术运算和逻辑运算指令都可以使用这些寄存器。

表 2-9　数据寄存器最低划分为 8 位

32 位	16 位	高 8 位	低 8 位
EAX	AX	AH	AL
EBX	BX	BH	BL
ECX	CX	CH	CL
EDX	DX	DH	DL

EAX（Accumulator，累加器）：EAX 可作为累加器用于乘法、除法及一些调整指令，对于这些指令，累加器常表现为隐含形式。EAX 为 32 位寄存器，其中 16 位 AX 寄存器可单独使用，而 AX 寄存器可以被划分为 8 位寄存器 AL 和 AH。如果作为 8 位或 16 位寄存器使用，则只改变 32 位寄存器的一部分，其余部分不受影响。当累加器用于乘法、除法及一些调整指令时，它具有专门的用途。

EBX（Base，基址）：常用于地址指针，保存被访问存储器单元的偏移地址。可以作为 32 位寄存器（EBX）、16 位寄存器（BX）或 8 位寄存器（BH 或 BL）使用。在 80x86 系列的各种型号微处理器中，均可以用 BX 存放访问存储单元的偏移地址。

ECX（Count，计数）：经常用作计数器，它可以作为 32 位寄存器（ECX）、16 位寄存器（CX）或 8 位寄存器（CH 或 CL）使用。ECX 可用来作为循环指令、串操作指令等的计数值。在 80386 及更高型号的微处理器中，ECX 也可用来存放访问存储单元的偏移地址。

EDX（Data，数据）：EDX 用于保存乘法运算产生的部分积，或除法运算之前的部分被除数。对于 80386 及更高型号的微处理器，这个寄存器也可用来寻址存储器数据。EDX 常与 EAX 配合，用于保存乘法形成的部分结果，或者除法操作前的被除数，它还可以保存寻址存储器数据。

B 指针和变址寄存器

堆栈指针寄存器 ESP、基址指针寄存器 EBP、源变址寄存器 ESI 和目的变址寄存器 EDI，这 4 个寄存器均可作为 32 位寄存器使用，也可作为 16 位寄存器使用（SP、BP、SI 和 DI）。

EBP 和 ESP 是 32 位寄存器，常用于堆栈操作，用来在栈区寻址数据。

EDI 和 ESI 常用于数据传输的串操作，EDI 用于寻址目标数据串，ESI 用于寻址源数据串。

2.4.2.2 指令指针寄存器

指令指针寄存器 EIP（extra instruction pointer）存放指令的偏移地址。微处理器工作于实模式下，EIP 是 IP（16 位）寄存器。CPU 工作于保护模式时 EIP 为 32 位寄存器。EIP 总是指向程序的下一条指令。EIP 用于微处理器在程序中顺序地寻址代码段内的下一条指令。当遇到跳转指令或调用指令时，指令指针寄存器的内容需要修改。

2.4.2.3 标志寄存器 EFLAGS（extra flags register）

EFLAGS 包括状态位、控制位和系统标志位，用于指示微处理器的状态并控制微处理器的操作。EFLAGS 标志寄存器格式如图 2-28 所示。

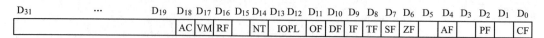

D31	...	D19	D18	D17	D16	D15	D14	D13	D12	D11	D10	D9	D8	D7	D6	D5	D4	D3	D2	D1	D0
			AC	VM	RF		NT	IOPL		OF	DF	IF	TF	SF	ZF		AF		PF		CF

图 2-28 EFLAGS 标志寄存器格式

（1）状态标志位：包括进位标志 CF、奇偶标志 PF、辅助进位标志 AF、零标志 ZF、符号标志 SF 和溢出标志 OF。

（2）控制标志位：包括陷阱标志（单步操作标志）TF、中断标志 IF 和方向标志 DF。

32 位 CPU 标志寄存器中的状态标志位和控制标志位与 8086 CPU 标志寄存器中的状态标志位和控制标志位的功能完全一样，这里不再赘述。

（3）系统标志位和 IOPL 字段：在 EFLAGS 寄存器中的系统标志和 IOPL 字段，用于控制操作系统或执行某种操作。它们不能被应用程序修改。

IOPL（I/O privilege level field）：输入/输出特权级标志位。它规定了能使用 I/O 敏感指令的特权级。在保护模式下，利用这两位编码可以分别表示 0，1，2，3 这四种特权级，0 级特权最高，3 级特权最低。在 80286 以上的处理器中有一些 I/O 敏感指令，如 CLI（关中断指令）、STI（开中断指令）、IN（输入）、OUT（输出）。IOPL 的值规定了能执行这些指令的特权级。只有特权高于 IOPL 的程序才能执行 I/O 敏感指令，而特权低于 IOPL 的程序，若企图执行敏感指令，则会引起异常中断。

NT（nested task flag）：任务嵌套标志。在保护模式下，指示当前执行的任务嵌套于另一任务中。当任务被嵌套时，NT=1，否则 NT=0。

RF（resume flag）：恢复标志。与调试寄存器一起使用，用于保证不重复处理断点。当 RF=1 时，即使遇到断点或故障，也不产生异常中断。

VM（virtual 8086 mode flag）：虚拟 8086 模式标志。用于在保护模式系统中选择虚拟操作模式。VM=1，启用虚拟 8086 模式；VM=0，返回保护模式。

AC（alignment check flag）：队列检查标志。如果在不是字或双字的边界上寻址一个字或双字，队列检查标志将被激活。

2.4.2.4 段寄存器

32 位微处理器包括 6 个段寄存器（CS、SS、DS、ES、FS、GS），分别存放段基址（实地址模式）或选择符（保护模式），用于与微处理器中的其他寄存器联合生成存储器单元的物理地址。

A 代码段寄存器 CS

代码段是一个用于保存微处理器程序代码（程序和过程）的存储区域。CS 存放代码段的起始地址。在实模式下，它定义一个 64KB 存储器段的起点。在保护模式下工作时，它选择一个描述符，这个描述符描述程序代码所在存储器单元的起始地址和长度。在保护模式下，代码段的长度为 4GB。

B 数据段寄存器 DS

数据段是一个存储数据的存储区域，程序中使用的大部分数据都在数据段中。DS 用于存放数据段的起始地址。可以通过偏移地址或者其他含有偏移地址的寄存器，寻址数据段内的数据。在实模式下工作时，它定义一个 64KB 数据存储器段的起点。在保护模式下，数据段的长度为 4GB。

C 堆栈段寄存器

堆栈段寄存器 SS 用于存放堆栈段的起始地址，堆栈指针寄存器 ESP 确定堆栈段内当前的入口地址。EBP 寄存器可以寻址堆栈段内的数据。

D 附加段寄存器 ES、FS 和 GS

ES 存放附加数据段的起始地址。常用于存放数据段的段基址或者在串操作中作为目标数据段的段基址。

FS 和 GS 是附加的数据段寄存器，作用与 ES 相同，以便允许程序访问两个附加的数据段。

在保护模式下，每个段寄存器都含有一个程序不可见区域。这些寄存器的程序不可见区域通常称为描述符的高速缓冲存储器（descriptor cache），因此它也是存储信息的小存储器。这些描述符高速缓冲存储器与微处理器中的一级或二级高速缓冲存储器不能混淆。每当段寄存器中的内容改变时，基地址、段界限和访问权限就装入段寄存器的程序不可见区域。例如当一个新的段基址存入段寄存器时，微处理器就访问一个描述符表，并把描述符表装入段寄存器的程序不可见的描述符高速缓冲存储器区域内。这个描述符一直保存在此处，并在访问存储器时使用，直到段再次改变。这就允许微处理器在重复访问一个内存段时，不必每次都去查询描述符表，因此称为描述符高速缓冲存储器。

2.4.3   32 位微处理器的工作模式

32 位微处理器有 3 种工作模式，即实地址模式（real-address mode），保护虚拟地址模式（protected mode）和虚拟 8086 模式（virtual 8086 mode）。三种工作模式是可以相互转换的，如图 2-29，CPU 上电或复位后就进入实地址模式，通过对控制寄存器 CR0（CR0 中包含系统操作模式控制位和系统状态控制位）中的 b_0 位置 1，即保护允许位 PE 置 1，于是系统进入保护模式。若使 PE 复位，则返回到实地址模式。通过执行 IRET 指令或者进行任务转换时，则从保护模式转变为虚拟 8086 模式，通过中断可以从虚拟 8086 模式转变到保护模式。在虚拟 8086 模式下可以复位到实地址模式。

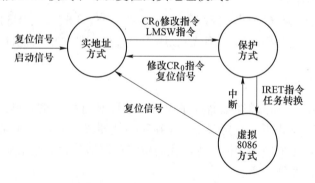

图 2-29   32 位 CPU 工作模式

2.4.3.1   实地址模式

实地址模式也称为实模式，是只能访问 1MB 地址空间的工作模式。8088/8086 CPU 只工作在实模式，指令中只允许出现逻辑地址，逻辑地址由 16 位段值与 16 位偏移地址组成，将 16 位段值乘以 16，并加上 16 位偏移地址值，便产生 20 位的物理地址，这由 CPU 中总线接口单元的 20 位地址形成部件产生。产生地址信号 $A_{19} \sim A_0$ 共 20 根，可寻址最大物理空间为 1MB。MS-DOS 操作系统仅支持实模式，Pentium CPU 工作在 Windows 下，可以通过切换进入到 DOS 状态，运行采用实模式的 16 位应用程序。

32 位微处理器复位或加电后即处于实地址模式。32 位微处理器实地址模式的工作原理与 8086 基本相同，其主要区别是 32 位微处理器能处理 32 位数据，允许访问 32 位寄存器组。32位微处理器实地址模式的寻址机制、存储器访问范围和中断控制等都与8086相同，即采用和8086相同的16位段和偏移量，最大寻址空间1MB。与早期8086CPU存在着一个重要的区别，就是实地址模式拥有转换成其他模式的能力。

在实地址模式中默认的操作数是16位数，段的大小是64KB。则32位有效地址必须是比0000FFFFH小的值。为了使用32位寄存器和寻址方式必须用超越前缀。实地址模式寻址方法如图2-30所示。

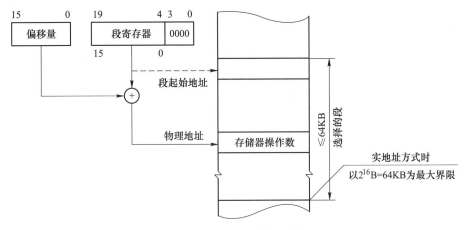

图2-30　实地址模式寻址

在实地址模式运行时，最大的存储器访问范围是1MB。因此，32位微处理器仅使用地址总线中的低20位地址，即$A_0 \sim A_{19}$地址线有效，$A_{20} \sim A_{31}$地址线是高电平。物理地址计算方法与8086 CPU相同，即由相应的段寄存器内容左移4位，再加上指定的偏移量而形成。在实地址模式中，存储器内保留两个固定的区域，即系统初始化区和中断向量表。FFFFFFF0H ~ FFFFFFFFH为系统初始化保留区，00000H ~ 003FFH为中断向量表，对256级中断的每一级都有一个相应的4字节跳转向量。80386以后的32位微处理器不仅可以运行8086/8088的全部指令，而且还可以运行32位运算类指令，为8086/8088设计的应用软件不用修改就可以运行在更高型号的微处理器中，体现了软件的向上兼容性。

2.4.3.2　保护模式

保护模式是受保护的虚拟地址模式（Protected Virtual Address Mode）的简称。从80386 CPU开始，就具有了保护模式，保护模式具有以下特点：

（1）存储器采用3种地址描述：采用虚拟地址空间、线性地址空间和物理地址空间3种方式来描述。在保护方式下，是通过描述符的数据结构来实现对内存的访问。

（2）强大的寻址空间。在保护模式下，32位CPU可访问2^{32}字节的物理存储空间，此外还可寻址超过其实际的物理地址范围的地址空间，称为虚拟地址空间（磁盘模拟内存的机制）。

（3）支持特权保护。32位微处理器为了支持多任务操作系统，使用4个特权级来隔离或保护各用户及操作系统。不同等级的特权级不能访问所规定区域外的单元，此外，数据也不能写到禁止写入的段里。4级特权在计算机中形成的保护机制如下：微处理器内部的特权级是PL=0；为微处理器服务的I/O系统的特权级是PL=1；操作系统（OS）的特权级是 PL=2；应用软件的特权级最低，是 PL=3。它们之间的转换是由 CPU 强制实施的。规定存储在特权级为 PL 段中的数据，仅可由至少像 PL 同样特权级上执行的代码来访问；具有特权级为 PL 的代码段或过程可由与 PL 相同或低于 PL 特权级的任务来调用。

（4）支持虚拟内存和分页功能。在保护模式下，32 位微处理器提供的保护机制主要包括分段保护及分页保护。

保护模式下，系统采用的存储器管理机制是分段管理和分页管理。一个段可以分成若干个固定大小的页，通过描述符的数据结构，形成物理地址。无论何种方式，存储器的物理地址是基地址（段或页在存储器中的首地址）与偏移地址之和。保护模式下存储器分段的目的是使各段（代码段、数据段和堆栈段）相互隔离，互不影响，使多个程序或任务能够在同一个处理器上运行而不影响其他程序或任务。分页提供了在虚拟存储系统中完成所需页转换的机制，使程序的执行环境能够映射到所需的物理存储器。可以适当配置分段和分页机制以支持多任务系统及共享内存的多处理器系统。

A　保护模式下的存储器分段管理

在保护模式下，存储器的每个段都有一个段描述符，段描述符由 16 位的段选择符和 32 位有效地址两部分组成。有效地址根据指令中操作数的寻址方式确定。段地址保存在 16 位段寄存器，有 6 个 16 位段寄存器，即 CS、DS、SS、ES、GS、FS。段选择符是用来从描述符表中检索段描述符的，段描述符提供段基址，由 8 个字节组成，还包括段的界限和权限等相关信息。

在保护方式下，通过段选择符中的索引去选择指定描述符表中的段描述符，然后从段描述符中找出段的基地址，最后将段基地址与偏移地址相加即可得到线性地址，如果仅仅采用分段管理（不分页），则线性地址即为物理地址；如果采用分页管理机制，则需要再利用分页管理机制把线性地址转换为物理地址。

对于 32 位微处理器，段描述符为 8 个字节，逻辑地址为 48 位，段基址和偏移地址均为 32 位，转换后的线性地址为 32 位。从逻辑地址（段选择符：偏移地址）到线性地址转换的示意图如图 2-31 所示。

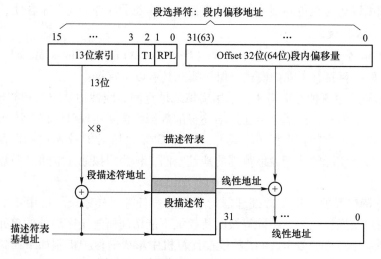

图 2-31　从逻辑地址到线性地址转换

若干个段的描述符组成一个描述符表，存储在由操作系统专门定义的存储区内。某个段的描述符在描述表中的位置由段选择器中的段选择符进行索引。这样，在微处理器内，系统给出的地址及程序给定的地址都是逻辑地址。而48位逻辑地址包含16位段选择符和段内的32位偏移地址。分段部件接收到逻辑地址后，根据段选择表中指示器TI的值选择是全局描述符表（TI=0）还是局部描述符表（TI=0）。再通过段选择符高13位的索引从被选中的描述符表中找出相应的段描述符，从段描述符中取出段的32位基地址、段界限和关于该段的访问权等信息。段的基地址加上32位的偏移地址，便可得到32位的线性地址。

段选择符中的索引值由13位组成，利用该索引值，段描述表中可以拥有2^{13}个段描述符供访问，每个段描述符长8个字节，利用索引值乘以8再加上描述符表的基地址，得到该描述符所在地址。

B 保护模式下的存储器分页管理

分页是在保护虚拟地址模式下的一种存储器管理方式，分页是在分段的基础上进行的。分段管理实现逻辑地址到线性地址的转换；分页机制采用页目录表、页表两级表形式实现地址转换，在分页部件中把来自分段单元的线性地址转换为物理地址。

采用两级页表机制将线性地址转换为物理地址的过程如图2-32所示。微处理器将线性地址字段中的页目录索引字段、页表索引字段和偏移地址字段转换成物理地址。从线性地址映射成物理地址的过程归纳如下。

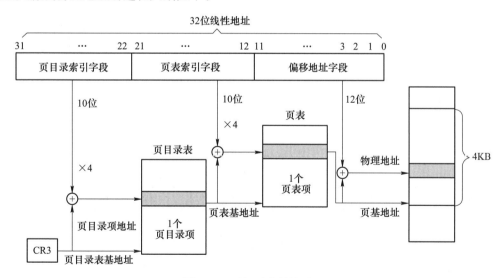

图2-32 两级页表转换过程

具体来说：由寻址机构用线性地址中目录索引字段的内容进入页目录内找到页目录项，得到页表基地址的高20位，页表基地址的低12位全为0；再用页表索引字段的内容作为索引值进入由页目录决定的页表内，得到被选中页帧基地址的高20位，页帧基地址的低12位全为0，用页帧基地址的高20位与线性地址偏移字段的12位组合就是对由页表说明的页帧内的操作数进行寻址，该地址就是某存储单元的32位物理地址。

（1）得到页目录项地址。由CR3提供页目录表基地址，将页目录表基地址（CR3中的低 12 位清零）与线性地址中页目录索引字段值的 4 倍相加求得页目录项所在地址。

（2）找出页表基地址。利用页目录项地址进入页目录表内找到页目录项，得到页表基地址的高 20 位，页表基地址的低 12 位清零。

（3）得到页基地址。用页表索引字段的内容作为索引值进入由页目录决定的页表内，将上述页表基地址与页表索引字段值的 4 倍相加得到页表项所在地址。从得到的页表项中找出页面对应的基地址（有效位高 20 位，低 12 位为 0）。

（4）合成页物理地址。将得到的页基地址与线性地址的低 12 位的页内偏移量相加，即可得到所需的 32 位物理地址。

例如把线性地址 4834056H 变换为物理地址 30000056H 的实例如图 2-33 所示。控制寄存器 CR3 中的 5000H 是页目录表的起始地址。线性地址的高 10 位（12H）乘以 4 即 4×12H，得到页目录项在页目录表中的偏移地址 48H。因此，页目录项的物理地址为 5048H。双字单元 5048H（5048H～504BH）中的内容为 0000BXXXH。线性地址的中间 10 位（34H）乘以 4 即 4×34H，求得页表项在页表中的偏移地址 0D0H，与页表的起始地址 0000B000H 相加，求得页表项的物理地址 0B0D0H。双字单元 0B0D0H 的内容为 03000XXXH，03000000H 就是页面起始地址，把它与线性地址的低 12 位（56H）相加，就形成物理地址 30000056H。

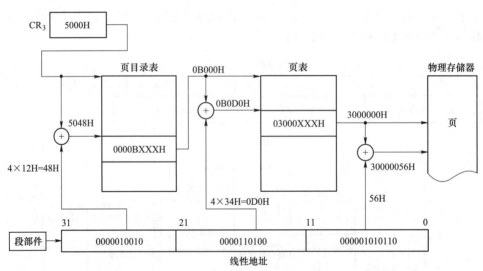

图 2-33   线性地址变换成物理地址实例

2.4.3.3 虚拟 8086 模式

虚拟 8086 模式（Virtual-8086 模式），是在 32 位保护模式下支持 16 位实模式应用程序的一种保护模式。即是一种既能有效利用保护功能，又能执行 8086 代码的工作方式。CPU 与保护虚拟地址模式下的原理相同，但程序指定的逻辑地址与 8086 CPU 解释相同。当处于保护模式时，处理器可以在安全的环境下直接执行实地址模式的程序（例如 MS-DOS 程序）。换句话说，如果一个程序崩溃或者尝试在系统内存地址写入信息，它将不会影响到正在执行的其他程序。

虚拟 8086 方式的主要特点如下：

（1）段寄存器的用法与实地址方式一样，即段寄存器内容乘以 16 后加上偏移量即可得到 20 位的线性地址；

（2）可以使用分页方式，将 1MB 的内存空间（每个任务在虚拟 8086 方式下的最大地址空间）分为若干个页，每个页面的大小可为 4KB；

（3）在虚拟 8086 方式中，应用程序在最低特权级 3 级上运行。

虚拟 8086 方式与实地址方式的主要不同点如下：

（1）内存管理方式不同。实地址方式只采用分段管理方式，不采用分页管理，而虚拟 8086 方式既可分段管理又可分页管理；

（2）存储空间不同。实地址下的最大寻址空间为 1MB，而虚拟 8086 方式下尽管每个任务最大寻址 1MB，但可以在整个存储空间浮动；

（3）保护机制不同。实地址方式下微处理器所有的保护机制都不起作用，不支持多任务，而虚拟 8086 方式既可以运行 8086 程序，又支持多任务。

2.5 64 位微处理器的结构

64 位微处理器体系结构有两种：IA-64 和 Intel 64。IA-64 是由 Intel 和 HP 合作开发的 64 位微处理机体系结构，Itanium 和 Itanium 2 微处理机中采用了这种体系结构。Intel 64（EM64T/AMD64/x86-64/x64）是 Intel 公司 x86 体系的继承，同时保持向后兼容。第一个使用 x86-64 的 Intel 处理器是 Xeon，之后还有许多其他处理器，包括 Core（酷睿）系列。本书以 Core（酷睿）架构为例介绍 64 位 CPU 的结构和特点。

2.5.1 Core 微架构

Core 微架构是 Intel 处理器历史上又一个里程碑。它拥有双核心、64 位指令集、4 发射的超标量体系结构和乱序执行机制等技术。目前 Core 2 Duo、Core 2 Extreme 及 Core 2 Quard 都是基于 Core 微架构的多核处理器。

Core 微架构的主要特征如下：

（1）宽区动态执行。宽区动态执行（Intel Wide Dynamic Execution）技术通过提升每个时钟周期完成的指令数，以缩短执行时间并且提高效率。使得每个处理器核可以高带宽读取，分发，执行指令。这个特性包括：

1）14 级高效指令流水线。流水线深度一直是影响处理器效率的重要因素，流水线深度的增加可以让处理器时钟频率进一步提高，但带来的反面影响就是处理器的单周期执行效率降低、发热量上升，同时容易产生分支预测等问题。在 Core 架构中 14 级指令流水线深度是兼顾执行效率和降低功耗的折中设计。

2）Core 架构的每个核心都拥有 3 个算术逻辑单元（ALU），这样的设计使得 Core 架构拥有比较高的处理能力。

3）Core 微架构拥有 4 组指令译码器，即能在一个时钟周期内编译 4 个 x86 指令。这 4 组指令编译器由 3 组简单编译器与 1 组复杂编译器组成。另外，Core 采用微指令融合技术，可以减少微指令的数目，这相当于在同样的时间内，它能实际处理更多的指令，显著提高了处理效能，而且减少微指令的数目还能降低处理器的功耗。

（2）智能内存管理。智能内存访问是另一个能够提高系统性能的特性，通过缩短内存延迟来优化内存数据访问。Core 微架构提供内存数据依存性预测功能，可以智能地预测和装载下一条指令所需要的数据，从而优化内存子系统对可用数据带宽的使用，并隐藏内存访问的延迟。可在处理器将数据送内存的同时，预测后继的加载指令是否采用相同的内存地址。如果不是，就可立即执行加载动作无需等待该写入指令，这可大幅改善乱序执行CPU 的效率，并缩短访问内存的延迟。

（3）高级数字媒体增强。性能＝频率×每时钟周期的指令数，Intel 高级数字媒体增强设计的目标是为了提高每个时钟周期的指令数。Core 微架构采用高级数字媒体增强技术，可以显著提高执行 SIMD （Single Instruction Multiple Data，单指令多数据）流指令扩展（SSE，Streaming SIMD Extensions）指令的性能。Core 架构拥有 128 位的 SIMD 执行能力，一个时钟周期就可以完成 128 位向量运算，而前代处理器需要两个时钟周期来处理一条完整指令，效率提高了一倍。新架构带来的不仅是在运算周期上的改进，还包括了译码、传输、带宽等多方面的提升。

（4）高级智能缓存。以往的多核心处理器，其每个核心的 L2 缓存是各自独立的，这就造成了 L2 缓存不能够被充分利用，并且两个核心之间的数据交换路线也更为冗长，影响了处理器工作效率。Core 微处理器架构采用 L2 缓存共享设计，则只需要数据被载入到L2 缓存中，数据就可以被两个核心处理器同时使用。采用共享 L2 Cache 设计可以让正在运行的内核动态使用整个 L2 Cache 并获得最佳的性能，缓存容量利用率提高。

（5）智能电源管理。Core 微架构的电源管理机制的设计，使处理器内各功能单元并非随时保持启动状态，而是根据预测机制，仅启动需要的功能单元。在 Core 微架构上，新采用的分离式总线、数字热感应器以及平台环境控制接口等技术的实际效果，比以往模糊的省电效果要好得多。

x86 处理器内的总线，往往仅为了应付特殊的需求而加长宽度，但大多数情况都不需要这么宽，导致电能浪费在这些额外的总线线路上。Core 微架构采用分离式总线，仅在遇到特殊状况时，才会启动全部的总线宽度，平时仅启动一半的宽度，以节约电能。同时，Core 微架构在处理器中最容易发热的位置，放置数字热传感器，通过专门的控制电路，监控处理器的发热量及运作模式，然后动态调整系统电压、系统风扇转速。

2.5.2 Core 2 微处理器内部结构

基于 Core 微架构的 Core 2 微处理器改进了流水线设计，缩短了处理器流水线，支持每个内核使用 14 级流水线。以 Core 2 双核处理器为例，其内部结构如图 2-34 所示。

Core 微处理器为双核结构，采用共享的二级缓存设计。双核共享 2～12MB 大小的 L2缓存（Cache），有 4 个超标量的 14 级指令流水线。每个内核由指令缓存与预译码、指令缓存、译码器（1 个复杂指令译码＋3 个简单指令译码，共 4 个）、微码 ROM、重命名/地址分配、重排序缓冲区 ROB、含有算术逻辑单元（ALU）和浮点执行单元（FPU）的执行单元、一个加载和一个存储部件，以及 L1 数据 Cache 和 TLB （ITLB 即指令 TLB 和 DTLB即数据 TLB）等构成。

TLB （Translation Look-aside Buffer，转换后备缓冲区）是从 80386 开始引入的。TLB 与分页单元配合工作，TLB 保存着最常用的页基地址，从而减少了为查页表访问存储器的次数。

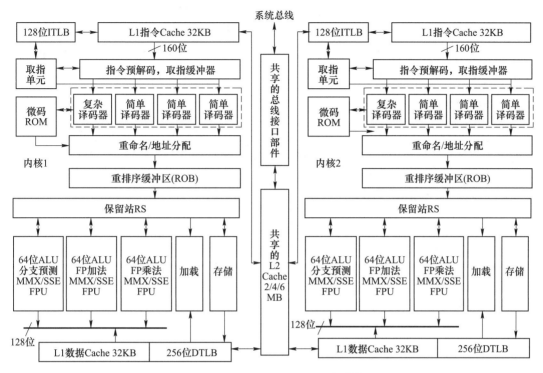

图 2-34 Core 2 微处理器的内部结构

为了配合超宽的编译单元，Core 处理器的指令读取单元在一个时钟周期内，取 6 个 X86 指令至指令编译缓冲区（Instruction Queue），判定是否有符合宏指令融合的配对，然后再将最多 5 个 X86 指令分配给 4 组指令译码器。译码器在每个时钟周期中，发给保留站（Reservation Station，RS）4 个编译后的微指令，保留站 RS 再将存放的微指令交给 5 个执行单元（3 个独立的 64 位算术逻辑单元 ALU+1 个存储+1 个加载）。

Core 2 的指令 cache（只读）和数据 cache（读/写）均为 32KB，两个内核共同拥有的共享式二级 cache 也提高到了 4MB。同时，Core 为每一个一级 cache（L1）和二级 cache（L2）均配置多个预取器。这些预取器同时检测多个数据流和大跨度的存取类型。这样，就可以在 L1 cache 中"及时"准备待执行的数据；L2 cache 的预读器可以分析内核的访问情况，确保二级 cache 拥有未来潜在需要的数据。Core 2 在降低 cache 延迟方面采用了新技术，能够在存数和取数指令都乱序执行的情况下，保证取数指令能够取回它前面的最近一条对同一地址的存数指令所存的值。

Core 2 每个核内建 4 组指令译码单元，包括 3 组简单译码器和 1 组复杂译码器。支持微指令融合与宏指令融合技术，并拥有改进的分支预测功能，提高 CPU 译码效率。

在 Core 2 中，ROB 和 RS 保留站预留的 cache 要比过去的 Pentium 4 大了接近一倍，同时还考虑了新的宏指令融合（macro-fusion）、微指令融合等高效率的融合技术。这样，Core 2 的内部转接速度至少要比 Pentium 4 提高了 3 倍以上。Core 2 在 ROB 和 RS 最大效率地传输更多的微指令、指令执行单元的处理速度和能力极大提高的同时，反而占用了更少数量的硬件，这符合了 Core 2 高效率、低功耗的设计原则。

Core 微处理器使用 x86-64 指令集，它是向后兼容 x86 指令集，其特点如下：地址的长度为 64 位，允许使用大小为 2^{64} 字节的虚拟地址空间，在当前的芯片实现中，只使用最低的 48 位的物理地址空间，允许支持寻址到最高 256TB 的内存空间；可以使用 64 位的通用寄存器，允许指令使用 64 位长度的整数操作数；比 x86 多 8 个通用寄存器。

2.5.3　64 位微处理器寄存器结构

64 位处理器与 32 位处理器寄存器结构最重要的区别在于：16 个通用寄存器（在 32 位模式下，只有 8 个通用寄存器）；8 个 80 位浮点寄存器；1 个 64 位状态寄存器，称为 RFLAGS（只有低 32 位被使用）；1 个 64 位指令寄存器，称为 RIP；一些用于多媒体处理的专用寄存器，8 个 64 位 MMX 寄存器，16 个 128 位 XMM 寄存器（在 32 位模式下只有 8 个）。

2.5.3.1　通用寄存器

通用寄存器是保存执行算术、移动数据和循环数据的指令的基本操作数，其结构如图 2-35 所示。通用寄存器可以访问 8 位、16 位、32 位或 64 位操作数（带有特殊前缀）。

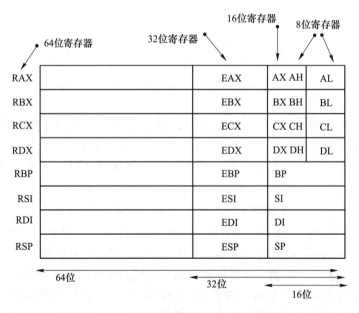

图 2-35　64 位微处理器的通用寄存器结构

在 64 位模式下，默认操作数大小为 32 位，有 8 个通用寄存器。但是，通过向每条指令添加 REX（寄存器扩展）前缀，操作数可以是 64 位长，并且总共有 16 个通用寄存器可用。此时拥有与 32 位模式相同的寄存器，加上 8 个编号寄存器，从 R8 到 R15。

RAX（累加器）：RAX 如果是 8/16/32 位寻址，则只改变该寄存器的一部分。累加器用于乘法、除法及一些调整指令，同时也可以保存存储单元的偏移地址。

RBX（基址）：用于保存存储单元的偏移地址，同时也能寻址存储器数据，作为偏移地址访问数据时默认使用数据段基址 DS 作为段前缀。

RCX（计数）：可保存访问存储单元的偏移地址，或在串指令（REP/REPE/REPNE）

以及移位、循环和 LOOP/LOOPD 指令中用作计数器。

RDX（数据）：可使用 RDX/EDX/DX/DH/DL 寻址，同时作为通用寄存器也用于保存乘法形成的部分结果或者除法之前的部分被除数，也可用于寻址存储单元。

RBP（基指针）：可用 RBP/EBP/BP 寻址，同时作为偏移地址访问存储单元时默认使用堆栈段基址 SS 作为段前缀。

RDI（目的变址）：可用 RDI/EDI/DI 寻址，常用于在串指令中寻址目的数据串。

RSI（源变址）：如 RDI 一样，RSI 也可作为通用寄存器使用，通常为串指令寻址源数据串。

RSP（堆栈指针）：RSP 寻址称为堆栈的存储区，通过该指针存取堆栈数据。用作 16 位寄存器时使用 SP，如果是 32 位则为 ESP。

2.5.3.2　段寄存器

CS（代码段）：代码段寄存器存放程序所使用的代码在存储器中的基地址。

DS（数据段）：存放数据段的基地址。

ES（附加段）：该段寄存器通常在串指令（LODS/STOS/MOVS/INS/OUTS）中使用，主要用于在存储器中将数据进行成块转移。

SS（堆栈段）：为堆栈定义一个存储区域。主要用来存放过程调用所需参数、本地局部变量以及处理器状态等。

FS 与 GS：这两个段寄存器是 386 以后微处理器中新增的段寄存器，以允许程序访问附加的存储器段。可以将其视为"通用的段寄存器"，通过将段的基地址存入这两个寄存器中可以实现自定义的寻址操作，从而增加了编程的灵活性。

每一个寄存器都有一个"可见"部分和一个"隐藏"部分。当一个段选择器被加载到段寄存器的可见部分，处理器也会自动把基址、段界限和段描述符中的访问控制信息加载到段寄存器的隐藏部分。把信息缓存在段寄存器（可见和隐藏部分），允许处理器不经过额外的总线周期，在段描述符中读取基址和界限来转换地址。

2.5.3.3　指令指针寄存器

RIP 指令指针寄存器寻址代码段中当前执行指令的下一条指令，当处理器工作在实模式下时使用 16 位的 IP 寄存器，当工作于保护模式时则使用 32 位的 EIP。指令指针可由转移指令或调用指令修改。需要注意的是，在 64 位模式中由于处理器包含 40 位地址总线，所以总共可以寻址 $2^{40} = 1TB$ 的内存。

2.5.3.4　标志寄存器

RFLGAS（program status and control）状态标志寄存器主要用于提供程序的状态及进行相应的控制，在 64 位模式下，RFLGAS 寄存器是 32 位 EFLGAS 寄存器的扩展，RFLGAS 寄存器中高 32 位被保留，而低 32 位则与 EFLAGS 寄存器相同。32 位的 EFLAGS 寄存器包含一组状态标志、系统标志以及一个控制标志（详见 2.4.2 节）。

下面是几点需要注意的问题：

（1）在 64 位模式下，单个指令不能同时访问高字节寄存器（如 AH、BH、CH 和 DH），和任何一个新字节寄存器（如 DIL）的低字节；

（2）在 64 位模式下，32 位 EFLAGS 寄存器被 64 位 RFLAGS 寄存器替换。两个寄存器共享相同的低 32 位，RFLAGS 的高 32 位不使用；

（3）32 位模式和 64 位模式具有相同的状态标志。

习　题

2-1　处理器内部具有哪 3 个基本部分？8086 分为哪两大功能部件？其各自的主要功能是什么？

2-2　8086 CPU 中有哪些寄存器？分组说明用途。哪些寄存器用来指示存储器单元的偏移地址？

2-3　试说明 8086 引脚信号中 M/$\overline{\text{IO}}$、DT/$\overline{\text{R}}$、$\overline{\text{RD}}$、$\overline{\text{WR}}$、ALE 的作用？

2-4　8086 的 $\overline{\text{BHE}}$ 引脚有何作用？为什么 8088 无此引脚？

2-5　8086 与 8088 有何不同之处？

2-6　试说明 8086 的最大模式和最小模式下系统基本配置的差别？

2-7　8086/8088 系统中，为何需要数据收发？用何种芯片实现？需用 CPU 的哪些引脚配合？

2-8　简述时钟周期和总线周期的关系。

2-9　8086 的读周期时序与写周期时序的区别有哪些？

2-10　有两个 16 位字 17E5H 和 2B3CH 分别存放在存储器的 101B0H 和 101B3H 字单元中，用图表示出它们在存储器中的存放格式。

2-11　实地址模式下，存储器是如何分段管理的？

2-12　什么是段地址和偏移地址？

2-13　什么是 8086 中的逻辑地址和物理地址？逻辑地址如何转换成物理地址？请将如下逻辑地址用物理地址表达：
　　　A. FFFFH：0H　　　B. 4000H：700H　　　C. A128H：456H

2-14　8086 某单元逻辑地址为 29FCH：5A62H，问该单元的物理地址是多少，该单元所在段（设段的长度为 64KB）的首单元和末单元的物理地址分别是多少？

2-15　什么是堆栈？简述堆栈操作时栈顶指针寄存器 SP 是如何变化的？

2-16　什么是实地址方式、保护方式和虚拟 8086 方式？它们分别使用什么存储模型？

3 寻址方式与指令系统

计算机完成用户指定的任务，是通过其内部一系列指令序列实现的。一个处理器能够执行的所有机器指令构成的集合称为指令集。指令集是计算机系统软件和硬件的交界面。软件通过指令系统告诉计算机硬件执行何种操作，计算机硬件通过指令系统把执行结果和硬件状态返回给软件。每种计算机都有一组指令集，这组指令集就称为计算机指令系统。在设计微处理器时已经规定，指令系统每一条指令都严格对应微处理器要完成的规定操作。所以，指令语言的格式也直接影响计算机的内部结构。

用高级语言或者汇编语言编写的程序，若要在计算机上执行，必须要利用编译程序或者汇编程序把高级语言编写的程序、指令，或者汇编指令变成由 0、1 代码组成的机器指令，才能够在计算机中由计算机的硬件按顺序执行。机器指令是计算机系统的 CPU 能够直接识别并且执行的操作命令。

表示一条指令的机器字，被称为指令字，通常简称为指令。为了了解控制器如何实现指令，首先要了解指令的属性。本章首先介绍 8086、Pentium 的指令格式，然后重点介绍 80x86 的寻址方式（操作数的寻址方式和转移地址的寻址方式）和基本指令系统（数据传送、算术运算、逻辑运算与移位、串操作、控制转移等）。

3.1 指 令 格 式

3.1.1 80x86 的数据类型

在计算机中处理的数是按照一定的规则进行组织和存放的，其中的每个数按特定的编码规则组织。计算机每条指令的操作数有不同的数据类型。在 x86 体系中，指令处理的数据分为 fundamental（基础）和 numeric（数值）两大类。基础类型包括：字节（byte/8位），字（word/16 位），双字（doubleword/32 位），以及四字（quadword/64 位），它们代表指令能一次性处理的数据宽度。数值类型使用在运算类指令上。

3.1.1.1 基础类型

汇编语言所用到的基础数据类型为字节、字、双字、四字等。下面对它们进行描述。

（1）字节。一个字节由 8 位二进制数组成，其最高位是第 7 位，最低位是第 0 位。通常情况下，存储器按字节访问，读/写存储器的最小信息单位就是一个字节。

（2）字。由 2 个字节组成一个字，其最高位是第 15 位，最低位是第 0 位。高 8 位为高字节，低 8 位为低字节。低字节存放在地址较低的字节中，这个低字节地址也是该字的地址。仅当与低半字分开而访问高半字时才使用高字节地址。

字节和字是汇编语言程序中最常用的两种数据类型。

（3）双字。由 2 个字组成一个双字，其高 16 位称为高字，低 16 位称为低字。双字有较大的数据表示范围，它通常是为了满足数据的表示范围而选用的数据类型，也可用于存储远指针。低字存放在地址较低的两个字节中，这个低字节的地址就是该双字的地址。仅当与较低字分开而访问较高字时，或者在访问各单个字节时才使用各个较高的地址。

（4）四字。由 4 个字组成一个四字类型，它总共有 64 个二进制位，当然，也就有更大的数据表示范围。一个四字占 8 个连续地址的 8 个字节，四字中的各位编号为 0~63。含 0~31 位的双字称为低双字；含 32~63 位的双字称为高双字。仅当与较低的双字分开而访问较高双字时，或者在访问各单个字节时才使用各个较高的地址。

字节、字、双字和四字在内存中的结构如图 3-1 所示。

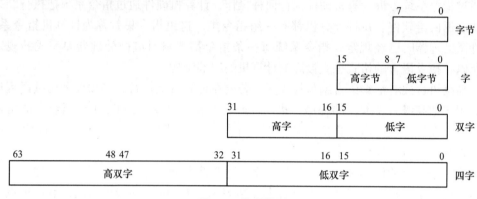

图 3-1　数据类型

图 3-2 显示了基本数据类型作为内存中的操作数引用时的字节顺序。低字节（位 0~7）占用内存中的最低地址，该地址也是此操作数的地址。

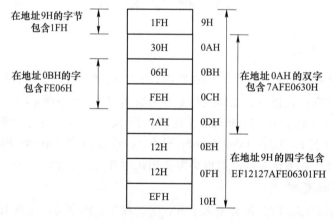

图 3-2　基本数据类型在内存中的字节顺序

可以在 x86 汇编语言中用汇编指令声明静态数据区（类似于全局变量），分别用 DB、DW、DD、DQ 伪指令（具体用法将在 4.2.3 节变量定义伪指令中介绍）表示声明数据的长度为字节、字、双字或四字的方式存放。

3.1.1.2　数值类型

80x86 微机可处理以下 7 种类型的数值型数据。

（1）无符号二进制数。有字节（8 位数）、字（16 位数）、双字（32 位数）、四字（64 位数）四种，所有位都是有效数据位。

（2）带符号二进制定点整数。此类数有正、负之分，有字节（8 位数）、字（16 位数）、双字（32 位数）、四字（64 位数）四种，它们均以补码表示。CPU 只支持 8 位、16 位和 32 位带符号整数；FPU（Float Point Unit，浮点运算单元）支持 16 位、32 位和 64 位整数。

最高位表示符号位，即在字节中符号位位于第 7 位，在字中符号位位于第 15 位，在双字中符号位位于第 31 位，在四字中符号位位于第 63 位。8 位整数的值为 $-128 \sim +127$；16 位整数的值为 $-2^{15} \sim +2^{15} - 1$；32 位整数的值为 $-2^{31} \sim +2^{31} - 1$；64 位整数的值为 $-2^{63} \sim +2^{63} - 1$。

（3）浮点数（实数）。包括单精度浮点数、双精度浮点数、以及扩展双精度浮点数。浮点数由三个字段：符号位、有效数和阶码（指数部分）组成，这类数由 FPU 支持。

（4）BCD 码。BCD 码有压缩 BCD 码和非压缩 BCD 码。压缩 BCD 码每字节包含二位十进制数，例如，10000110B 表示十进制 86。非压缩 BCD 码每字节包含一位十进制数，高 4 位总是 0000，低 4 位用 0000~1001 中的一种组合来表示 0~9 中的某一个十进制数。

（5）串数据。CPU 支持串数据，包括位串，字节串，字串和双字串。

位串：一串连续的二进制数

字节串：一串连续的字节

字串：一串连续的字

双字串：一串连续的双字

（6）ASCII 码数据。ASCII 码（American Standard Code for Information Interchange，美国标准信息交换码）用一个字节来表示一个字符，采用 7 位二进制代码来对字符进行编码，最高位一般用作校验位。7 位 ASCII 码能表示 $2^7(128)$ 种不同的字符，其中包括数码（0~9），英文大、小写字母，标点符号及控制字符等。

（7）指针数据。指针是内存单元的地址，x86 定义了两种类型的指针：近指针（ncar）为 16 位，远指针（far）为 32 位，near 指针是段内的 16 位偏移量，也称为有效地址。

3.1.2　80x86 指令格式

指令包含操作码和地址码两大部分，如图 3-3 所示。

操作码：指令具体执行什么操作。

操作码字段	地址码字段

地址码：也叫操作数，提供操作数的地址或操作数

图 3-3　指令格式逻辑表示示意图

本身，它告诉计算机从哪里取得操作数以及运算的结果送往何处。

图 3-3 中，操作码字段内容看似是放在一起的，实际上这只是一种逻辑表示方式，在实际中操作码字段可以分开，放在不同的位置进行表示。为了支持操作码长度可变，需要采用扩展操作码技术来扩展操作码的长度。对于 8086/8088 指令系统来说操作码是放在一起的。

3.1.2.1　8086 的指令格式

8086/8088 指令系统用了一种灵活的，由 1~6 个字节组成的变字长的指令格式。每

条指令包括操作码、寻址方式及操作数三个部分。通常指令的第一字节为操作码，规定指令的操作类型，第二字节规定操作数的寻址方式，3~6 字节依据指令的不同而取舍，指出存储器操作数地址的位移量或立即数，指令的字长可变主要体现在这里，如图 3-4 所示。

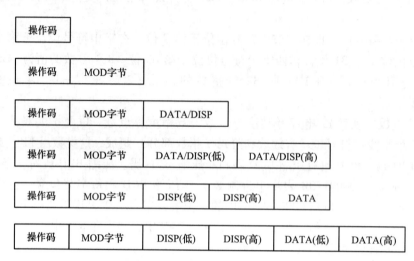

图 3-4   不同字长的指令格式

操作码/寻址方式字节格式如表 3-1。

表 3-1   操作码/寻址方式格式

第一字节								第二字节							
7	6	5	4	3	2	1	0	7	6	5	4	3	2	1	0
操作码						D/S	W	MOD		REG			R/M		

第一字节：

D——双操作数指令有效。D=0，源操作数为寄存器；D=1，目标操作数为寄存器。

双操作数指令中，距离指令助记符远（右边）的操作数为源操作数，距离指令助记符近（左边）的操作数为目的操作数。

S——使用立即寻址方式时有效。S=0，没有符号扩展；S=1，有符号扩展。

W——指示操作数类型。W=0，为字节；W=1，为字。

第二字节：指出所用的两个操作数存放的位置，以及存储器中操作数有效地址 EA 的计算方法。

REG——规定一个寄存器操作数，见表 3-2。

MOD——指示另一个操作数在寄存器中还是在存储器中，若在存储器中，还用来指示该字节后有多少位移量。

R/M——当 MOD=11（即寄存器寻址）时，指示第二操作数所在寄存器编号。

当 MOD=00、01 或 10（即存储器寻址）时，指示如何计算存储器中操作数地址，见表 3-3 和表 3-4。

表 3-2　REG 字段编码表

REG	W=1（字操作）	W=1（字节操作）
000	AX	AL
001	CX	CL
010	DX	DL
011	BX	BL
100	SP	AH
101	BP	CH
110	SI	DH
111	DI	BH

表 3-3　MOD 字段编码表

MOD	寻址方式
00	存储器寻址，没有位移量
01	存储器寻址，有 8 位位移量
10	存储器寻址，有 16 位位移量
11	寄存器寻址

表 3-4　各种 MOD 与 R/M 字段组合编码及有关地址的计算

R/M	MOD			11	
	00	01	10	W=0	W=1
000	DS：[BX+SI]	DS：[BX+SI+D_8]	DS：[BX+SI+D_{16}]	AL	AX
001	DS：[BX+DI]	DS：[BX+DI+D_8]	DS：[BX+DI+D_{16}]	CL	CX
010	SS：[BP+SI]	SS：[BP+SI+D_8]	SS：[BP+SI+D_{16}]	DL	DX
011	SS：[BP+DI]	SS：[BP+DI+D_8]	SS：[BP+DI+D_{16}]	BL	BX
100	DS：[SI]	DS：[SI+D_8]	DS：[SI+D_{16}]	AH	SP
101	DS：[DI]	DS：[DI+D_8]	DS：[DI+D_{16}]	CH	BP
110	DS：D_{16}	SS：[BP+D_8]	SS：[BP+D_{16}]	DH	SI
111	DS：[BX]	DS：[BX+D_8]	DS：[BX+D_{16}]	BH	DI

前缀字段用于修改指令操作的某些属性。将在 3.1.2.2 节"Pentium 的指令格式"中详细介绍前缀字段的形式。

所有字段只有操作码字段是必需的，其他字段均可有可无。

【例 3-1】

ADD　　　　　　　disp [BX][DI]，　　DX　　　　　;disp=2345H

代码格式：

OPCODE	D	W	MOD	REG	R/M	disp-Lo	disp-Hi
000000	0	1	10	010	001	01000101	00100011

指令码：01914523H

3.1.2.2　Pentium 的指令格式

Pentium 指令格式相当复杂，而且没有什么规律，它最多具有 6 个指令字段，长度可以从 1 字节到 12 字节。一条指令由可任选的指令前缀、原操作码字节、有可能要用的地址说明符、一个位移量和一个立即操作数数据字段等元素组成，如图 3-5 所示。Pentium 指令格式如此复杂的原因是其体系结构已经经过数代的演变，每次演变必须把前期体系结构中不好的结构也保留下来，这样才能保证向下兼容性，使旧软件能在新机器上运行。前缀字节是一个额外的操作码，它附加在指令的最前面，用于改变指令的操作，Intel 早期体系结构中就已使用，但操作码长度还都是一个字节。随着体系结构的发展，一字节操作码被用尽，只能把最后一个编码 0FFH 作为逃脱码（Escape Code），用来表示本条指令由两个字节组成操作码。Intel 指令系统不是按操作码扩展方式来编指令代码，而是按定长操作码方式编制指令代码，如 8088 或 8086 操作码长度是固定的一个字节，前面已经介绍。随着演变，早期一字节操作码不够用，发展到现在两字节操作码。在 Pentium 指令格式中SIB 字段（Scale，Index，Base）为附加字节，用来说明模式字段中的某些代码的信息。为了向下兼容，同时增加原来没有想到的新特性要求。这种非固定长度、复杂无规律的指令格式是典型的 CISC（Complex Instruction Set Computer，复杂指令集）结构特征。

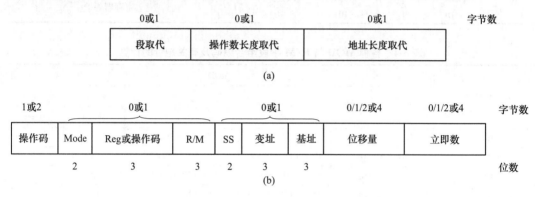

图 3-5　Pentium 的指令格式
（a）指令前缀；（b）指令格式

Pentium 指令在执行时，操作码必须完全译码后才能决定执行哪一类操作，此时才能知道指令长度，且译码过程是逐级进行的，不像早期 8088 或 8086 一级译码时间后就能决定做什么，这使大量时间花在译码上，降低了指令执行速度。

在主操作码或操作码内可以定义少量的编码字段，用这些字段规定操作的方向、位移量的大小规模、寄存器编码或者符号的扩充，而且编码字段会根据操作的类型发生变化。绝大多数到存储器中去存取操作数的指令，在主操作码字节的后面都会有一个寻址方式字节，称为 ModR/M 字节，由这个字节来规定所采用的寻址方式。ModR/M 字节的某些编码又指示第二个寻址字节，跟在 ModR/M 字节之后的是 SIB 字节，在说明完整的寻址方式时就会用到它。

指令的各组成部分如下。

（1）前缀的编码为一个字节，在一条指令前可同时使用多个指令前缀，不同前缀的前后顺序无关紧要。指令前缀分成 5 类：

1）段跨越前缀：它明确的指定一条指令应使用哪一段寄存器，将前缀中指明的段寄存器取代指令中默认的段寄存器。

如表 3-4 中的段寄存器是指无段跨越前缀的情况下所使用的隐含的段寄存器。如果指令中指定段跨越前缀，则在机器指令中使用放在指令之前的一个字节来表示。即：

001	SEG	110

SEG 指定 4 个段寄存器中的一个，见表 3-5。

表 3-5 段跨越时 SEG 编码

SEG	段寄存器	SEG	段寄存器
00	ES	10	SS
01	CS	11	DS

2）重复前缀：串操作时置于指令前面，提高 CPU 处理串数据的速度。

F3H　REP 前缀；

F3H　REPE/REPZ 前缀；

F2H　REPNE/REPNZ 前缀。

3）总线锁定前缀 Lock(F0H)：锁定前缀用在多处理器环境中确保共享存储器的排它性，用于产生 Lock 信号，防止其他主控设备中断 CPU 在总线上的传输操作。它仅与以下指令联用：BTS、DTR、DTC、XCHG、ADD、OR、AND、SUB、XOR、NOT、NEG、INC、DEC、CMPXCH8B、CMPXCHG、XADD。

4）操作数宽度前缀（66H）：改变当前操作数宽度的默认值，在 16 位数据和 32 位数据间切换，这两种长度中任意一种都不是缺省长度，这个前缀选用非缺省长度（由汇编程序自动设定）。

5）地址宽度前缀（67H）：改变当前地址宽度的默认值，在 16 位寻址方式和 32 位寻址方式间切换，这两种尺寸中任意一种都不是缺省尺寸，这个前缀选用非缺省尺寸（由汇编程序自动设定）。

每一条指令都可以使用 5 类前缀中的任何一个，冗余前缀是没有定义的，而且会因处理器的不同，前缀可以任意次序在指令中出现。

（2）操作码：由 CPU 设计人员定义，每一种操作唯一对应一个操作码。

（3）寄存器说明符：一条指令可指定一个或两个寄存器操作数。寄存器说明符可出现在操作码的同一字节内，也可出现在寻址方式说明符的同一字节内。

（4）寻址方式说明符：这个字段规定了指令存储器操作数的寻址方式和给出寄存器操作数的寄存器编码。除少数如 PUSH、POP 这类预先规定寻址方式的指令外，绝大多数指令都有这个字段。它指定操作数在寄存器内还是在存储器单元内，如在存储器内，它就指定要使用位移量，还是使用基地址寄存器或者变址寄存器比例因子。

（5）SIB（比例换算、变址、基地址）字节：ModR/M 字段的某种编码需要这个字段将寻址方式说明完整化。它由比例系数 SS（2 位）、变址（Index）寄存器号（3 位）和基址（Base）寄存器号（3 位）组成，故称 SIB 字段。

（6）位移：寻址方式说明符指明用位移来计算操作数地址时，位移量被编码在指令中。位移是一个 32 位、16 位或 8 位的带符号整数。在常见的位移量足够小的情况中，用 8 位的位移量。处理器把 8 位的位移扩展到 16 位或 32 位时，会考虑到符号的作用。

（7）立即操作数：有立即操作数时，即直接提供操作数值。立即操作数可以是字节、字或双字。在 8 位立即操作数和 16 位或 32 位操作数一起使用时，处理器把 8 位立即操作数扩展成符号相同、大小相等的较大宽度的整数。同理，16 位操作数可被扩展成 32 位。

由上可见，Pentium 提供存储器操作数的寻址方式字段是作为操作码字段的延伸，而不是与每个存储器操作数一起提供的。因此，指令中只能有一个存储器操作数，Pentium 没有存储器—存储器的操作指令。

3.2 寻 址 方 式

如何寻找指令以及指令中的数据称为寻址方式。寻址方式规定了如何对地址码字段作出解释，以找到操作数。寻址方式通常是指指令中的地址寻址方式。一个指令系统具有哪几种寻址方式，地址以什么方式给出，如何为编程提供方便与灵活性，处理器设计了许多方式用来指明操作数的位置。x86 提供了与操作数有关、程序转移地址有关和与 I/O 端口地址有关的三类寻址方式。与操作数有关的寻址方式有三种，分别是立即数寻址，寄存器寻址，存储器寻址；与程序转移地址有关的寻址方式有四种，分别是段内直接寻址，段内间接寻址，段间直接寻址，段间间接寻址；与 I/O 端口有关的寻址方式有端口直接寻址和端口间接寻址。

3.2.1 数据的寻址方式

好的数据寻址方式能起到有效压缩地址码长度的作用，另外它在丰富程序设计手段、方便程序编制、提高程序质量等方面也起着重要作用。每种机器的指令系统都有自己的寻址方式，不同计算机的寻址方式含义和名称也不统一，但大多数可以归结为以下几种：立即数寻址、直接寻址、寄存器寻址、寄存器间接寻址、间接寻址、相对寻址、变址寻址、基址寻址和其他寻址。

3.2.1.1 立即数寻址方式

立即（数）寻址（Immediate Addressing）是指操作数直接在指令中给出，操作数占据地址码一部分，在取出指令的同时也取出了操作数，即随着处理器的取指令操作从主存进入指令寄存器。这种方式不需要根据地址寻找操作数，所以其指令的执行速度较快。因操作数是指令的一部分，运行时不能修改。汇编语言中立即数通常直接用常量形式直接表达，称之为立即数（Immediate data）。立即数寻址方式只用于指令的源操作数，在传送指令中常用来给寄存器和存储单元赋初值。立即数可以是 8 位、16 位，也可以是 32 位的。

【例 3-2】

MOV　AX，　imm

imm 是 16 位立即数，immH 高位字节存放在 AH 中，immL 低位字节存放在 AL 中。其过程如图 3-6 所示。

注意：立即数寻址方式只能作为源操作数，不能是目的操作数。当指令中的立即数（一般使用 16 进制表示）后面不加 H 时为十进制数，汇编时该立即数由汇编程序以二进制数形式存于代码区。

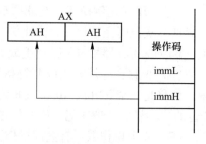

图 3-6　立即数寻址方式

3.2.1.2 寄存器寻址方式

寄存器寻址（Register Addressing）是操作数在指定的寄存器中，寄存器名在指令中指出。CPU 中寄存器数量一般很少，从几个到几十个不等，因此指令中只需几位二进制数就可指定所有寄存器编码，从而缩短了整个指令的长度。寄存器寻址方式由于操作数就在

CPU 内部的寄存器中，不需要访问存储器取得操作数，因而可以取得较高的运行速度。

寄存器可以是以下几种情况。

（1）32 位通用寄存器（EAX、EBX、ECX、EDX、ESI、EDI、ESP 或 EBP）；

（2）16 位通用寄存器（AX、BX、CX、DX、SI、DI、SP 或 BP）；

（3）8 位通用寄存器（AH、AL、BH、BL、CH、CL、DH 或 DL）；

（4）段寄存器（CS、DS、SS、ES、FS 和 GS）；

（5）状态标志寄存器。

【例 3-3】

    MOV AL, BL

    MOV AX, BX

如果（BL）= 20H，（BX）= 4321H，则指令执行情况如图 3-7 所示。

执行结果为：（AL）= 20H，（AX）= 4321H。

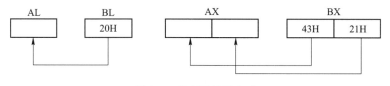

图 3-7 寄存器寻址方式

3.2.1.3　存储器寻址方式

数据很多的时候都保存在主存储器中。尽管可以实现将它们取到寄存器中再进行处理，但指令也需要能够直接寻址存储单元进行数据处理。寻址主存中存储的操作数就称为存储器寻址（Memory Addressing）方式。

存储器寻址方式的操作数存放在存储单元中。操作数在存储器中的物理地址是由段地址左移 4 位与操作数在段内的偏移地址相加得到的。段地址在实模式和保护模式下可从不同途径取得。本节要讨论的问题是，指令中是如何给出存储器操作数在段内的偏移地址的。偏移地址又称为有效地址（Effective Address，EA），所以存储器寻址方式即为求得有效地址（EA）的不同途径。

有效地址可以出以下三种地址分量组成：

（1）位移量（Displacement）：存放在指令中的一个 8 位、16 位或 32 位的数，但它不是立即数，而是一个地址。

（2）基址（Base Address）：存放在基址寄存器 EBX（BX）或 EBP（BP）中的内容。

（3）变址（Index Address）：存放在变址寄存器 ESI（SI）或 EDI（DI）中的内容。

对于某条具体指令，这三个地址分量可有不同的组合。如果存在两个或两个以上的分量，那么就需要进行加法运算，求出操作数的有效地址（EA），进而求出物理地址（PA）。正是因为这三种地址分量有不同的组合，才使得对存储器操作数的寻址产生了若干种不同的方式。上述三种地址分量的概念，对掌握这些寻址方式很有帮助，应予重视。

A　直接寻址方式

直接寻址（Direct Addressing）是操作数的地址直接在指令中给出，它与操作码一起存放在代码段区域。操作数一般在数据段区域中，它的地址为数据段寄存器 DS 右移 4 位加上 16 位的段内偏移地址。由于直接地址值是指令的一部分，不能修改，因此它只能用于访问固定主存单元。

直接寻址方式的操作数有效地址只包含位移量一种分量，即在指令的操作码后面直接给出有效地址。对这种寻址方式有：EA = 位移量。

【例 3-4】

  MOV AX, DS：[2612H]   ;源操作数中 DS：可省略

如果（DS）= 2000H，则指令执行情况如图 3-8 所示。执行结果为：（AX）= 8633H。

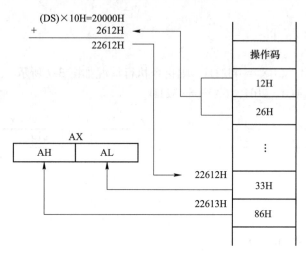

图 3-8　直接寻址方式

注意这种直接寻址方式与前面介绍的立即数寻址方式的不同。从指令的表示形式来看，在直接寻址方式中，对于表示有效地址的 16 位数，必须加上方括号。

如果没有特殊指明，直接寻址方式的操作数一般在存储器的数据段中，即隐含的段寄存器是 DS。但 x86 也允许段跨越，此时需要在指令中特别标明，方法是在有关操作数的前面写上操作数所在段的段寄存器名，再加上冒号。

在汇编语言指令中，可以用符号地址来表示位移量。

例如，MOV AX, value 或 MOV AX, [value]

此时 value 为存放操作数单元的符号地址。

B 寄存器间接寻址方式

寄存器间接寻址（Register Indirect Addressing）是操作数的地址在寄存器中。指令中给出的是存放操作数地址的寄存器，寄存器中的内容为内存有效地址。寄存器的位数较长（一般为机器字长），足以访问整个内存空间，这样既有效地压缩了指令长度，又解决了寻址空间太小的问题。在汇编语言中在寄存器名外加上方括号来代表寄存器间接寻址方式。

在 8086/8088 寄存器间接寻址方式中，操作数存放在存储器中，操作数的 16 位段内偏移地址放在 SI、DI、BP、BX 这 4 个寄存器之中。由于上述 4 个寄存器所默认的段寄存器不同，因此又可以分为两种情况：

（1）若以 SI、DI、BX 进行间接寻址，则操作数存放在现行数据段中。此时，数据段

寄存器 DS 的内容右移 4 位加上 SI、DI、BX 中的 16 位段内偏移地址，即得操作数的地址。

（2）若以寄存器 BP 进行间接寻址，则操作数存放在堆栈段区域。此时，堆栈段寄存器 SS 的内容右移 4 位加上 BP 中的 16 位段内偏移地址，即得操作数的地址。

在 Pentium 的计算机中，所有的通用寄存器都可以用于寄存器间接寻址方式。

【例 3-5】

  MOV AX, ［BP］

如果（SS）= 3000H，（BP）= 2000H，其过程如图 3-9 所示。执行结果：（AX）= 5040H。

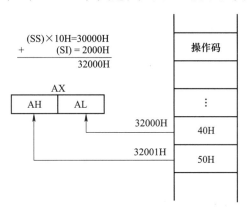

图 3-9 寄存器间接寻址方式

C 寄存器相对寻址方式

在寄存器相对寻址（Register Relative Addressing）方式中，操作数存放在存储器中。操作数有效地址 EA 是一个基址寄存器或变址寄存器的内容和指令中给定的 8 位或 16 位位移量之和，所以有效地址由两种分量组成。可用作寄存器相对寻址方式的寄存器有基址寄存器 BX、BP 和变址寄存器 SI、DI。即：

$$EA = \begin{Bmatrix} (SI) \\ (DI) \\ (BX) \\ (BP) \end{Bmatrix} + disp\_8/disp\_16$$

上述位移量可以看成是一个存放于寄存器中的基址/变址的一个相对值，故称为寄存器相对寻址方式。在一般情况下，若指令中指定的寄存器是 BX、SI、DI，则存放该操作数的段寄存器默认为 DS。若指令中指定的寄存器是 BP，则对应的段寄存器应为 SS。同样，寄存器相对寻址方式也允许段跨越。

位移量既可以是一个 8 位或 16 位的立即数，也可以是符号地址。

通过 BX 或 BP 与变量或常数之和寻数据所在段对应偏移地址，又称"基址寻址"；通过 SI 或 DI 与变量或常数之和寻数据所在段对应偏移地址，称为"变址寻址"。

这种寻址方式适用于对一组数据进行访问。当访问一个数据元素之后，只要改变寄存器的值，该指令就可形成另一个数据元素的地址。

【例 3-6】

  MOV AX, DISP［SI］

如果(DS) = 3000H，(SI) = 2000H，DISP = 1000H，则指令执行情况如图 3-10 所示，执行结果：(AX) = 3278H。

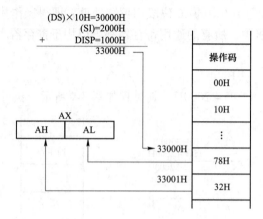

图 3-10　寄存器相对寻址方式

该方式的操作数在汇编语言指令中书写时可以是下述形式之一：

MOV　AL，　　[BP+TABLE]

MOV　AL，　　[BP] +TABLE

MOV　AL，　　TABLE [BP]

以上三条指令代表同一功能的指令，其中 TABLE 为 8 位或 16 位位移量。

D　基址变址寻址方式

基址变址寻址（Based Indexed Addressing）方式操作数的有效地址是一个基址寄存器（BX 或 BP）和一个变址寄存器（SI 或 DI）的内容之和，所以有效地址有两种分量组成。即：

$$EA = \left\{ \begin{matrix} (SI) \\ (DI) \end{matrix} \right\} + \left\{ \begin{matrix} (BX) \\ (BP) \end{matrix} \right\}$$

在一般情况下，由基址寄存器决定操作数在哪个段中。若用 BX 的内容作为基地址，则操作数在数据段中；若用 BP 的内容作为基地址，则操作数在堆栈段中。但基址变址寻址方式同样也允许段跨越。

注意不能使用两个基址寄存器或两个变址寄存器的和作为有效地址。这种寻址方式同样适用于对一组数据进行访问，可将其中一个寄存器指向数组的首偏移地址，改变另一个寄存器的值即可访问不同数据。

【例 3-7】

MOV　AX，　　[BX] [SI]

设当前(DS) = 3000H，(SI) = 2000H，(BX) = 1000H，则指令执行情况如图 3-11 所示，执行结果：(AX) = 2856H。

该寻址方式的操作数在汇编语言指令中书写时可以是下列形式之一：

MOV　AX，　　[BP+SI]

MOV　AX，　　[BP] [SI]

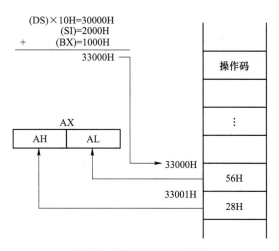

图 3-11　基址变址寻址方式

E　基址变址相对寻址方式

基址变址相对寻址（Based Indexed Relative Addressing）方式的操作数有效地址是一个基址寄存器与一个变址寄存器内容和指令中指定的 8 位或 16 位位移量之和，所以以有效地址由三个分量组成。即：

$$EA = \left\{ \begin{array}{c} (SI) \\ (DI) \end{array} \right\} + \left\{ \begin{array}{c} (BX) \\ (BP) \end{array} \right\} + \text{disp\_8/disp\_16}$$

同样，当基址寄存器为 BX 时，段寄存器应为 DS；基址寄存器为 BP 时，段寄存器应为 SS。同样也允许段跨越。这种寻址方式同样适用于对一组数据进行访问，使用更灵活。

【例 3-8】

　　MOV　AX，　DISP［BX］［SI］

若（SI）= 2000H，（BX）= 1000H，（DS）= 3000H，DISP = 200H 则指令执行情况如图 3-12 所示，执行结果为：（AX）= 2050H。

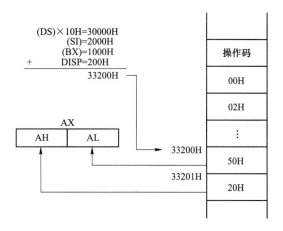

图 3-12　基址变址相对寻址方式

3.2.1.4　Pentium 微处理器的新增数据寻址方式

（1）比例变址寻址方式：

EA = ［变址寄存器］×比例因子+位移量

如：MOV　EBX，［ESI＊4+7］

（2）基址加比例变址寻址方式：

EA = ［基址寄存器］+［变址寄存器］×比例因子

如：MOV　EAX，［EBX］［ES1＊4］

　　MOV　ECX，［EDI＊8］［EAX］

（3）带位移量的基址加比例变址寻址方式：

EA = ［基址寄存器］+［变址寄存器］×比例因子+位移量

如：MOV　EAX，［EDI＊4］［EBP+80］

上述三种寻址方式中，基址寄存器可以是任何 32 位通用寄存器（EAX/EBX/ECX/EDX/ESI/EDI/EBP/ESP）；变址寄存器是除 ESP 外的任何 32 位通用寄存器（EAX/EBX/ECX/EDX/ESI/EDI/EBP）；比例因子为 1、2、4 或 8；位移量为 0、8、16 或 32 位。

存储器寻址过程如图 3-13 所示。

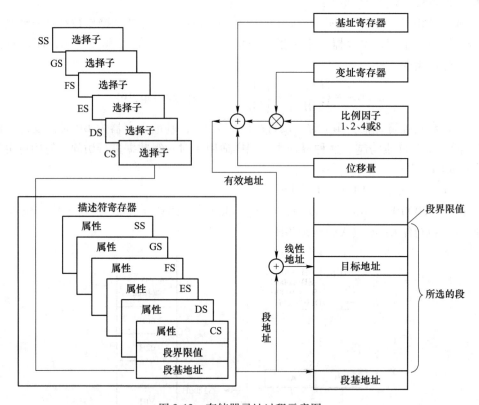

图 3-13　存储器寻址过程示意图

3.2.2　转移地址的寻址方式

程序由若干指令构成，连续存放在内存中，当执行完一条指令后，下一条指令去哪寻找，称为指令寻址。指令寻址方式在现代计算机中很简单，由程序计数器（PC）提供下一条指令地址。PC 每次从内存中取出指令后自动加该指令所占字节数，准备好下一条指令的内存地址。重复此动作，就可连续执行指令。当遇到转移情况时，则需要把转移地址放入 PC 中，就可按照新地址开始执行。

在 8086/8088 指令系统中，程序的执行顺序由 CS 和 IP 的内容决定。通常情况下，当 BIU 完成一次取指周期后，就自动改变 IP 的内容以指向下一条指令的地址，使程序按预先存放在程序存储器中的指令的次序，由低地址到高地址顺序执行。如需要改变程序的执行顺序，转移到所要求的指令地址，在顺序执行时，可以安排一条程序转移指令，并按指令的要求修改 IP 内容或同时修改 IP 和 CS 的内容，从而将程序转移到指令所指定的转移地址。转移地址可以在段内（称段内转移），也可以跨段（称段间转移）。寻求转移地址的方法称为地址寻址方式。它有如下四种方式。

3.2.2.1 段内直接寻址方式

段内直接寻址方式（Intrasegment Direct Addressing）也称为相对寻址方式。转移的地址是当前的 IP 内容和指令规定下一条指令到目标地址之间的 8 位或 16 位相对位移量之和，相对位移量可正可负，如图 3-14 所示。

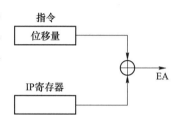

图 3-14　段内直接寻址方式

以下是两条段内直接寻址方式转移指令的例子：

```
JMP    NEAR   PTR   PROGIA
JMP    SHORT   QUEST
```

其中，PROGIA 和 QUEST 均为转向的目标地址，在机器指令中，用位移量来表示。在汇编语言中，如果位移量为 16 位，则在目标地址加操作符 NEAR PTR，如果位移量为 8 位，则在目标地址之前加操作符 SHORT。

3.2.2.2 段内间接寻址方式

段内间接寻址方式（Intrasegment Indirect Addressing）的程序转移地址存放在寄存器或 16 位存储单元中。存储器可用各种数据存储器寻址方式表示。指令的操作使用指定的寄存器或存储器中的值取代当前 IP 的内容，以实现程序的段内转移，如图 3-15 所示。

图 3-15　段内间接寻址方式

这种寻址方式以及以下的两种段间寻址方式都不能用于条件转移指令。也就是说，条件转移指令只能使用段内直接寻址的 8 位位移量，而 JMP 和 CALL 指令则可用四种寻址方式中的任何一种。

以下是两条段内间接寻址方式转移指令的例子：

```
JMP    BX                      ;执行该指令后(IP) = (BX)
JMP    WORD   PTR [BP+TABLE]   ;若(SS) = 2000H,(BP) = 1000H,TABLE = 300H,
                               ;(21300H) = 2050H,执行该指令后 (IP) = 2050H
```

其中，WORD PTR 为伪操作符，用以指出其后的寻址方式所取得的目的地址是一个字的有效地址。

3.2.2.3　段间直接寻址方式

段间直接寻址方式（Intersegment Direct Addressing）是指在指令中直接给出 16 位的段地址和 16 位的偏移地址用来更新当前的 CS 和 IP 的内容，如图 3-16 所示。

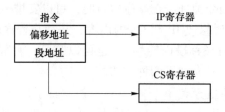

图 3-16　段间直接寻址方式

以下是段间直接寻址方式转移指令的例子：

JMP　FAR　PTR　NEXTROUTINE

其中，NEXTROUTINE 为转向的符号地址，FAR PTR 则是表示段间转移的操作符。

3.2.2.4　段间间接寻址方式

段间间接寻址方式是由指令中给出的存储器寻址方式求出存放转移地址的四个连续存储单元的地址。指令的操作是将存储器的前两个单元的内容送给 IP，后两个单元的内容送给 CS，以实现到另一个段的转移，如图 3-17 所示。

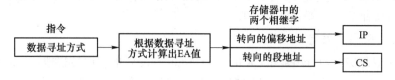

图 3-17　段间间接寻址方式

段间间接寻址方式转移指令的例子：

JMP　DWORD　PTR［INTERS+BX］

其中，［INTERS+BX］说明数据寻址方式为寄存器相对寻址方式，DWORD PTR 为双字操作符，说明转向地址需取双字为段间转移指令。若（DS）= 2000H，（BX）= 1000H，INTERS = 300H，（21300H）= 2050H，（21302H）= 3456H，执行该指令后（IP）= 2050H，（CS）= 3456H。

3.2.3　I/O 端口寻址方式

x86 CPU 与 I/O 端口之间传送信息需要使用专门访问端口的指令，其中的 16 条 I/O 地址线可形成 64K 个传送 8 位数据的端口地址，或 32K 个传送 16 位数据的端口地址。端口寻址方式有以下两种。

3.2.3.1　端口直接寻址方式

这种寻址方式的端口地址用 8 位立即数 0~FFH（0~255）表示。

【例 3-9】

　　IN　　AX,　　60H

此指令表示从地址为 60H、61H 端口的 16 位数据送到 AX 中。假设 60H 端口提供的数据为 7AH，61H 端口提供的数据为 56H，则指令执行情况如图 3-18 所示。则执行结果为（AX）= 567AH。

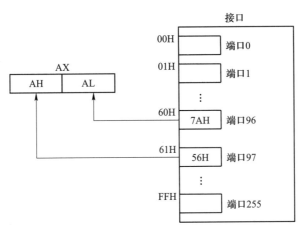

图 3-18　端口直接寻址方式

3.2.3.2　端口间接寻址方式

当 I/O 端口地址大于 FFH 时，必须事先将端口地址存放在 DX 寄存器中。

【例 3-10】

　　MOV　DX,　　162H　　;将端口地址 162H 送到 DX 寄存器

　　IN　　AX,　　DX　　　;将 DX 寄存器所指定的端口地址里的内容输入到 AL 中，DX+1
　　　　　　　　　　　　　　寄存器所指定的端口地址里的内容输入到 AH 中，如图 3-19
　　　　　　　　　　　　　　所示

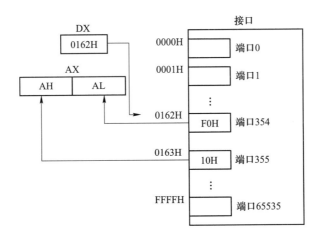

图 3-19　端口间接寻址方式

3.3　80x86 指令系统

指令少，则计算机的功能、速度等指标就弱；指令多，则代表 CPU 的硬件投入大，相应的指标就高。无论指令系统的规模如何，都应具备基本指令类型。常见指令类型包括：

（1）数据传送指令：将数据在主存/外设与 CPU 寄存器之间进行传输，即将数据从一个地方传送到另一个地方；

（2）算术运算指令：对数据进行算术操作，包括加法、减法、乘法、除法等；

（3）逻辑运算指令：对数据进行逻辑操作，包括按位与、按位或、逻辑移位等；

（4）程序控制指令：用来控制程序执行的顺序和方向，主要包括转移指令、循环控制指令、子程序调用指令、返回指令、程序中断指令等；

（5）其他类指令：包括串处理指令、系统指令和特权指令等。

对 80x86/Pentium 系列 CPU，8086/8088 的 16 位指令系统是基本指令集，Pentium 系列处理器的指令集向下兼容，它保留了 8086 和 80x86 微处理器系列的所有指令，对基本指令集进行了增强与扩充。因此，所有早期的软件可直接在 Pentium 机上运行。8086/8088 指令系统只能是字节或字操作，双字长仅用于 386+以上机型。下文对于 8086/8088 以外新增指令均标识"386+使用"。

Pentium 的指令分为如下几类：传送指令、串操作指令、算术运算指令、逻辑运算和移位指令、转移和调用指令、标志操作和处理器指令、控制指令、条件测试和字节设置指令、系统管理指令和支持高级语言的指令。

在介绍指令之前，约定符号表示方式：

reg32	32 位通用寄存器（如 EAX、EBX 等）
reg16	16 位通用寄存器（如 AX、BX 等）
reg8	8 位寄存器（如 AL、BH 等）
acc32	32 位累加器 EAX
acc16	16 位累加器 AX
acc8	8 位累加器 AL
imm32	32 位立即数
imm16	16 位立即数
imm8	8 位立即数
DST	目的操作数
SRC	源操作数
mem	存储器操作数
OPR	操作数
EA	偏移地址（偏移量）
Sreg	段寄存器
Port	端口地址
Label	标号

3.3.1 数据传送指令

数据传送（Data Transfer）指令用于实现寄存器之间、寄存器与存储器之间以及寄存器和 I/O 端口之间的数据传送，是最简单、最常用的一类指令。按功能可分为 5 种：通用传送指令、标志传送指令、地址传送指令、累加器专用传送指令和符号扩展指令。

3.3.1.1 通用传送指令

包括数据传送指令、堆栈操作指令和数据交换指令。

A 数据传送指令

（1）通用传送指令 MOV：最基本、最通用、使用最频繁的指令。

指令格式：MOV DST, SRC

功能：把源操作数的内容送入目的操作数，完成数据传送。

具体来说，一条数据传送指令能实现：

1) CPU 内部寄存器之间数据的任意传送（除了代码段寄存器 CS 和指令指针 IP 以外）。

```
MOV   AL,   BL          ;BL 中的 8 位数送 AL
MOV   CX,   BX          ;BX 中的 16 位数送 CX
MOV   ECX,  EDX         ;EDX 中的 32 位数送 ECX
MOV   DS,   BX          ;BX 中的 16 位数送 DS
```

2) 立即数传送至 CPU 内部的通用寄存器组（即 EAX、EBX、ECX、EDX、EBP、ESP、ESI、EDI）。

```
MOV   CL,   4           ;立即数 4 送 CL
MOV   AX,   3FFH        ;立即数 3FFH 送 AX
MOV   ESI,  57BH        ;立即数 57BH 送 ESI
```

3) CPU 内部寄存器（除了 CS 和 IP 以外）与存储器（所有寻址方式）之间的数据传送。

```
MOV   [2000H],  BX
MOV   AX,  [ESI]
MOV   [DI],  ECX
MOV   SI,  [BP+2]
MOV   AL,  BUFFER
MOV   [DI],  CX
MOV   DS,  DATA[SI+BX]
MOV   DEST[BP+DI],  ES
```

4) 立即数给存储单元赋值。

```
MOV   [ESI],  35H      ;该语句有歧义
```

如果没有特殊的标识，则不确定常数 35H 是单字节、双字节，还是双字。对于这种情况，x86 提供了三个指示规则标记，分别为 BYTE PTR，WORD PTR 和 DWORD PTR。如上面例子写成：

```
MOV BYTE PTR [ESI], 35H      ;35H 为字节数据
MOV WORD PTR [ESI], 35H      ;35H 为字数据
MOV DWORD PTR [ESI], 35H     ;35H 为双字数据
MOV BYTE  PTR [2000H], 25H   ;内存数据段偏移地址 2000H 单元赋值为 25H
MOV WORD  PTR [2000H], 25H   ;除将内存数据段偏移地址 2000H 单元赋值为
                              25H 外,同时将偏移地址 2001H 单元赋值为 0
```

对于 MOV 指令应注意几个问题：

1）不允许对 CS 和 IP 进行赋值操作；

2）两个存储器操作数之间不允许直接进行信息传送；

如需要把地址（即段内的地址偏移量）为 AREAl 的存储单元的内容，传送至同一段内的地址为 AREA2 的存储单元中去，一条 MOV 指令不能直接完成这样的传送，但可以 CPU 内部寄存器为桥梁来完成传送：

```
MOV   AL,   AREAl
MOV   AREA2,   AL
```

3）两个段寄存器之间不能直接传送信息，也不允许用立即寻址方式为段寄存器赋值；例如，为了将立即数传送给 DS，可执行以下两条传送指令：

```
MOV   AX,   1000H
MOV   DS,   AX
```

4）目的操作数不能用立即寻址方式；

5）立即数做源操作数时，立即数的长度必须小于等于目的操作数的长度；

6）操作数 DST，SRC 分别为 reg，reg 或 reg，Sreg 或 Sreg，reg 时，两者的长度必须保持一致；

7）MOV 指令不改变标志位。

【例 3-11】

将以 AREA1 为首地址的 100 个字节数据搬移到以 AREA2 为首地址的内存中，若 AREA1 和 AREA2 都在当前数据段中，可以用带有循环控制的数据传送程序来实现。程序如下：

```
        MOV   SI,   OFFSET AREA1
        MOV   DI,   OFFSET AREA2
        MOV   CX,   100
AGAIN:  MOV   AL,   [SI]
        MOV   [DI],   AL
        INC   SI
        INC   DI
```

　　　　DEC　CX
　　　　JNZ　AGAIN

（2）扩展传送指令 MOVSX 和 MOVZX：386+使用。

符号扩展传送指令 MOVSX（move with sign-extend）：

指令格式：MOVSX DST，　SRC

功能：将 SRC 中的 8 位或 16 位操作数带符号等值扩展为 16 位或 32 位操作数，存于 DST 中。

例如，（AL）= 0F8H，指令 MOVSX ECX，　AL 执行后，（ECX）= 0FFFFFFF8H

零扩展传送指令 MOVZX（move with zero-extend）：用于无符号数扩展。

指令格式：MOVZX DST，　SRC

功能：将 SRC 中的 8 位或 16 位操作数通过在高位加 0 扩展为 16 位或 32 位操作数，存于 DST 中。

例如，（AX）= 0FFF8H，指令 MOVZX　ECX，　AX 执行后，（ECX）= 0000FFF8H

使用扩展传送指令应注意以下问题：

1）目的操作数应为 16 位或 32 位通用寄存器；

2）源操作数长度须小于目的操作数长度，为 8 位或 16 位通用寄存器或存储器操作数；

3）扩展传送操作不影响标志位。

B　堆栈操作指令

堆栈在计算机中有重要作用，如果在程序中要用到某些寄存器，但它的内容却在将来还有用，这时就可以用堆栈把它们保存起来，然后到必要时再恢复其原始内容。

堆栈是一种先进后出（FILO）的数据结构（线性表），是在内存中开辟了一个比较特殊的存储区。先进后出（FILO）和先进先出（FIFO，和先进后出的规则相反），以及随机存取是最主要的三种存储器访问方式。先进后出（FILO）的含义是：最后放进表中的数据在取出时最先出来。对于子程序调用，特别是递归调用来说，这是非常有用的特性。

系统堆栈由 CPU 实施管理，其出入口是用堆栈指针 ESP/SP 来指示的，ESP/SP 任何时候都指向当前的栈顶。因此不需要考虑堆栈指针的修正问题，可以把寄存器内容，甚至一个立即数（386+使用，8086/8088 不允许）直接放到堆栈里，并在需要的时候将其取出。同时，系统并不要求取出的数据仍然回到原来的位置。入栈指令 PUSH 和出栈指令 POP 的操作，首先在当前栈顶进行，随后及时修改地址指针，保证 ESP/SP 总指向当前的栈顶。除了显式地操作堆栈（使用 PUSH 和 POP 指令）之外，很多指令也需要使用堆栈，如 INT、CALL、LEAVE、RET、RETF、IRET 等。

a　入栈指令

有 5 条指令。

（1）指令格式：PUSH　SRC

功能：将源操作数压入堆栈，源操作数允许为 16 位或 32 位通用寄存器、存储器以及 16 位段寄存器。当操作数数据类型为字类型，入栈操作使 SP 或 ESP 值减 2；当数据类型为双字类型，入栈操作使 SP 或 ESP 值减 4。

（2）指令格式：PUSHW　imm16；386+使用

功能：将 16 位立即数压入堆栈，（ESP）←（ESP）-2。

（3）指令格式：PUSHD　imm32；386+使用

功能：将 32 位立即数压入堆栈，（ESP）←（ESP）-4。

（4）指令格式：PUSHA；386+使用

功能：将 16 位通用寄存器压入堆栈，压栈顺序为 AX，CX，DX，BX，SP，BP，SI，DI，（ESP）←（ESP）-16。

（5）指令格式：PUSHAD；386+使用

功能：将 32 位通用寄存器压入堆栈，压栈顺序为 EAX，ECX，EDX，EBX，ESP，EBP，ESI，EDI，（ESP）←（ESP）-32。

【例 3-12】

PUSH AX	;通用寄存器操作数入栈(16 位)
PUSH CS	;段寄存器操作数入栈(16 位)
PUSH EBX	;通用寄存器操作数入栈(32 位)
PUSH WORD PTR［SI］	;存储器操作数入栈(16 位)
PUSH DWORD PTR［DI］	;存储器操作数入栈(32 位)
PUSHW 1234H	;立即数入栈(16 位)
PUSHD 20H	;立即数入栈(32 位)

举例来说，16 位 PUSH 指令完成如下操作：（SP）←（SP）-1，（（SP））←SRC 的高字节，（SP）←（SP）-1，（（SP））←SRC 的低字节。

例如：已知(SP)= 1000H，(BX)= 1234H，指令 PUSH BX 的执行过程为：（SP）←（SP）-1，(0FFFH)=(BH)= 12H;（SP）←（SP）-1，(0FFEH)=(BL)= 34H，如图 3-20 所示。

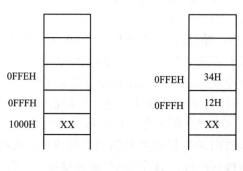

图 3-20　入栈操作示意图

b　出栈指令

有 3 条指令。

（1）指令格式：POP　DST

功能：从栈顶弹出操作数送入目的操作数。目的操作数允许为 16 或 32 位通用寄存器、存储器和 16 位段寄存器。当操作数数据类型为字类型，出栈操作使 SP 或 ESP 加 2;

当操作数数据类型为双字类型，出栈操作使 SP 或 ESP 加 4。

（2）指令格式：POPA；386+使用

功能：从堆栈弹出 16 字节数据，并且按顺序存入寄存器 DI，SI，BP，SP，BX，DX，CX，AX 中，（ESP）←（ESP）+16。

（3）指令格式：POPAD；386+使用

功能：从堆栈弹出 32 字节数据，并且按顺序存入寄存器 EDI，ESI，EBP，ESP，EBX，EDX，ECX，EAX 中，（ESP）←（ESP）+32。

【例 3-13】

```
POP AX                    ;操作数出栈送寄存器(16 位)
POP DS                    ;操作数出栈送段寄存器(16 位)
POP ECX                   ;操作数出栈送寄存器(32 位)
POP WORD PTR [BX]         ;操作数出栈送存储器(16 位)
POP DWORD PTR [SI]        ;操作数出栈送存储器(32 位)
```

举例来说，16 位 POP 指令的操作与 PUSH 指令相反：DST 的低字节←（（SP）），（SP）←（SP）+1，DST 的高字节←（（SP）），（SP）←（SP）+1。

使用堆栈操作指令应注意以下问题：

（1）堆栈必须放在 SS 段，堆栈的低地址为栈顶，SP 或 ESP 的值会自动修改并指向栈顶；

（2）堆栈操作只能按字或双字进行；

（3）出栈操作目的操作数不允许是 CS、IP 或者立即数；

（4）使用堆栈指令传送数据时，PUSH 和 POP 要成对出现，以保持堆栈平衡；

（5）要注意堆栈指令 PUSH/POP 入栈顺序是先压入高字节后压入低字节，弹栈则是先弹出低字节后弹出高字节；

（6）堆栈指令不影响标志位。

c 数据交换指令

有 2 条指令。

（1）指令格式：XCHG DST， SRC

功能：完成字节、字和双字数据交换。

这是一条交换指令，把一个字节、一个字或一个双字的源操作数与目的操作数相交换。交换能在通用寄存器之间、通用寄存器与存储器之间进行。段寄存器和立即数不能作为一个操作数。

举例：

```
XCHG  AX,  BX
XCHG  DL,  BL
XCHG  [505H],  AX
XCHG  BX, [SI]
XCHG  EAX,  EDI
XCHG  ESI,  [EBX]
```

（2）指令格式：BSWAP reg32；386+使用

功能：完成32位寄存器内部双字交换，字节次序变反，即一、四字节交换、二、三字节交换。

例如：（EAX）= 12345678H，执行指令 BSWAP EAX 后，（EAX）= 78563412H。

使用数据交换指令应注意以下问题：

（1）XCHG 指令操作数 DST 和 SRC 不能同时为内存单元；

即：XCHG［1234］，　［BX］是错误的

（2）CS 寄存器和 IP 寄存器不能作为 XCHG 指令的操作数；

即：XCHG BX，　CS 是错误的

（3）XCHG 指令两个操作数不能有立即数；

即：XCHG BX，　1234H 是错误的

（4）BSWAP 操作数为32位通用寄存器；

（5）交换指令不影响标志位。

3.3.1.2　标志传送指令

有6条指令。

（1）指令格式：LAHF；Load AH with Flag

功能：将标志寄存器中的低8位传送至 AH 寄存器的指定位，空位没有定义。

（2）指令格式：SAHF；Store AH with Flag

功能：将寄存器 AH 送至标志寄存器的低8位。根据 AH 的内容，影响相应标志位。

（3）指令格式：PUSHF

功能：将标志寄存器的低16位压入堆栈顶部，同时修改堆栈指针，不影响标志位。

（4）指令格式：POPF

功能：堆栈顶部的一个字，传送到标志寄存器的低16位，同时修改堆栈指针，影响标志位。

（5）指令格式：PUSHFD；386+使用

功能：将32位标志寄存器压入堆栈顶部，同时修改堆栈指针，不影响标志位。

（6）指令格式：POPFD；386+使用

功能：堆栈顶部的一个双字，传送到32位标志寄存器，同时修改堆栈指针，影响标志位。

3.3.1.3　地址传送指令

汇编中，地址是一种特殊操作数，区别于一般数据操作数，它无符号，长度为16位或32位，为了突出其地址特点，由专门的指令进行地址传送。

有6条指令。

（1）指令格式：LEA reg16/reg32，　mem；Load Effective Address

功能：有效地址送寄存器，把源操作数 mem 的地址偏移量传送至目的操作数 reg。指令执行以后，目的寄存器中为内存的有效地址，而不是内存单元中的值；当目的寄存器位数多而数据位数少时，进行高位0拓展。

要求：源操作数必须是一个内存操作数；目的操作数必须是一个16位或32位的通用

寄存器。这条指令通常用来建立数据串操作指令所须的寄存器指针。

例如：LEA SI,　　［3234H］

LEA BX,　　［BP+S1］

LEA EDI,　　［EBX+ECX+1230H］

LEA ESI,　　［BX+5678H］

【例 3-14】

LEA　BX,　　［BX+SI］

设指令执行前，（DS）= 2100H，（BX）= 100H，（SI）= 10H，（21110H）= 1234H

指令执行后，（BX）=（BX）+（SI）= 110H

（2）指令格式：LDS　reg16/reg32,　　mem　　;Load pointer into DS

（3）指令格式：LES　reg16/reg32,　　mem　　;Load pointer into ES

（4）指令格式：LSS　reg16/reg32,　　mem　　;386+使用，Load pointer into SS

（5）指令格式：LFS　reg16/reg32,　　mem　　;386+使用，Load pointer into FS

（6）指令格式：LGS　reg16/reg32,　　mem　　;386+使用，Load pointer into GS

上述（2）~（6）条指令是取段码和偏移量的指令，这些指令的功能相似，只是段寄存器不同。

功能：把段码和偏移量传送到 2 个目的寄存器，完成一个地址指针的传送。即：把 mem 指定的内存中连续 4 个/6 个字节内容低 16/32 位数据存入 reg16/reg32 指定的通用寄存器中，高 16 位存入 DS/ES/SS/FS/GS 寄存器中。

要求：源操作数是一个内存操作数，目的操作数是一个通用寄存器。

例如：LDS　DI,　［2530H］

LES　EDI,　［1000H］

LSS　ESP,　［EDX］

LFS　EDX,　［EDX］

LGS　ESI,　［EDX］

【例 3-15】

LDS　SI,　［1010H］

设指令执行前，（DS）= 2000H，（21010H）= 01A0H，（21012H）= 1234H。

指令执行后，（SI）= 01A0H，（DS）= 1234H。

【例 3-16】

LES　DI,　［BX］

设指令执行前，（DS）= B000H，（BX）= 080AH，（B080AH）= 05AEH，（B080C2H）= 4000H。

指令执行后，（DI）= 05AEH，（ES）= 4000H。

使用地址传送指令应注意以下问题：

（1）随着寄存器的位数不同，传送的字节数也不同；

（2）源操作数总是来自存储器，不过存储器的地址可能是直接指出的，也可能是间接指出的；

（3）对于取段码和偏移量的指令，尽管目的操作数只指出了存放偏移量的寄存器，并没有出现段寄存器名，但是在指令执行以后，分别往段寄存器中传送了数据。实际上，在指令 LDS、LES、LSS、LFS、LGS 的操作符中指出了段寄存器名 DS、ES、SS、FS、GS。

3.3.1.4 累加器专用传送指令

包括输入、输出和查表指令，前两种又称为输入输出指令。

A IN 指令

指令格式：

(1) IN acc8/acc16/acc32,   port ;端口号 port 相邻的 1/2/4 字节数据输入到累加器 AL/AX/EAX 中，源操作数为端口直接寻址，称为直接 I/O 指令

(2) IN acc8/acc16/acc32,   DX ;DX 寄存器中端口号相邻的 1/2/4 字节数据输入到累加器 AL/AX/EAX 中，源操作数为端口间接寻址，称为间接 I/O 指令

功能：从 I/O 端口数据输入至累加器 AL 或 AX 或 EAX。传送的字节数取决于累加器。

例如：IN AL, 50H   ;从 50H 端口输入一个字节给 AL
   IN AX, 70H   ;从 70H~71H 端口输入一个字给 AX,(70H)→(AL),(71H)→(AH)
   IN EAX, 70H   ;从 70H~73H 端口输入一个双字给 EAX
   IN AL, DX
   IN AX, DX
   IN EAX, DX

注意：若端口地址超过 255 时，则必须用 DX 保存端口地址，这样用 DX 作端口寻址最多可寻找 64K 个端口。

B OUT 指令

指令格式：

(1) OUT port,   acc8/acc16/acc32 ;累加器 AL/AX/EAX 中的数据输出到端口号 port 相邻的 1/2/4 个端口，目的操作数为端口直接寻址，直接 I/O 指令

(2) OUT DX,   acc8/acc16/acc32 ;累加器 AL/AX/EAX 中的数据输出到 DX 端口号相邻的 1/2/4 个端口，目的操作数为端口直接寻址，间接 I/O 指令

功能：将 AL 或 AX 或 EAX 的内容输出至 I/O 端口。传送的字节数取决于累加器。

使用输入输出指令应注意以下问题：

(1) 只能用累加器作为执行 I/O 过程的寄存器，不能用其他寄存器代替；

(2) 用直接 I/O 指令时，寻址范围为 0~255；

(3) 用间接 I/O 指令时，要在 DX 寄存器中设置好端口号，寻址范围为 0~65535；

(4) 用间接 I/O 指令时，只能用 DX 寄存器，也不能用 EDX；

(5) 每次 I/O 指令传输的字节数决定于累加器；

(6) 输入输出指令不影响标志位。

C XLAT/XLATB 指令

指令格式：XLAT [转换表名]   ;(AL)=((DS)×16+(BX/EBX)+(AL))

或者：　　　XLATB

功能：以段寄存器 DS 的内容为段基址，有效地址为 BX/EBX 和 AL 内容之和，取出表中一个字节内容送 AL 中，完成一个字节的查表转换。XLAT 指令可用在数制转换、函数表查表、代码转换等场合。

要求：首先建立一个字节表格，表格的首地址预先存入 BX/EBX 寄存器，需要转换的代码应该是相对于表格首地址的偏移量，预先存入 AL 寄存器中，表格的内容则是所要换取的代码，该指令执行后可在 AL 中得到转换后的代码。

例如：如下指令序列完成从端口地址为 1 的端口读入一个数，再以该读到的数为下标（表项序号）去查一转换表，将表中查得的值再输出到地址为 5 的输出端口：

```
MOV   BX, OFFSET  TABLE    ;TABLE 为转换表的首偏移地址
IN  AL,  1                 ;从端口地址为 1 的端口读入的数送 AL 查表
XLAT   TABLE              ;此句也可写为 XLATB
OUT  5,   AL             ;查表结果送地址为 5 的输出端口
```

该指令不影响标志位。

3.3.1.5　符号扩展指令

有 4 条指令。

（1）指令格式：CBW

功能：字节扩展指令，将 AL 中 8 位带符号数，进行带符号扩展为 16 位，送 AX 中。带符号扩展是指将 AL 寄存器的最高位扩展到 AH，即若 AL 的 $D_7 = 0$，则（AH）= 0；否则（AH）= 0FFH。

【例 3-17】

```
MOV   AL,   4FH
CBW                       ;执行后,（AX）= 004FH
MOV   AL,   8FH
CBW                       ;执行后,（ΛX）= 0FF8FH
```

（2）指令格式：CWD

功能：字扩展指令，将 AX 中 16 位带符号数，进行带符号扩展为 32 位，送 DX 和 AX 中。高 16 位送 DX 中，低 16 位送 AX 中，即若 AX 的 $D_{15} = 0$，则（DX）= 0；否则（DX）= 0FFFFH。

【例 3-18】

```
MOV   AX,   834EH
CWD                       ;执行后,  （DX）= FFFFH,  （DX:AX）= FFFF834EH
```

（3）指令格式：CWDE；386+使用

功能：将 AX 中 16 位带符号数，进行带符号扩展为 32 位，送 EAX 中。

（4）指令格式：CDQ；386+使用

功能：将 EAX 中 32 位带符号数，进行带符号扩展为 64 位，送 EDX 和 EAX 中。低 32 位送 EAX 中，高 32 位送 EDX 中。

符号扩展指令对标志位无影响。

3.3.2 算术运算指令

80x86 指令包括加、减、乘、除四种基本算术运算操作及十进制算术运算调整指令。二进制加、减法指令，带符号操作数采用补码表示时，无符号数和带符号数据运算可以使用相同的指令。二进制乘、除法指令分带符号数和无符号数运算指令。这些操作都可用于字节、字或双字的运算，也可以用于带符号数与无符号数的运算。操作数分为 4 种类型：无符号二进制数、带符号二进制数、无符号压缩 BCD 数、无符号非压缩 BCD 数。压缩 BCD 数可以进行加、减运算，其余 3 类数据可进行加、减、乘、除 4 种运算。

所有算术运算（Arithmetic）指令均影响状态标志。规则：

（1）当无符号数运算产生进位（超出数据表示范围）时，CF 为 1；

（2）当带符号数运算产生溢出时，OF 为 1；

（3）运算结果为 0，则 ZF = 1；

（4）运算结果的最高位为 1（视为带符号数，为负数），则 SF = 1；

（5）运算结果的低 8 位中有偶数个 1，则 PF = 1。

3.3.2.1 加法指令

加法指令（Addition）有 4 条。

（1）指令格式：ADD DST, SRC

功能：不带进位的加法指令，DST←DST+SRC，完成两个操作数相加，结果送至目的操作数 DST。

ADD 指令可以完成 8 位、16 位和 32 位数的加法，两个操作数的长度必须一致。源操作数可以是通用寄存器、存储器或立即数；目的操作数可以是通用寄存器或存储器操作数，但是不允许两个操作数同时为存储器操作数。

例如：

```
ADD   DI,  SI            ;SI 和 DI 内容相加,结果放入 DI 中
ADD   EAX,  [BX+2000H]   ;(BX)+2000H～(BX)+2003H 所指的四个存储单
                          元双字内容与 EAX 内容相加,结果放入 EAX
ADD   [BX+DI],  CX       ;CX 内容与(BX)+(DI)和(BX)+(DI)+1 所指的两
                          存储单元内容相加,结果放入这两存储单元
ADD   AL,  5FH           ;立即数 5FH 与 AL 内容相加,结果放入 AL
ADD   [BP],  3AH         ;立即数 3AH 与堆栈中由(BP)所指的单元内容相
                          加,结果放入(BP)所指的单元
```

（2）指令格式：ADC DST, SRC

功能：带进位的加法指令（add with carry），DST←DST+SRC+CF，该指令将目的操作数加源操作数再加 CF（低位进位）的值，结果送目的操作数 DST。两个操作数规定同 ADD 指令。ADC 指令与 ADD 指令配合使用，用于多字节加法。

【例 3-19】

设（DX）= 4652H，（AX）= 7348H，（BL）= 87H，

```
ADD   DX,  0F0FH      ;(DX)=5561H,  OF=0,  SF=0,  ZF=0,  CF=0
ADD   AX,  3FFFH      ;(AX)=B347H,  OF=1,  SF=1,  ZF=0,  CF=0
ADD   BL,  0F5H       ;(BL)=7CH,   OF=1,  SF=0,  ZF=0,  CF=1
```

OF 位是 1 表示带符号数溢出，则带符号数运算结果是错的；CF 位为 1 表示无符号数溢出，则无符号数运算结果是错的。

【例 3-20】

8086 系统中，实现 32 位整数（双字）的加法：0002F365H+0005E024H，将运算结果放在 DX 和 AX 寄存器中，其中 DX 存放高字，AX 存放低字。

```
MOV   AX, 0F365H      ;AX 赋初值
ADD   AX, 0E024H      ;低字相加：(AX)=D389H,  OF=0,  SF=1,  ZF=0,
                      CF=1
MOV   DX, 0002H       ;DX 赋初值
ADC   DX, 0005H       ;高字相加：(DX)=0008H,  OF=0,  SF=0,  ZF=0,
                      CF=0
```

低字相加用 ADD 指令，高字相加用 ADC 指令，将低字相加后产生的进位传递给高字。带符号的双精度数的溢出，应该根据 ADC 指令的 OF 位来判别，而作低位加法用的 ADD 指令的溢出是无意义的。

对于 386+系统实现上述功能则一条 ADD 指令即可：

```
MOV   EAX,0002F365H   ;EAX 赋初值
MOV   EDX, 0005E024H  ;EDX 赋初值
ADD   EAX, EDX        ;(EAX)=0008D389H,  OF=0,  SF=0,  ZF=0,  CF=0
```

后两句可用一条指令完成：

```
ADD   EAX, 0005E024H  ;寄存器与立即数相加
```

（3）指令格式：XADD DST, SRC   ;386+使用

功能：交换加法指令（exchange and add），SRC↔DST，DST←DST+SRC，完成两个操作数交换后将求和结果送至目的操作数 DST。两个操作数规定同 ADD 指令。

例如：(AX)=1234H，(BX)=1111H，

执行指令 XADD AX, BX；(BX)=1234H，(AX)=2345H

例如：(EAX)=20000002H，1000H 开始的内存单元中为 30000003H，

执行指令 XADD [1000H], EAX；(EAX)=30000003H，(1000H)=50000005H

（4）指令格式：INC DST

功能：单操作数加 1 指令（increment），DST←DST+1。操作数的长度可以是 8 位、16 位或 32 位的通用寄存器或存储器，不能是立即数。

INC 指令不影响进位标志位 CF，但会对其他状态标志如 OF、SF、ZF、AF 和 PF 标志有影响。该指令主要用于对计数器或地址指针的修改。

如：INC AX

```
INC    BYTE PTR［BX+DI+20H］
INC    ECX
```

3.3.2.2　减法指令

减法指令（Subtraction）有 7 条。

（1）指令格式：SUB　DST，　SRC

功能：不带借位的减法指令，DST←DST−SRC，该指令完成目的操作数减去源操作数，结果存于目的操作数 DST，源操作数内容不变。两个操作数规定同 ADD 指令。

例如：

```
SUB AX，　BX              ;AX 减去 BX 内容,结果放入 AX 中
SUB EAX，　［BX+200H］    ;EAX 内容减去(BX)+200H～(BX)+203H 所指的四个
                            存储单元双字内容,结果放入 EAX
SUB AL，　30H             ;AL 内容减去 30H,结果放入 AL
SUB WORD PTR［DI］，　3AH  ;DI 所指的字单元中的 16 位数减去立即数 3AH,结果存
                            在 DI 所指的字单元
```

（2）指令格式：SBB　DST，　SRC

功能：带借位的减法指令（subtract with borrow），DST←DST−SRC−CF，该指令将目的操作数减源操作数再减 CF（低位进位）的值，结果送目的操作数 DST。两个操作数规定同 ADD 指令。SBB 指令与 SUB 指令配合使用，用于多字节减法。

例如：

```
SBB    AX，　 SI
SBB    AL，　 5
SBB    EAX，　［DI+BP+10H］
```

【例 3-21】

8086/8088 系统完成无符号数 5B68E270H 和 0BD6C5678H 相减的操作。由于操作数为 32 位，8086/8088 寄存器只有 16 位，因此该操作要分两次进行，先对低 16 位做减法，然后对高 16 位做减法并考虑借位。

```
MOV  AX，　0E270H      ;将被减数的低 16 位取到 AX 内
SUB  AX，　5678H       ;与减数的低 16 位相减,并影响 CF
MOV  DX，　5B68H       ;将被减数的高 16 位取到 DX 内
SBB  DX，　0BD6CH      ;与减数的高 16 位相减,并减去 CF
```

（3）指令格式：DEC　DST

功能：单操作数减 1 指令（decrement），DST←DST−1。该指令操作与 INC 相反，操作数规定同 INC 指令。

它与 INC 指令一样，执行指令后不影响 CF 标志，但会对其他状态标志如 OF、SF、ZF、AF 和 PF 标志有影响。该指令主要用于对计数器或地址指针的修改。

例如：

```
DEC  WORD PTR［SI］
DEC  CL
DEC  ECX
```

（4）指令格式：NEG　DST

功能：单操作数求补指令（negate），也称取负指令。DST←0-DST，该指令将操作数按位取反（包括符号位）后加1，结果返回操作数。操作数规定同 INC 指令。

若将 DST 视为带符号数，如果该数为负数，则执行 NEG 指令相当于求该数补码，故此称为求补指令；严格来讲，该指令只是对 DST 取相反数。

NEG 指令执行后，与 SUB 指令一样，对状态标志位 OF、SF、ZF、AF、PF、CF 都会产生影响。一般情况下（DST≠0），总是使 CF=1，因为 0 减操作数 DST 必产生借位。只有当操作数 DST 为 0 时，才有 CF=0。

例如：NEG　AL　　;若（AL）= 00111100B，则执行指令后为（AL）= 11000100B

　　　NEG　MULRE

　　　NEG　EDI

若在字节操作时对-128 取补，或在字操作时对-32768 取补，则操作数没变化，但标志 OF 置位。

（5）指令格式：CMP DST,　SRC

功能：比较指令（compare），DST-SRC，该指令与 SUB 指令一样也是执行两操作数相减，但它并不保存结果，只是根据两操作数相减后的结果影响标志位 OF、SF、ZF、AF、PF 和 CF 的状态，根据受影响的标志位状态就可以判断两个操作数比较的结果。两个操作数规定同 ADD 指令。

例如：CMP　AL,　100

　　　CMP　DX,　DI

　　　CMP　CX,　COUNT［BP］

　　　CMP　COUNT［SI］,　EAX

比较指令主要用于比较两个数之间的关系。CMP 指令后往往跟着一个条件转移指令，这是分支程序设计常用的一种方法。根据比较结果，即根据标志即可判断两者是否相等、比较大小。条件转移指令可以产生不同的程序分支。

1）若两者相等，相减以后结果为零，ZF 标志为 1，否则为 0。

2）若两个无符号数（如 CMP　AX，BX）进行比较不相等，则可以根据 CF 标志的状态判断两数大小。若结果没有产生借位（CF=0），显然（AX）≥（BX）；若产生了借位（即 CF=1），则（AX）<（BX）。

3）带符号数时（如 CMP　AX,　BX），当两个正数比较大小时，可以由 SF 来判断大小，当 SF=1 时，（AX）<（BX），当 SF=0 时，（AX）≥（BX）。比较的数有正有负时，要考虑溢出。用逻辑表达式又可简化为：

若 OF=0 时，SF=0，则（AX）≥（BX）；SF=1，则（AX）<（BX）；

若 OF=1 时，SF=0，则（AX）<（BX）；SF=1，则（AX）>（BX）。

即对于带符号数的比较，若 OF 和 SF 的值相同，则被减数大；若不同，则被减数小。

【例 3-22】

若自 BLOCK 开始的内存缓冲区中，有 100 个带符号的数（字），希望找到其中最大的一个值，并将它放到 MAX 单元中。

　　　　　LEA　DI,　MAX

　　　　　MOV　BX,　OFFSET BLOCK

```
            MOV   AX, ［BX］
            INC   BX
            INC   BX
            MOV   CX, 99
     AGAIN：CMP   AX, ［BX］
            JG    NEXT            ;带符号数比较大于跳转到 NEXT,小于等于继
                                    续执行
            MOV   AX, ［BX］
     NEXT： INC   BX
            INC   BX
            DEC   CX
            JNZ   AGAIN
            MOV   ［DI］, AX
            HLT
```

（6）指令格式：CMPXCHG　DST,　　SRC　　　;486+使用

功能：比较并交换指令，目的操作数和累加器（AL/AX/EAX）进行比较，如果相等（ZF=1），则将源操作数复制到目的操作数中，否则将目的操作数复制到累加器中。源操作数只能是通用寄存器，目的操作数可以为通用寄存器或存储器操作数。

比如：（AL）=11H，（BL）=24H，（1000H）=22H，

执行指令：

CMPXCHG［1000H］,　　BL　;（AL）=22H，（BL）=24H，（1000H）=22H，ZF=0

又如：（EBX）=76543210H，（ECX）=01234567H，（EAX）=76543210H，

执行指令：

CMPXCHG EBX,　　ECX　　;（EBX）=01234567H，（ECX）=01234567H，（EAX）=
76543210H，ZF=1

（7）指令格式：CMPXCHG8B　mem64　　;486+使用

功能：8 字节（64 位）比较交换指令（实际上是实现条件传送），影响 ZF 标志位。将 EDX：EAX 中的 8 个字节与 mem64 所指的存储器中的 8 个字节比较，若相等则将 ECX和 EBX 中的 8 字节数存入 mem64 中，（ECX:EBX）→mem64，并且 ZF 置1；若不相等则将mem64 中的 8 字节数存入 EDX 和 EAX 中，mem64→（EDX:EAX），并且 ZF 清0。

比如：（EAX）=11111111H，（EBX）=22222222H，（ECX）=33333333H，（EDX）=44444444H，设 DS 段 1000H 所指单元开始的 8 字节为 4444444411111111H，执行指令：

    CMPXCHG8B　［1000H］　　　;存储单元为目的操作数,ZF=1,DS 段 1000H 所指单元开
始的 8 字节为 3333333322222222H,其余不变

若上例中（EAX）=55555555H，其余不变，执行指令：

    CMPXCHG8B　［1000H］　　　;ZF=0,（EDX）=44444444H，（EAX）=11111111H，其余
不变

3.3.2.3　乘法指令（Multiplication）

（1）进行乘法操作时，两个 8/16/32 位数据相乘，会得到一个 16/32/64 位的乘积，即乘积的长度是两个相同长度的乘数的 2 倍。

（2）在执行乘法指令时，有一个乘数总是放在累加器（AL、AX 或 EAX）中。将 DX 看作是 AX 的扩展，将 EDX 看成是 EAX 的扩展。故得到 16 位的乘积时放入 AX；32 位的乘积时高 16 位放入 DX，低 16 位放入 AX 中（Pentium 中同时复制并放到 EAX 中）；64 位乘积时高 32 位放入 EDX，低 32 位放入 EAX。

（3）对带符号数和无符号数指令分开。

下面分别介绍无符号数乘法和带符号数乘法指令的使用方法。

A　无符号数乘法指令 MUL

指令格式：　MUL　SRC

功能：完成字节与字节相乘、字与字相乘或双字与双字相乘，且默认的操作数放在 AL、AX 或 EAX 中，而源操作数由指令给出。即，

字节操作数：（AX）←（AL）×SRC

字操作数：（EAX）=（DX：AX）←（AX）×SRC

双字操作数：（EDX:EAX）←（EAX）×SRC

注意：源操作数只能是通用寄存器或存储器操作数，不能为立即数。

MUL 指令执行后，CF=OF=0 表示乘积高半部分无有效数据；CF=OF=1 表示乘积高半部分含有效数据；对其他标志位无定义。

例如：

MUL	BL	;AL 和 BL 中的8位数相乘，乘积在 AX
MUL	CX	;AX 和 CX 中16位数相乘，乘积在 DX 和 AX，若 386+ 系统，乘积同时放在 EAX 中
MUL	BYTE　PTR［DI］	;AL 和(DI) 所指的字节单元中的8位数相乘，乘积在 AX 中
MUL	WORD　PTR［SI］	;AX 和(SI) 所指的字单元中的16位数相乘，乘积在 AX 和 DX 中，若 386+ 系统，乘积同时放在 EAX 中
MUL	EDX	;EAX 和 EDX 中32位数相乘，乘积在 EDX 和 EAX 中

B　带符号数乘法指令 IMUL

带符号数乘法指令 IMUL 有 3 种格式：

（1）指令格式 1：IMUL　SRC；8086/8088 使用

功能：与 MUL 相同，但必须是带符号数，积采用补码形式表示。当结果的高半部分不是结果的低半部分的符号扩展时，标志位 CF 和 OF 将置位。

【例 3-23】

```
MOV   AX,   04E8H
MOV   BX,   4E20H
IMUL  BX              ;(DX:AX) = (AX)×(BX)，即(DX) = 017FH,(AX) = 4D00H,且
                       CF = OF = 1
```

实际上以上指令完成带符号数+1256 和+20000 的乘法运算，得到乘积为+25120000。

由于此时 DX 中结果的高半部分包含着乘积的有效数字,故状态标志位 CF=OF=1。

（2）指令格式 2：IMUL　DST，　　SRC　　;386+使用

功能：将目的操作数乘以源操作数，结果送目的操作数。目的操作数为 16 位或 32 位通用寄存器或存储器操作数；源操作数为 16 位或 32 位通用寄存器、存储器或立即数。

源操作数和目的操作数数据长度要求一致。乘积仅取和目的操作数相同的位数，高位部分将被舍去，并且 CF=OF=1；其他标志位无定义。在使用这类指令时，需在 IMUL 指令后加一条判断溢出的指令，溢出时转错误处理执行程序。

如：

```
IMUL  BX,  CX                    ;(BX)×(CX)→(BX)
IMUL  EDX,  ECX
IMUL  DI,  MEM_WORD
IMUL  EDX,  MEM_DWORD
IMUL  CX,  23
IMUL  EBP,  200
```

（3）指令格式 3：IMUL　DST，　　SRC1，　　SRC2　　;386+使用

功能：将源操作数 SRC1 与源操作数 SRC2 相乘，结果送目的操作数。目的操作数 DST 为 16 位或 32 位通用寄存器；源操作数 SRC1 为 16 位或 32 位通用寄存器或存储器操作数；源操作数 SRC2 为立即数。要求目的操作数 DST 和源操作数 SRC1 数据长度一致。

如：

```
IMUL  DX,  BX,  300               ;(BX)×300→(DX)
IMUL  ECX,  EDX,  2000
IMUL  BX,  MEM_WORD,  300
IMUL  EDX,  MEM_DWORD,  20
IMUL  EAX,  [EBX],  12H           ;EBX 指向的四个存储单元双字内
                                    容×12H→(EAX)
```

3.3.2.4　除法指令（Division）

（1）除法运算时，规定除数必须为被除数的一半字长，即被除数为 16/32/64 位时，除数为 8/16/32 位。

（2）16 位的被除数放在 AX 中；32 位的被除数放在 DX 和 AX 中，DX 中放高位，AX 中放低位；64 位的被除数放在 EDX 和 EAX 中，EDX 中放高位，EAX 中放低位。

（3）当被除数为 16 位，除数为 8 位，得到 8 位的商放在 AL 中，8 位的余数放在 AH 中；当被除数为 32 位时，除数为 16 位，得到 16 位的商放在 AX 中，16 位的余数放在 DX 中；当被除数为 64 位时，除数为 32 位，得到 32 位的商放在 EAX 中，32 位的余数放在 EDX 中。

（4）对带符号数和无符号数指令分开。

下面分别介绍无符号数除法和带符号数除法指令的使用方法。

A　无符号数除法指令 DIV

指令格式：DIV　SRC

功能：累加器及其扩展（AX、DX：AX 或 EDX：EAX）除以 SRC，商和余数分别放在累加器（AL、AX 或 EAX）和其扩展（AH、DX 或 EDX）中。源操作数作为除数，为通用寄存器或存储器操作数，不能是立即数。

字节操作：（AL）←（AX）/SRC 的商

　　　　　（AH）←（AX）/SRC 的余数

字操作：　（AX）←（DX:AX）/SRC 的商

　　　　　（DX）←（DX:AX）/SRC 的余数

双字操作：（EAX）←（EDX:EAX）/SRC 的商

　　　　　（EDX）←（EDX:EAX）/SRC 的余数

B　带符号数除法 IDIV

指令格式：IDIV　OPRD

功能：与 DIV 指令相同，但 IDIV 指令认为操作数为带符号数补码，除法运算的结果也是补码。

【例 3-24】

执行运算：(V−(X＊Y+Z−540))/X，其中 X、Y、Z、V 均为 16 位带符号数，已分别装入 X、Y、Z、V 单元中，要求上式计算结果的商放在 AX，余数存于 DX 中。

```
MOV   AX, X      ;取乘数 X 到 AX
IMUL  Y          ;做 X×Y,结果存 DX:AX
MOV   CX, AX     ;保存结果低 16 位到 CX
MOV   BX, DX     ;保存结果高 16 位到 BX
MOV   AX, Z      ;取 Z 到 AX
CWD              ;把 Z 扩展成 32 位,因为现在是 32 位运算
ADD   CX, AX
ADC   BX, DX     ;加 Z,结果保存在 BX:CX
SUB   CX, 540    ;减去 540
SBB   BX, 0      ;结果还在 BX:CX
MOV   AX, V      ;取 V 到 AX
CWD              ;把 V 扩展为 32 位
SUB   AX, CX
SBB   DX, BX     ;用 V 减去上面的运算结果,结果保存在 DX:AX
IDIV  X          ;除以 X,结果保存在 DX:AX
```

使用除法指令时注意：

（1）除法运算时，要求被除数的位数是除数位数的 2 倍，否则就必须将被除数进行拓展，如果没有进行拓展，就会得到错误的结果。对于无符号数相除来说，被除数的拓展很简单，只需要将 AH、DX、EDX 寄存器清零即可。对于带符号数来说，AH、DX、EDX 的拓展就是符号拓展，即把 AL 中的最高位拓展到 AH 的 8 位中，把 AX 中的最高位拓展到

DX 中，或把 EAX 的最高位拓展到 EDX 中，可使用符号扩展指令 CBW，CWD，CWDE，CDQ 进行高位扩展。

（2）用 IDIV 指令时，字节除法，则商的范围为-128～127；字除法，则商的范围为-32768～32767；双字除法，则商的范围为-2^{31}～$2^{31}-1$。如果超出了上述范围或者除数为 0，就会产生 0 号中断，而不是按照通常的想法使溢出标志 OF 置 1。

（3）Pentium 指令系统中规定余数的符号和被除数的符号相同。

（4）除数运算后，标志位都是不确定的，没有意义。

3.3.2.5   十进制调整指令

计算机中的算术运算，都是针对二进制数的运算，而人们在日常生活中习惯使用十进制。为此在 x86 系统中，针对十进制算术运算有一类十进制调整指令。

在计算机中用 BCD 码表示十进制数。在进行十进制数算术运算时，应分两步进行：先按二进制数运算规则进行运算，得到中间结果；再用十进制调整指令对中间结果进行修正，得到正确的结果。

分为压缩 BCD 码调整指令和非压缩 BCD 码调整指令。

A   压缩 BCD 码调整指令

有 2 条指令。

（1）指令格式：DAA

功能：加法的十进制调整指令（Decimal Adjust After Addition），调整 AL 中的二进制 BCD 码的和。指令对 OF 标志无定义，会影响所有其他标志位。

调整步骤：

首先，若 AF＝1 或者 AL 的低 4 位大于 9，则（AL）+06H→（AL），且自动置 AF＝1；

然后，若 CF＝1 或者 AL 的高 4 位大于 9，则（AL）+60H→（AL），且自动置 CF＝1；

如果两个都不满足，则将 AF、CF 清零。

使用 DAA 指令之前，需将十进制数先用 ADD 或 ADC 指令相加，和存入 AL 中。

【例 3-25】

```
MOV   AL,   27H
MOV   BL,   35H
ADD   AL,   BL      ;两个 16 进制数相加,(AL)= 27H+35H=5CH
DAA                 ;DAA 调整,这时(AL)= 62H(27+35＝62)
```

（2）指令格式：DAS

功能：减法的十进制调整指令（Decimal Adjust for Subtraction），调整 AL 中的差。对标志位影响同 DAA 指令。

调整步骤：

首先，若 AF＝1，或者 AL 的低 4 位大于 9，则（AL）-06H→（AL），且自动置 AF＝1；

然后，若 CF＝1，或者 AL 的高 4 位大于 9，则（AL）-60H→（AL），且自动置 CF＝1；

如果两个都不满足，则将 AF、CF 清零。

使用 DAS 指令前，需将十进制数 BCD 码用 SUB 或 SBB 指令相减得到的差存入 AL 中。

【例 3-26】

```
MOV   AL, 12H
MOV   BL, 34H
SUB   AL, BL        ;(AL)= 0DEH
DAS                 ;由于相减时 AL 的低 4 位向高 4 位进位,AF=1,(AL)←(AL)-
                     6,即(AL)= 0DEH-6=0D8H,AF=1;由于相减时 AL 的高 4 位
                     大于 9,(AL)←(AL)-60H,即(AL)= 0D8H-60H=78H,CF=1。
                     即执行 DAS 指令后,CF=1,(AL)= 78H(112-34=78)
```

B　非压缩 BCD 码调整指令

有 4 条指令。加法、减法和乘法调整指令都是紧跟在算术运算指令之后,将二进制的运算结果调整为非压缩 BCD 码表示形式,而除法调整指令必须放在除法指令之前进行,以避免除法出现错误的结果。

(1) 指令格式:AAA

功能:加法的非压缩调整指令(ASCII Adjust After Addition),调整 AL 中的和,其中和是非压缩 BCD 码或准非压缩 BCD 码格式。AAA 指令除影响 AF 和 CF 标志位外,对其余标志位均无定义。

调整步骤:

首先,若 AF=1 或者(AL)的低 4 位大于 9,则(AL)+06H,(AH)←(AH)+1,置 AF=1;

然后,清除(AL)的高 4 位,CF←AF;

如果两个都不满足,则将 AF、CF 清零。

使用 AAA 指令前,先将非压缩 BCD 码的和存入 AL 中。

(2) 指令格式:AAS

功能:减法非压缩调整指令(ASCII Adjust for Subtraction),调整 AL 中的差,其中 AL 中的内容是非压缩的 BCD 码或准非压缩 BCD 码格式。对标志位影响同 AAA 指令。

调整步骤:

首先,若 AF=1,或者(AL)的低 4 位大于 9,则(AL)-06H,(AH)←(AH)-1,置 AF=1;

然后,清除(AL)高 4 位,CF←AF;

如果两个都不满足,则将 AF、CF 清零。

使用 AAS 指令前,先将非压缩 BCD 码的差存入 AL 中。

(3) 指令格式:AAM

功能:乘法非压缩调整指令(ASCII Adjust After Multiplication),调整 AL 的值,该值是由两个单 BCD 码字节用无符号数乘法指令 MUL 所得的积。该指令影响标志位 PF、SF 和 ZF,对 AF、CF 和 OF 无定义。

调整规则:(AH)←(AL)/10(商),(AL)←(AL)%10(余数)

AAM 指令一般紧跟在 MUL 指令之后使用。

【例 3-27】

```
MOV    AL, 9
MOV    BL, 8
MUL    BL              ;(AL)=48H=72D
AAM                    ;(AH)=7,(AL)=2,即(AX)=0702H
```

（4）指令格式：AAD

功能：将 AX 中两位非压缩 BCD 码转换为二进制数的表示形式。该指令影响标志位 PF、SF 和 ZF，对 AF、CF 和 OF 无定义。

调整规则：（AH）×10+（AL）→（AL），0→（AH）

AAD 指令用于二进制除法 DIV 操作之前。

【例 3-28】

```
MOV    AX, 0505H
MOV    BL, 08H
AAD                    ;(AX)=0037H(55=37H)
DIV BL                 ;(AX)=0706H(55÷8=6…7)
```

3.3.3　位操作指令

对字节、字或双字操作数按位操作。包括逻辑运算（Logic）和移位指令，以及 386+ 系统新增位操作指令。

3.3.3.1　逻辑运算指令

根据操作数的位组合格式，有选择地对某些位置位、复位或测试等。有 5 条指令。

A　逻辑"非"指令

指令格式：NOT　reg/mem

功能：对单操作数求反，然后送回原处。操作数可以是通用寄存器或存储器。该指令对标志无影响。

例如：若当前（AL）=05H，则执行指令 NOT AL 后，（AL）=0FAH

B　与、或及异或运算指令

指令格式：AND　DST，　SRC　　　;与运算

指令格式：OR　DST，　SRC　　　;或运算

指令格式：XOR　DST，　SRC　　　;异或运算

功能：分别完成对两个操作数进行按位的逻辑"与""或"及"异或"运算,结果回送 DST。其中目的操作数 DST 可以是累加器、通用寄存器,或内存操作数;源操作数 SRC 可以是立即数、通用寄存器,也可以是内存操作数。DST 和 SRC 不能同时为内存器操作数。指令将使 CF=OF=0,AF 无定义,而 SF、ZF 和 PF 则根据运算结果而定。

AND 指令常用于将操作数中某些位清 0（称"屏蔽"）,只须将要清 0 的位"与"0,其他不变的位"与"1 即可。OR 指令常用于将操作数中某些位置 1,只须将要置 1 的位"或"1,其他不改变的位"或"0 即可。XOR 指令常用于将操作数中某些位取反,只须将要取反的位"异

或"1,其他不改变的位"异或"0 即可。

例如:AND　AL, 0FH　　　　;AL 高 4 位清 0,低 4 位保持不变
　　　OR　BX, 00FFH　　　　;BH 保持不变,BL 置为 0FFH
　　　XOR　ESI, ESI　　　　;将 ESI 清 0
　　　OR　EAX, [DI+60H]

C　测试指令 TEST

指令格式: TEST　DST,　SRC

功能: 完成与 AND 指令相同的操作,但并不回送操作数,结果反映在标志位上。常用于测试 DST 中某位是否为 1,而且不改变 DST。操作数的规则和对标志位的影响同 AND 指令。

如果测试某位的状态,对某位进行逻辑"与"1 的运算,其他位逻辑"与"0,然后判断标志位:运算结果为 0,$ZF=1$,表示被测试位为 0;否则 $ZF=0$,表示被测试位为 1。

例如,若要检测 AL 中的最低位是否为 1,为 1 则转移。可用以下指令:

　　　TEST　AL, 01H
　　　JNZ　　THERE

3.3.3.2　移位指令

移位指令对操作数按某种方式左移或右移,移位位数可以由立即数直接给出,或由 CL 间接给出。移位指令分算术/逻辑移位指令、循环移位指令和双精度移位指令(386+)。

A　算术/逻辑移位指令

有 4 条指令。

a　算术/逻辑左移指令

指令格式: SHL　DST,　OPRD
指令格式: SAL　DST,　OPRD

功能: 按照操作数 OPRD 规定的移位位数,对 DST 进行左移操作,最高位移入 CF 中。每移动一位,右边补一位 0,如图 3-21(a)所示。目的操作数可以为通用寄存器或存储器操作数。SAL, SHL 指令影响标志位 OF, SF, ZF, PF, CF。

移位指令使用时,对于 386+系统,如果只移 1~31 位,那么指令中可直接指出移动位数,也可用 CL 寄存器指出;如果超过 31 位,则必须用 CL 寄存器指出;对于 8086/8088 系统,如果只移 1 位,那么指令中可直接指出移动位数,也可用 CL 寄存器指出;如果超过 1 位,则必须用 CL 寄存器指出。指令中源操作数 OPRD 只能是 1 或者 CL。

在左移位数为 1 的情况下,移位后,如果最高位和 CF 不同,则溢出标志 OF 置 1,这样对带符号数来说,可以判断移位后的符号位和移位前的符号位不同。

【例 3-29】　将一个 16 位无符号数乘以 10。该数原来存放在以 FACTOR 为首地址的两个连续的存储单元中(低位在前,高位在后)。

分析: 因为 FACTOR×10=(FACTOR×8)+(FACTOR×2),故可用左移位指令实现以上乘法运算。编程如下:

　　　MOV　AX, FACTOR　　　;(AX)←被乘数
　　　SHL　AX, 1　　　　　;(AX)=FACTOR×2
　　　MOV　BX, AX　　　　;暂存 BX

SHL	AX，	1	；（AX）= FACTOR×4
SHL	AX，	1	；（AX）= FACTOR×8
ADD	AX，	BX	；（AX）= FACTOR×10
HLT			

b　算术右移指令

指令格式：SAR　DST，　OPRD

功能：按照操作数 OPRD 规定的移位次数，对 DST 进行右移操作，最低位移至 CF 中，最高位（即符号位）保持不变，如图 3-21（b）所示。目的操作数及指令对标志位影响同 SHL 指令。

例如：SAR　AL，　1　　　　　　　　　　；寄存器算术右移 1 位

　　　SAR　DI，　CL　　　　　　　　　；寄存器算术右移（CL）位

　　　SAR　DWORD PTR TABLE［SI］，1　　；存储器操作数算术右移 1 位

　　　SAR　BYTE PTR STATUS，　CL　　；存储器操作数算术右移（CL）位

　　　SAR　EAX，　1

c　逻辑右移指令

指令格式：SHR　DST，　OPRD

功能：按照操作数 OPRD 规定的移位位数，对 DST 进行右移操作，最低位移至 CF 中，每移动一位，左边补一位 0，如图 3-21（c）所示。目的操作数及指令对标志位影响同 SHL 指令。

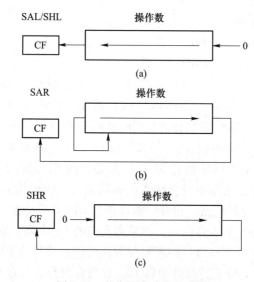

图 3-21　移位指令功能示意图

例如：SHR　BL，1　　　　　　　　　　；寄存器逻辑右移一位

　　　SHR　AX，　CL　　　　　　　　　；寄存器逻辑右移（CL）位

　　　SHR　BYTE PTR［DI+BP］，　1　　；存储器操作数逻辑右移一位

　　　SHR　DWORD PTR BLOCK，　CL　　；存储器操作数逻辑右移（CL）位

　　　SHR　EDI，　CL　　　　　　　　　；寄存器逻辑右移（CL）位

这些指令可以对寄存器操作数或内存操作数进行指定的移位，可以进行字节、字或双字操作；可以一次只移 1 位，也可以移位由寄存器 CL 中的内容规定的次数。算术/逻辑左移，只要结果未超出目的操作数所能表达的范围，每左移一次相当于原数（无符号数）乘 2；算术右移只要无溢出，每右移一次相当于原数（带符号数）除以 2；逻辑右移只要结果未超出目的操作数所能表达的范围，每右移一次相当于原数（无符号数）除以 2。

B 循环移位指令

有 4 条指令。

指令格式：

```
ROL   DST,   OPRD          ;左循环移位
ROR   DST,   OPRD          ;右循环移位
RCL   DST,   OPRD          ;带进位左循环移位
RCR   DST,   OPRD          ;带进位右循环移位
```

功能：循环左移指令 ROL，如图 3-22（a）所示，DST 左移，每移位一次，其最高位移入最低位，同时最高位也移入进位标志 CF；循环右移指令 ROR，如图 3-22（b）所示，DST 右移，每移位一次，其最低位移入最高位，同时最低位也移入进位标志 CF；带进位循环左移指令 RCL，如图 3-22（c）所示，DST 左移，每移动一次，其最高位移入进位标志 CF，CF 移入最低位；带进位循环右移指令 RCR，如图 3-22（d）所示，DST 右移，每移动一次，其最低位移入进位标志 CF，CF 移入最高位。目的操作数可以为通用寄存器或存储器操作数。循环移位指令影响标志位 CF，OF，其他标志位无定义。

ROL 和 RCL 指令在执行一次左移后，如果操作数的最高位和 CF 不等，则 OF 置 1，可根据 OF 的值判断循环左移操作是否造成了溢出。

ROR 和 RCR 指令在执行一次右移后，如果操作数的最高位和次高位不等，则表示移位后的数据符号和原来的符号不同了，此时也会使 OF 为 1。

前两条循环指令，未把标志位 CF 包含在循环的环中，后两条把标志位 CF 包含在循环的环中，作为整个循环的一部分。

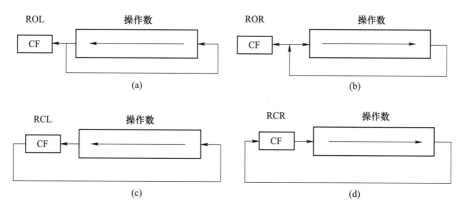

图 3-22 循环移位指令功能示意图

例如：ROL   BH,   1   ;寄存器循环左移一位

ROL   DX,   CL   ;寄存器循环左移(CL)位

```
ROL   ESI, CL                    ;寄存器循环左移(CL)位
ROL   WORD PTR [DI], 1           ;存储器操作数循环左移一位
ROL   BYTE PTR ALPHA, CL         ;存储器操作数循环左移(CL)位
ROR   CX, 1                      ;寄存器循环右移一位
ROR   BH, CL                     ;寄存器循环右移(CL)位
ROR   BYTE PTR BETA, 1           ;存储器操作数循环右移一位
ROR   WORD PTR ALPHA, CL         ;存储器操作数循环右移(CL)位
```

C 双精度移位指令

有 2 条指令。

指令格式：SHLD DST (reg/mem),   SRC (reg),   OPRD   ;386+使用
　　　　　SHRD DST (reg/mem),   SRC (reg),   OPRD   ;386+使用

功能：对于由目的操作数 DST 和源操作数 SRC 构成的双精度数，按照操作数 OPRD 给出的移位位数，进行移位。SHLD 是对 DST 进行左移，如图 3-23（a）所示；SHRD 是对 DST 进行右移，如图 3-23（b）所示。先移出位送标志位 CF，另一端空出位由 SRC 移入 DST 中，而 SRC 内容保持不变。目的操作数 DST 可以是 16 位或 32 位通用寄存器或存储器操作数；源操作数 SRC 只能是 16 位或 32 位通用寄存器；操作数 OPRD 可以为立即数或 CL。DST 和 SRC 数据长度必须一致。

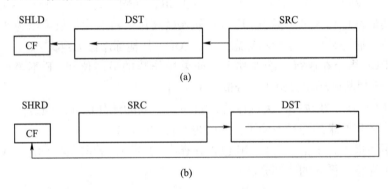

图 3-23 双精度移位指令功能示意图

　　SHLD，SHRD 指令常用于位串的快速移位、嵌入和删除等操作，影响标志位 SF，ZF，PF，CF，其他标志位无定义。

　　例如：(AX)= 1234H，(BX)= 0ABCDH，分别执行下面指令：

```
SHLD   AX, BX, 1           ;(AX)= 2469H
SHLD   AX, BX, 3           ;(AX)= 91A5H
SHRD   AX, BX, 2           ;(AX)= 448DH
SHRD   AX, BX, 4           ;(AX)= 0D123H
```

3.3.3.3 386+新增位操作指令

386+新增位操作指令包括位测试和位扫描指令，可以直接对一个二进制位进行测试、设置和扫描。

A 位测试和设置指令

（1）指令格式：BT   DST,   SRC

（2）指令格式：BTC   DST,   SRC

（3）指令格式：BTR   DST,   SRC

（4）指令格式：BTS   DST,   SRC

功能：按照 SRC 指定的位号，测试 DST，当指令执行时，被测试位的状态被复制到进位标志 CF。

（1）BT（Bit Test）将 SRC 指定的 DST 中一位的数值复制到 CF；

（2）BTC（Bit Test and Complement）将 SRC 指定的 DST 中一位的数值复制到 CF，且将 DST 中该位取反；

（3）BTR（Bit Test and Reset）将 SRC 指定的 DST 中一位的数值复制到 CF，且将 DST 中该位复位；

（4）BTS（Bit Test and Set）将 SRC 指定的 DST 中一位的数值复制到 CF，且将 DST 中该位置位。

目的操作数 DST 为 16 位或 32 位通用寄存器或存储器；源操作数可以是 16 位或 32 位通用寄存器，以及 8 位立即数。当源操作数为通用寄存器时，必须同目的操作数长度一致。源操作数 SRC 以两种方式给出目的操作数的位号：

（1）SRC 为 8 位立即数：以二进制形式直接给出要操作的位号；

（2）SRC 为通用寄存器：如果 DST 为通用寄存器，则 SRC 中二进制值直接给出要操作的位号。如果 DST 为存储器操作数，通用寄存器 SRC 为带符号整数，SRC 的值除以 DST 的长度（16 或 32）所得到的余数直接作为要操作的位号。

BT，BTC，BTR，BTS 指令影响 CF 标志位，其他标志位无定义。

【例 3-30】

```
MOV   EAX,  1234H
MOV   ECX,  5
BT    AX,  CX              ;CF=1,(AX)=1234H
BTC   AX,  CX              ;CF=1,(AX)=1214H
BTS   AX,  CX              ;CF=1,(AX)=1234H
BTR   EAX, ECX            ;CF=1,(EAX)=00001214H
```

【例 3-31】

```
DATA1 DW  1234H, 5678H
      BTC  DATA1,  3         ;CF=0,(DATA1)=123CH
      MOV  CX,  20
      BTR  [DATA1+2], CX     ;CF=1,(DATA1+2)=5668H
```

B 位扫描指令

（1）指令格式：BSF   DST,   SRC

（2）指令格式：BSR   DST,   SRC

功能：

（1）向前位扫描指令 BSF（Bit Scan Forward）从低位开始扫描源操作数 SRC，若所有位都是 0，则 ZF=1，且 DST 中的值无意义；否则 ZF=0，并且将第一个出现 1 的位号存入目的操作数 DST。

（2）向后位扫描指令 BSR（Bit Scan Reverse）从高位开始扫描源操作数 SRC，若所有位都是 0，则 ZF=1，且 DST 中的值无意义；否则 ZF=0，并且将第一个出现 1 的位号存入目的操作数 DST。

源操作数可以为 16 位或 32 位通用寄存器或存储器；目的操作数为 16 位或 32 位通用寄存器。源操作数和目的操作数长度必须一致。

位扫描指令一般用于执行逻辑移位前，决定应移位的次数。

BSF，BSR 指令影响 ZF 标志位，其他标志位无定义。

【例 3-32】

```
MOV    EBX,    0F333EE00H
BSR    EAX,    EBX            ;ZF=0,(EAX)=0000001FH=31
BSF    EDX,    EBX            ;ZF=0,(EDX)=00000009H
```

C 　条件设置字节指令

指令格式：SETcond　DST

cond 用于根据条件设置某一状态字节或标志字节，见表 3-6。

表 3-6 　条件设置字节指令列表

测试条件分类	指令助记符	操作数和检测条件之间的关系
基于单个标志位	SETZ/SETE	DST=ZF
	SETNZ/SETNE	DST=not ZF
	SETS	DST=SF
	SETNS	DST=not SF
	SETO	DST=OF
	SETNO	DST=not OF
	SETP/SETPE	DST=PF
	SETNP/SETPO	DST=not PF
	SETC	DST=CF
	SETNC	DST=not CF
基于无符号数比较	SETB/SETNAE	DST=CF
	SETNB/SETAE	DST=not CF
	SETNA/SETBE	DST=(CF OR ZF)
	SETA/SETNBE	DST=not (CF OR ZF)
基于带符号数比较	SETL/SETNGE	DST=(SF XOR OF)
	SETNL/SETGE	DST=not (SF XOR OF)
	SETLE/SETNG	DST=(SF XOR OF) OR ZF
	SETNLE/SETG	DST=not ((SF XOR OF) OR ZF)

功能：条件设置字节指令（Set Byte Conditionally）测试条件（cond）若为真，则将目

的操作数 DST 置 01H，否则置 00H。目的操作数允许为 8 位通用寄存器或 8 位存储器操作数。

条件 cond 与条件转移指令中的条件相同，共分三类。

（1）以标志位状态为条件，可以测试的标志位为 ZF，SF，OF，CF，PF。

（2）以两个无符号数比较为条件，条件为高于、高于等于、低于、低于等于。

（3）以两个带符号数比较为条件，条件为大于、大于等于、小于、小于等于。

SETcond 指令在测试条件方面与条件转移是一致的，但在功能方面，它们不是转移，而是根据测试条件的值来设置字节操作数 DST 的内容为 1 或 0。

SETcond 指令不影响标志位。

3.3.4 串操作指令

串操作（String manipulation）指令可以用来实现内存区域的数据串操作。这些数据串可以是字节串，也可以是字串或者双字串。串操作指令的特征是对数据块（字符串或数值串）进行操作，并且其中部分指令可以两个操作数同时是存储器操作数。

所谓串操作就是由 CPU 去完成某一数量的、重复的内存操作。某些指令可以加上 REP 前缀（repeat）。

3.3.4.1 重复指令前缀

串操作类指令可以与重复指令前缀配合使用。从而可以使操作得以重复进行，及时停止。重复指令前缀的几种形式如表 3-7 所示。

表 3-7　重复指令前缀

指令格式	功能	执行过程	影响指令
REP	重复	（1）若（CX）=0，则退出；（2）（CX）=（CX）-1；（3）执行后续指令；（4）重复（1）~（3）	MOVS, STOS, LODS
REPE/ REPZ	相等/为零则重复	（1）若（CX）=0 或 ZF=0，则退出；（2）（CX）=（CX）-1；（3）执行后续指令；（4）重复（1）~（3）	CMPS, SCAS
REPNE/ REPNZ	不相等/不为零则重复	（1）若（CX）=0 或 ZF=1，则退出；（2）（CX）=（CX）-1；（3）执行后续指令；（4）重复（1）~（3）	CMPS, SCAS

注意，重复指令前缀不能单独使用。

3.3.4.2 串指令

串操作指令的操作对象是内存中地址连续的一组字节/字/双字。串指令共有 6 种。

A　串传送指令

（1）指令格式：MOVS Dstring, Sstring　　;由操作数说明是字节/字/双字操作

（2）指令格式：MOVSB　　　　　　　　;字节操作

（3）指令格式：MOVSW　　　　　　　　;字操作

（4）指令格式：MOVSD　　　　　　　　;386+使用，双字操作

功能：把数据段中由 SI 间接寻址的一个字节（或一个字，或一个双字）传送到附加段中由 DI 间接寻址的一个字节单元（或一个字单元，或一个双字单元）中去；然后，根据方向标志 DF 及所传送数据的类型（字节/字/双字）对 SI 及 DI 进行修改。在重复指令前缀 REP 的控制下，可将数据段中的整串数据传送到附加段中去。即

（1）字节传送：$(ES:DI) \leftarrow (DS:SI)$；$(SI) = (SI) \pm 1$，$(DI) = (DI) \pm 1$；

（2）字传送：$(ES:DI) \leftarrow (DS:SI)$；$(SI) = (SI) \pm 2$，$(DI) = (DI) \pm 2$；

（3）双字传送：$(ES:DI) \leftarrow (DS:SI)$；$(SI) = (SI) \pm 4$，$(DI) = (DI) \pm 4$。

指令不影响标志位。

使用串传送指令应注意：

（1）源串地址用 SI 寄存器指出；

（2）目的串地址用 DI 寄存器指出；

（3）CX 中为串长，即字节数或字数或双字数；

（4）地址指针的修改与方向标志 DF 有关，每传送一次，若 DF 为 0，SI 和 DI 自动增 1、2 或 4；若 DF 为 1，则每传送一次，SI 和 DI 自动减 1、2 或 4。

【例 3-33】　将数据中首地址为 BUFFER1 的 200 个字节传送到附加数据段首地址为 BUFFER2 的内存区中。使用字节串传送指令的程序段如下：

```
LEA   SI,   BUFFER1      ;(SI)←源串首地址指针
LEA   DI,   BUFFER2      ;(DI)←目的串首地址指针
MOV   CX,   200          ;(CX)←字节串长度
CLD                      ;清方向标志 DF
REP   MOVSB              ;传送 200 个字节
HLT
```

B　串比较指令

（1）指令格式：CMPS　Dstring，　Sstring　;由操作数说明是字节/字/双字操作

（2）指令格式：CMPSB　　　　　　　　　　　;字节操作

（3）指令格式：CMPSW　　　　　　　　　　 ;字操作

（4）指令格式：CMPSD　　　　　　　　　　 ;386+使用，双字操作

功能：把数据段中由 SI 间接寻址的一个字节（或一个字，或一个双字）减附加段中由 DI 间接寻址的一个字节单元（或一个字单元，或一个双字单元），即进行比较操作，使比较的结果影响标志位；然后，根据方向标志 DF 及所传送数据的类型（字节/字/双字）对 SI 及 DI 进行修改。在重复指令前缀 REPE/REPZ 或者 REPNE/REPNZ 的控制下，可在两个数据串中寻找第一个不相等的字节（或字，或双字），或者第一个相等的字节（或字，或双字）。即，

（1）字节比较：$(DS:SI)-(ES:DI)$，影响标志位；$(SI) = (SI) \pm 1$，$(DI) = (DI) \pm 1$；

（2）字比较：$(DS:SI)-(ES:DI)$，影响标志位；$(SI) = (SI) \pm 2$，$(DI) = (DI) \pm 2$；

（3）双字比较：$(DS:SI)-(ES:DI)$，影响标志位；$(SI) = (SI) \pm 4$，$(DI) = (DI) \pm 4$。

指令按比较规则影响标志位。

该指令使用注意事项与 MOVS 指令相同。

【例 3-34】　比较两个字符串，找出其中第一个不相等字符的地址。如果两个字符全部相同，则转到 ALLMATCH 进行处理。这两个字符串长度均为 20，首地址分别为 STRING1 和 STRING2。

```
           LEA   SI,  STRING1        ;(SI)←字符串 1 首地址
           LEA   DI,  STRING2        ;(DI)←字符串 2 首地址
           MOV   CX,  20             ;(CX)←字符串长度
           CLD                       ;清方向标志 DF
           REPE  CMPSB               ;若相等,则重复进行比较
           JZ   ALLMATCH             ;若 ZF=1(都比较完(CX)=0),则跳至
                                      ALLMATCH
           DEC   SI                  ;否则(SI)-1
           DEC   DI                  ;(DI)-1
           HLT                       ;停止
  ALLMATCH:MOV   SI,  0
           MOV   DI,  0
           HLT                       ;停止
```

C   串扫描（字符检索）指令

（1）指令格式：SCAS Dstring   ;由操作数说明是字节/字/双字操作

（2）指令格式：SCASB   ;字节操作

（3）指令格式：SCASW   ;字操作

（4）指令格式：SCASD   ;386+使用,双字操作

功能：指令指定的关键字节或关键字或关键双字（存放在 AL，或 AX，或 EAX）减附加段中由 DI 间接寻址的一个字节单元（或一个字单元，或一个双字单元），即进行比较操作，使比较的结果影响标志位；然后，根据方向标志 DF 及所传送数据的类型（字节/字/双字）对 DI 进行修改。在重复指令前缀 REPE/REPZ 或者 REPNE/REPNZ 的控制下，可在附加数据段的一个数据串中搜索第一个与关键字节（或字，或双字）匹配的字节（或字，或双字），或者搜索第一个与关键字节（或字，或双字）不匹配的字节（或字，或双字）。即

（1）字节扫描：(AL)-(ES:DI)，影响标志位；(DI)=(DI)±1；

（2）字扫描：(AX)-(ES:DI)，影响标志位；(DI)=(DI)±2；

（3）双字扫描：(EAX)-(ES:DI)，影响标志位；(DI)=(DI)±4。

目的操作数及地址指针的修改与 MOVS 指令相同。

指令按比较规则影响标志位。

【例 3-35】　在包含 100 个字符的字符串中寻找第一个回车符 CR（其 ASCII 码为 0DH），找到后将其地址保留在（ES:DI）中，并在屏幕上显示字符'Y'。如果字符串中没有回车符，则在屏幕上显示字符'N'。该字符串的首地址为 STRING。

分析：在屏幕上显示一个字符的方法是：

```
     MOV   AH, 02H       ;(AH)←DOS 系统功能号(在屏幕上显示)
     MOV   DL, 'Y'       ;(DL)←待显示字符 Y 的 ASCII 码值
     INT   21H           ;调用 DOS 的 21H 中断
```

根据要求可编程如下：

```
                LEA  DI,  STRING      ;(DI)←字符串首地址
                MOV  AL,  0DH         ;(AL)←回车符
                MOV  CX, 100          ;(CX)←字符串长度
                CLD                   ;清状态标志位 DF
        REPNE   SCASB                 ;如未找到,重复扫描
                JZ  MATCH             ;如找到,则转 MATCH
                MOV  DL,‘N’           ;字符串中无回车,则(DL)←‘N’
                JMP  DSPY             ;转到 DSPY
        MATCH: DEC  DI                ;(DI)←(DI)-1
                MOV  DL,‘Y’           ;(DL)←‘Y’
        DSPY:  MOV  AH, 02H
                INT  21H              ;DOS 2 号功能调用显示字符
                HLT
```

上述程序段执行之后，DI 的内容即为相匹配字符的下一个字符的地址，CX 中是剩下还未比较的字符个数。若字符串中没有所要搜索的关键字节（或字，或双字），则当查完之后（CX）=0 退出重复操作状态。

D　取串指令

（1）指令格式：LODS Sstring　　　;由操作数说明是字节/字/双字操作

（2）指令格式：LODSB　　　　　　;字节操作

（3）指令格式：LODSW　　　　　　;字操作

（4）指令格式：LODSD　　　　　　;386+使用，双字操作

功能：从串中取指令，实现从指定的字节串（或字串，或双字串）中读出信息给累加器的操作；然后，根据方向标志 DF 及所传送数据的类型（字节/字/双字）对 SI 进行修改。即，

（1）字节取：（AL）←（DS:SI）；（SI）=（SI）±1；

（2）字取：（AX）←（DS:SI）；（SI）=（SI）±2；

（3）双字取：（EAX）←（DS:SI）；（SI）=（SI）±4。

源操作数及地址指针的修改与 MOVS 指令相同。

指令不影响标志位。一般不与重复指令前缀一起使用，否则累加器只保存最后传送的信息。

【例 3-36】　内存中以 BUFFER 为首地址的缓冲区有 10 个非压缩型 BCD 码形式存放的十进制数，它们的值可能是 0~9 中的任意一个，将这些十进制数顺序显示在屏幕上。

根据题意可编程如下：

```
                LEA  SI,  BUFFER      ;(SI)←缓冲区首址
                MOV  CX, 10           ;(CX)←字符串长度
                CLD                   ;清状态标志位 DF
                MOV  AH, 02H          ;(AH)←功能号
        GET:   LODSB                 ;取一个 BCD 码到 AL
```

```
OR    AL,  30H              ;BCD 码转换为 ASCII 码
MOV   DL,  AL               ;(DL)←字符
INT   21H                   ;显示
DEC   CX                    ;(CX)←(CX)-1
JNZ   GET                   ;未完成 10 个字符则重复
HLT
```

E 存串指令

（1）指令格式：STOS Dstring   ;由操作数说明是字节/字/双字操作

（2）指令格式：STOSB   ;字节操作

（3）指令格式：STOSW   ;字操作

（4）指令格式：STOSD   ;386+使用，双字操作

功能：把累加器中的数据传送到附加段中由 DI 间接寻址的字节内存单元（或字内存单元，或双字内存单元）中去；然后，根据方向标志 DF 及所进行操作的数据类型（字节/字/双字）对 DI 进行修改操作。在重复指令前缀 REP 的控制下，可连续将 AL（或 AX，或 EAX）的内容存入到附加段中的一段内存区域中去。即

（1）存字节：(AL)→(ES:DI)；(DI)=(DI)±1；

（2）存字：(AX)→(ES:DI)；(DI)=(DI)±2；

（3）存双字：(EAX)→(ES:DI)；(DI)=(DI)±4。

目的操作数及地址指针的修改与 MOVS 指令相同。

指令不影响标志位。

【例 3-37】 将字符'#'装入以 AREA 为首地址的 100 个字节中。

```
      LEA   DI, AREA
      MOV   AX,'##'
      MOV   CX, 50
      CLD
REP   STOSW
      HLT
```

程序采用了送存 50 个字（'##'）而不是送存 100 个字节（'#'）的方法。这两种方法程序执行的结果是相同的，但前者执行速度要更快一些。386+系统可以采用双字存重复 25 次。

F I/O 串操作指令

386+系统新增指令，包括串输入和串输出指令。

a 串输入指令

（1）指令格式：INS Dstring   ;由操作数说明是字节/字/双字操作

（2）指令格式：INSB   ;字节操作

（3）指令格式：INSW   ;字操作

（4）指令格式：INSD   ;双字操作

功能：从 DX 指定的端口读入一个字节（或字，或双字）传送到附加段中由 DI 间接

寻址的字节内存单元（或字内存单元，或双字内存单元）中去；然后，根据方向标志 DF 及所进行操作的数据类型（字节/字/双字）对 DI 进行修改操作。在重复指令前缀 REP 的控制下，可连续将 DX 指定的端口输入的内容存入到附加段中的一段内存区域中去。即

（1）输入字节：$((DX))\to(ES:DI)$；$(DI)=(DI)\pm 1$；

（2）输入字：$((DX)+1,(DX))\to(ES:DI)$；$(DI)=(DI)\pm 2$；

（3）输入双字：$((DX)+3\sim(DX))\to(ES:DI)$；$(DI)=(DI)\pm 4$。

目的操作数及地址指针的修改与 MOVS 指令相同。

指令不影响标志位。

b　串输出指令

（1）指令格式：OUTS Sstring　　　;由操作数说明是字节/字/双字操作

（2）指令格式：OUTSB　　　　　　;字节操作

（3）指令格式：OUTSW　　　　　　;字操作

（4）指令格式：OUTSD　　　　　　;双字操作

功能：从指定的字节串（或字串，或双字串）中读出信息送往 DX 指定的端口；然后，根据方向标志 DF 及所传送数据的类型（字节/字/双字）对 SI 进行修改。在重复指令前缀 REP 的控制下，可将一段内存区域中的内容连续输出到 DX 指定的端口。即，

（1）字节输出：$((DX))\gets(DS:SI)$；$(SI)=(SI)\pm 1$；

（2）字输出：$((DX)+1,(DX))\gets(DS:SI)$；$(SI)=(SI)\pm 2$；

（3）双字输出：$((DX)+3\sim(DX))\gets(DS:SI)$；$(SI)=(SI)\pm 4$。

源操作数及地址指针的修改与 MOVS 指令相同。

指令不影响标志位。

对串操作指令要注意以下几个问题：

（1）各指令所使用的默认寄存器是：SI（源串地址），DI（目的串地址），CX（串长度），AL（存取或搜索的默认值）。

（2）源串在数据段，可以段跨越；目的串在附加段，不可以段跨越。

（3）方向标志与地址指针的修改。DF = 1，则修改地址指针时用减法；DF = 0 时，则修改地址指针时用加法。

（4）MOVS、STOS、LODS、INS、OUTS 指令不影响标志位；CMPS、SCAS 按比较结果影响标志位。

3.3.5　程序控制转移指令

控制转移类指令用来改变程序的执行顺序，执行转移就是将目的地址传送给代码段寄存器 CS 与指令指针寄存器 IP（EIP）。如果跳转目的地与被转移点在同一代码段，称为"段内转移"，此时只需指明目标地址的有效地址（16/32 位）。如果跳转目的地与被转移点不在同一代码段，称为"段间转移"，此时需要知道目标地址的段地址（16 位）及有效地址（16/32 位）。

程序控制转移（Program Control）指令包括 4 类指令：转移指令；循环控制指令；过程调用和返回指令；中断指令及中断返回指令。

3.3.5.1　转移指令

转移指令是一种主要的程序控制指令，其中无条件转移指令使编程者能够跳过程序的某些部分转移到程序的任何位置；条件转移指令可使编程者根据测试结果来决定转移到何处。测试的结果保存在标志位中，然后又被条件转移指令检测。

A　无条件转移指令 JMP

JMP 指令的功能是无条件地转移到指令指定的地址去执行从该地址开始的指令序列。根据 3.2.2 节地址寻址方式不同，它在实际使用中有四种格式：段内直接转移，段内间接转移，段间直接转移，段间间接转移。其中段内直接转移又分为段内直接短转移和段内直接近转移。JMP 指令不影响状态标志位。

a　段内直接短转移

指令格式：JMP　SHORT　转移地址标号

执行的操作：(IP)←(当前 IP)+8 位位移量

转移的范围：转到本条指令的下一条指令的-128~+127 个字节的范围内。

b　段内直接近转移

指令格式 1：JMP　NEAR PTR　转移地址标号

指令格式 2：JMP　数值偏移地址

执行的操作：(IP)←(当前 IP)+16 位位移量

转移的范围：转到本条指令的下一条指令的-32768~+32767 个字节的范围内。可转移到当前代码段中的任何地方。

c　段内间接转移

指令格式 1：JMP　reg16

执行的操作：(IP)←16 位通用寄存器的内容

指令格式 2：JMP　WORD　PTR 存储器寻址方式

　　　　　或：JMP 存储器寻址方式

执行的操作：(IP)←寻址到的存储单元的一个字

d　段间直接转移

指令格式 1：JMP　FAR　PTR　转移地址标号

执行的操作：(IP)←转移地址标号的偏移地址

　　　　　　(CS)←转移地址标号的段地址

指令格式 2：JMP　段地址值：偏移地址

执行的操作：(IP)←偏移地址值

　　　　　　(CS)←段地址值

e　段间间接转移

指令格式：JMP　DWORD　PTR 存储器寻址方式

执行的操作：(IP)←寻址到的存储单元的第一个字

　　　　　　(CS)←寻址到的存储单元的第二个字

由于 80386 有保护模式和实模式，在实模式下，段内转移的范围在-128~127，段间转移最大范围为 64K。在保护模式需要用 48 位指针，即 CS：EIP（16 位+32 位）。

例如：

JMP	1000H	;段内直接近转移
JMP	CX	;段内间接转移
JMP	1000H:2000H	;段间直接转移
JMP	DWORD PTR [SI]	;段间间接转移

B 条件转移指令

有 18 条不同的条件转移指令。它们根据标志寄存器中各标志位的状态，决定程序是否进行转移。

指令格式：Jnn　DST 　　　;nn 为转移测试条件，见表 3-8

表 3-8　条件转移指令列表

测试条件分类	指令格式	转移条件
标志位状态	JZ/JE	结果为零：ZF = 1
	JNZ/JNE	结果不为零：ZF = 0
	JS	结果为负数：SF = 1
	JNS	结果为非负数：SF = 0
	JP/JPE	结果奇偶校验为偶：PF = 1
	JNP/JPO	结果奇偶校验为奇：PF = 0
	JO	结果溢出：OF = 1
	JNO	结果不溢出：OF = 0
	JC	结果有进位（借位）：CF = 1
	JNC	结果无进位（借位）：CF = 0
无符号数比较	JA/JNBE	高于或不低于等于：CF = 0 且 ZF = 0
	JAE/JNB	高于等于或不低于：CF = 0
	JB/JNAE	低于或不高于等于：CF = 1
	JBE/JNA	低于等于或不高于：CF = 1 或 ZF = 1
带符号数比较	JG/JNLE	大于或不小于等于：$SF \oplus^{①} OF = 0$ 且 ZF = 0
	JGE/JNL	大于等于或不小于：$SF \oplus OF = 0$
	JL/JNGE	小于或不大于等于：$SF \oplus OF = 1$
	JLE/JNG	小于等于或不大于：$SF \oplus OF = 1$ 或 ZF = 1
计数寄存器	JCXZ	(CX) = 0
	JECXZ	(ECX) = 0，386+使用

① 为异或运算。

执行的操作：测试条件若为真，（IP）←（当前 IP）+8 位位移量，否则顺序执行。

条件转移指令的目的地址必须在现行的代码段（CS）内，并且以当前指针寄存器 IP 内容为基准，其位移必须在 +127～−128 的范围之内。

条件 cond 共分以下四类：

（1）以标志位状态为条件，可以测试的标志位为 ZF，SF，OF，CF，PF。

（2）以两个无符号数比较为条件，条件为高于（A）、高于等于（AE）、低于（B）、低于等于（BE）。

（3）以两个带符号数比较为条件，条件为大于（G）、大于等于（GE）、小于（L）、小于等于（LE）。

（4）以 CX（ECX）寄存器内容为条件。

从该表可以看到，条件转移指令是根据两个数的比较结果或某些标志位的状态来决定转移的。在条件转移指令中，有的根据对符号数进行比较和测试的结果实现转移：通常对溢出标志位 OF 和符号标志位 SF 进行测试；对无符号数而言，通常测试标志位 CF。在使用这些条件转移指令时，一定要注意被比较数的具体情况及比较后所能出现的预期结果。

【例 3-38】 单个标志条件转移

比较两个数，若两数相等则转移，否则顺序执行。

```
            CMP   AX,BX
            JZ  SS2
SS1：        …
            HLT
SS2：        …
            HLT
```

【例 3-39】 无符号数比较

变量 TABLE 中存放了一个偏移地址，当无符号数（字）X 小于、等于或大于此偏移地址时，去执行三个不同的程序段。

```
            MOV   BX，TABLE
            MOV   AX，  X
            CMP   AX，  BX
            JA  SS3
            JZ  SS2
SS1：        …                 ;低于程序段
            HLT
SS2：        …                 ;等于程序段
            HLT
SS3：        …                 ;高于程序段
            HLT
```

【例 3-40】 带符号数比较

比较两个字属性的带符号数 X，Y 的大小，如果 X>Y，AL 为 1；如果 X=Y，AL 为 0；如果 X<Y，AL 为 0FFH。

```
            MOV   AX，  X
            CMP   AX，  Y
            JLE     LE1
            MOV   AL，1           ;如果 X>Y,（AL）=1
            JMP     DONE
```

```
LE1： JL      L1
      MOV   AL， 0              ;如果 X=Y,(AL)=0
      JMP   DONE
  L1：MOV   AL,0FFH            ;如果 X<Y,(AL)=0FFH
DONE:HLT
```

【例 3-41】 统计 AX 中 1 的个数。

```
      MOV   AX， 1AFFH         ;测试数据
      MOV   BX， 0             ;计数器清零
      MOV   CX， 16            ;
      TEST  AX， 0FFFFH        ;测试 AX 是否为零
      JZ    EXT                ;(AX)=0 则转移
  R： SHR   AX， 1             ;右移一位
      JNC   R1                 ;CF=0 则转移
      INC   BX                 ;CF=1 则计数器加 1
 R1： DEC   CX                 ;修改循环次数
      JNZ   R                  ;ZF=0 则转移
EXT:HLT
```

3.3.5.2 循环控制指令

对于需要重复进行的操作,微机系统可用循环程序结构来进行。x86 系统为了简化程序设计,设置了一组循环指令,这组指令主要对 CX/ECX 或标志位 ZF 进行测试,确定是否循环。

对于 8086/8088 系统,以 CX 作为计数器,可用 LOOP,LOOPE/LOOPZ,LOOPNZ/LOOPNE 指令。

对于 386+系统,分两类:

(1) 以 CX 作为计数器,可用 LOOP,LOOPWE/LOOPWZ,LOOPWNZ/LOOPWNE 指令(功能同 8086/8088 系统相应指令);

(2) 以 ECX 作为计数器时,可用 LOOPD,LOOPDE/LOOPDZ,LOOPDNZ/LOOPDNE。

指令格式:LOOPnn   DST   ;nn 为循环测试条件(ZF 的状态),见表 3-9

表 3-9 循环指令表

计数器	指令助记符	执行操作
CX	LOOP	(CX)=(CX)−1;若(CX)≠0,则循环,否则顺序执行
	8086/8088: LOOPZ/LOOPE 386+: LOOPWZ/LOOPWE	(CX)=(CX)−1;若(CX)≠0 且 ZF=1,则循环,否则顺序执行
	8086/8088: LOOPNZ/LOOPNE 386+: LOOPWNZ/LOOPWNE	(CX)=(CX)−1;若(CX)≠0 且 ZF=0,则循环,否则顺序执行
ECX (386+使用)	LOOPD	(ECX)=(ECX)−1;若(ECX)≠0,则循环,否则顺序执行
	LOOPDZ/LOOPDE	(ECX)=(ECX)−1;若(ECX)≠0 且 ZF=1,则循环,否则顺序执行
	LOOPDNZ/LOOPDNE	(ECX)=(ECX)−1;若(ECX)≠0 且 ZF=0,则循环,否则顺序执行

执行的操作：计数器（CX/ECX）减 1 回送，判断计数器是否为 0，若不为 0 且测试条件为真，（IP）←（当前 IP）+8 位位移量；其他情况则顺序执行。

循环控制指令的目的地址必须在现行的代码段（CS）内，并且以当前指针寄存器 IP 内容为基准，其位移必须在+127～-128 的范围之内。

注意：条件循环指令退出循环分为 2 种情况：计数结束，或者 ZF 状态不满足条件，所以应在条件循环指令后判断退出循环的原因，即应用 JZ/JE 或者 JNZ/JNE 指令形成分支。

【例 3-42】　初始化 256 个元素的字节数组 ARRAY 为 0，1，2，…，255。程序如下：

```
          MOV   ECX，255
   NEXT：MOV   ARRAY［ECX］，  CL
          LOOP  NEXT
          MOV   ARRAY，  0  ;该指令是必须的，  因为当 CX＝0 时 LOOP 不转移
          HLT
```

【例 3-43】　有一个首地址 array 的 m 字数组，试编写一个程序：求出数组的内容之和，并把结果存入 total 中。程序如下：

```
          MOV    CX，  M
          MOV    AX，  0
          MOV    SI，  0
   SUM1：ADD    AX，ARRAY［SI］
          ADD    SI，2
          LOOP   SUM1
          MOV    TOTAL，AX
          HLT
```

3.3.5.3　过程调用和返回指令

过程，也称子程序，高级语言中称为函数。

汇编语言不是结构化的语言，因此，它不提供直接的"局部变量"。如果需要"局部变量"，只能通过堆栈实现。汇编语言所有的"变量"（内存和寄存器）为整个程序所共享。参数的传递是靠寄存器和堆栈来完成的。堆栈在整个过程中发挥着非常重要的作用。不过，本质上对子程序最重要的还是返回地址。如果子程序不知道返回地址，那么系统将会崩溃。

调用者将子程序执行完成时应返回的地址、参数压入堆栈。子程序使用 BP 指针+偏移量对栈中的参数寻址，并取出、完成操作。子程序使用返回指令返回，此时，CPU 将 IP（或 IP 和 CS）置为堆栈中保存的地址，并继续执行。

调用子程序的指令是 CALL，对应的返回指令是 RET（或者 386+系统可使用 RETF 指令实现段间返回）。过程调用和返回指令执行后不会对标志位产生影响。

A　过程调用指令 CALL

CALL 指令用来调用一个过程或子程序。由于过程或子程序有段间（即远程 FAR）和

段内调用（即近程 NEAR）之分，所以 CALL 也有 FAR 和 NEAR 之分，RET 也分段间与段内返回两种。

a 段内直接调用

指令格式1：CALL NEAR PTR 子程序名

指令格式2：CALL 子程序名

指令格式3：CALL imm16

执行的操作：$(SP) \leftarrow (SP)-2$，$((SP)+1,(SP)) \leftarrow (IP)$，$(IP) \leftarrow (IP)+16$ 位位移量。

b 段内间接调用

指令格式1：CALL 16 位通用寄存器名

指令格式2：CALL WORD PTR 存储器寻址方式

执行的操作：$(SP) \leftarrow (SP)-2$，$((SP)+1,(SP)) \leftarrow (IP)$，$(IP) \leftarrow 16$ 位通用寄存器内容或寻址到的存储单元的一个字。

c 段间直接调用

指令格式：CALL FAR PTR 子程序名

执行的操作：$(SP) \leftarrow (SP)-2$，$((SP)+1,(SP)) \leftarrow (CS)$，$(SP) \leftarrow (SP)-2$，$((SP)+1,(SP)) \leftarrow (IP)$，$(IP) \leftarrow$ 子程序入口地址的偏移地址（指令的第2、3字节），$(CS) \leftarrow$ 子程序入口地址的段地址（指令的第4、5字节）。

d 段间间接调用

指令格式：CALL DWORD PTR 存储器寻址方式

执行的操作：$(SP) \leftarrow (SP)-2$，$((SP)+1,(SP)) \leftarrow (CS)$，$(SP) \leftarrow (SP)-2$，$((SP)+1,(SP)) \leftarrow (IP)$，$(IP) \leftarrow$ 寻址到的存储单元的第一个字，$(CS) \leftarrow$ 寻址到的存储单元的第二个字。

例如：CALL 1000H   ;段内直接调用

      CALL AX   ;段内间接调用

      CALL DWORD PTR [DI]   ;段间间接调用

B 返回指令

分为段内返回、段间返回和带参数的返回指令。

（1）指令格式：RET

功能：段内返回，把 SP 所指栈顶的一个字的内容送回到指令指针 IP 中去，且修改 SP。即 $(IP)=((SP)+1,SP)$，$(SP)=(SP)+2$。

（2）指令格式1：RET   ;指令形式同段内返回，机器码不同

      指令格式2：RETF   ;386+使用

功能：段间返回，把 SP 所指栈顶的一个双字的内容低字送回到指令指针 IP 中去，高字送回到代码段寄存器 CS 中去，且修改 SP。即 $(IP)=((SP)+1,SP)$，$(SP)=(SP)+2$，$(CS)=((SP)+1,SP)$，$(SP)=(SP)+2$。

（3）指令格式：RET n   ;n 为 0~FFFFH 的偶数

功能：除完成 RET 正常返回后，再做 $(SP)=(SP)+n$ 操作。

3.3.5.4 中断及中断返回指令

中断是输入/输出程序中常用的控制方式，是指计算机暂停当前正在执行的程序而转

去执行处理某事件的中断服务程序。当中断服务程序执行完毕，再恢复执行被暂时停止的程序。

中断实际上是一类特殊的子程序，它通常由系统调用，以响应突发事件。

中断向量表是保存在系统数据区的一组指针，这组指针指向每一个中断服务程序的地址。整个中断向量表的结构是一个线性表。

在实模式下，可以管理 256 个中断，每个中断服务有唯一的编号，通常称之为中断类型号。在内存 0:0~0:3FFH 地址区域存放了对应每个中断类型号的中断服务程序的入口地址，也就是一个中断向量（该地址区域内容称为中断向量表）。中断服务程序的入口地址（中断向量地址指针）由中断类型号乘以 4 得到。

在保护模式下，用中断描述符表代替中断向量表。每个中断用 8 个字节的中断描述符说明。中断描述符表有 256 个中断描述符，每个中断描述符包含一个中断服务地址（段选择符、32 位偏移地址、访问权限等）。中断描述符地址指针由中断类型号乘以 8 得到。

外设向 CPU 发出中断请求，而 CPU 将根据当前的程序状态决定是否中断当前程序并调用相应的中断服务。

根据引起中断的原因将中断分为两类：硬件中断和软件中断。硬件中断有很多分类方法，如根据是否可以屏蔽分类、根据优先级高低分类等。

x86 系统提供有软件中断指令 INT、INTO 及中断返回指令 IRET（IRETD，386+ 使用）。

A 中断指令

指令格式：INT imm16 ;imm16 是中断类型号 N，0~FFH 的立即数

功能：调用中断。执行该指令的操作为：

（1）标志寄存器压入堆栈：$(SP)←(SP)-2,((SP)+1,(SP))←(FLAGS)$；

（2）清中断允许标志 IF 及单步跟踪标志 TF：$IF=0$，$TF=0$；

（3）将主程序下一条指令地址（断点地址）的段值及偏移值压入堆栈：$(SP)←(SP)-2,((SP)+1,(SP))←(断点 CS),(SP)←(SP)-2,((SP)+1,(SP))←(断点 IP)$；

（4）实模式下，将存放在地址为 0:(N×4) 处的中断服务程序的入口地址从中断向量表中读出，将地址较低的两单元内容送入 IP，地址较高的两单元内容送入 CS，CPU 转入中断服务程序：$(IP)←(0:(N×4)),(CS)←(0:(N×4+2))$。保护模式下 N×8 得到中断描述符地址指针，下同不再特别说明。

B 溢出中断指令

指令格式：INTO

功能：对应于中断向量编号 4 的中断。X86 设置了一条专门的溢出中断指令 INTO，其总是跟在带符号数的加法或减法运算的后面，用来判断带符号数加、减法运算是否溢出。

C 中断返回指令

指令格式 1：IRET

指令格式 2：IRETD ;386+ 使用

功能：两条指令操作码相同，在"实地址模式"中，退出中断处理过程并返回到中断

发生时的主程序断点处。指令具体操作是：从堆栈中恢复断点地址及恢复标志寄存器的内容，即$(IP)=((SP)+1,SP)$，$(SP)=(SP)+2$，$(CS)=((SP)+1,SP)$，$(SP)=(SP)+2$，$(FLAGS)=((SP)+1,SP)$，$(SP)=(SP)+2$。中断返回指令 IRET 是中断服务程序执行的最后一条指令。

3.3.6　处理器控制指令

处理器控制（Processor Control）指令用以控制处理器的工作状态，均不影响标志位。分为标志处理指令、同步控制指令和其他控制指令。

3.3.6.1　标志处理指令

标志处理指令用来控制标志，分别对 CF、DF 和 IF 清 0、置 1 等，具体如表 3-10 所示。

表 3-10　标志处理指令

处理的标志位	指令格式	执行操作
CF	CLC	置进位标志，CF = 1
	STC	清进位标志，CF = 0
	CMC	进位标志取反
DF，常用于串处理指令之前	CLD	清方向标志，DF = 0
	STD	置方向标志，DF = 1
IF，控制是否允许中断	CLI	关中断标志，IF = 0，不允许中断
	STI	开中断标志，IF = 1，允许中断

3.3.6.2　同步控制指令

同步控制指令是为最大模式（多处理器系统）设计的。

（1）指令格式：ESC　　6 位立即数，　reg/mem

功能：交权指令，在最大模式下使用的一条指令，CPU 调用协处理器工作。它可以使外部协处理器从 8086/8088 指令流中获得一个操作码和一个操作数，并使用 8086/8088 的寻址方式。指令后的第一个操作数是一个 6 位的立即数，其中 3 位用来指明哪一个协处理器工作，另外 3 位指明这个处理器执行什么指令。随后的源操作数若是寄存器，则 8086/8088 直接将其内容放置在数据总线上；如果该源操作数是存储变量，则 8086/8088 从存储器中取出操作数并放到数据总线上，从而使外部协处理器可以获取这个操作数，对它进行运算。

（2）指令格式：WAIT

功能：等待指令，CPU 测试 TEST 引脚上的信号，直到该引脚出现有效信号退出等待。8086 利用 WAIT 指令和测试引脚实现与 8087 同步运行。浮点指令经由 8086 处理发往 8087，并与 8086 本身的整数指令在同一个指令序列；而 8087 执行浮点指令较慢，所以 8086 必须与 8087 保持同步。

3.3.6.3　其他控制指令

（1）指令格式：HLT

功能：暂停指令，使 CPU 进入暂停状态，这时 CPU 不进行任何操作。当 CPU 发生复位、重启或来自外部的中断时，CPU 脱离暂停状态，返回执行 HLT 的下一条指令。

（2）指令格式：NOP

功能：空操作指令，不执行任何操作，但占用一个字节存储单元，空耗一个指令周期。

该指令常用于程序调试，如在需要预留指令空间时用 NOP 填充；代码空间多余时也可以用 NOP 填充；还可以用 NOP 实现软件延时等。

NOP 指令和 XCHG AX，AX 的机器码都是 90H。实际上，8086 就是将 NOP 当做 XCHG AX，AX 处理。由于诸如 XCHG BX，BX 之类都至少占用两个字节，所以当做 XCHG AX，AX 最合适。

（3）指令格式：LOCK 指令助记符［操作数］

功能：总线封锁前缀指令，这是一个指令前缀，可以放在任何指令前。在这个指令执行时，8086/8088 处理器的封锁输出引脚有效，即把总线封锁，使别的控制器不能控制总线；直到该指令执行完后，总线封锁解除。

在多处理器环境下，某指令被执行时，如果不希望其他总线主设备占用总线而使该指令被暂停，则在该指令前加前缀指令 LOCK 用来确保对共享内存的独占。

3.3.7 系统管理指令

3.3.7.1 系统测试和管理指令

以下指令为 386+ 使用。

（1）指令格式：RDTSC

功能：读时间标签计数器指令。Pentium 处理器有一个片内 64 位计数器，称为时间标签计数器。计数器的值在每个时钟周期内都递增，执行 RDTSC 指令可以读出计数器的值，并送入寄存器 EDX:EAX 中，EDX 保存 64 位计数器中的高 32 位，EAX 保存低 32 位。

一些应用软件需要确定某个事件已执行了多少个时钟周期，在执行该事件之前和之后分别读出时钟标志计数器的值，计算两次值的差就可得出时钟周期数。

CR4 寄存器的 TSD 标志为 0 可以允许所有特权级的代码都可以使用 RDTSC 指令。

（2）指令格式：RDPMC

功能：读性能监视计数器（Performance-Monitoring Counters）。将 ECX 寄存器中指定的 40 位性能监视计数器的内容加载到寄存器 EDX:EAX 中。EDX 寄存器加载计数器的高 8 位，EAX 寄存器加载低 32 位。

CR4 寄存器的 PCE 标志为 1 可以允许所有特权级的代码都可以使用 RDPMC 指令。

（3）指令格式：RSM

功能：恢复系统管理模式指令。Pentium 处理器有一种称为系统管理模式（SMM）的操作模式，这种模式主要用于执行系统电源管理功能。外部硬件的中断请求使系统进入 SMM 模式，执行 RSM 指令后返回原来的实模式或保护模式。

（4）指令格式：INVLPG　m

功能：TLB（转译查询缓冲区，Translation Lookaside Buffer）项失效（清除）指令，使包含 m 的页对应的 TLB 项目失效。源操作数 m 是内存地址处理器确定包含该地址的页，并清除该页的 TLB 项目。INVLPG 指令是特权指令，处理器在保护模式中运行时，程序或过程的 CPL 必须是 0 才能执行此指令；否则将产生错误码为 0 的通用保护故障。

INVLPG 指令通常只清除指定的页的 TLB 项目，不过在某些情况下，它会清除整个 TLB。

（5）指令格式：CPUID

功能：读 CPU 标识信息指令，使用该指令可以辨别微机中奔腾处理器的类型和特点。在执行 CPUID 指令前，EAX 寄存器必须置为 0 或 1（功能号），根据 EAX 中设置值的不同，软件会得到不同的标志信息返回到 EAX，EBX，ECX 以及 EDX 寄存器，每一个功能所得到的信息格式是不一样的。

3.3.7.2　状态字操作指令

（1）指令格式：LMSW　reg16/mem16　;单操作数为源操作数

功能：置处理器状态字（Load Machine Status Word）指令，但是只有操作数 SRC 的低 4 位被存入 CR0，只有 PE、MP、EM 和 TS 被改写，CR0 其他位不受影响。

（2）指令格式：SMSW　reg16/mem16　;单操作数为目的操作数

功能：取处理器状态字（Store Machine Status Word）指令，存储到目的操作数中，即 CR0 寄存器的第 0 到 15 位给 DST，不影响标志位。

（3）指令格式：CLTS

功能：清 CR0 中 TS（Task Switched，任务转换）标志指令。TS 标志在每次发生任务切换后由处理器置 1。该指令仅影响 TS 标志，对其他标志没有影响。CLTS 是特权指令，处理器在保护模式中运行时，程序或过程的 CPL 必须是 0 才能执行此指令。

3.3.7.3　描述符指令

（1）指令格式：SGDT　QWORD PTR DST

功能：存储全局描述符表（GDT）寄存器指令，48 位 GDTR 中的 16 位界限存入 DST 的低字，GDTR 中的 32 位基地址存入 DST 的高双字，不影响标志位。因为 GDT 寄存器是 48 位的，所以不能直接使用寄存器，只能是 48 位存储器操作数。

（2）指令格式：SLDT　DST

功能：存储局部描述符表（LDT）寄存器指令，DST 为 16 位通用寄存器或存储单元，将 LDTR 的内容存储到存储单元 DST 中，不影响标志位。

（3）指令格式：SIDT　QWORD PTR DST

功能：存储中断描述符表（IDT）寄存器指令，48 位 IDTR 的 16 位界限存入 DST 的低字，IDTR 中的 32 位基地址存入 DST 的高双字，不影响标志位。

（4）指令格式：LGDT　QWORD PTR SRC

功能：装入全局描述符表寄存器指令，将存储器中的伪描述符装入到 GDTR 中，48 位伪描述符 SRC 的低字是以字节为单位的段界限，高双字是段基地址，不影响标志位。

（5）指令格式：LLDT　SRC

功能：装入局部描述符表寄存器指令，将 SRC 中的内容作为指示 LDT 的选择子装入到 LDTR，不影响标志位。SRC 可以是 16 位通用寄存器或存储单元。

LDTR 有两部分，指示 LDT 的选择子装入 LDTR 可见部分时，描述符中的信息也被保存到高速缓冲寄存器。

SRC 给定的选择子应该指示 GDT 中的类型为 LDT 的描述符，但 LRC 也是一个空选择子，表示暂时不使用局部描述符表。LLDT 是特权指令，若 CPL 不为 0，则执行该指令将产生错误码为 0 的通用保护故障。若被装载的选择子不指示 GDT 中的描述符，或者描述符类型不是 LDT 描述符，则产生通用保护故障，错误码由该选择子构成。

（6）指令格式：LIDT　QWORD PTR SRC

功能：装入中断描述符表寄存器指令，将存储器中的伪描述符装入到 IDTR 中，48 位伪描述符 SRC 的低字是以字节为单位的段界限，高双字是段基地址，不影响标志位。

3.3.7.4　任务寄存器指令

任务寄存器（Task Register，TR）通过指向一个 TSS，寻址当前正在执行的任务。任务寄存器有一个"可见部分"（即可以被指令读写的部分）和一个"不可见部分"（由处理器操作，不可以通过指令来读写）。可见部分的选择子部分选择了一个在 GDT 中的 TSS。处理器用不可见部分来缓存 TSS 描述符中的基址和界限值。把基址和界限保存在一个寄存器中可以提高任务的执行性能，因为处理器不必每次都访问内存来得到当前任务 TSS 的这些值。

LTR 指令和 STR 指令是用来更改和读取任务寄存器的可见部分的。两条指令都有一个操作数，即在内存或通用寄存器中的 16 位选择子。

（1）指令格式：LTR　SRC

功能：装入任务寄存器（TR）指令，将 SRC 作为指示 TSS 描述符的选择子装载到 TR，把 TSS 的选择子装入到 TR 的可见部分。SRC 为 16 位通用寄存器或者存储器单元。LTR 是一条特权指令，只能当 CPL 是 0 时才能执行这条执令。

LTR 一般是操作系统初始化过程执行的，用来初始化 TR。以后，TR 的内容由每次任务切换来改变。

CPU 自动把选择子索引的描述符中的段基地址等信息保存到不可见的高速缓冲寄存器中。所以 SRC 表示的选择子不能为空，必须索引位于 GDT 中的描述符，并且描述符类型必须是可用 TSS，该加载的 TSS 被处理器自动标为"忙"，不影响标志位。

LTR 是特权指令，如果 CPL 不为 0，会产生错误码为 0 的通用保护故障。如果被加载的选择子不指示 GDT 中的可用 TSS 描述符，则产生通用保护故障，错误码由该选择子构成。

（2）指令格式：STR　DST

功能：存储任务寄存器（TR）指令，将 TR 所示的指示当前任务 TSS 描述符的选择子存储到 DST，DST 为 16 位通用寄存器或者存储器单元，不影响标志位。STR 不是特权指令。

3.3.7.5　段选择子操作指令

（1）指令格式：VERR　OPRD

功能：段读检验指令。OPRD 是 16 位或 32 位通用寄存器或存储器单元。将 OPRD 内容作为一个选择子，使用 32 位中的低 16 位，判断当前特权级上该选择子指示的段是否可读，如果该选择子指示一个合法的存储段描述符，并且在当前特权级上可读所描述的段，则 ZF 被置为 1，否则 ZF 被清 0，只影响 ZF 标志位。

（2）指令格式：VERW　OPRD

功能：段写检验指令。OPRD 是 16 位或 32 位通用寄存器或存储器单元。将 OPRD 内容作为一个选择子，使用 32 位中的低 16 位，判断当前特权级上该选择子指示的段是否可写，如果该选择子指示一个合法的存储段描述符，并且在当前特权级上可写所描述的段，则 ZF 被置为 1，否则 ZF 被清 0，只影响 ZF 标志位。

（3）指令格式：LSL　OPRD1，　OPRD2

功能：装入段界限值指令。OPRD1 可以是 16 位或 32 位通用寄存器；OPRD2 可以是 16 位或 32 位的寄存器或存储器单元。将 OPRD2 看成选择子，如果 OPRD2 所指示的描述符满足如下条件，那么 ZF 置 1，并把描述符内的界限字段装入 OPRD1，否则 ZF 清 0，OPRD1 不变：

1）在描述符表的范围内；

2）是存储段描述符或系统段描述符，而非门描述符；

3）CPL 和 OPRD2 的 RPL 都不大于 DPL。

满足条件时，装入到 OPRD1 的由 OPRD2 所指示的描述符中的界限字段以字节为单位，如果描述符中的界限字段以 4K 字节为单位 G = 1，那么装入到 OPRD1 时左移 12 位，空出的低位全部填写成 1。如果指令使用 16 位操作数，那么只有段界限的低 16 位被装入到 OPRD1。只影响 ZF 标志位。

（4）指令格式：LAR　OPRD1，　OPRD2

功能：装入请求特权级指令。

OPRD1 为 16 位或 32 位通用寄存器；OPRD2 是 16 位或 32 位通用寄存器或存储器单元，两个操作数尺寸需要一致，把 OPRD2 看作选择子，32 位中仅使用低 16 位。如果 OPRD2 所指示的描述符满足下面的条件，ZF 被置 1，并将描述符内的属性字段装入 OPRD1；否则 ZF 清 0，OPRD1 保持不变：

1）在描述符表的范围内；

2）是存储段描述符或系统段描述符或任务门描述符或调用门描述符；

3）CPL 和 OPRD2 的 RPL 都不大于 DPL。

在满足条件的情况下，装入到 OPRD1 的由 OPRD2 所指示的描述符中的属性字段是指描述符的高 4 字节和 00FXFF00H 相"与"的结果，其中 X 表示第 16 位到第 19 位无定义。如果使用 16 位操作数，那么只有高 4 个字节中的低字被装入到 OPRD1，即装入到 OPRD1 的属性字段不包括 G 位和 AVL 位等。只影响 ZF 标志位。

（5）指令格式：ARPL　reg16/mem16，　reg16

功能：调整请求特权级（RPL, Requested privilege level）指令。将两个操作数看作两个选择子：第一个操作数是 16 位通用寄存器或存储器单元；第二个操作数是 16 位通用寄存器。用第二个操作数的申请特权级 RPL 去检查第一个操作数的 RPL。两个选择子操作数的 RPL 分别由其最低 2 位规定。如果第一个操作数的 RPL 小于第二个操作数的 RPL，则 ZF 被置 1，并把第二个操作数的 RPL 值赋予第一个操作数的 RPL（使两个数的最低 2 位相等）；否则，ZF 被清 0。两个操作数都可以为空选择子。只影响 ZF 标志。

该指令一般用于保证子程序的选择子参数不会要求比调用者允许的更高的特权。

3.3.7.6 测试寄存器指令

（1）指令格式：RDMSR

功能：读取模式专用寄存器（Model-Specific Registers）的指令。返回相应的 MSR 中 64 位信息到 EDX:EAX 寄存器中。

（2）指令格式：WRMSR

功能：写入模式专用寄存器的指令。把要写入的信息存入 EDX:EAX 中，执行该指令后，即可将相应的信息存入 ECX 指定的 MSR 中。

MSR 是 CPU 的一组 64 位寄存器，这类寄存器数量庞大，并且和处理器的模式相关，提供对硬件和软件相关功能的一些控制，能够对一些硬件和软件的运行环境进行设置。可以分别通过 RDMSR 和 WRMSR 两条指令进行读和写的操作，前提要在 ECX 中写入 MSR 的地址（编号）。比如若要访问机器地址检查寄存器（MCA），指令执行前需将 ECX 置为 0；而为了访问机器类型检查寄存器（MCT），需要将 ECX 置为 1。

读写 MSR 的指令必须执行在特权级别 0 或实模式下。

3.3.7.7 Cache 操作指令

（1）指令格式：INVD

功能：Cache 清除指令，使处理器的内部缓存失效（清除），并发出一个专用总线周期，指示外部缓存也进行清除。内部缓存保存的数据不写回主内存。

执行该指令后，处理器不等待外部缓存完成清除操作，而是继续执行指令。缓存清除信号的响应由硬件负责。INVD 是特权指令，处理器在保护模式中运行时，程序或过程的 CPL 必须是 0 才能执行此指令。

（2）指令格式：WBINVD

功能：回写和清除 Cache 指令，用来把 Cache 的数据同步到内存当中，同时清空缓存。WBINVD 是特权级指令，保护模式下只有系统内核能执行。

3.3.8 支持高级语言的指令

（1）指令格式：BOUND OPRD1， OPRD2

功能：检查超出范围的指令，如：BOUND EBX， MEM_DWORD

（2）堆栈自动操作指令。Pentium 处理器使用 ENTER 和 LEAVE 配对，实现对于堆栈的自动操作，而不需要程序员进行 PUSH/POP，以及跳转的操作，从而提高了效率。

在 DOS 汇编（16 位）时，如果在子程序中的 PUSH 指令和 POP 指令不配对，则返回时 RET 指令从堆栈里得到错误的返回地址，程序不能正常运行。但在 WIN32 汇编中，PUSH 指令和 POP 指令不配对可能在逻辑上产生错误，却不会影响子程序正常返回，原因在于返回时 ESP 不是靠相同数量的 PUSH 和 POP 指令来保持一致的，而是靠 LEAVE 指令从保存在 EBP 中的原始值中取回 ESP，也就是说，只要 EBP 不变，即使 ESP 改得面目全非也不会影响子程序的返回。

1）指令格式：ENTER numbytes， nestinglevel

功能：自动为被调用过程创建堆栈框架，它为局部变量保留堆栈空间并在堆栈上保存 EBP，该指令执行以下三个动作：

```
PUSH    EBP              ;在堆栈上压入 EBP
MOV     EBP, ESP         ;把 EBP 设为堆栈框架的基指针
SUB     ESP, numbytes    ;为局部变量保留空间
```

ENTER 指令有两个操作数，都是立即数：第一个操作数 numbytes 用于指定要为局部变量保留出多少堆栈空间，总是向上取整为 4 的倍数，以使 ESP 按双字边界地址对齐；第二个操作数 nestinglevel 指定过程的嵌套层次，决定了从调用过程复制到当前堆栈框架中的堆栈框架指针的数目。

2）指令格式：LEAVE

功能：释放一个过程的堆栈框架。LEAVE 指令执行与 ENTER 指令相反的动作，把 EBP 和 ESP 恢复为过程开始时的值。

该指令执行以下两个动作：

```
MOV    ESP,  EBP
POP    EBP
```

例如：定义过程 MySub，它首先为局部变量保留 8 字节的堆栈空间然后丢弃。

```
MySub   PROC
        ENTER 8, 0
        …
        LEAVE
        RET
MySub   ENDP
```

下面的指令与上面的指令是等价的：

```
MySub   PROC
        PUSH EBP
        MOV    EBP,  ESP
        SUB    ESP,  8
        …
        MOV    ESP,  EBP
        POP    EBP
        RET
MySub   ENDP
```

习　　题

3-1　尝试一下将下面的地址转化为 20 位的地址：

(1) 2EA8:D678H　　　(2) 26CF:8D5FH　　　(3) 453A:CFADH

(4) 2933:31A6H　　　(5) 5924:DCCFH　　　(6) 694E:175AH

(7) 2B3C:D218H　　　(8) 728F:6578H　　　(9) 68E1:A7DCH

3-2　如果有效地址位数分别是 8 位、16 位、20 位、32 位，它们的寻址空间分别是多大？

3-3　8086 指令系统可以处理哪几类数据类型？寻址方式有哪几类？

3-4　在直接寻址方式中，一般只指出操作数的偏移地址。试问：段地址如何确定？如果要用某个段寄存器指出段地址，指令应如何表示？

3-5　试问：在寄存器间接寻址方式中，如果指令中没有具体指明段寄存器，段寄存器如何确定？

3-6　试指出下列指令中的源操作数与目的操作数寻址方式：

（1）MOV　SI，300

（2）MOV　BP，AX

（3）MOV　[SI]，1000

（4）MOV　BP，[SI]

（5）LES　DI，[2100H]

（6）AND　DI，[BX+SI+20H]

（7）JMP　2200H

（8）MOV　[BX+100]，DI

（9）MOV　BX，WORD PTR [2200H]

（10）IDIV　WORD PTR [DI]

（11）OUT　DX，AL

（12）ADD　AX,[BX][SI]

3-7　写出下列指令中存储器操作数物理地址的计算表达式：

（1）MOV　AL，[DI]

（2）MOV　AX，[BX+SI]

（3）MOV　5[BX+DI]，AL

（4）ADD　AL,ES:[BX]

（5）SUB　AX,[1000H]

（6）ADC　AX，[BX+DI+2000H]

（7）MOV　CX，[BP+SI]

（8）INC　BYTE PTR [DI]

3-8　若（DS）= 3000H，（BX）= 2000H，（SI）= 0100H，（ES）= 4000H，计算下列各指令中存储器操作数的物理地址。

（1）MOV　[BX]，AH

（2）ADD　AL，[BX+SI+1000H]

（3）MOV　AL，[BX+SI]

（4）SUB　AL，ES:[BX]

3-9　试述指令 MOV　AX,2000H 和 MOV　AX,DS:[2000H] 的区别。

3-10　已知一个关于 0~9 数字的 ASCII 码表首址是当前数据段的 1A80H，现要找出数字 5 的 ASCII 码，试用 XLAT 指令编程。

3-11　编程序段将补码 9035H 和 7304H 相加，结果送地址 0621H 单元。

3-12　将十进制数 9 和 6 相乘，结果送地址为 0320H 单元。

3-13　8086 的除法指令对余数是怎样规定的？写出+47 除以−9，−47 除以+9 的商和余数。

3-14　指出下列指令中，哪些是 8086/8088 指令集中的非法指令：

（1）MOV　DS，0100H

（2）AND　BP，AL

（3）XCHG　AH，AL

(4) OUT　310,　AL

(5) MOV　［BP+DI］,　AX

(6) ADD　AL,　［BX+DX+10］

(7) POP　CS

(8) PUSH　WORD PTR 20［BX+SI−2］

(9) LEA　BX,　4［BX］

(10) JMP　BYTE PTR［BX］

(11) SAR　AX,　5

(12) MOV　BYTE PTR［BX］,　1000

(13) CMP　［DI］,　［SI］

(14) ADD　BX,　OFFSET A

(15) MUL　25

(16) XCHG　CS,　AX

(17) XCHG　BX,　IP

(18) PUSH　CS

(19) MOV　CS,　［1000］

(20) IN　BX,　DX

3-15　假设(AX)=2000H, (BX)=1200H, (SI)=0002H, (DI)=0003H, (DS)=3000H, (SS)=3000H, (SP)=0000H, (31200H)=50H, (31201H)=02H, (31202H)=0FH, (31203H)=90H, 请写出在下列各条指令独立执行后, 有关寄存器及存储单元的内容, 若影响标志位, 请给出标志位 SF, ZF, OF, CF 的状态。

(1) ADD　AX,　1200H

(2) SUB　AX,　BX

(3) MOV　［BX］,　AX

(4) PUSH　AX

(5) DEC　BYTE PTR［1200H］

(6) NEG　WORD PTR［1200H］

(7) SAR　BYTE PTR 1200［SI］,　1

(8) RCL　BYTE PTR［BX+SI+1］,　1

(9) MUL　WORD PTR［BX］［SI］

(10) DIV　WORD PTR 1200［DI］

3-16　若 (AX)=0ABCDH, (BX)=7F8FH, CF=1。求分别执行 8086 CPU 指令后, AX 寄存器中的内容, 并指出标志寄存器 SF, ZF, AF, PF, CF 及 OF 的状态。

(1) ADD　AX,　BX

(2) ADC　AX,　BX

(3) SBB　AX,　BX

(4) NEG　AX

(5) AND　AX,　BX

(6) OR　AX,　BX

(7) XOR　AX,　BX

(8) IMUL　BL

3-17　假设按顺序存放的 A、B、C 三个字单元内容初始均为 0, 试分析在下列程序段执行完后, A 单元的内容是什么?

MOV　BX,　OFFSET C

```
MOV   AX,  [BX]
MOV   B,   AX
MOV   AX,  2[BX]
ADD   AX,  B
MOV   A,   AX
```

3-18　设(DS)= 2100H, (SS)= 5200H, (BX)= 1400H, (BP)= 6200H, 说明下面两条指令所进行的具体操作:

```
MOV   BYTE  PTR [BP],  200
MOV   WORD  PTR [BX],  2000
```

3-19　设(BX)= 0400H, (DI)= 003CH, 执行 LEA BX, [BX+DI+0F62H] 后, (BX)=?

3-20　设(DS)= C000H, (C0010H)= 0180H, (C0012H)= 2000H, 执行 LDS SI, [10H] 后, SI 和 DS 中的内容是什么?

3-21　若(SS)= 1000H, (SP)= 1000H, (AX)= 1234H, (BX)= 5678H, Flag= 2103H, 试说明执行指令

```
      PUSH  BX
      PUSH  AX
      PUSHF
      POP  CX
```

之后, (SP) =? (SS) =? (CX) =? 并画图指出栈中各个单元的内容。

3-22　当执行中断指令时, 堆栈的内容有什么变化? 如何求得子程序的入口地址?

3-23　试述中断返回指令 IRET 和 RET 指令的区别。

3-24　编程序将存放在 0A00H 单元和 0A02H 单元中的两个 16 位无符号数相乘, 结果存地址为 0A04H 开始的单元中。

3-25　检查 BX 中第 13 位, 为 0 时, 把 AL 置 0; 为 1 时, 把 AL 置 1。

3-26　为什么不能用 JMP 指令调用子程序?

3-27　利用字符串操作指令, 将数据段 1000H~10FFH 单元的内容全部清零。

3-28　100 个数据的字符串, 从地址为 ADR1 单元传送到地址为 ADR2 单元 (设地址 ADR1 和 ADR2 间距小于 100, 即两数据区有重迭), 试用字符串操作指令编程序。

3-29　假设 X 和 X+2 单元的内容为双精度数为 P, Y 和 Y+2 单元的内容为双精度数 Q (X, Y 为低位字), 下列程序段使当 2P>Q 时, (AX)= 2。请把程序填写完整。

```
      MOV DX,  X+2
      MOV AX,  X
      ADD AX,  X
      ADC DX,  X+2
      CMP DX,  Y+2
      (    ) L2
      (    ) L1
      CMP AX,  Y
      (    ) L2
L1:   MOV  AX,  1
      JMP  EXIT
L2:   MOV  AX,  2
EXIT: INT  20H
```

3-30　编写一段程序, 实现下述要求:

（1）使 AX 寄存器的低 4 位清零，其余位不变。

（2）使 CL 寄存器的内容变为四个组合的 BCD 数，其中千位数放在 DH 中，百位数放在 DX 中，十位数放在 AH 中，个位数放在 AL 中。

（3）使 AL 寄存器的低 4 位保持不变，高位取反。

（4）使 AX 寄存器的最高位保持不变，其余全部右移 4 位。

3-31 若 32 为二进制数存放于 DX 和 AX 中，试利用移位与循环指令实现以下操作：

（1）DX 和 AX 中存放的无符号数，将其分别乘 2 和除 2。

（2）若 DX 和 AX 中为带符号数，将其分别乘 2 和除 2。

3-32 设从内存 0500H 单元开始存放 8 个字节，要求对每个字节内容进行同一种字符处理，处理完后又顺序送到以 0500H 为首址的 8 个单元中。提示：设字节处理可调用子程序 SIZEOP。编写程序段。

3-33 设以 2000H 为首址的内存中，存放着 10 个带符号的字节数据。试编写找出最大的数，并存入 2000H 单元中的程序。

3-34 若一个 4 字节数，放在寄存器 BX 间址的内存中（低地址对应低字节），要求这个 4 字节数整个左移一位如何实现？右移一位又如何实现？

3-35 用串操作指令设计实现如下功能的程序段：首先将 100H 个数从 2170H 处转移到 1000H 处；然后从中检索出与 AL 中字符相等的单元，并将此单元的值换成空格符。

3-36 读下面程序段，问：在什么情况下本段程序的执行结果是(AH)= 0？

```
START:   IN   AL,   5FH
         MOV  AH,   0
         CMP  AH,   0
         JZ   BRCH
         MOV  AH,   0
         JMP  STOP
BRCH:    MOV  AH  0FFH
STOP:    INT  20H
```

3-37 若从 0200H 单元开始存有 100 个带符号字节数，编写一个程序求这些数的绝对值后送回。

3-38 若起始地址偏移量为 2000H 的内存单元存放着 100 个 ASCII 码字符，编程序给这些字符添加奇偶校验位（bit7），使每个字符中"1"的个数为偶数，再顺序输出到地址为 100H 的端口。

4 汇编语言程序设计

汇编语言（Assembly Language）是一种最接近计算机核心的编程语言。不同于任何高级语言，汇编语言几乎可以完全和机器语言一一对应。

汇编语言是面向机器的程序设计语言，其基本特征是用符号语言代替机器语言的二进制码。用汇编语言编写的程序能够直接利用硬件的特性（如寄存器、标志位、中断系统等），直接对位、字节或字寄存器或存储单元、I/O 端口进行处理，同时也能直接使用 CPU 指令系统和指令系统提供的各种寻址方式。

汇编语言亦被称为符号语言，是用指令的助记符、符号地址、标号、伪指令等符号书写程序的语言。用这种汇编语言书写的程序称为汇编语言源程序（Source Program）。将汇编语言源程序生成在机器上能执行的目标代码程序（Object Program）的过程叫做汇编，完成汇编过程的系统程序称为汇编程序。宏汇编则是包含了宏支持的汇编语言。

本章介绍面向 8086 的汇编语言的程序设计方法，内容包括汇编语言源程序的格式、常用的伪指令与宏指令，程序设计的步骤，程序结构，DOS 与 BIOS 的中断调用。

4.1　汇编语言的语句格式

由汇编语言编写的源程序是由许多语句（也可称为汇编指令）组成的，每个语句由 1~4 个部分组成，其格式是：

［名字］指令助记符［操作数］　；［注释］

其中用方括号括起来的部分可以有，也可以没有。每个部分之间用空格（至少一个）分开，这些部分可以在一行的任意位置输入，一行最多可有 132 个字符。

名字项是给指令或某一存储单元地址等所起的名字，用于标识地址值，包括段名（标识段的起始地址）、子程序名（标识子程序的起始地址）、标号（标识指令的地址）、变量（标识数据的地址）。它可由下列字符组成：字母（A~Z，a~z）、数字（0~9）、特殊字符（"?"".""@""-""$"），其中数字不能作为名字项的第一字符，而圆点仅能用作第一字符。名字项最长为 31 个字符。标号名字项后必须带冒号；其余情况名字项后面不能有冒号。

保留字（Reserved Words）是已有固定含义的符号，不能作为标识符。

汇编语句中除可出现名字项中的字符外，还可以包括可打印字符（+，-，*，/，=，（，），［，］，<，>,;，',,,:，&）和非打印字符（空格，制表符，回车和换行）。若在源程序中包含任何不属于上列字符，汇编程序就把它们作为空格处理。虽然字符 & 是字符集中的一个字符，但紧跟在回车换行之后的字符 & 代表一个连续行，所以，汇编程序也把它当作空格来处理，当然，在字符串或注释中除外。

，;:．+ - * / = ? - @ & $''< > ( ) ［ ］是汇编语言的界符（Delimiters），主要起分

隔作用。利用它们可以表明某个标记的结束，它本身也有一定的意义，这一点与分隔符不同，因为分隔符只表示标记的结束。有了界符就不一定需要分隔符，但是适当地使用一些分隔符，可使程序更容易理解。如，指令 MOV AX，100 中的逗号，起分隔操作数的作用。

操作数可能有一个、多个或者没有，依赖于具体指令或伪指令。当操作数超过一个时，操作数之间应用逗号分开。

注释可有可无，是为源程序所加的注释，用于提高程序的可读性。在注释前面要加分号，它可位于操作数之后，也可位于一行的开头。汇编时，对注释不做处理，仅在列源程序清单时列出，供编程人员阅读。

指令助记符表示不同操作的指令，也可以是伪指令。如果指令带有前缀（如 LOCK、REP、REPE/REPZ、REPNE/REPNZ），则指令前缀和指令助记符要用空格分开。

根据助记符不同，语句可以分为指令性语句和指示性语句。

（1）指令性语句格式：

〔标号：〕　助记符　〔操作数〕　〔;注释〕

例如，EXIT：MOV　AX，　4C00H

汇编程序把指令性语句翻译为机器码，运行可执行文件时，CPU 将执行这些机器码。

（2）伪指令语句（指示性语句）格式：

〔名字〕　伪指令　〔参数表〕　〔;注释〕

其中，"名字"可以是标识符定义的常量名、变量名、过程名、段名以及宏名等。例如：

DATA　SEGMENT　PARA　PUBLIC　'DATA'

Message　DB　'Hello，World!'，　0DH，　0AH

伪指令语句主要完成数据定义、子程序定义、存储器分配、程序结束等功能，用于告诉汇编程序（MASM）和连接程序（LINK），如何翻译源程序和连接目标程序。伪指令语句不产生机器码。

机器指令是计算机在程序运行期间执行的指令，而伪指令（伪操作命令）是汇编程序对源程序汇编期间由汇编程序处理的一种操作，它不产生目标代码。伪指令很多，约有 50~60 种。

4.2　汇编语言中的伪指令

4.2.1　源程序开始结束伪指令

在编写规模比较大的汇编语言程序时，可以将整个程序划分为几个独立的源程序（或模块），然后将各个模块分别进行汇编，生成各自的目标程序，最后将它们连接成为一个完整的可执行程序。

程序开始可以用 NAME 或 TITLE 为模块取名字。

格式：NAME 模块名

功能：汇编程序为源程序的目标程序指定一个模块名。

如果程序中没有 NAME 伪指令，也可使用 TITLE 伪指令。

格式：TITLE 文本

功能：列表伪指令，指定一个标题以便在列表文件中每一页第一行都显示这个标题。文本是任选的名字或字符串，但不能超过 60 个字符。如果程序中没有 NAME 伪指令，则汇编程序将用"文本"的前 6 个字符作为模块名。

如果程序中既无 NAME，又无 TITILE 伪指令，将用源文件名作为模块名。所以 NAME 和 TITLE 伪指令并不是必需的，但一般使用 TITLE 以便在列表文件中打印出标题。

伪指令 END 表示源程序的结束，执行后令汇编程序停止汇编。因此任何一个完整的程序均应有 END 指令。

格式：END　　[标号]

功能：源程序结束指令，表示源程序的结束。对源程序进行汇编时，遇到该语句，说明源程序到此结束，以后的内容不属于本程序了。

标号指示程序开始执行的起始地址，CS 的初值等于该标号的段地址。如果多个程序模块相连接，则只有主程序要使用标号，其他子模块则只用 END 而不必指定标号。标号通常是程序的第一条指令前面的标号。这样，程序在汇编、连接后，得到的目标程序在执行时会自动从第一条指令开始。

注意：END 绝不是告诉程序结束运行！程序可以利用 DOS 功能调用由以下两条指令结束运行：

　　　MOV　　AX，　　4C00H

　　　INT　　21H

4.2.2　常量及符号定义伪指令

4.2.2.1　常量

常量（Constants）是比较常用的操作数之一，在汇编时是已经确定的值，且在程序运行期间不会变化，包括数值常量、字符串常量、数值表达式和符号常量。

A　数值常量

数值常量可用二进制、八进制、十进制、十六进制数来表示。二进制常量是以字母 B 结尾的由一串 0 和 1 组成的序列，如 00001111B 等；八进制常量是以字母 Q（或字母 O）结尾的 0~7 数字组成的序列，如 255Q，403O 等；十进制常量是以字母 D（也可省略）结尾的 0~9 数字组成的序列，如 123，123D；十六进制常量是以字母 H 结尾的 0~9、A~F 字母数字组成的序列，如 12FFH，0FFFFH。

B　字符串常量

字符串常量是由包含在单引号内的 1 至 2 个 ASCII 字符构成的。汇编程序把它们表示成一个字节序列，一个字节对应一个字符，把引号中的字符翻译成 ASCII 码。例如 'A' 等价于 41H。在可以使用单字节立即数的地方，就可以使用单个字符组成的字符串常量；在可以使用字立即数的地方就可以使用两个字符组成的字符串常量。只有初始化存储器时，才可以使用多于两个字符的字符串常量。

C　数值表达式

数值表达式一般是由运算符连接的各种常量所构成的表达式。汇编程序在汇编过程中计算表达式，最终得到一个确定的数值，所以也是一个常量。

当一个表达式中同时有几个运算符时，按运算符优先级顺序执行。表 4-1 给出了各种运算符的优先级。汇编源程序时按照所给规则计算表达式的值。

表 4-1　运算符优先级

运算符	说　　明
（ ），［ ］，LENGTH，SIZE 取址运算符： 　PTR，OFFSET，SEG，TYPE，THIS 段跨越前缀符"：" 算术运算符： 　+，－（单项运算符，正负号） 　＊，／，MOD，SHL，SHR 　+，－（加减法） 关系运算符： 　EQ，NE，LT，LE，GT，GE 逻辑运算符： 　NOT 　AND 　OR，XOR	（1）运算符优先级从上到下由高到低； （2）先执行优先级别高的运算符； （3）优先级别相同的运算符，按照从左到右顺序进行； （4）可用圆括号改变运算的顺序； （5）［ ］多用在存储器操作数的表达式中； （6）取址运算符的操作对象必须是存储器操作数； （7）算术运算符参加运算的数和运算结果都必须是整数； （8）段跨越前缀符"："用来临时给变量标号或地址表达式指定一个段属性； （9）关系运算符的结果为真输出全 1（－1 的补码）；否则，输出全 0（0）； （10）逻辑运算符参与运算的数和结果都为整数

【例 4-1】

```
MOV  AL，2＊5+8              ;等价于 MOV AL，18
OR   AX，  03H  AND  15H    ;等价于 OR  AX，  0FFFFH
MOV  AL，1010B  SHL  （2＊2）  ;等价于 MOV AL，1010 0000B
MOV  BX，（（DATA1 GE 10）AND 20）OR（（DATA1 LT 10）AND 10）
                            ;等价于当 DATA1 ≥ 10 时，汇编结果为
                             MOV BX，20；否则为 MOV BX，10
```

4.2.2.2　符号定义

符号包括汇编语言的变量名、标号名、过程名、寄存器名及指令助记符等。常用符号定义伪指令有：EQU、=、LABEL。

（1）EQU

格式 1：名字　EQU　表达式　　;表达式可以是一个常数、已定义的符号、数值表达式或地址表达式

功能：给表达式或符号赋予一个名字。定义后，可用名字代替表达式或符号。

格式 2：名字　EQU　<字符串>

功能：程序中的名字用字符串内容替换。如：CALLDOS　EQU　<INT　21H>，则程序语句 CALLDOS 等价形式为 INT　21H。

必须注意，在 EQU 语句的表达式中，如果有变量的表达式，则在该语句前应先给出它们的定义；EQU 语句不能给某一名字重复定义，即在同一个程序中，用 EQU 定义的名

字，不能再赋予不同值。但可以用一个解除语句对某名字的定义，以便给名字重新定义。
解除语句格式为：

　　PUREG　名字1，　名字2，　……，　名字 n

　　该语句本身不允许有名字。

例如：VB　EQU　64 * 1024　　　;VB 代表数值表达式的值
　　　A　EQU　7
　　　B　EQU　A-2

（2）等号 =

格式：名字 = 表达式

功能：与 EQU 基本相同，区别是它可以对同一个名字重新定义。

例如：COUNT = 10
　　　MOV　AL，　COUNT
　　　COUNT = 5
　　　……

（3）LABEL

格式：变量/标号　LABEL　类型

变量的类型有：BYTE、WORD、DWORD、DQ、DT；标号的类型有：NEAR、FAR。

例如：利用 LABEL 使同一个数据区有一个以上的类型及相关属性。

　　AREAW　LABEL　WORD　　　;AREAW 与 AREAB 指向相同的数据区，AREAW 类
　　　　　　　　　　　　　　　　　型为字，而 AREAB 类型为字节

　　AREAB　DB　100 DUP（?）
　　……
　　MOV　AX，　1234H
　　MOV　AREAW，　AX　　　　;（AREAW）= 1234H
　　……
　　MOV　BL，　AREAB　　　　;（BL）= 34H

4.2.3　变量定义伪指令

　　用于为数据分配存储单元，并可以用一个符号与这个存储单元相联系，也可以为存储单元分配初值，并为数据提供一个任选初值。

　　格式：〔变量名〕　数据定义伪指令　操作数 1〔，操作数 2…〕

　　常见的数据定义伪指令有：

　　（1）DB：定义字节（Define Byte），其后的每一个表达式占一个字节，字节的值域对于无符号整数为 0~255，对带符号的整数为 -128~+127。符号名或变量名，是操作数 1 所在存储单元的符号地址，操作数 2 以后的单元地址依次在该符号地址上递增 1。如果操作数的值为"?"，则对应字节单元将不赋初值，其内容为未定义的不确定值。

　　（2）DW：定义字（Define Word），其后的每一个表达式占两个字节，低字节在低地

址，高字节在高地址。字的值域对无符号整数为 0～65535，对带符号数为 –32768～+32767，它与 DB 不同的是各项操作数占一个字单元（两个字节），并且字单元不仅可以存放整型数，还可以存放变量的偏移地址。

（3）DD：定义双字（Define Double Word），其后的每一个表达式占四个字节，低字在低地址，高字在高地址。双字除了可存放双字整数外，还可以存放实数或存放一个变量的段地址和偏移地址。

（4）DQ：定义四字长数据，其后的每一个表达式占八个字节，低双字在低地址，高双字在高地址。

（5）DT：定义十个字节长数据（浮点运算），其后的每一个表达式占十个字节，低字节在低地址，高字节在高地址，用于压缩型十进制数。

在汇编语言中，相邻定义的标签在内存中是连续存放的。

【例 4-2】

```
DATA1   DB   5，6，8，100      ;从 DATA1 单元开始，连续存放 5、6、8、100，共占 4
                              个字节地址
DATA2   DW   7，287           ;从 DATA2 单元开始，连续存放 7、287 两个字，共占 4
                              个字节地址
TABLE   DB   ?                ;TABLE 单元分配一个字节，存放的内容是随机的
```

要使一个存储区内的每一个单元放置同样的数据，可用 DUP 操作符。例如：

```
BUFFER   DB   100 DUP (0)   ;以 BUFFER 为首地址的 100 个字节存放 00H 数据
COUNT1   DT   ?
```

内存分配相当于语句：

```
COUNT1   DB   10 DUP（?）
```

但是在程序里使用 COUNT1 效果完全不同。

【例 4-3】　先定义变量，再判断下列指令单独执行后的结果。

```
BDATA   DB 10,?，3 * 2，'AB'   ;字符串写在单引号中间，字符的 ASCII 码存入内存
WDATA   DW 100H               ;定义字变量
ARRAY   DB 2 DUP (0，2,?)      ;重复操作符 DUP 等价于 ARRAY DB 0，2,?，0，2,?
        DB 10                 ;声明一个没有名字的字节，值为 10
                              ;内存示意图如图 4-1 所示
MOV   AL，BDATA+2             ;源操作数直接寻址方式，（AL）= 06H
MOV   AX，WORD  PTR  ARRAY   ;用 PTR 临时指定 ARRAY 为字变量，（AX）= 0200H
MOV   BDATA，41H             ;变量 BDATA 的第一个字节单元内容变为 41H
```

汇编程序在汇编期间，为变量分配内存单元，并将数据存入相应的存储单元。

注意，变量与标号是不同的：

（1）变量是指数据区的名字；而标号是指某条执行指令起始地址的符号表示。

（2）变量的类型是指数据项存取单位的字节数；标号的类型是指使用该标号的指令之

间的距离是段内（NEAR）或段间（FAR 型）。

（3）变量在定义时被指定其类型，变量的类型可以是：字节（Byte，用 DB 定义）、字（Word，用 DW 定义）、双字（DWORD，用 DD 定义）等。变量被指定类型后，汇编程序能生成正确的机器码。像［SI］这样的存储单元，汇编程序不知道其类型是字节、字、双字。应该在源程序中用合成运算符 BYTE PTR、WORD PTR、DWORD PTR、QWORD PTR 明确指出。

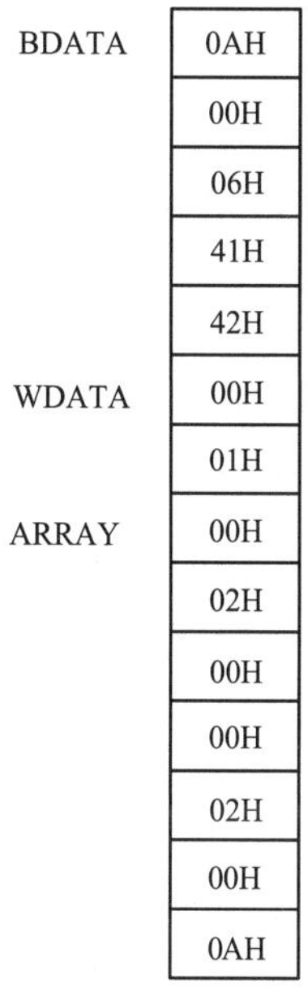

4.2.4 伪运算符

4.2.4.1 分析运算符

分析运算符用来将存储器操作数分解为它的组成部分，这类运算符有 SEG，OFFSET，TYPE，SIZE，LENGTH。

（1）SEG 运算符返回的是存储器地址操作数的段分量，即取得存储器符号的段地址值；

（2）OFFSET 运算符返回的是段内偏移量，即取得存储器符号的地址偏移量。

这两种分量一般都是数值。

BDATA	0AH
	00H
	06H
	41H
	42H
WDATA	00H
	01H
ARRAY	00H
	02H
	00H
	00H
	02H
	00H
	0AH

图 4-1　例 4-3
内存示意图

（3）TYPE 取得存储器操作数的类型，返回一个数值，它表示存储器操作数相关的类型部分。各种存储器地址操作数类型部分的值分别为：数据字节为 1；数据字为 2；数据双字为 4；NEAR(-1) 和 FAR(-2) 的值无实际的物理意义。

SHORT、NEAR、FAR 说明其后标号的调用和转移的类型。规定一个 NEAR 指令单元长度为两字节，一个 FAR 指令单元长度为四字节。指令位置能出现在跳转或调用指令语句中，如果指令的位置类型为 NEAR 型，那么汇编程序就产生一条段内跳转或调用指令，若该单元类型为 FAR 型，汇编程序就产生一条段间跳转或调用指令。一个存储器地址加上或减去一个数字量，所得到的新存储器地址与原存储器地址具有相同的类型。

（4）LENGTH 取存储器操作数元素的个数，即返回的数值是与存储器地址操作数相关的单元（字节、字或双字）数目。

例如：X　DW　5　DUP　(0)　　　　;LENGTH X = 5
　　　　Y　DW　0, 0, 0, 0, 0　　;LENGTH Y = 1

（5）SIZE 取得存储器操作数占用的存储器字节数，即返回的数值等于分配给指定的存储器地址操作数的字节数。

LENGTH 和 SIZE 运算符的具体运算规则是：如果变量是用重复操作符 DUP 定义的，则运算符 LENGTH 的运算结果是外层 DUP 的给定值（即重复次数）；如果没有用 DUP 定义变量，那么运算符 LENGTH 的运算结果总是 1，而运算符 SIZE 是 TYPE×LENGTH。

4.2.4.2 合成运算符

合成运算符有 PTR 和 THIS。

（1）PTR 用于指定存储单元的类型，它能产生一个新的存储器地址操作数（一个变量或标号）。新的操作数的段地址和段内偏移量与原操作数相同，但类型不同。它与数据定义语句不同，PTR 运算符不分配任何存储单元，它只是给已分配了的存储单元一个新的意义。

（2）THIS 产生一个新的变量或标号，其地址等于当前地址，类型在 THIS 中指定。THIS 不分配存储单元。

4.2.4.3　地址计数器 $

在汇编源程序时，为了指示下一个数据或指令在对应段中的偏移量，程序用一个位置计数器记载汇编时当前偏移量。"$"代表当前位置计数器的现行值。

4.2.4.4　ORG 伪指令

定位（Origin）伪指令，对位置计数器的现行值进行设置与修改，用来指出源程序或数据块在内存中的起点偏移地址。

格式：ORG　数值表达式

功能：汇编程序把语句中的表达式的值作为起始地址，连续存放程序和数据，若省略 ORG，则从本段起始地址 0 开始连续存放。代码段中的 ORG 伪指令，指定 IP 的值。数据段中的 ORG 伪指令，指定下一个存储单元的地址偏移量。

所以，如果需要将存储单元分配在指定位置，可以使用 ORG 语句。利用 ORG 伪指令也可以改变位置计数器 $ 的值。

例如：

```
DATA    SEGMENT
ORG     64H               ;从 64H 处开始安排数据
BUF     DB 06H，07H，08H
ORG     $+4               ;使位置计数器当前值 $ 加 4（用 $ 指出下一个存储单
                           元的偏移地址）
VAR     DW 1234H          ;跳过 4 个字节单元后再给 VAR 分配存储单元
DATA    ENDS
```

4.2.4.5　对准指令 EVEN

格式：EVEN

功能：偶地址伪指令，也是对位置计数器的一个控制命令，它把位置计数器调整为偶数，即下一个字节地址从偶数开始。

在 8086 中，一个字的地址最好为偶地址，因为 8086 CPU 同样存取一个字，如果地址是偶地址，需要一个读或写周期；如果是奇地址，需要两个读或写周期。所以该伪指令常用于字定义语句之前。

4.2.4.6　基数控制伪指令 RADIX

格式：RADIX　表达式　　;表达式取值为 2~16 内任何整数

功能：指定汇编程序使用的默认数制。缺省为十进制。

4.2.5　段定义伪指令

汇编源程序以段为其基本组织结构，原因是：

（1）CPU 是按分段方式寻址的，即 CPU 对存储器的访问按分段进行，把存储器的地址分为段基地址和相对于段基地址的偏移量，用 CS：IP 寻址代码段；用 SS：SP 寻址堆栈段；用 DS 或 ES 表示数据段的基地址，用寻址方式表示数据段的偏移量。

（2）汇编程序（MASM）知道程序的段结构后，才能产生正确的机器指令。例如，产生正确的段内调用、段间调用、段内转移、段间转移指令机器码。

（3）当指令对当前数据段、堆栈段访问时，产生最优指令，而对其他段访问时，在指令前要加段跨越前缀或改变段寄存器的值。

段定义伪指令用于汇编源程序中段的定义，将源程序划分成若干段。相关指令有：SEGMENT、ENDS、ASSUME。

段定义伪指令的格式为：

段名 SEGMENT［定位类型］［组合类型］［'类别'］

……

段名 ENDS

SEGMENT 和 ENDS 应成对使用，缺一不可。段名是给定义段所起的名称，不可省略。

完整段定义伪指令可以指定段属性，堆栈要采用 STACK 组合类型，代码应具有 'CODE' 类别，其他为可选属性参数。如不指定，则采用默认参数；如指定，必须按顺序书写。段属性主要用于多模块的程序设计中，单模块程序一般不考虑这些属性。

定位类型（Align）　定位类型用于确定一个逻辑段开始的位置，有 PAGE（页边界）、PARA（节边界）、DWORD（双字边界）、WORD（字边界）、BYTE（字节边界）五种，缺省是 PARA，如表 4-2 所示。

表 4-2　定位类型

Align	意　义	起始地址特征
PAGE	本段从内存中下一可用"页"开始	低 8 位为 0（xx00H）
PARA	本段从内存中下一可用"节"（小段）开始	低 4 位为 0（xxx0H）
DWORD	本段从内存中下一可用双字开始	二进制最低 2 位为 00（xxxx xxxx xxxx xx00B）
WORD	本段从内存中下一可用字开始	一进制最低位为 0（xxxx xxxx xxxx xxx0B）
BYTE	本段从内存中下一可用字节开始	xxxx xxxx xxxx xxxxB

组合类型（Combine）　Combine 选项指示连接程序（LINK）如何处理同名段指定多个逻辑段之间的关系，有 PRIVATE、PUBLIC、COMMON、AT address、STACK、MEMORY 6 种，如表 4-3 所示。

表 4-3　组合类型

Combine	含　义
PRIVATE	指示连接程序（LINK）不把同名段合并，在可执行文件中，每个模块的同名段均有自己的物理段基地址
PUBLIC	指示 LINK 将所有同名段合并成一个新的连续段，新段中的所有指令和数据的地址使用同一个段寄存器，所有偏移量调整为相对于新段的首地址
COMMON	指示 LINK 将所有同名段置为相同起始地址，段的最终长度等于所有段中的最大长度
AT address	指示 LINK 将段内所有标号和变量的地址都根据地址 address 来确定

Combine	含　义
STACK	指示 LINK 将所有同名段合并成一个新的连续段，且把新段作为堆栈区域使用。堆栈指针 SP 被初始化为该新段的长度；堆栈段基地址寄存器 SS 的值被初始化为新段的首地址
MEMORY	指示 LINK 把本段定位在其他段之上（地址较大），如果有多个 MEMORY 属性段，LINK 只把第一个作为 MEMORY 属性处理，其他作为 COMMON 属性处理

类别（Class）　类别可以是任何合法名称，必须用单引号括起来。当未指定类别时，该段的类别名为空。LINK 把同类别名的段连续放在一起，不合并。

例如：

```
STACK   SEGMENT
        DW   200   DUP（?）
STACK   ENDS
DATA    SEGMENT
        BUF   DB   1，2，3
        TAB   DW?
DATA    ENDS
```

伪指令 ASSUME 用于通知汇编程序（MASM），哪一个段寄存器是该段的段寄存器，以便对使用变量或标号的指令汇编出正确的目标代码，其格式为：

ASSUME　段寄存器：段名［，段寄存器：段名，…］;其中段寄存器是指6个段寄存器 CS、DS、ES、SS、FS、GS 中的一个，段名是指用 SEGMENT/ENDS 伪指令语句中定义的段名。段寄存器与段名之间必须用"："分隔

例如：

```
CODE   SEGMENT
       ASSUME   CS：CODE，DS：DATA，SS：STACK  ;表示段名为 CODE 的段是代码
                                               段，其基地址与 CS 相联系；
                                               段名为 DATA 的段是数据段，
                                               其基地址与 DS 相联系；段名
                                               为 STACK 的段是堆栈段，其
                                               基地址与 SS 相联系
       MOV   AX，DATA
       MOV   DS，AX
       ……
CODE   ENDS
```

由于 ASSUME 伪指令只是指明某一段地址应存于哪一个段寄存器中，并没有包含将段地址送入该寄存器的操作，即 ASSUME 伪指令与程序运行时段寄存器的值毫无关系。因此

要将真实段地址装入段寄存器，还需要汇编指令来实现。这一步是不可缺少的。

（1）程序运行时，DS、ES 寄存器的值，用指令赋值。如，

        MOV AX，DATA   ;DATA 是段名
        MOV DS，AX
        MOV ES，AX

（2）程序运行时，当某一个段具有 STACK 组合属性（Combine）时，SS 的初值被自动初始化为该段的基地址，SP 的初值被自动初始化为该段的长度。

SS、SP 的值也可以用指令来设定，如，

        MOV AX，STACK   ;STACK 是段名
        MOV SS，AX
        MOV SP，1000H

（3）CS 和 IP 的值：CS 的初值由 END 伪指令指定。例

        END START   ;START 是一个标号

指定 CS 的初值等于标号 START 的段地址。

IP 的初值一般为 0000H，也可以使用 ORG 伪指令改变。如代码段中：

        ORG 100H   ;指定 IP 的值等于 0100H

CS、IP 的值在程序运行过程中自动变化。当指令顺序执行时，每执行一条指令，IP 的值增加该指令的机器码长度；调用/返回调用、中断/返回中断、转移指令可以改变 CS、IP 的值。

此外，还有简化的段定义伪指令：.DATA（将其下的数据定位到"数据段"），.CODE（将其下的程序指令和数据定位到"代码段"），.STACK（将其下的数据定位到"堆栈段"）。

4.2.6 过程定义伪指令

过程（或者称子程序）是功能相对独立并具有一定通用性的程序，有时还将它作为一个独立的模块供多个程序调用。将常用功能编成通用的子程序可以使程序长度变短，变得更加简练清晰，也可提高编程效率。

一般把调用子程序的程序称为主程序，或"调用程序"；把程序中多次被调用的程序称为子程序或"被调用程序"。过程可以被别的程序调用（用 CALL 指令）或由 JMP 指令转移到此执行。

过程定义伪指令用于定义过程。格式如下：

过程名 PROC   ［类型］
        ……
        RET
        ……
过程名 ENDP

　　过程名按汇编语言命名规则设定，汇编连接后，该名称表示过程程序的入口地址，供主程序调用使用。

　　PROC 与 ENDP 必须成对出现，PROC 开始一个过程，ENDP 结束一个过程。成对的 PROC 与 ENDP 的前面必须有相同的过程名。

　　类型取值为 NEAR 或 FAR，表示该过程是段内调用或段间调用，缺省值为：NEAR。

　　子程序也是一段程序。其编写方法与主程序一样，可以采用顺序、分支、循环结构。子程序可以采用寄存器、堆栈或地址表与主程序传递参数。子程序中，必须有一个 RET 指令被执行，允许子程序中出现多个 RET 指令。RET 指令也可以带参数。

　　子程序应安排在代码段的主程序之外，最好放在主程序执行停止后的地方（返回 DOS 后、汇编结束 END 伪指令前），也可以放在主程序开始执行之前的地方。

4.2.7　宏命令伪指令

　　宏（Macro）是源程序中一段有独立功能的语句序列，它只要在程序中定义一次，就可以多次调用。

　　4.2.7.1　宏定义、宏调用、宏展开

　　在使用宏命令前首先要对宏命令进行定义，宏定义由一对伪指令 MACRO 与 ENDM 实现。宏命令的格式为：

　　宏命令名　MACRO　〔形式参数表〕
　　　　　　　……　　　　;宏体
　　　　　　　ENDM

其中，宏命令名在同一源文件中不能重复出现，宏体可以是任意语句序列，可选的形式参数表是以逗号分隔的若干参数名，这些参数名是所在宏定义内的局部标识符。

　　通常将宏定义放在源程序的开头。宏命令名是一个定义调用（或称宏调用）的依据，也是不同宏定义互相区别的标志，是必需的。对宏命令名的规定与标号的规定一样。注意：ENDM 前没有宏命令名。

　　经过定义的宏指令才可以在源程序中调用，称为宏调用，其形式如下：

　　宏指令名〔实际参数表〕

　　需要注意的是，在调用时的实际参数如果多于一个时，也要用逗号分开，并且它们与形式参数在顺序上要一一对应。但是 IBM 宏汇编中并不要求它们在数量上一致。

　　当源程序被汇编时，汇编程序（MASM）用相应的宏体取代每个宏调用，并用实际参数按位置替换宏定义中的形式参数，称为宏展开。若调用时的实际参数多于形式参数，则多余部分被忽略；若实际参数少于形式参数，则多余的形式参数变为 NULL（空）。

　　例如：GADD　MACRO　X，Y，ADD1　　　　　;X、Y、ADD1 是形式参数
　　　　　　　MOV　　AX，X
　　　　　　　ADD　　AX，Y
　　　　　　　MOV　　ADD1，AX
　　　　　　　ENDM

　　调用时，下面的宏命令书写格式是正确的：

GADD DATA1, DATA2, SUM   ;DATA1、DATA2、SUM 是实际参数

实际上与该宏命令对应的源程序为：

MOV AX，DATA1
ADD AX，DATA2
MOV SUM，AX

宏命令与子程序有许多类似之处。它们都是一段相对独立的、用来完成某种功能的、可调用的程序模块，定义后可多次调用。但在形成目标代码时，子程序只形成一段目标代码，调用时转来执行；而宏命令是将形成的目标代码插到主程序调用的地方。因此，前者占内存少，但执行速度稍慢；后者刚好相反。

宏定义只是告诉汇编程序用一个名字来表示一段语句序列，其本身不被汇编。

宏指令的参数非常灵活，可以出现在指令的操作数或操作码部分，汇编程序在宏展开时对参数进行文本替换。例如：对于下列宏定义：

SHIFT MACRO X，Y，Z
       MOV   CL，X
       Y   Z，CL
       ENDM
宏调用 SHIFT 4，SHL，AX
被展开为
       MOV   CL，4
       SHL   AX，CL

4.2.7.2 与宏有关的伪指令

A LOCAL 伪指令

格式：LOCAL 符号名，…，符号名

功能：声明宏定义体中的局部标号，以免在宏展开时，同一个标号在源程序中多次出现，从而产生标号多重定义的错误。

例如：MAX MACRO   A，B，C
            LOCAL   SKIP，DONE
            MOV   AX，A
            CMP   AX，B
            JGE   SKIP
            MOV   AX，B
      SKIP：CMP   AX，C
            JGE   DONE
            MOV   AX，C
      DONE：
            ENDM

注意：用于宏定义体内的 LOCAL 伪指令必须是宏定义体内的第一条语句。

B　EXITM 伪指令

格式：EXITM

功能：用来立即终止宏展开，通常与条件汇编结合使用。汇编程序忽略 EXITM 与 ENDM 之间的所有语句。

例如：已知宏定义

```
BYTES  MACRO  COUNT
       IF  COUNT  EQ 0
       DB  COUNT
       EXITM
       ENDIF
       DB  COUNT  DUP (0)
       ENDM
```

宏调用：

```
       BYTES  0     ;在汇编时被展开为 DB 0
       BYTES  10    ;在汇编时被展开为 DB 10 DUP (0)
```

4.2.7.3　宏操作符

汇编程序（MASM）提供了一些宏操作符，使宏指令的参数更加灵活。

A　宏操作符 "< >"

在宏调用时，当实际参数包含空格或逗号等间隔符时，必须使用 "<" 和 ">" 作为参数的定界符。例如：

```
DATA  MACRO  THEDATA        ;宏定义，一个形式参数
      DB     THEDATA
      ENDM
…                           ;以下为宏调用
      DATA  5, 4, 3         ;展开为 DB  5，多余的实际参数被忽略
      DATA  <5, 4, 3>       ;展开为 DB  5, 4, 3
```

B　宏操作符 "&"

在宏定义时，当形式参数作为标识符或字符串的一部分时，必须使用 & 作为分隔符。

例如：为了在程序的多个执行处输出不同的调试信息，使用下列宏定义：

```
DEBUGMSG  MACRO  POINT
          LOCAL  SKIPDATA
          PUSH   DS
          PUSH   CS
          POP    DS
          LEA    DX, MSG&POINT
          MOV    AH, 9
```

```
            INT      21H
            POP      DS
            JMP      SKIPDATA
MSG&POINT DB         'AT POINT &POINT', 0DH, 0AH, '$'
SKIPDATA：
            ENDM
```

若执行宏调用

DEBUGMSG 2

则宏定义中的语句

MSG&POINT DB 'AT POINT &POINT', ODH, OAH, '$'

被展开为

MSG2 DB 'AT POINT 2', ODH, OAH, '$'

若 DB 后定义的字符串中不包含 &，则展开后的结果为：

MSG2 DB 'AT POINT POINT', ODH, OAH, '$'

C 宏操作符"%"

当宏调用时，若在实际参数中使用"%"，则汇编程序（MASM）将"%"后常数表达式的值作为参数，而非表达式本身。

例如：GETDATA　MACRO　PARAM　　;定义宏
　　　MOV　AX, ARRAY［PARAM＊2］
　　　ENDM

以下为宏调用

GETDATA　100+6　　　　　　　　;展开为 MOV　AX, ARRAY［100+6＊2］
GETDATA　%100+6　　　　　　　;展开为 MOV　AX, ARRAY［106＊2］

D 宏操作符"!"

对于包含在"<"和">"之间的文本串，汇编程序（MASM）将出现在"!"之后的特殊字符（<、>、%、'、、,）作为普通字符处理。若将"!"作为普通字符，则使用"!!"。引号中的字符串中的"!"不是宏操作符。

例如：

DEFSTRING　MACRO　STRING　　;宏定义
　　　DB　　　'&STRING#$'
　　　ENDM

宏调用：DEFSTRING　<INPUT　AN　INTEGER(! >0)：>

宏展开：DB　'INPUT　AN　INTEGER(>0)：$'

再如：

<20!%!>10!%>　　;被汇编为文本串 20%>10%

E 宏注释符";;"

宏定义中，以";;"开始的宏注释，在宏展开时被忽略。

4.3　系统功能调用

一般来说，用户可以用四种方式控制微型计算机的硬件：

（1）应用高级语言的相应功能语句进行控制。但高级语言中的输入/输出（I/O）语句比较少，执行速度慢。

（2）应用 DOS（磁盘操作系统，Disk Operation System）提供的功能程序来控制硬件。可对显示器、键盘、打印机、串行通信等字符设备提供 I/O 服务。DOS 提供了近百种 I/O 功能服务程序，编程者无须对硬件有太深的了解，即可调用。这是一种高层次的调用，使用 DOS 功能调用，编程简单，调试方便，可移植性好。

（3）应用 BIOS（Basic Input/Output System）提供的功能程序来控制硬件。这是低层次控制，要求编程者对硬件有相当深入的了解。当 BIOS 与 DOS 提供的功能相同时，应首先选用 DOS。BIOS 固化在 ROM 中，不依赖于 DOS 操作系统，使用 BIOS 软中断调用子程序可直接控制系统硬件。BIOS 调用速度快，适用于高速运行的场合。使用 BIOS 调用的汇编语言和 C 语言的程序可移植性比较差。

（4）直接使用汇编语言编程进行控制。要求编程者对 I/O 设备的地址、功能比较熟悉。

实际上，汇编程序对于硬件访问控制的 3 种方法中，DOS 功能调用层次最高，需要了解的硬件细节少，往往参数也少，而且兼容性好，即只要能启动 DOS，这项功能调用就保证能用。BIOS 调用在层次上低于 DOS 功能调用而高于直接访问硬件。因它比 DOS 更接近硬件，故硬件控制功能更强，而且执行速度更快，但是需要了解的硬件细节也更多，而且兼容性也比 DOS 调用差。直接访问硬件层次最低，可以控制实现硬件的全部功能，但是需要了解的硬件细节也最多，而且不同机器间若被访问硬件有差异，程序可能不通用。当需要的功能 BIOS 中断调用也未提供时，只能直接访问硬件实现。例如，要想编一个播放音乐的程序，只能直接访问硬件实现。

DOS 是由 BIOS 在开机后自动装入内存的，DOS 中断是建立在 BIOS 之上的中断，它借用了 BIOS 软中断的功能来调用系统的中断服务程序，它们之间的关系如图 4-2 所示。用户可以通过 DOS 中断来与外部设备交换数据，DOS 系统面向用户，使用较为方便；用户也可以直接通过 BIOS 中断与外部设备交换数据，BIOS 中断功能要比 DOS 的中断功能多一些。

DOS 在更高层次上给出了与 BIOS 相同的功能，一般来说，DOS 调用需要的入口和出口参数较 BIOS 简单，调用也容易、方便，不需要编程者对硬件有更多的了解，通过调用 DOS，还可以充分利用操作系统提供的所有功能，编制的程序可移植性也较高，但

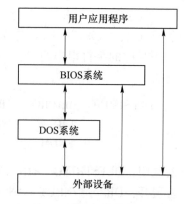

图 4-2　DOS 中断和 BIOS 中断与外部
设备之间交换数据的层次关系

DOS 完成的功能没有 BIOS 的丰富，即对于某些特殊的要求，DOS 调用也许不能实现。此外，DOS 调用的执行效率也比 BIOS 低。

选择哪种方式应根据不同的需要来选择，首先必须是以完成任务为目的，一般按 DOS、BIOS 到硬件直接控制的顺序选择。另外，优秀的编程者还可以根据程序应用的场合，权衡程序的可移植性、编程的复杂性和目标代码长短等因素选择相应的方式。

DOS 功能程序和 BIOS 功能程序的调用与返回不是使用子程序调用指令 CALL 和返回指令 RET，而是通过软中断指令 INT　n 和中断返回指令 IRET。每执行一条中断指令 INT n，就调用一个相应的中断服务程序，n 为中断类型号。当 n＝5~1FH 时，调用 BIOS 中的服务程序；当 n＝20H~3FH 时，调用 DOS 中的服务程序。其中，INT 21H 是一个具有多种功能的服务程序，一般称之为 DOS 系统调用。

DOS 和 BIOS 的服务子程序，调用和编写的程序简单、清晰、可读性好而且代码紧凑，调试方便，使得程序设计人员不必设计硬件就可以使用系统的硬件，尤其是 I/O 的使用与管理。

4.3.1　DOS 功能调用

4.3.1.1　DOS 功能调用概述

DOS 是 IBM PC 及 PC/XT 的操作系统，负责管理系统的所有资源，协调微型计算机的操作，其中包括大量的可供用户调用的程序，完成设备的管理及磁盘文件的管理。用户与 DOS 的关系如图 4-3 所示。DOS 的 3 个模块（虚线框内）之间只可单向调用，如图中箭头所示。三个层次模块文件是：COMMAND.COM 命令处理系统、MSDOS.SYS 文件管理系统和 IO.SYS 输入/输出管理系统。

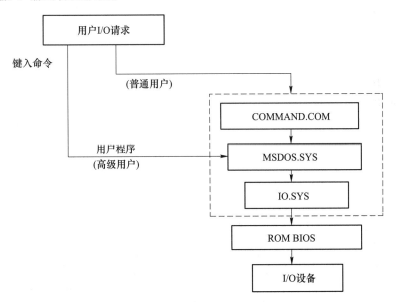

图 4-3　用户与 DOS 之间的关系

用户可以通过两种途径使用 DOS 的功能。第一个途径是普通用户从键盘输入命令，DOS 的 COMMAND.COM 模块接收、识别、处理键入的命令。第二个途径是高级用户通过用户程序去调用 DOS 和 BIOS 中的服务程序，高级用户需要对操作系统有较深入的了解。

4.3.1.2 DOS 功能调用的一般步骤

DOS 功能调用的一般步骤如下:

设置入口参数;

装入功能号到 AH 中;

调用 DOS 相应功能的中断（这里一般指 INT 21H）;

分析出口参数或出错信息。

入口参数是使用该调用必须具备的条件，如设定寄存器参数等；出口参数是表示软中断程序执行结果放在何处或执行该操作处理的特征。

【例 4-4】 使用 INT　21H 的 2BH 系统功能设置日期为 2021 年 5 月 1 日。其程序段为:

MOV	DL,	1	;入口参数送入指定寄存器:把日子放入 DL 中
MOV	DH,	5	;把月份放入 DH 中
MOV	CX,	2021	;把年份放入 CX 中，CX 中的年份值是以 1980 为基准的偏移值
SUB	CX,	1980	;减去 1980 才为年份设定值
MOV	AH,	2BH	;设置日期功能号送入 AH 寄存器
INT	21H		;执行 DOS 调用
CMP	AL,	0FFH	;根据出口参数，若(AL)=00H 设置成功; 若(AL)=0FFH 判断失败
JE	ERROR		;不成功,转错误处理;成功,往下执行
HLT			
ERROR: ……			

4.3.1.3 DOS 功能调用分类

A   DOS 软中断指令

DOS 软中断指令（中断号为 20H~2FH）的功能表及参数见表 4-4。

表 4-4   DOS 软中断

软中断 类型号	功能	入口参数	出口参数	备 注
20H	程序正常 退出	(CS)= PSP 段地址		适用于扩展名为 .COM 的文件，而不适用于扩展名为 .EXE 的可执行文件
21H	系统功能 调用	(AH)= 功能号 功能调用相应的入口参数	功能调用相应 出口参数	
22H	结束退出			不允许用户直接使用
23H	Ctrl+Break 退出			不允许用户直接使用
24H	出错退出	(AL)= 盘号	CF = 1 出错	不允许用户直接使用
25H	读盘	(CX)= 读入扇区 (DX)= 起始逻辑扇区号 DS: BX= 缓冲区地址 (AL)= 盘号	CF = 1 出错	

续表 4-4

软中断类型号	功能	入口参数	出口参数	备 注
26H	写盘	(CX)= 写扇区 (DX)= 起始逻辑扇区号 DS：BX= 缓冲区地址	CF = 1 出错	
27H	驻留退出	(CS)= PSP 段地址 (DX)= 程序末地址+1		终止正在运行的程序返回操作系统，但被终止的程序仍然驻留在内存中，不会被其他程序覆盖
28H~2FH	DOS 专用			

B DOS 系统功能调用

DOS 系统功能调用服务程序具有 00H~62H 个不同的功能，大致可以分为设备管理（如键盘、显示器、打印机、磁盘等的管理）、文件管理和目录操作、其他管理（如内存、时间、日期等管理）等。

C 常用的 DOS 系统功能调用

DOS 系统功能调用最常用的功能就是数据输入和输出，这里只讨论键盘输入和显示器输出。调用系统功能需要提供入口参数及所调用的功能号，调用结束返回结果。

（1）从键盘输入一个字符。

格式：MOV AH，1 ；功能号 = 1
      INT 21H

功能：执行时系统将扫描键盘，等待有键按下，一旦有键按下，就将其字符的 ASCII 码读入，先检查是否是 Ctrl-Break，若是，退出命令执行；否则将 ASCII 码送 AL，同时将该字符送显示器显示。1 号功能调用无须入口参数，出口参数在 AL 中。

8 号功能调用（MOV AH，8）与 1 号功能调用类似，但是字符不在显示器显示。7 号功能调用与 8 号功能调用类似，但是不检测 Ctrl-Break。

（2）在显示器上显示一个字符。

格式：MOV AH，2 ；功能号 = 2
      MOV DL，'字符'
      INT 21H

功能：将置入 DL 寄存器的字符在屏幕上显示输出。2 号功能调用入口参数在 DL 中，无出口参数。

5 号功能调用与 2 号功能调用类似，只是字符传送到打印机端口，打印输出。

（3）显示字符串。

格式：MOV AH，9 ；功能号 = 9
      LEA DX，字符串首偏移地址 ；注意：被显示的字符串必须以 '$' 结束
      INT 21H

功能：在屏幕上显示字符串。待显示的字符串必须先放在内存一数据区（DS 段）中，

且以'$'符号作为结束标志；将字符串首地址的段基址和偏移地址分别存入 DS 和 DX 寄存器中。9 号功能调用入口参数在 DS、DX 中，无出口参数。

【例 4-5】　在屏幕上显示"HOW ARE YOU?"字符串。

```
DATA    SEGMENT
BUF     DB 'HOW ARE YOU?', 0AH, 0DH, '$'
DATA    ENDS
CODE    SEGMENT
        ASSUME CS：CODE, DS：DATA
START：MOV  AX, DATA
        MOV  DS, AX
        MOV  DX, OFFSET  BUF
        MOV  AH, 09H
        INT  21H
        MOV  AH, 4CH          ;返回 DOS
        INT  21H
CODE    ENDS
END     START
```

（4）从键盘输入字符串。

```
格式：MOV  AH, 0AH          ;功能号 = 0AH
      LEA  DX, 已定义缓冲区首偏移地址
      INT  21H
```

功能：从键盘输入一串字符并把它存入用户指定的缓冲区中。执行前先定义一个输入缓冲区（DB），缓冲区内第一个字节定义为允许最多输入的字符个数，字符个数应包括回车符（0DH）在内，不能为"0"值；第二个字节保留，在执行程序后存入输入的实际字符个数（不包括输入结束的回车符）；从第三个字节开始存入从键盘上接收字符的 ASCII 码，包括回车符。若实际输入的字符个数少于定义的最大字符个数，则缓冲区其他单元自动清 0。若实际输入的字符个数大于定义的字符个数，其后输入的字符丢弃不用，且响铃示警，一直到输入回车键为止。整个缓冲区的长度等于最大字符个数再加 2。将缓冲区首地址的段基址和偏移地址分别存入 DS 和 DX 寄存器中。0AH 号功能调用入口参数在 DS、DX 中，出口参数在内存相应的缓冲区。

【例 4-6】　从键盘接收 15 个有效字符并存入以 BUF 为首地址的缓冲区中。

```
DATA    SEGMENT
BUF     DB  16           ;缓冲区长度
COUNT   DB  ?            ;保留单元，存放输入的实际字符个数
STRING  DB  15 DUP (?)   ;定义 15 个字节存储空间
        DB  '$'
DATA    ENDS
```

```
CODE    SEGMENT
        ASSUME CS：CODE, DS：DATA
START：  MOV   AX,    DATA
        MOV   DS,    AX
        MOV   DX,    OFFSET  BUF
        MOV   AH,    0AH
        INT   21H
        MOV   AH,    4CH
        INT   21H
CODE    ENDS
END     START
```

（5）返回 DOS 操作系统。

格式：MOV AH,   4CH   ;功能号＝4CH

       INT   21H

功能：终止当前程序的运行，并把控制权交给调用的程序，即返回 DOS 系统，屏幕出现 DOS 提示符，如"C：\ >"，等待 DOS 命令。

【例 4-7】 从键盘上输入一串字符，并反顺序输出。

```
DATA    SEGMENT
INFO1   DB    0DH, 0AH, ‘INPUT STRING：$’
INFO2   DB    0DH, 0AH, ‘OUTPUT STRING：$’
BUFA    DB    81
        DB    ?
        DB    80  DUP (0)
BUFB    DB    81  DUP (0)
DATA    ENDS
STACK   SEGEMENT
        DB    200 DUP (0)
STACK   ENDS
CODE    SEGMENT
        ASSUME   DS：DATA, SS：STACK, CS：CODE
START：MOV AX, DATA
        MOV DS, AX
        LEA DX, INFO1
        MOV AH, 9        ;9号调用，显示输入提示信息
        INT  21H
        LEA DX, BUFA
        MOV AH, 10       ;10号调用，键盘输入字符串到缓冲区 BUFA
        INT  21H
        LEA SI, BUFA+1
```

```
            MOV CH, 0              ;取字符长度→（CX）
            MOV CL, [SI]
            ADD SI, CX            ;SI 指向字符串尾部
            LEA DI, BUFB         ;指向字符串变量 BUFB
      NEXT: MOV AL, [SI]
            MOV [DI], AL
            DEC SI
            INC DI
            LOOP NEXT
            MOV BYTE PTR [DI], '$'
            LEA DX, INFO2
            MOV AH, 9             ;9 号调用，显示输出提示信息
            INT 21H
            LEA DX, BUFB
            MOV AH, 9             ;反向显示字符串
            INT 21H
            MOV AH, 4CH
            INT 21H
      CODE  ENDS
            END START
```

汇编程序返回 DOS 有很多方法，利用 DOS 功能调用（INT 21H，功能号 4CH）方法不依赖任何段寄存器的内容，特别适用于大的 EXE 文件。

下面介绍一种标准方式返回 DOS 的方法——利用远过程调用返回 DOS。

格式如下：

```
    CODE    SEGMENT
            ASSUME  CS: CODE
    MAIN    PROC FAR        ;定义远过程
    START:  PUSH DS         ;保存 PSP 段地址
            XOR AX,  AX     ;清零，INT 20H 指令所在第一个字节的偏移地址为 0
            PUSH AX         ;保存零偏移地址
            …
            RET             ;通过堆栈返回程序段前缀起始处
    MAIN    ENDP
    CODE    ENDS
            END  START
```

汇编语言程序是 DOS 的一个子程序，所以要把汇编语言程序的主体部分定义成一个远过程，以便由 DOS 调用该过程，在程序结束时用 RET 指令返回 DOS。为了在程序结束时用 RET 指令能正确返回 DOS，在代码段的开始处，必须保存 DOS 现场，即保存返回地址。

程序装入内存时，DOS 在它的前面安装一个 256（100H）字节长的程序段前缀

（PSP，Program Segment Prefix），作为 DOS 与运行程序的软件接口。程序段前缀（PSP）简而言之就是一个数据结构，它和用户程序本身位于同一内存分配块中，构成一个不可分割的整体。它是 DOS（作为加载程序的父程序）和被加载程序的软件接口。PSP 主要用来存放与用户程序有关的一些控制信息，并提供程序正常或异常结束时返回 DOS 的途径。

可执行程序（.EXE）装入内存后，DS 和 ES 寄存器中的值均为程序段前缀 PSP 的段地址，同时从图 4-4 中可看出，PSP 中的头两个字节的内容是十六进制"CD 20"与 8086/8088 指令"INT 20H"相对应，该指令的作用是程序非驻留退出时的结束指令，但发出此软中断指令时，要求 CS 段寄存器一定要是的段地址。故在 .EXE 标准程序结构中利用 DS 在堆栈中保存 PSP 的段地址，利用 XOR AX，AX 和 PUSH AX 指令来保存 PSP 中 INT 20H 指令的首地址。

PSP+00H	INT 20H指令码
+02H	内存大小
	保留
+05H	进入INT 21H老式入口CALL指令
+0AH	INT 22H入口
	恢复程序结束处理中断向量
+0EH	INT 23H入口
	恢复CTRL+BREAK向量
+12H	INT 24H入口
	恢复严重错误处理描述字变量
	保留
+2CH	环境块的段地址
	保留
+50H	INT 21H指令码
	RET (FAR) 指令码
+5CH	格式化的未打开的FCB1
	00
+6CH	格式化的未打开的FCB2
	00
+80H~	未格式化的命令行
+0FFH	参数及其计数

图 4-4 程序段前缀结构示意图（PSP 的 DOS 结构）

主过程被定义为远过程，因此 RET 是一个远过程（段间）返回指令。于是，程序最后执行 RET 指令时将使用（CS）= PSP 的段地址，（IP）= 0000H。这样系统就会自动转移到 PSP+00H，从而正确执行"INT 20H"指令，完成程序的结束退出。INT 20H 中断只能使应用程序返回 DOS，如果是 EXE 文件，应将程序的偏移地址定义在 100H 处，然后在应用程序的开始把程序段前缀（PSP）的内容（80H 字节）传送至重定位后的代码段偏移零处，然后用 INT 20H 来结束程序运行。

标准程序的优点：程序的主体呈现为一个远过程的结构，便于程序模块化。

4.3.2 BIOS 功能调用

4.3.2.1 BIOS 功能调用概述

BIOS 是 IBM PC 及 PC/XT 的基本 I/O 系统，是驻留在 ROM 中的一组 I/O 服务程序，包括系统测试程序、初始化引导程序、一部分矢量装入程序及外部设备的服务程序。由于这些程序固化在 ROM 中，只要机器通电，用户就可以调用它们。它不仅处理系统的全部中断，还提供对主要 I/O 接口的控制功能，如键盘、显示器、磁盘、打印机、日期和时间等。BIOS 是模块化的结构形式，每个功能模块的入口地址都在中断向量表中。

4.3.2.2 BIOS 功能调用的基本操作

BIOS 调用的基本操作步骤如下：

设置功能号；

设置入口参数；

中断指令语句 INT n；

分析出口参数。

4.3.2.3 BIOS 功能调用的特点

与 DOS 功能调用相比，BIOS 有如下特点：

（1）调用 BIOS 中断程序虽然比调用 DOS 中断程序要复杂一些，但运行速度快，功能更强。

（2）DOS 的中断功能只是在 DOS 环境下适用，而 BIOS 功能调用不受任何操作系统的约束。

（3）某些功能只有 BIOS 具有。BIOS 功能调用比 DOS 功能调用在控制底层方面更强大，能完成许多 DOS 功能调用无法完成的功能。但是需要强调的是，能用 DOS 功能调用实现的，建议不要用 BIOS 功能调用。

4.3.2.4 BIOS 常用中断类型

在 BIOS 中断类型中（05H~1FH 号中断），主要的 I/O 设备有键盘、显示器、打印机、磁盘、异步通信端口、时钟等。常用的 BIOS 中断类型如表 4-5 所示。

表 4-5 常用 BIOS 中断类型

中断类型号	功能	中断类型号	功能
5H	打印屏幕	0CH	保留（通信）
6H	保留	0DH	保留（Alt 打印机）
7H	保留	0EH	键盘
8H	8254 系统定时器	0FH	打印机
9H	键盘	10H	显示器
0AH	保留	11H	设备检验
0BH	保留（通信）	12H	内存大小

续表 4-5

中断类型号	功能	中断类型号	功能
13H	磁盘	1AH	时钟
14H	通信	1BH	键盘 Break
15H	I/O 系统扩充	1CH	定时器
16H	键盘	1DH	显示器参量
17H	打印机	1EH	软盘参量
18H	驻留 BASIC	1FH	图形字符扩充
19H	引导		

BIOS 中断依功能分为两种：系统服务程序和设备驱动程序。本书仅介绍设备驱动程序中中断类型号为 10H、16H 和 17H 的显示器、键盘和打印机的服务程序。

A 显示器服务程序

对于一台包含了 BIOS 的计算机来说，系统启动时已经提供了一部分服务，例如显示服务。虽然计算机的 BIOS、显示卡各不相同，只要和 IBM PC 兼容，就可以通过调用 16 (10H) 号中断来使用显示服务。显示器服务程序的中断类型号为 10H，用 INT 10H 调用。服务程序有 16 个功能，功能号为 0~15。常用功能如表 4-6 所示。

表 4-6 INT 10H 的功能

功能号	功能	入口参数或出口参数
0	设置显示方式	(AL) = 显示方式
2	设置光标位置	(DH) = 光标行 (DL) = 光标列 (BH) = 页号
6 (7)	屏幕上 (下) 滚动	(AL) = 上 (下) 滚动行数 (0 为清屏幕) (CH)、(CL) = 滚动区域左上角行、列 (DH)、(DL) = 滚动区域右下角行、列 (BH) = 上 (下) 滚动后空留区的显示属性
9	在当前光标位置写字符和属性	(AL) = 要写字符的 ASCII 码 (BH) = 页号 (BL) = 字符的显示属性 (CX) = 重复次数
10	在当前光标位置写字符	除无显示属性外，其他同 9 号
11	图形方式设置彩色组或背景色	(BH) = 1(设置彩色组)或 0(设置背景色) (BL) = 0~1(彩色组)或 0~15(背景色)： 彩色组 0 颜色为绿(1)/红(2)/棕(3) 彩色组 1 颜色为青(1)/品红(2)/白(3)
12	图形方式写像点	(DX) = 行号 (CX) = 列号 (AL) = 彩色值(1~3)

功能号	功能	入口参数或出口参数
14	写字符到光标位置，光标进一	（AL）＝待写字符 （BH）＝页号 （BL）＝前台彩色（图形方式）
15	读取当前显示状态	（AL）＝显示方式 （BH）＝显示页号 （AH）＝屏幕上字符列数

【例4-8】　设置光标到0显示页的（20，25）位置，并用正常属性显示一个星号（＊）。

```
MOV  AH,  2      ;设置光标位置功能
MOV  BH,  0      ;设置为0页
MOV  DH,  20     ;设置为20行
MOV  DL,  25     ;设置为25列
INT  10H         ;调用显示中断
MOV  AH,  9      ;设置为显示字符功能
MOV  AL, '＊'    ;设置为显示字符"＊"
MOV  BH,  0      ;选择为0页
MOV  CX,  1      ;设置待显示字符数
INT  10H         ;调用显示中断
```

【例4-9】　利用滚行功能清除屏幕。

```
CLEAR:  MOV AH,  6      ;设置为屏幕上滚动功能
        MOV AL,  0      ;清屏幕
        MOV CH,  5      ;滚动区域左上角行为5
        MOV CL,  5      ;滚动区域左上角列为5
        MOV DH,  24     ;滚动区域右下角行为24
        MOV DL,  79     ;滚动区域右下角列为79
        MOV BH,  17H    ;上滚动后空留区的显示属性，17H为蓝底白字（27H
                         为绿底白字、37H为青底白字、47H为红底白字）
        INT 10H         ;调用显示中断
```

【例4-10】　使光标定位在窗口的左下角。

```
POS_CURSE: MOV AH,  2      ;设置光标位置功能
           MOV DH,  16     ;光标行为16
           MOV DL,  30     ;光标列为30
           MOV BH,  0      ;设置为0页
           INT 10H         ;调用显示中断
```

B 键盘服务程序

中断类型号为 16H 时表示键盘输入，用 INT 16H 调用。有三个基本功能，功能号分别为 0、1、2，功能号及出口参数如表 4-7 所示。

表 4-7 INT 16H 的功能

功能号	功能	出口参数
0	从键盘读字符	键入字符的 ASCII 码在 AL 中
1	检测键盘是否键入字符	键入了字符 ZF＝0，未键入字符 ZF＝1
2	读键盘各转换键的当前状态	各转换键的状态在 AL 中

【例 4-11】 用 BIOS 功能实现：从键盘输入一个字符显示在屏幕上。

```
MOV   AH,  0       ;功能号送 AH 中
INT   16H          ;BIOS 调用：从键盘读字符，键入字符的 ASCII 码→（AL）
MOV   BX,  0       ;设置入口参数，字符的 ASCII 码在 AL 中
MOV   AH,  0EH     ;功能号送入 AH 中
INT   10H          ;BIOS 调用：显示 AL 中的字符
```

C 打印机服务程序

打印机服务程序的中断类型号为 17H，用 INT 17H 调用。有三个功能，功能号为 0、1、2。功能号及入口参数、出口参数如表 4-8 所示。

表 4-8 INT 17H 的功能

功能号	功能	入/出口参数
0	向打印机输出字符	入口参数：（AL）＝打印字符的 ASCII 码 （DX）＝打印机号[①] 出口参数：（AH）＝打印机状态[②]
1	初始化打印机端口	入口参数：（DX）＝打印机号 出口参数：（AH）＝打印机状态
2	读取打印机状态	入口参数：（DX）＝打印机号 出口参数：（AH）＝打印机状态

① 打印机号：0—LPT1，1—LPT2，2—LPT3，……
② 打印机状态各位为 1 时的含义：位 7—打印机空闲；位 6—打印机响应；位 5—无纸；位 4—打印机被选；位 3—I/O 错误；位 2—保留；位 1—保留；位 0—打印机超时。

4.4 汇编语言程序设计

4.4.1 汇编语言程序设计基本步骤

汇编语言程序设计是 CPU 指令系统的综合应用。设计过程与高级语言程序设计一样。首先，分析问题，确定算法。这是把问题向计算机处理转化的基础，在此需要确定符合计算机运算的算法。其次，绘制流程图。常用于复杂的问题，给出解决问题的具体步骤。流程图是由特定的几何图形、指向线、文字说明来表示数据处理的步骤，形象描述逻辑控制结构以

及数据流程的示意图。流程图具有简洁、明了、直观的特点。再次，根据流程图编制程序。依照具体步骤，按指令系统规则编制程序。最后，调试程序。对于已编制的程序，先做静态的语法检查，再上机进行动态调试。所以程序设计的步骤一般可以描述为以下几步：

（1）分析问题，抽象出描述问题的数学模型；

（2）确定算法；

（3）绘制流程图；

（4）分配存储空间和工作单元；

（5）编写程序；

（6）静态检查；

（7）上机调试运行。

4.4.2　汇编语言源程序的基本结构

汇编语言源程序由若干个代码段、数据段、附加段和堆栈段组成，段之间的顺序可以随意安排，通常数据段在前，代码段在后。程序通过修改段寄存器的值实现段的切换，附加段实质上也是数据段，只是其段地址在 ES 中。

一个完整的汇编源程序一般应由 3 个段，即代码段、数据段和堆栈段组成。

代码段包括了许多以符号表示的指令，其内容就是程序要执行的指令。代码段是必须的，若程序只有一个段，则一定是代码段。

堆栈段用来在内存中建立一个堆栈区，以便在中断、调用子程序时使用。堆栈段一般可以从几十个字节至几千个字节。如果太小，则可能导致程序执行中的堆栈溢出错误。若程序中没有堆栈段，则操作系统自动分配。

数据段用来在内存中建立一个适当容量的数据区，以存放常数、变量等程序需要对其进行操作的数据。若程序不涉及内存操作，可以没有数据段。

汇编源程序模块一般都有相同的结构。一个标准的程序结构如下：

```
STACK    SEGMENT  PARA   STACK   'STACK'
         DB    500  DUP   (0)
STACK    ENDS
DATA     SEGMENT
         ……
DATA     ENDS
CODE     SEGMENT
         ASSUME  CS：CODE, DS：DATA, ES：DATA, SS：STACK
START：MOV  AX, DATA
         MOV   DS, AX
         MOV   ES, AX
         ……
         MOV   AH, 4CH
         INT   21H
CODE     ENDS
         END    START
```

上述标准结构只是一个框架，形成实际程序模块时，还需对它进行修改，如堆栈大小、堆栈段、数据段是否需要，其组合类型、类别等。但是作为主模块，下面几个部分是不可少的：

（1）必须用 ASSUME 伪指令告诉汇编程序，哪一个段和哪一个段寄存器相对应，即某一段地址应放入哪一个段寄存器。这样在对源程序模块进行汇编时，才能确定段中各项的偏移量。

（2）操作系统的装入程序在装入执行时，将把 CS 初始化为正确的代码段地址，把 SS 初始化为正确的堆栈段地址，因此在源程序中不需要再对它们进行初始化。因为装入程序已将 DS 寄存器留作它用（这是为了保证数据段地址的正确性），故在源程序中应有以下两条指令，对它进行初始化：

```
MOV   AX，数据段段名
MOV   DS，AX
```

（3）在 DOS 环境下，通常调用 DOS 的 4CH 号中断功能，使汇编程序返回 DOS，即采用如下两条指令：

```
MOV   AH，4CH
INT   21H
```

如果不是主模块，这两条指令是不需要的。

4.4.3　顺序程序

程序有顺序、分支、循环和子程序 4 种结构形式。顺序结构的程序是没有分支、没有循环和转移、只能顺序运行的程序。程序流程图如图 4-5 所示。顺序结构的程序从执行开始到最后一条指令为止，指令指针的内容线性增加，程序一般很简单，没有跳转等语句，例如表达式程序，查表程序就属于这种结构。

【例 4-12】　求两个 16 位数相加之和。这两个数从地址 10050H 开始连续存放，低位在低地址一端，结果放在两个数之后。

分析：应用字节加法，16 位数相加，需考虑低 8 位相加后进位，相加时用 ADC 指令。流程图见图 4-6。

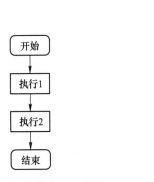

图 4-5　顺序结构程序流程图

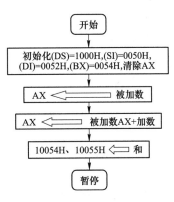

图 4-6　例 4-12 程序流程图

内存空间分配：10050H：存放被加数低 8 位；10051H：存放被加数高 8 位；10052H：存放加数低 8 位；10053H：存放加数高 8 位；10054H：存放和低 8 位；10055H：存放和高 8 位。

寄存器分配：（DS）＝1000H；被加数指针（SI）＝50H；加数指针（DI）＝52H；和指针（BX）＝54H。

方法 1：用字操作

```
MOV   AX, 1000H
MOV   DS, AX
MOV   SI, 0050H
MOV   DI, 0052H
MOV   BX, 0054H
XOR   AX, AX
MOV   AX, [SI]
ADD   AX, [DI]
MOV   [BX], AX
HLT
```

方法 2：用字节操作

```
MOV   AX, 1000H
MOV   DS, AX
MOV   SI, 0050H
MOV   DI, 0052H
MOV   BX, 0054H
CLC
MOV   AL, [SI]
ADD   AL, [DI]
MOV   [BX], AL
INC   SI
INC   DI
INC   BX
MOV   AL, [SI]
ADC   AL, [DI]
MOV   [BX], AL
HLT
```

完整汇编程序：

```
DATA   SEGMENT                    ;设置数据段，取名 DATA
       X  DW  3456H               ;测试数据
       Y  DW  0ABCDH              ;测试数据
       Z  DW  0
```

```
DATA    ENDS
CODE    SEGMENT
        ASSUME   DS：DATA, CS：CODE
START：MOV AX, DATA                    ;取数码段 DATA 段地址至 AX
       MOV DS, AX                      ;段地址送 DS
       LEA SI, X                       ;将 X 的有效地址送 SI
       LEA DI, Y                       ;将 Y 的有效地址送 DI
       MOV AX, [SI]                    ;将 X 的值送 AX
       ADD AX, [DI]                    ;AX+Y 的值送回 AX
       MOV Z, AX                       ;将 AX 的值送到存储单元 Z
       MOV AH,   4CH                   ;设置功能号
       INT 21H                         ;系统功能调用, 返回 DOS
CODE   ENDS
       END   START
```

【例4-13】 已知某班学生的英语成绩按学号（从 1 开始）从小到大的顺序排列在 TAB 表中，要查的学生的学号放在变量 NO 中，查表结果放在变量 ENGLISH 中。编写程序如下。

```
STACK    SEGMENT   STACK 'STACK'
         DB   200   DUP (0)
STACK    ENDS
DATA     SEGMENT
TAB      DB   80, 85, 86, 71, 79, 96, 83, 56, 32, 66, 78, 84
NO       DB   10
ENGLISH DB   ?
DATA     ENDS
CODE     SEGMENT
         ASSUME   DS：DATA, SS：STACK, CS：CODE
BEGIN：  MOV   AX, DATA
         MOV   DS, AX
         LEA   BX, TAB
         MOV   AL, NO
         DEC   AL
         XLAT  TAB
         MOV   ENGLISH, AL
         MOV   AH,   4CH
         INT   21H
CODE     ENDS
         END   BEGIN
```

4.4.4　分支程序

分支结构程序是指程序在按指令先后的顺序执行过程中，遇到不同的计算结果值，需要程序自动进行判断、选择，以决定转向下一步要执行的程序段。分支程序一般是利用比较、转移指令来实现。

【例4-14】　试编写程序，实现如下符号函数：

$$Y = \begin{cases} 1 & X > 0 \\ 0 & X = 0 \\ -1 & X < 0 \end{cases}$$

分析：X值与0进行大小比较，根据比较后所设置的标志位进行相应转移。程序如下：

```
DATA      SEGMENT                              ;数据段
XX        DW   12                              ;定义存放 X 值的存储单元
YY        DW   ?                               ;定义存放结果 Y 的存储单元
DATA      ENDS
STACK     SEGMENT   STACK 'STACK'              ;堆栈段
          DB  100H  DUP（?）
STACK     ENDS
CODE      SEGMENT                              ;代码段
          ASSUME  CS：CODE, DS：DATA, SS：STACK
MAIN      PROC   FAR
START：   PUSH   DS                            ;标准方式返回 DOS
          XOR   AX, AX
          PUSH   AX
          MOV   AX, DATA
          MOV   DS, AX
          MOV   AX, XX                         ;X 值送 AX
          CMP   AX, 0                          ;X 与 0 比较
          JGE   BIGPR                          ;X>0, 转 BIGPR
          MOV   YY, 0FFFFH                     ;X<0, -1 送 YY 单元
          JMP   EXIT                           ;退出
BIGPR：   JE   EQUPR                           ;X=0, 转 EQUPR
          MOV   YY, 1                          ;X>0, 1 送 YY 单元
          JMP   EXIT
EQUPR：   MOV   YY, 0                           ;X=0, 0 送 YY 单元
EXIT：    MOV   AX, YY                          ;结果已在 YY 单元中, 将结
                                                 果送 AX
          RET                                   ;返回 DOS
MAIN      ENDP
CODE      ENDS
          END   START
```

【**例 4-15**】 比较两个无符号数（字节）的大小，把大数存入 MAX 单元。流程图见图 4-7。

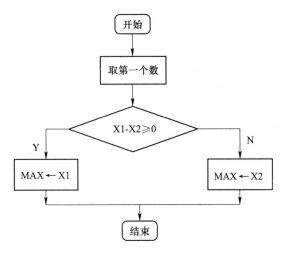

图 4-7 例4-15 程序流程图

程序如下：

```
DSEG        SEGMENT
NUMBER DB  X1,  X2              ;X1 和 X2 为两个无符号数
MAX         DB  ?
DSEG        ENDS
CSEG        SEGMENT
            ASSUME  CS：CSEG, DS：DSEG
            MOV  AX,  DSEG
            MOV  DS,  AX
            MOV  AL,  NUMBER      ;取第一个数 X1
            CMP  AL,  NUMBER+1    ;与第二个数 X2 比较
            JNC  BRANCH           ;若 X1≥X2，转 BRANCH
            MOV  AL,  NUMBER+1    ;否则，第二个数为较大数
BRANCH：MOV  MAX,  AL            ;保存较大数
            MOV  AH,  4CH
            INT  21H
CSEG        ENDS
            END
```

4.4.5　循环程序

程序中的某些部分要重复执行，设计者不可能也没必要将重复部分反复地书写，那样程序会显得很冗长，这时候就需要用循环结构。循环结构每次测试循环条件，当条件满足时，重复执行循环体；否则结束循环，顺序向下执行。一个循环结构由以下几部分组成。

4.4.5.1　初始化部分

为开始循环准备必要的条件，如地址指针、计数器初值、循环体需要的数值等。这部分在整个循环过程中只执行一遍。

4.4.5.2　循环体

要求重复执行的程序段，是循环程序完成具体操作、运算的主体，也是设计循环程序的目的体现。从程序结构来看，这部分可以是顺序结构、分支结构，也可以用多重循环实现嵌套。

循环体包括循环工作部分和循环控制部分。循环工作部分除包括具体操作、运算主体外，还要为执行下一次循环而修改某些参数，如地址指针、计数器等。要修改的参数通常有一定规律，如±1，±2等。循环控制部分每循环一次检查循环结束的条件，当满足条件就停止循环。循环控制（即条件判断）可以在循环工作部分之前进行，形成"先判断、后循环"结构；也可以在循环工作部分之后进行，形成"先循环、后判断"结构。

图4-8给出了典型的两种循环程序结构。图4-8（a）"先循环，后判断"，它的循环体中的循环工作部分和控制部分至少要执行一次。图4-8（b）由于是"先判断，后循环"，因此循环程序可能会出现零次循环的情况。

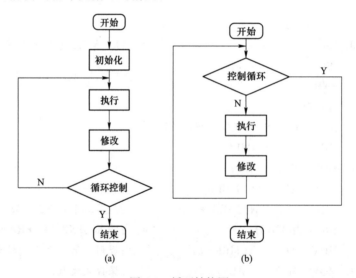

图 4-8　循环结构图
（a）直到型循环结构；（b）当型循环结构

4.4.5.3　循环结束条件

在循环程序中必须给出循环结束条件，否则程序就会进入死循环。常见的循环是计数循环，当循环一定次数后就结束循环。在微型机中，常用一个内部寄存器（或寄存器对）作为计数器，通常这个计数器的初值置为循环次数，每循环一次令其减1，当计数器减为0时，就停止循环。也可以将初值置为0，每循环一次加1，再与循环次数相比较，两者相等就停止循环。循环结束条件还可以有好多种。在通用寄存器中，CX/ECX就是计数器。

有的程序结束循环有几种可能情况（如 LOOPE/LOOPZ 或 LOOPNE/LOOPNZ 指令设计的循环），这时就要判断循环是在哪种情况下结束的，再分别予以处理。

【**例 4-16**】 求两个 8 字节数之和，这两个数在 10050H 地址开始连续存放，低位在低地址一端，结果放在两数之后。

分析：这是一个重复累加内存单元中数的问题，用循环程序实现。用 32 位数相加 2 次，16 位数相加 4 次，8 位数相加 8 次。如果是压缩 BCD 码数相加，则在 ADC 指令后面加 DAA。流程图见图 4-9。

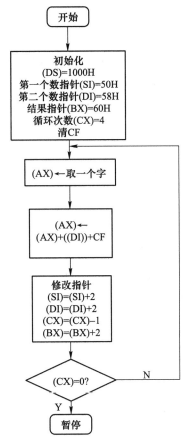

图 4-9 例 4-16 程序流程图

实现要求功能的程序如下：

```
START: MOV   AX, 1000H        ;初始化
       MOV   DS, AX
       MOV   SI, 50H
       MOV   DI, 58H
       MOV   BX, 60H
       MOV   CX, 04H
       CLC
AA:    MOV   AX, [SI]
```

```
        ADC    AX，［DI］
        MOV    ［BX］，AX
        PUSHF
        ADD    SI，2              ;修改地址指针
        ADD    DI，2
        ADD    BX，2
        POPF
        LOOP   AA
        HLT
```

【**例 4-17**】　把数据区 BLOCK 的 COUNT 个字节数据按正、负数分开，并分别送到 PLUS-DATA 和 MINUS-DATA 两个缓冲区中。

分析：有三个数据区指针设为 SI、DI、BX；测试每个数的符号位可用 TEST 指令。

程序如下：

```
   START：MOV    SI，OFFSET BLOCK         ;源数据区指针 SI
          MOV    DI，OFFSET PLUS-DATA     ;正数区指针 DI
          MOV    BX，OFFSET MINUS-DATA    ;负数区指针 BX
          MOV    CX，  COUNT              ;计数器
          CLD
   GO：   LODSB                           ;从源数据区取数
          TEST   AL，  80H                ;测试符号
          JNZ    MINUS                    ;AL 是负数则转到 MINUS
          STOSB                           ;是正数存入正数区中
          JMP    AGAIN
   MINUS：XCHG   BX，DI                   ;是负数存入负数区
          STOSB
          XCHG   BX，  DI
   AGAIN：LOOP    GO
          HLT
```

4.4.6　子程序设计

汇编语言中多次使用的程序段可以写成一个相对独立的程序段，将这样的程序段定义为"过程"或称子程序。子程序要利用过程定义伪指令（PROC/ENDP）声明，获得子程序名和调用属性。主程序执行 CALL 指令调用子程序，子程序最后利用 RET 指令返回主程序。一般是有共用性、重复性或有相对性的程序可设计成子程序。一个完整的子程序一般由现场保护、功能子程序和恢复现场三部分构成。

（1）现场保护：保护调用子程序的现场，即保护子程序中会用到的寄存器，将这些寄存器入栈；

（2）功能子程序：子程序要完成的功能；

（3）恢复现场：为了使计算机返回到主程序调用时的状态，将入栈的数据出栈。

主程序在调用子程序时，通常需要向其提供一些数据，对于子程序来说就是入口参数（输入参数）；同样子程序执行结束也要返回主程序必要的数据，这就是子程序的出口参数（输出参数）。主程序与子程序间通过传递参数建立联系，相互配合共同完成处理工作。传递参数的多少反映程序模块间的耦合程度。根据实际情况，子程序可以只有入口参数或只有出口参数，也可以入口参数和出口参数都有。过程中实现参数传递方法通常有三种：通过通用寄存器传递、通过共享变量传递和通过堆栈传递。使用通用寄存器传递参数时，可传递的参数个数受可用的通用寄存器数目的限制。采用共享变量传递参数时，传递参数不受容量限制，但是会出现不同数据段之间进行数据传递比较麻烦的问题，增加程序运行时间。采用堆栈传递参数，既不受参数多少的限制（只要有足够的堆栈空间），也没有使用逻辑地址的麻烦。

当子程序内包含子程序的调用，这就是子程序嵌套。当子程序直接或间接地嵌套调用自身时称为递归调用。含有递归调用的子程序称为递归子程序。递归子程序的设计有一定难度，但往往能设计出效率较高的程序。嵌套深度（层次）在逻辑上没有限制，但受限于开设的堆栈空间。借助堆栈传递参数的方法特别适用于子程序的嵌套和递归调用，但是使用中要特别注意在堆栈中参数存放的顺序。

【例 4-18】 内存中的一串 1 位十六进制数转换为其对应的 ASCII 码。例如：十六进制 2 所对应的 ASCII 码为 32H；十六进制数 C 所对应的 ASCII 码为 43H。

分析：将一个十六进制数转换为其对应的 ASCII 码的功能设计为子程序。主程序分若干次调用该子程序，但每次调用的参数为不同的待转换的十六进制数。程序如下：

```
DATA      SEGMENT
HEXBUF    DB  02H, 08H, 0AH, 09H    ;待转换的一串 1 位十六进制数
COUNT     EQU  $-HEXBUF             ;COUNT 的值为这一串十六进制数的个数
DATA      ENDS
STACK     SEGMENT  STACK 'STACK'
          DB  100 DUP（?）
STACK     ENDS
CODE      SEGMENT
          ASSUME  CS：CODE, DS：DATA, SS：STACK
                                    ;子程序 HEXD：将 1 位十六进制数转换为
                                     其对应的 ASCII 码
                                    ;入口参数：（AL）=待转换的 1 位十六进
                                     制数
                                    ;出口程序：（AL）=转换完的结果（ASCII 码）
HEXD      PROC  NEAR
          CMP  AL, 0AH
          JL  ADDZ
          ADD  AL, 'A'-('0'+0AH)    ;若数字大于9，则（AL）←（AL）+7
ADDZ：    ADD  AL, '0'
```

```
                RET
HEXD        ENDP
;以下为主程序
BEGIN:      MOV    AX, DATA
            MOV    DS, AX
            MOV    BX, OFFSET HEXBUF
            MOV    CX, COUNT
REPEAT0：MOV    AL, [BX]
            CALL   HEXD                    ;转换
            MOV    [BX], AL
            INC    BX
            LOOP   REPEAT0
            MOV    AX, 4C00H
            INT    21H
CODE        ENDS
            END    BEGIN
```

4.4.7　汇编语言程序设计实例

【**例 4-19**】　编写汇编语言程序，将一个包含有 20 个数据的数组 M 分成两个数组：正数数组 P 和负数数组 N，并分别把这两个数组中数据的个数统计出来，依次存放。

```
DATA  SEGMENT
M  DB 1, 2, 3, 4, -5, -6, 7, 8, -9, 10      ;测试数据，注意这里的写法
   DB -2, -3, 41, -52, -93, 23, -56, -31    ;可以换行 DB，按顺序存放
COUNT  EQU  $ - M
P  DB  COUNT  DUP (?)
N  DB  COUNT  DUP (?)
CP DB  DUP (?)
CN DB  DUP (?)
DATA ENDS
CODE SEGMENT
      ASSUME CS：CODE, DS：DATA
START：MOV AX, DATA
      MOV DS, AX
      MOV CX, COUNT                         ;数组长度
      LEA BX, M                             ;得到数组首地址
      MOV DL, 0                             ;统计正数个数
      MOV DH, 0                             ;统计负数个数
      LEA SI, P
      LEA DI, N
```

```
L：      MOV AL，［BX］
        CMP AL，0
        JZ  NEXT                         ;等于0，处理下一个数
        JL  FU                           ;负数
        MOV ［SI］，AL                    ;正数
        INC  SI                          ;下一个正数地址
        INC  DL                          ;计数正数
        JMP NEXT
FU：    MOV ［DI］，AL
        INC  DI                          ;下一个负数地址
        INC  DH                          ;计数负数
NEXT：  INC BX                           ;处理下一个元素
        LOOP   L
        MOV CP，DL                       ;正数个数
        MOV CN，DH                       ;负数个数
        MOV  AH，4CH
        INT  21H
CODE    ENDS
        END START
```

【例4-20】 试编写一个汇编语言程序，求出首地址为 DATA 的 100 个无符号字数组中的最小偶数，并把它存放在 AX 中。

```
MYDATA    SEGMENT
DATA      DW  22，3，45，3，34，1，43，2，45，8，98，67，56，6，78
          DW  4，5，23，33，54，1000，3000，200 ;测试数据，没有写出100个
COUNT     DW  （$ - DATA）/2              ;数据个数
MYDATA    ENDS
CODE      SEGMENT
ASSUME    CS：CODE，DS：DATA
START：
        MOV  AX，MYDATA
        MOV  DS，AX
        MOV  CX，COUNT
        MOV  AX，07FFEH                  ;最大偶数
        MOV  BX，OFFSET  DATA
L：     MOV  DX，［BX］                   ;取数
        TEST  DX，01H
        JNZ  NEXT                        ;奇数，下一个数
        CMP  DX，AX                      ;是偶数
        JGE  NEXT                        ;大于等于则下一个数
```

```
            MOV   AX, DX                    ;AX 中放目前最小偶数
     NEXT: INC   BX                         ;修改地址指针
            INC   BX
            LOOP  L
            MOV   AH, 4CH
            INT   21H
     CODE ENDS
            END   START
```

【例 4-21】 从键盘接收一个十进制个位数 N，然后显示 N 次惊叹号"!"。

分析：显示 N 次惊叹号显然是一个计数循环。但是为了避免输入"0"这种特殊情况，循环前应先判断从键盘输入的为数字 1~9。

```
     CODE   SEGMENT                ;代码段
            ASSUME  CS: CODE
     MAIN   PROC FAR
     START: PUSH DS
            XOR   AX, AX
            PUSH AX
            MOV   AH, 1            ;接收键盘输入一个字符
            INT   21H             ;（AL）= 输入字符的 ASCII 码
            CMP   AL, '0'          ;判断是否为数字 1~9，0 无意义
            JBE   EXIT
            CMP   AL, '9'
            JA    EXIT
            AND   AL, 0FH          ;只取低四位
            XOR   AH, AH           ;AH 清零
            MOV   CX, AX           ;从键盘输入个位十进制数据送入 CX，作为循环次数
     AGAIN: MOV   DL, '!'          ;DOS 2 号功能调用
            MOV   AH, 2            ;显示
            INT   21H
            LOOP  AGAIN
     EXIT:  RET                    ;返回 DOS
     MAIN   ENDP
            END   START
```

4.4.8　汇编语言程序上机调试

在计算机上建立和运行汇编语言程序时，首先要用编辑程序（如全屏编辑程序 EDIT 等）建立汇编语言源程序（其扩展名必须为 .ASM）。源程序就是用汇编语言的语句编写的程序。汇编语言源程序是不能被计算机所识别和运行的，必须经过汇编程序（MASM 或 ASM）加以汇编（编译），把程序文件转换为用机器码（二进制代码）表示的目标程序文

件（其扩展名为 .OBJ），如图 4-10 所示。若在汇编过程中没有出现语法错误，则汇编结束后，还必须经过连接程序（LINK）把目标程序文件与库文件或其他目标文件连接在一起形成可执行文件（其扩展名为 .EXE）。这时就可以在 DOS 下直接键入文件名运行此程序。若程序执行有错，如不能正常终止或不符合功能要求等，则可通过调试器找到错误。以上过程可能需要反复多次，如执行时发现功能性错误，则需要修改源程序，然后汇编、连接再运行，直到程序功能满足要求为止。

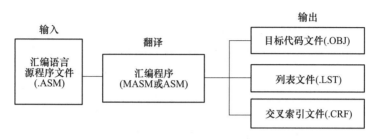

图 4-10　汇编过程图

目前 X86 汇编语言程序在一般的 PC 机上都能运行，汇编语言对机器无特殊要求。支持汇编语言程序运行和帮助建立汇编语言源程序的一些软件必须有操作系统、编辑程序、汇编程序、连接程序、辅助工具（如调试程序等）。下面介绍 DOS 环境下建立和运行汇编语言程序的过程。

（1）操作系统 DOS，汇编语言的建立和运行都是在 DOS 操作系统的支持下进行的。

（2）编辑程序，是用来输入和建立源程序的一种通用的磁盘文件，源程序的修改也是在编辑状态下进行的。常用的编辑程序有：EDLIN. COM、EDIT、记事本等，现在的计算机上都装有 Windows 操作系统，记事本是 Windows 自带的编辑器，使用简单、方便。注意汇编语言源程序的文件扩展名一定要用 .ASM，不可以省略也不可以更改，否则在汇编时会出错。

（3）汇编程序，x86 的汇编程序有小汇编 ASM. EXE 和宏汇编 MASM. EXE 两种。小汇编 ASM. EXE 不支持宏操作，只能有限制的使用伪指令，可在 64KB 的内存中执行。宏汇编程序，必须在 96KB 以上的内存条件下运行，可以使用所有的宏指令和伪指令。因此，一般选用宏汇编 MASM. EXE。

在对源程序文件（简称 ASM 文件）汇编时，汇编程序将对源程序（.ASM 文件）进行两遍扫描，若程序文件中有语法错误，则结束汇编后，汇编程序将指出源程序中存在的错误，这时应返回编辑环境修改源程序中的错误，再经过汇编，直到最后得到无错误的目标程序，即 OBJ 文件。因此，汇编程序的主要功能可以概括为以下三点：

1）检查源程序中的语法错误，并给出错误信息。

2）产生目标程序文件（OBJ）。

3）展开宏指令。

例如：源程序的文件名为 exam. asm，宏汇编程序的路径为 C：\ masm \ masm. exe。操作与汇编程序的应答如下：

C：\masm>masm exam. asm↙

Microsoft(R)Macro Assembler Version 5.00

Copyright(C)Microsoft Corp 1981-1985,1987. All rights reserved

Object filename[exam. OBJ]:↙

Source listing[NUL. LST]:↙

Cross-reference[NUL. CRF]:↙

0 Warning Errors

0 Severe Errors

汇编源程序后的输出文件都有三个。

第一个是 OBJ 文件，这是汇编的主要目的，所以这个文件是我们需要的，对于 [exam. OBJ] 后的回答应该是↙（回车），这样磁盘上就建立了一个目标文件 exam. OBJ。但是当源程序中有错误时，不会生成这个文件。因此，应特别注意给出的信息 Warning Errors（警告错误）和 Severe Errors（严重错误）的类型和数目，当严重错误数目不为 0 时，不会生成 OBJ 文件，这时应根据错误信息回到编辑状态修改源程序。而当警告错误数目不为 0 时，可以生成 OBJ 文件。

第二个生成的是 LST 文件，即列表文件。这个文件同时列出源程序和机器语言程序清单，并给出符号表。这个文件可有可无，如果不需要则对 [NUL. LST]：回答↙（回车）；如果需要则可以回答文件名，即对 [NUL. LST]：回答 exam↙。

第三个文件是 CRF 文件，这个文件用来产生交叉引用表 REF。它是宏汇编软件 MASM 提供的一个随机交叉参考（cross reference）文件，它提供一个按字母排序的列表文件，其中包含源文件中所有用到的指令、标号和数字。这对包含有多个代码段、数据段的大型源文件程序来说是非常有帮助的。对于一般程序不需要建立此文件，所以可直接用↙回答。

（4）连接程序，x86 汇编语言使用的连接程序是 LINK. EXE。

经汇编后产生的二进制目标程序文件（OBJ）并不是可执行程序文件（EXE 文件），必须经连接以后，才能成为可执行文件。连接程序并不是专为汇编语言程序设计的。如果一个程序是由若干个模块组成的，也可通过连接程序 LINK 把它们连接在一起。这些模块可以是汇编程序产生的目标文件，也可以是高级语言编译程序产生的目标文件。还以上面的例子介绍连接命令。

例如：C:\masm>link   exam. obj↙

Microsoft(R)Overlay Linker Version3.60

Copyright(C)Microsoft Corp 1983-1987. Allrights reserved

RunFile   [exam. EXE]:↙

ListFile   [NUL. MAP]:↙

Libraries   [. LIB]:↙

LINK 程序有两个输入文件 OBJ 和 LIB。OBJ 是要连接的目标文件，LIB 是程序中需要用到的库文件，如无特殊要求，则应对 [. LIB]：回答↙。但当汇编语言与高级语言接口时，高级语言可能需要一定的库文件，此时敲入相应的库文件名就行了。

LINK 程序有两个输出文件，一个是 EXE 文件，这是我们需要生成的可执行文件，如要生成同名的 .EXE 文件直接回答↙即可；另一个输出文件是 MAP 文件，它是连接程序的列表文件，又称为连接映像文件（LINKMAP）。它是宏汇编软件 MASM 为包含有多个代码段、数据段的大型源文件程序提供的一个随机文件。该文件提供了各个段的起始地址、结束地址和段长等信息。一般不需要 MAP 文件，直接对［NUL. MAP］：回答✓即可。如需要 MAP 文件，则回答文件名即可。

在连接过程中也可能产生错误信息，如果有错误就不能生成 EXE 文件，这时应回到编辑状态修改源程序，然后重新汇编和连接，最后生成正确的 EXE 文件。

在建立了 EXE 文件后，就可以直接在 DOS 下执行程序，如下所示：

C：\ masm>exam. exe✓

到此为止，完成了汇编语言源程序的编辑、汇编、连接和运行四大步骤。若整个过程中，只需要生成必要的源文件、目标文件和执行文件，而不要 LST 文件、CRF 文件和 MAP 文件，用下面的命令格式就可以避免屏幕提问信息，加快汇编和连接的速度。

C：\ masm>masm exam；✓

C：\ masm>link exam；✓

命令中的分号告诉系统省略屏幕提示，并承认系统的缺省值，不生成 LST 文件、CRF 文件和 MAP 文件。

在 Windows 环境下，利用集成编译环境（IDE）可以完成上述工作。汇编 IDE 包括 radasm、MasmPlus、Easy Code、Visual Studio、Emu8086、ASM-Tool 等。

可以利用 DOSBox 和 MASM32 搭建汇编语言开发环境。DOSBox 是一个 DOS 模拟程序，可以很方便的移植到其他的平台。目前，DOSBox 支持在 Windows、Linux、Mac OS X、BeOS 、palmOS、Android、webOS、os/2 等系统中运行。不少 DOS 下的游戏都可以直接在该平台上运行。MASM32 是国外的 MASM 爱好者 Steve Hutchesson 自行整理和编写的一个软件包。MASM32 并非指 Microsoft 的 MASM 宏汇编器，而是包含了不同版本工具组建的汇编开发工具包。它的汇编编译器是 MASM 6.0 以上版本中的 MI. exe，资源编译器是 Microsoft Visual Studio 中的 Rc. exe，32 位连接器是 Microsoft Visual Studio 中的 Link. exe，同时包含有其他的一些如 Lib. exe 和 DumpPe. exe 等工具。

（5）辅助工具，帮助程序员进行程序的调试，文件格式转换等。常用的有：动态调试程序 DEBUC. COM；EXE 文件到 COM 文件转换程序 EXE2BIN. EXE，COM 文件也是一种执行文件。

在汇编、连接成功后，只能说明程序没有语法错误，程序执行的结果未必正确。这时可用 DEBUG 对目标程序进行动态调试，在执行过程中观察各寄存器、相关存储单元及标志寄存器的值，跟踪执行情况，判断结果是否正确。这里只介绍几个最常用的 DEBUG 命令。

在 DOS 提示符下，键入需要调试的文件名，DEBUG 程序将指定的文件装入存储器，由用户采取单步、设置断点等方式进行调试。

在 DEBUG 中地址用段地址与段内偏移地址来表示，其中段地址可以明确地指出来，也可以用一个段寄存器来代表，用段寄存器表示时，其段地址就是此寄存器的值。如：用段地址和段内偏移地址表示 1000：0100；用段寄存器和段内偏移地址表示 CS：0100（CS 指向 1000）。所有数字均为十六进制数。

在 DOS 提示符下键入命令：

c> debug［盘符:］［路径］［文件名 . exe］［参数 1］［参数 2］

　　这时屏幕上出现 DEBUG 的提示符 "-", 表示系统在 DEBUG 管理之下, 可以用 DEBUG 进行程序调试。如果所有选项省略, 表示仅把 DEBUG 装入内存, 可对当前内存中的内容进行调试, 或者用 N 和 L 命令, 从指定盘上装入要调试的程序。

　　注意: DEBUG 命令及参数不区分大小写。

　　DEBUG 的主要命令有 U、G、D、E、R、T、Q 等。

　　1) 反汇编命令 U (Unassemble)

　　格式: -u [起始地址] [结束地址] [字节数]

　　功能: 对指定地址范围或地址的目标代码进行反汇编, 若不给出地址, 则从当前 CS: IP 位置开始显示其后 32 个字节的目标代码。

　　我们的目的是要查看程序的运行结果, 因此希望程序启动运行后应停在返回 DOS 以前, 为此可先用反汇编命令 U 来确定要设定的断点地址。例如: 进入 DEBUG 并装入要调试的程序 exam. exe, DEBUG 提示符 "-" 之后键入 "U", 显示信息如图 4-11 所示。其中最左边给出了指令所在的段地址: 偏移地址, 其后是机器语言指令, 右边则是汇编语言指令, 若想查看加法运算后的结果, 需要的断点是在 MOV [1000H], BX 指令运行完以后, 所以选择 MOV [1000H], BX 的下一条指令的偏移地址 0010 作为断点。

```
C:\MASM>debug exam.exe
-u
1455:0000 1E          PUSH  DS
1455:0001 B80000      MOV   AX, 0000
1455:0004 50          PUSH  AX
1455:0005 BB1010      MOV   BX, 1010
1455:0008 81C32020    ADD   BX, 2020
1455:000C 891E0010    MOV   [1000], BX
1455:0010 B44C        MOV   AH, 4C
1455:0012 CD21        INT   21
```

图 4-11   U 命令的显示情况

　　2) 运行命令 G (Go)

　　格式: -g [=起始地址] [第一断点地址 [第二断点地址……]]

　　功能: CPU 从指定起始地址开始执行, 依次在第一断点、第二断点……处中断, 最多可设置 10 个断点。若缺省起始地址, 则从当前 CS: IP 处开始执行第一条指令。这条命令往往与 U 命令配合使用。

　　在确定断点后, 就可以用 G 命令使程序启动运行, 同时设定断点。例如: 键入 "G 10" 后显示信息如图 4-12 所示 (10 为断点地址)。

```
-g 10
AX=0000 BX=3030 CX=0085 DX=0000 SP=0060 BP=0000 SI=0000 DI=0000   DS=143E
ES=143E  SS=144E  CS=1455  IP=0010  NV UP EI PL NZ NA PE NC
1455:0010  B44C  MOV  AH, 4C
```

图 4-12   G 命令的显示情况

　　程序停在断点处, 并显示出所有寄存器以及 FLAG 寄存器中标志位的当前值, 最后一行给出的是下一条将要执行指令的地址、机器语言及汇编语言。可以从显示的寄存器内容来判断程序运行是否正确。从图 4-12 可以看出 BX 的值变为 3030H, 说明程序运行正确。

　　3) 显示存储单元命令 D (Dump)

　　格式: -d [起始地址] [结束地址] [字节数]

　　功能: 显示指定起始地址开始的 80H 个 (或指定内存范围) 的数据, 每行显示 10H 个字节。

如果从寄存器中看不到程序运行的结果，则需要用 D 命令分别查看数据段和附加段的有关区域。例如：从 G 命令的显示情况中可以得到（DS）= 143EH，从 U 命令显示情况的汇编程序中得到偏移地址为 1000H，键入"D 143E：1000"查看存储单元 143EH：1000H 的内容，如图 4-13 所示。

```
-d 143e:1000
143E:1000  30 30 00 75 03 E9 5E FF-8A 46 06 2A E4 50 52 FF   00.u..^..F.*.PR.
143E:1010  36 3A 21 E8 FA FD 83 C4-06 5E 5F 8B E5 5D C3 90   6:!......^_..]..
143E:1020  A1 3A 21 8B 16 3C 21 89-46 FC 89 56 FE C4 5E FC   .:!..<!.F..V..^.
143E:1030  8B 46 FA 26 39 47 0A 75-47 8B 5E 04 8A 07 8B 5E   .F.&9G.uG.^....^
143E:1040  FC 26 38 47 0C 75 39 A0-47 07 2A E4 50 8B C3 05   .&8G.u9.G.*.P...
143E:1050  0C 00 52 50 FF 76 04 E8-22 4A 83 C4 08 0A C0 74   ..RP.v.."J.....t
143E:1060  1F 8A 46 08 2A E4 50 8A-46 06 50 FF 36 3C 21 FF   ..F.*.P.F.P.6<!.
143E:1070  36 3A 21 E8 1A FE 83 C4-08 5E 5F 8B E5 5D C3 90   6:!......^_..]..
```

图 4-13　D 命令的显示情况

其中，左边给出每一小段的起始地址（用段地址：偏移地址表示），然后顺序给出小段中每个字节单元的内容，字节单元的内容分别采用十六进制和 ASCII 字符表示，不可显示的 ASCII 码则显示"·"。可以看出数据段中偏移地址为 1000H 的单元存放的是程序运行的结果 3030H。

4）修改存储单元命令 E

格式：−E［起始地址］［内容表］

功能：用给出的内容表（空格分隔）替换指定起始地址开始的内存单元。

例如：−E 0100 'a' FF 'CHINA'，表示从 DS：0100 开始的 7 个字节单元内容依次被修改为'a'、FFH、'C'、'H'、'I'、'N'、'A'。

该命令也可逐个修改指定地址单元的内容。

例如：−E DS：0100

1000：0100 12 34；其中，1000：0100 单元原来存放的是 12H，34H 为输入的修改值。

若只修改一个单元的内容，则按回车键即可；若想继续修改下一单元内容，则按空格键，此时显示下一单元内容，需要修改则键入新的内容，无需修改则按空格键跳过，直至修改完毕，按回车键返回 DEBUG"−"提示符。修改过程中按"−"键可修改前一单元内容。

5）显示、修改 16 位寄存器命令 R（Register）

格式：−R［寄存器名］

功能：显示并允许修改指定寄存器的值。若给出寄存器名，则显示该寄存器的内容并可进行修改；若缺省，则按以下格式显示所有寄存器的内容（不能修改）。

AX＝0000　BX＝0000　CX＝0000　DX＝0000　SP＝FFEE　BP＝0000　SI＝0000　DI＝0000
DS＝13A8　ES＝13A8　SS＝13A8　CS＝13A8　IP＝0100 NV UP EI PL NZ NA PO NC
13A8：0100　　0000　　ADD［BX+SI］, AL

执行该命令后系统显示全部寄存器的内容以及 8 个标志位（除 TF）的状态，最后一行显示现行 CS：IP 所指指令的机器码和反汇编指令，即下一条将要执行的指令。在 8086/8088 中，共有 9 个标志位，其中 TF 不能用指令直接修改，其他 8 个可以显示和修改。显示时每个标志位由 2 个字母组成，表明其是置位（"1"）还是复位（"0"），显示的次序和符号见表 4-9。

表 4-9　各标志位的显示次序和符号

标志位名称	置位	复位
溢出 Overflow（有/无）	OV	NV
方向 Direction（减/增）	DN	UP
中断 Interrupt（开/关）	EI	DI
符号 Sign（负/正）	NG	PL
零 Zero（零/非零）	ZR	NZ
辅助进位 Auxiliary carry（有/无）	AC	NA
奇偶校验 Parity（偶/奇）	PE	PO
进位 Carry（有/无）	CY	NC

例如：–R AX　　　;输入命令

　　　　AX 0000　　;显示 AX 内容

　　　　:　　　　　　;供修改，不修改按回车键

若对标志寄存器进行修改，输入"R　F"，屏幕显示如下信息："NV UP EI PL NZ NA PO NC"，分别表示 OF、DF、IF、SF、ZF、AF、PF 和 CF 的状态。若不修改，按回车键；若修改，需个别输入一个或多个标志的相反值后，按回车键。

6）单步执行机器命令 T(Trace)

格式：–t［起始地址］［正整数］

功能：从指定起始地址开始执行正整数条指令。若缺省正整数，则只执行一条指令；若都缺省，则从当前 CS：IP 处开始执行一条指令；若继续跟踪 m 条指令，键入–T m。

7）退出命令 Q(Quit)

当查看程序运行结果的目的达到后，可以用 Q 命令退出 DEBUG 程序回到 DOS。

除上述常用的命令外，还有很多命令，可用"–?"查看。初学汇编语言程序设计的人员要学会使用 DEBUG 调试程序，用 DEBUG 会使得调试变得相对容易。

习　　题

4-1　下面语句在存储器中分别为变量分配多少字节？

　　　　　ONE　　　　DW　　10

　　　　　TWO　　　　DW　　4 DUP（?），5

　　　　　THREE　　　DB　　2 DUP（?，8 DUP（0））

```
        COUNT     EQU     10
        FOUR      DD      COUNT  DUP（?）
        FIVE      DB      'HOW ARE YOU?'
```

4-2　对于下面的数据定义，各条 MOV 指令单独执行后，有关寄存器的内容是什么？

```
FLDB        DB      ?
TABLEA      DW      20  DUP（?）
TABLEB      DB      'ABCD'
（1）MOV  AX，    TYPE  FLDB          ;（AX）=
（2）MOV  AX，    TYPE  TABLEA        ;（AX）=
（3）MOV  CX，    LENGTH  TABLEA      ;（CX）=
（4）MOV  DX，    SIZE  TABLEA        ;（DX）=
（5）MOV  CX，    LENGTH  TABLEB      ;（CX）=
```

4-3　写出下面数据段中每个符号或变量所对应的值。

```
DATA    SEGMENT
        ORG    1000H
MAX     EQU    0FFH
ONE     EQU    MAX  MOD  10
TWO     EQU    ONE * 4
SIZE1   EQU    （（TWO  LT  20H）  AND  10H）+10H
BUF     DB     SIZE1 * 2  DUP（?）
COUNT EQU      $-BUF
DATA    ENDS
```

4-4　（1）写一个宏定义，使 8086 CPU 的 8 位寄存器之间的数据能实现任意传送。

（2）写一个宏定义，能把任一个内存单元中的最低位移至另一个内存单元的最高位中。

4-5　编写一个汇编程序，使存放在 DATA 的一个字（无符号数），与在 DATA+2 中的字（无符号数）相乘，乘积接着原来的数存放（提示：高位在高地址）。

4-6　若自 STRING 开始有一个字符串（以 '#' 作为字符串的结束标志），编写一个程序，查找此字符串中有没有字符 '$'，将字符 '$' 个数放在 NUMBER 单元中（0 表示没有 '$'）；并且把每个 '$' 字符所存放的地址存入自 POINTR 开始的连续的存储单元中。

4-7　试编写一个汇编语言程序，要求使用 DOS 功能调用 0AH 从键盘输入 40 个字符的字符串并将其送入一缓冲区。在按下"P"键后，显示这些字符。

4-8　试编写一汇编程序，要求将一个二进制数转换为十六进制，并在屏幕上显示。

4-9　试编写一汇编语言程序，要求在屏幕上显示一串英文字符。

4-10　试编写一汇编程序，要求在屏幕上显示字符串"HOW ARE YOU，WELCOME!"，当键入任意键后，清除屏幕并返回 DOS。

5 存储器系统

存储器（Memory）是计算机的重要组成部件，用来存放计算机的程序、数据、运算结果以及各种需要计算机保存的信息。它是由一些能够表示二进制"0"和"1"状态的物理器件组成，如电容、双稳态电路等。这些具有记忆功能的物理器件构成了存储元，每个存储元可以保存一位二进制信息。若干个存储元构成一个存储单元。通常一个存储单元由 8 个存储元构成，可以存放 8 位二进制信息（即一个字节，Byte）。许多存储单元组织在一起构成存储体（或称存储矩阵），存储体和控制电路构成存储器。存储器分为高速缓冲存储器、主存储器和辅助存储器。三者间在速度、价格和容量上存在巨大差异，如何分配三者以用较低成本实现大容量、高速度的存储器；如何将一个小容量的存储器变成一个大容量的存储器系统；存储器如何与 CPU 进行连接，连接过程有哪些注意事项？本章介绍各种存储器的工作原理与构成，然后介绍如何进行存储器系统的设计。

5.1 概　　述

存储器是计算机用来存储信息的部件。按存取速度和用途可以把存储器分为两大类：主（内）存储器和辅助（外）存储器。

计算机的主存储器不能同时满足存取速度快、存储容量大和成本低的要求，在计算机中必须有速度由慢到快、容量由大到小的多级层次存储器结构，以最优的控制调度算法和合理的成本构成具有性能可接受的存储器系统。存储器系统的性能在计算机中的地位日趋重要，主要原因是：

（1）冯·诺伊曼体系结构是建立在存储程序概念的基础上，访问存储器操作约占 CPU 时间的 70% 左右。

（2）存储管理与组织的好坏会影响计算机的效率。

（3）现代的信息处理，如图像处理、数据库、知识库、语音识别、多媒体等对存储器系统的要求很高。

5.1.1　存储器系统的一般概念

5.1.1.1　内存

把通过系统总线直接与 CPU 相连、具有一定容量、存取速度快的存储器称为内存储器，或主存储器，简称内存或者主存。内存是计算机的重要组成部分，容量小、速度快，但价格高。CPU 可直接对内存进行访问，计算机要执行的程序和要处理的数据等都必须事先调入内存后才能被 CPU 读取并执行。

早期的内存使用磁芯。随着大规模集成电路的发展，半导体存储器集成度大大提高，成本迅速下降，存取速度大大加快，所以目前在微型计算机中的内存一般都使用半导体存储器。

内存包括随机存储器（Random Access Memory，RAM）、只读存储器（Read Only Memory，ROM），以及高速缓存（Cache）。ROM 是只读存储器，可以长期保留信息；RAM 是可读可写存储器，其内容可以随时更新。RAM 分为静态 RAM（Static RAM，SRAM）和动态 RAM（Dynamic RAM，DRAM）。SDRAM（Synchronous DRAM）是同步动态随机存取存储器，即数据的读写需要时钟来同步，其存储单元不是按线性排列的，而是分页的。SDRAM 是目前 Pentium 及以上机型使用的内存。SDRAM 将 CPU 与 RAM 通过相同的时钟锁在一起，使 CPU 和 RAM 共享一个时钟周期，两者以相同的速度同步工作，每一个时钟脉冲的上升沿开始传递数据，其速度比普通内存提高 50%。DDR（Double Data Rate）RAM 是 SDRAM 的更新换代产品，它允许在时钟脉冲的上升沿和下降沿传输数据，这样在不需要提高时钟频率的情况下能加倍提高 SDRAM 的速度。

物理存储器和存储地址空间是两个不同的概念，虽然它们都用 B、KB、MB、GB 来度量其容量大小。物理存储器是指实际存在的具体存储器芯片，如主板上装插的内存条和装载有系统 BIOS 的 ROM 芯片，显示卡上的显示 RAM 芯片和装载显示 BIOS 的 ROM 芯片，以及各种适配卡上的 RAM 芯片和 ROM 芯片都是物理存储器。存储地址空间是指对存储器编码（编码地址）的范围。所谓编码就是对每一个物理存储单元（一个字节）分配一个号码，通常叫作"编址"，以便完成数据的读写，即所谓的"寻址"。所以，也把地址空间称为寻址空间。以目前常见的 64 位微处理器为例，其地址通常是 48 位，而在计算机系统中安装 256TB 物理内存是很少见的，也是不现实的。CPU 可访问的内存空间远远大于实际安装的物理内存容量。

5.1.1.2　高速缓冲存储器

内存中被 CPU 访问最频繁的数据和指令被复制到 CPU 的高速缓存，这样 CPU 就可以不经常到"较慢"的内存中去取数据了，而缓存的速度要比内存快很多。高速缓冲存储器由 SRAM 构成，工作速率比 DRAM 速度快很多，但比 DRAM 更昂贵。使用成本高昂的 SRAM 来构建主存储器显然不现实，但是小容量地使用 SRAM 在微处理器和主存储器之间，作为缓冲过渡，用来存储反复调用的临时数据和从主存储器预读取的准备数据还是可以的。预读取技术，即 Cache 控制器在 CPU 需要后续指令或数据之前，就把相应的指令和数据从物理内存中读取到 Cache 中来。

5.1.1.3　外存

把通过接口电路与系统相连、存储容量大而速度较慢的存储器称为外存储器，简称外存或辅存。外存用来存放当前暂时不被 CPU 处理的程序或数据，以及一些需要永久性保存的信息，如硬盘、软盘、光盘和 U 盘等都是外存。

外存的容量很大，如 CD-ROM 光盘可达 650MB，DVD-ROM 光盘可达 4GB，硬盘则可达几 TB，而且容量还在不断增加。通常将外存看做计算机的外部设备，外存中存放的信息必须调入内存后才能被 CPU 使用。

一般计算机寻址空间大于物理内存，可以用虚拟存储器（VM）来解决。虚拟存储器用于物理内存和某个存储介质之间交换数据，这种介质通常为磁盘。虚拟存储器管理器会在磁盘上开辟一个专门的存储空间用来保存物理内存中暂时不会被 CPU 使用的指令和数据，当需要使用这些指令和数据时，又会把它们转移到物理内存中。逻辑上，从微处理器角度看，它拥有了更大的"内存"，虚拟存储器在一定程度上弥补了物理内存容量的不足。

5.1.1.4　存储器系统组织

CPU 执行指令和加工的数据都由内存储器提供，因为内存储器采用 DRAM 技术构成，使得主存储器与 CPU 存在速度差异，为了减小速度差异，一般采用三级存储器组织技术。

三级存储器系统由高速缓冲存储器 Cache，主存储器 MM 及属于外存储器的磁盘、磁带、光盘和移动盘等组成，如图 5-1 所示。Cache 是最接近 CPU 的存储器，属于第一级，其存取速度最快，容量最小，但是单位成本最高。辅存是第三级存储器，其速度最慢，但容量最大，单位成本最低。主存位于两者之间，为第二级。CPU 访问存储器系统时，首先访问第一级高速缓冲存储器，若访问内容不在，则访问第二级主存，若还不在，最后访问第三级辅存（虚拟存储器，VM）。

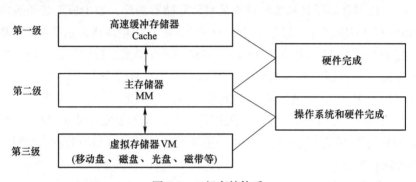

图 5-1　三级存储体系

这种三级体系的存储器对 CPU 来说，既有高速的 Cache，又有主存速度的大容量辅存，其使计算机体系达到最佳性价比。

Cache-MM 层次间的地址变换和替换算法等功能由硬件完成，以满足地址高速变换的要求，而 MM-VM 层次却是以操作系统（OS）为主，辅以硬件联合完成，因为 VM 不直接面对 CPU，变换速度不像 Cache-MM 层次那么重要，使用软件可大幅度地降低成本。

Cache-MM 层次信息的传送以块为单位（几十到几千字节），而 MM-VM 层次的传送以段或页为单位，传送量在几千到十几千字节之间。

需要说明的是：在 Cache-MM 结构中，CPU 既可以直接访问 Cache 的信息，也可以直接访问主存的信息；但在 MM-VM 结构中，CPU 不能直接访问辅存。

多级存储器系统为解决存储器容量、速度、价格之间的矛盾提供了一种行之有效的办法，其主要依据是"程序执行的局部性"原理，将在下文介绍。

5.1.2　半导体存储器及其分类

半导体存储器（semi-conductor memory）是一种以半导体电路作为存储媒体的存储器，内存储器就是由称为存储器芯片的半导体集成电路组成的。

从应用的角度可将半导体存储器分为两大类：随机读写存储器 RAM 和只读存储器 ROM，如图 5-2 所示。

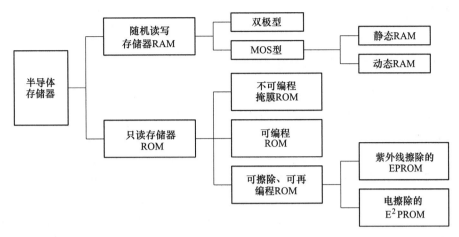

图 5-2 半导体存储器的分类

（1）随机读写存储器 RAM。RAM 是可读、可写的存储器，CPU 可以对 RAM 的内容随机地读写访问，RAM 中的信息断电后即丢失。RAM 包括 DRAM（动态随机存取存储器）和 SRAM（静态随机存取存储器），当关机或断电时，其中的信息都会随之丢失。DRAM 主要用于主存（内存的主体部分），SRAM 主要用于高速缓冲存储器。

静态存储器芯片的工作速度较高，集成度低，单位价格高；动态存储器芯片的工作速度比 SRAM 低，集成度高，单位价格低。所以目前微机的内存条都采用动态存储器芯片技术。内存条就是将 RAM 集成块集中在一起的一小块电路板，它插在计算机中的内存插槽上，以减少 RAM 集成块占用的空间。目前市场上常见的内存条有 1G/条，2G/条，4G/条等。

（2）只读存储器 ROM。ROM 的内容只能随机读出而不能写入，断电后信息不会丢失，即信息一旦写入就固定不变。ROM 一般用于存放计算机不需改变的基本程序和数据，如 BIOS ROM 等系统程序。其物理外形一般是双列直插式（DIP）的集成块。

只读存储器 ROM 在使用过程中，只能读出存储的信息而不能用通常的方法将信息写入存储器。目前常见的有：掩膜式 ROM，用户不可对其编程，其内容已由厂家设定好，不能更改；可编程 ROM（Programmable ROM，简称 PROM），用户只能对其进行一次编程，写入后不能更改；可擦除的 PROM（Erasable PROM，简称 EPROM），其内容可用紫外线擦除，用户可对其进行多次编程；电擦除的 PROM（Electrically Erasable PROM，简称 EEPROM 或 E^2PROM），能以字节为单位擦除和改写；快闪存储器 Flash Memory。

根据制造工艺的不同，随机读写存储器 RAM 主要有双极型存储器和 MOS 型存储器两类。

（1）双极型存储器具有存取速度快、集成度较低、功耗较大、成本较高等特点，适用于对速度要求较高的高速缓冲存储器；

（2）MOS 型存储器具有集成度高、功耗低、价格便宜等特点，适用于内存储器。

MOS 型存储器按信息存放方式又可分为静态 RAM（Static RAM，简称 SRAM）和动态 RAM（Dynamic RAM，简称 DRAM）。SRAM 存储电路以双稳态触发器为基础，状态稳定，只要不掉电，信息不会丢失。其优点是不需要刷新，控制电路简单，但集成度较低，适用于不需要大存储容量的计算机系统。DRAM 存储单元以电容为基础，电路简单，集成度高，但也存在问题，即电容中的电荷由于漏电会逐渐丢失，因此 DRAM 需要定时刷新，它适用于大存储容量的计算机系统。

5.1.3　半导体存储器的主要技术指标

半导体存储器评价的主要标准是大容量、高速度和低价格等。

（1）存储容量。存储器的容量是指存储器能容纳的二进制信息总量。有以下两种表示方法：

1）用字数×位数表示容量，以位为单位。常用来表示存储芯片的容量，如 1K ×4 位，表示该芯片有 1K 个单元（$1K = 2^{10} = 1024$），每个存储单元的长度为 4 位。

2）用字节数表示容量，以字节为单位，如 128B，表示该芯片内有 128 个单元，每个存储单元的长度为 8 位。现代计算机存储容量很大，常用 KB（KiloByte）、MB（MegaByte）、GB（GigaByte）和 TB（TeraByte）为单位表示存储容量的大小。其中，$1KB = 2^{10}B = 1024B$；$1MB = 2^{20}B = 1024KB$；$1GB = 2^{30}B = 1024MB$；$1TB = 2^{40}B = 1024GB$。

显然，存储容量越大，能存储的信息越多，计算机系统的功能便越强。

（2）存储器速度。存储器的速度可用存取时间、存储周期和存储器带宽来描述。

1）存取时间：是从存储器接到读命令起到信息被送到存储器输出端总线上所需的时间。存取时间取决于存储介质的物理特性及使用的读出机构的特性。显然，存取时间越短，存取速度越快。

2）存储周期：是存储器进行一次完整的读写操作所需要的全部时间，也就是存储器进行连续两次读写操作所允许的最短间隔时间。存储周期往往比存取时间长，因为存储器读或写操作后总会有一段恢复内部状态的恢复时间。存储周期的单位常采用 μs（微秒）或 ns（纳秒）。

3）存储器的带宽：表示存储器单位时间内可读写的字节数（或二进制的位数），又称为数据传输率。

（3）功耗。功耗反映了存储器耗电的多少，同时也反映了其发热的程度。

（4）可靠性。可靠性一般指存储器对外界电磁场及温度等变化的抗干扰能力。存储器的可靠性用平均故障间隔时间 MTBF（Mean Time Between Failures）来衡量。MTBF 可以理解为两次故障之间的平均时间间隔。MTBF 越长，可靠性越高，存储器正常工作能力越强。

（5）集成度。集成度指在一块存储芯片内能集成多少个基本存储电路，每个基本存储电路存放一位二进制信息，所以集成度常用"位/片"来表示。

（6）性能/价格比。存储器的价格可用总价格或每位价格来表示。性能/价格比（简称性价比）是衡量存储器经济性能的综合指标，它关系到存储器的实用价值。其中性能包括前述的各项指标，而价格是指存储单元本身和完成读写操作必需的外围电路的总价格。

5.1.4　半导体存储器芯片的基本结构

半导体存储器主要由存储体和外围电路组成，如图 5-3 所示。

5.1.4.1　存储体

存储体是存储器中存储信息的部分，由大量的基本存储电路组成。每个基本存储电路存放一位二进制信息，这些基本存储电路有规则地组织起来（一般为矩阵结构）就构成了存储体（存储矩阵）。不同存取方式的芯片，采用的基本存储电路也不相同。

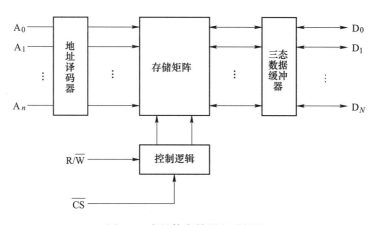

图 5-3 半导体存储器组成框图

存储体中，可以由 N 个基本存储电路构成一个并行存取 N 位二进制代码的存储单元（N 的取值一般为 1，4，8 等）。为了便于信息的存取，给同一存储体内的每个存储单元赋予唯一的编号，该编号就是存储单元的地址。这样，对于容量为 2^n 个存储单元的存储体，需要 n 条地址线对其编址，若每个单元存放 N 位信息，则需要 N 条数据线传送数据，芯片的存储容量就可以表示为 $2^n \times N$ 位。

5.1.4.2 外围电路

外围电路主要包括地址译码电路和由三态数据缓冲器、控制逻辑两部分组成的读/写控制电路。

A 地址译码电路

存储芯片中的地址译码电路对 CPU 从地址总线发来的 n 位地址信号进行译码，经译码产生的选择信号可以唯一地选中片内某一存储单元，在读/写控制电路的控制下可对该单元进行读/写操作。

B 读/写控制电路

读/写控制电路接收 CPU 发来的相关控制信号，以控制数据的输入/输出。三态数据缓冲器是数据输入/输出的通道，数据传输的方向取决于控制逻辑对三态门的控制。CPU 发往存储芯片的控制信号主要有读/写信号（R/$\overline{\text{W}}$）、片选信号（$\overline{\text{CS}}$）等。值得注意的是，不同性质的半导体存储芯片其外围电路部分也各有不同，如在动态 RAM 中还要有预充、刷新等方面的控制电路，而对于 ROM 芯片在正常工作状态下只有输出控制逻辑等。

C 地址译码方式

芯片内部的地址译码主要有两种方式，即单译码方式和双译码方式。单译码方式适用于小容量的存储芯片，对于容量较大的存储器芯片则应采用双译码方式。

a 单译码方式

单译码方式只用一个译码电路对所有地址信息进行译码，译码输出的选择线直接选中对应的单元，如图 5-4 所示。一根译码输出选择线对应一个存储单元，故在存储容量较大、存储单元较多的情况下，这种方法就不适用了。

以一个简单的 16 ×4 位存储芯片为例，如图 5-4 所示。将所有基本存储电路排成 16 行 ×4 列（图中未详细画出），每一行对应一个字，每一列对应其中的一位。每一行的选择线和每一列的数据线是公共的。图中，$A_0 \sim A_3$ 4 根地址线经译码输出 16 根选择线，用于选择 16 个单元。例如，当 $A_3A_2A_1A_0 = 0000$，而片选信号为 $\overline{CS} = 0$，$\overline{WR} = 1$ 时，将 0 号单元中的信息读出。

b 双译码方式

双译码方式把 n 位地址线分成两部分，分别进行译码，产生一组行选择线 X 和一组列选择线 Y，每一根 X 线选中存储矩阵中位于同一行的所有单元，每一根 Y 线选中存储矩阵中位于同一列的所有单元，当某一单元的 X 线和 Y 线同时有

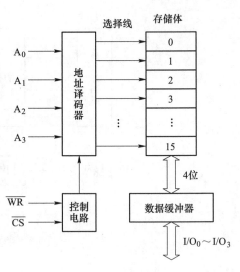

图 5-4 单译码方式

效时，相应的存储单元被选中。图 5-5 给出了一个容量为 1K 字（单元）×1 位的存储芯片的双译码电路。1K（1024）个基本存储电路排成 32 ×32 的矩阵，10 根地址线分成 $A_0 \sim A_4$ 和 $A_5 \sim A_9$ 两组。$A_0 \sim A_4$ 经 X 译码输出 32 条行选择线，$A_5 \sim A_9$ 经 Y 译码输出 32 条列选择线。行、列选择线组合可以方便地找到 1024 个存储单元中的任何一个。例如，当 $A_4A_3A_2A_1A_0 = 00000$，$A_9A_8A_7A_6A_5 = 00000$ 时，第 0 号单元被选中，通过数据线 I/O 实现数据的输入或输出。图中，X 向和 Y 向译码器的输出线各有 32 根，总输出线数仅为 64 根。若采用单译码方式，将有 1024 根译码输出线。

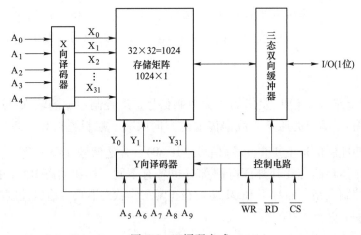

图 5-5 双译码方式

5.2　随机存取存储器

根据 RAM 工作原理不同可分为两类：基于触发器原理的静态随机存储器（SRAM）和基于分布电容电荷存储原理的动态随机存储器（DRAM）。

5.2.1　静态随机存取存储器

5.2.1.1　静态 RAM 的基本存储电路

静态 RAM 的基本存储电路通常由 6 个 MOS 管组成，如图 5-6 所示。电路中 V_1、V_2 为工作管，V_3、V_4 为负载管，V_5、V_6 为控制管。其中，由 V_1、V_2、V_3 及 V_4 管组成了双稳态触发器电路，V_1 和 V_2 的工作状态始终为一个导通，另一个截止。V_1 截止、V_2 导通时，A 点为高电平，B 点为低电平；V_1 导通、V_2 截止时，A 点为低电平，B 点为高电平。所以，可用 A 点电平的高低来表示"0"和"1"两种信息。

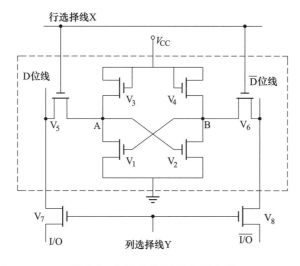

图 5-6　六管静态 RAM 存储电路

V_7、V_8 管为列选通管，配合 V_5、V_6 两个行选通管，可使该基本存储电路用于双译码电路。当行选择线 X 和列选择线 Y 都为高电平时，该基本存储电路被选中，V_5、V_6、V_7、V_8 管都导通，于是 A、B 两点与 I/O、$\overline{\text{I/O}}$ 分别连通，从而可以进行读/写操作。

写操作时，如果要写入"1"，则在 I/O 线上加上高电平，在 $\overline{\text{I/O}}$ 线上加上低电平，并通过导通的 V_5、V_6、V_7、V_8 4 个晶体管，把高、低电平分别加在 A、B 点，即 A = "1"，B = "0"，使 V_1 管截止，V_2 管导通。当输入信号和地址选择信号（即行、列选通信号）消失以后，V_5、V_6、V_7、V_8 管都截止，V_1 和 V_2 管就保持被强迫写入的状态不变，从而将"1"写入存储电路。此时，各种干扰信号不能进入 V_1 和 V_2 管。所以，只要不掉电，写入的信息不会丢失。写入"0"的操作与其类似，只是在 I/O 线上加上低电平，在 $\overline{\text{I/O}}$ 线上加上高电平。

读操作时，若该基本存储电路被选中，则 V_5、V_6、V_7、V_8 管均导通，于是 A、B 两点与位线 D 和 $\overline{\text{D}}$ 相连，存储的信息被送到 I/O 与 $\overline{\text{I/O}}$ 线上。读出信息后，原存储信息不会被改变。

由于静态 RAM 的基本存储电路中晶体管数目较多，故集成度较低。此外，T_1 和 T_2 管始终有一个处于导通状态，使得静态 RAM 的功耗比较大。但是静态 RAM 不需要刷新电路，所以简化了外围电路。

5.2.1.2 静态随机存储器芯片 Intel 2114 SRAM

Intel 2114 SRAM 芯片的容量为 1K ×4 位，18 脚封装，+5V 电源，芯片内部结构及芯片引脚图和逻辑符号分别如图 5-7 和图 5-8 所示。

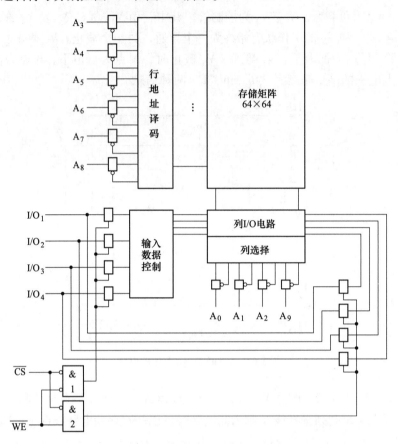

图 5-7　Intel 2114 内部结构

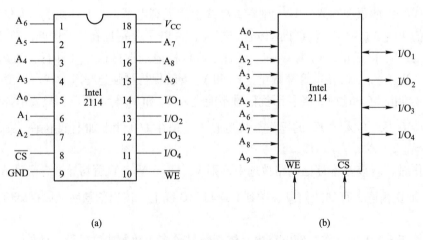

(a)　　　　　　　　　　　　　　　(b)

图 5-8　Intel 2114 引脚及逻辑符号

（a）引脚；（b）逻辑符号

由于 1K ×4 = 4096，所以 Intel 2114 SRAM 芯片有 4096 个基本存储电路，将 4096 个基本存储电路排成 64 行×64 列的存储矩阵，每根列选择线同时连接 4 位列线，对应于并行的 4 位（位于同一行的 4 位应作为同一单元的内容被同时选中），从而构成了 64 行×16 列 = 1K 个存储单元，每个单元有 4 位。1K 个存储单元应有 $A_0 \sim A_9$ 10 个地址输入端，2114 片内地址译码采用双译码方式，$A_3 \sim A_8$ 6 根用于行地址译码输入，经行译码产生 64 根行选择线，A_0、A_1、A_2 和 A_9 4 根用于列地址译码输入，经过列译码产生 16 根列选择线。

地址输入线 $A_0 \sim A_9$ 送来的地址信号分别送到行、列地址译码器，经译码后选中一个存储单元（有 4 个存储位）。当片选信号 $\overline{CS} = 0$ 且 $\overline{WE} = 0$ 时，数据输入三态门打开，I/O 电路对被选中单元的 4 位进行写入；当 $\overline{CS} = 0$ 且 $\overline{WE} = 1$ 时，数据输入三态门关闭，而数据输出三态门打开，I/O 电路将被选中单元的 4 位信息读出送数据线；当 $\overline{CS} = 1$（即 $\overline{CS}$ 无效）时，不论 $\overline{WE}$ 为何种状态，各三态门均为高阻状态，芯片不工作。

5.2.2　动态随机存取存储器

5.2.2.1　动态 RAM 的基本存储电路

动态 RAM 和静态 RAM 不同，其基本存储电路利用电容存储电荷的原理来保存信息，由于电容上的电荷会逐渐泄漏，因而对动态 RAM 必须定时进行刷新，使泄漏的电荷得到补充。动态 RAM 的基本存储电路主要有六管、四管、三管和单管等几种形式，这里介绍四管和单管动态 RAM 基本存储电路。

A　四管动态 RAM 基本存储电路

图 5-6 所示的六管静态 RAM 基本存储电路依靠 V_1 和 V_2 管来存储信息，电源 V_{CC} 通过 V_3、V_4 管向 V_1、V_2 管补充电荷，所以 V_1 和 V_2 管上存储的信息可以保持不变。实际上，由于 MOS 管的栅极电阻很高，泄漏电流很小，即使去掉 V_3、V_4 管和电源 V_{CC}，V_1 和 V_2 管栅极上的电荷也能维持一定的时间，于是可以由 V_1、V_2、V_5、V_6 构成四管动态 RAM 基本存储电路，如图 5-9 所示。

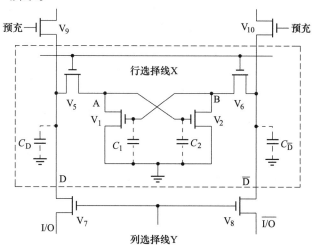

图 5-9　四管动态 RAM 存储电路

电路中，V_5、V_6、V_7、V_8管仍为控制管，当行选择线 X 和列选择线 Y 都为高电平时，该基本存储电路被选中，V_5、V_6、V_7、V_8管都导通，则 A、B 点与位线 D、$\overline{D}$ 分别相连，再通过 V_7、V_8 管与外部数据线 I/O、$\overline{I/O}$ 相连，可以进行读/写操作。同时，在列选择线上还接有两个公共的预充管 V_9 和 V_{10}。

写操作时，如果要写入"1"，则在 I/O 线上加上高电平，在 $\overline{I/O}$ 线上加上低电平，并通过导通的 V_5、V_6、V_7、V_8 4 个晶体管，把高、低电平分别加在 A、B 点，将信息存储在 V_1 和 V_2 管栅极电容上。行、列选通信号消失以后，V_5、V_6 截止，靠 V_1、V_2 管栅极电容的存储作用，在一定时间内可保留所写入的信息。

读操作时，先给出预充信号使 V_9、V_{10} 导通，由电源对电容 C_D 和 $C_{\overline{D}}$ 进行预充电，使它们达到电源电压。行、列选择线上为高电平，使 V_5、V_6、V_7、V_8 导通，存储在 V_1 和 V_2 上的信息经 A、B 点向 I/O、$\overline{I/O}$ 线输出。若原来的信息为"1"，即电容 C_2 上存有电荷，V_2 导通，V_1 截止，则电容 C_D 上的预充电荷通过 V_6 经 V_2 泄漏，于是，I/O 线输出 0，$\overline{I/O}$ 线输出 1。同时，电容 C_D 上的电荷通过 V_5 向 C_2 补充电荷，所以，读出过程也是刷新的过程。

B　单管动态 RAM 基本存储电路

单管动态 RAM 基本存储电路只有一个电容和一个 MOS 管，是最简单的存储元件结构，如图 5-10 所示。在这样一个基本存储电路中，存放的信息到底是"1"还是"0"，取决于电容中有没有电荷。在保持状态下，行选择线为低电平，V 管截止，使电容 C 基本没有放电回路（当然还有一定的泄漏），其上的电荷可暂存数毫秒或者维持无电荷的"0"状态。

对由这样的基本存储电路组成的存储矩阵进行读操作时，若某一行选择线为高电平，则位于同一行的所有基本存储电路中的 V 管都导通，于是刷新放大器读取对应电容 C 上的电压值，但只有列选择信号有效的基本存储电路才受到驱动，从而可以输出信息。刷

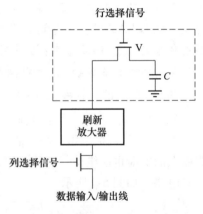

图 5-10　单管动态存储电路

新放大器的灵敏度很高，放大倍数很大，并且能将读得的电容上的电压值转换为逻辑"0"或者逻辑"1"。在读出过程中，选中行上所有基本存储电路中的电容都受到了影响，为了在读出信息之后仍能保持原有的信息，刷新放大器在读取这些电容上的电压值之后又立即进行重写。

在写操作时，行选择信号使 V 管处于导通状态，如果列选择信号也为"1"，则此基本存储电路被选中，于是由数据输入/输出线送来的信息通过刷新放大器和 V 管送到电容 C。

C　动态 RAM 的刷新

动态 RAM 利用电容 C 上充积的电荷来存储信息。当电容 C 有电荷时，为逻辑"1"，没有电荷时，为逻辑"0"。但由于任何电容都存在漏电，因此，当电容 C 存有电荷时，

过一段时间由于电容的放电过程导致电荷流失，信息也就丢失。因此，需要周期性地对电容进行充电，以补充泄漏的电荷，通常把这种补充电荷的过程叫刷新或再生。随着器件工作温度的增高，放电速度会变快。刷新时间间隔一般要求在 $1 \sim 100ms$。工作温度为 70℃ 时，典型的刷新时间间隔为 2ms，因此 2ms 内必须对存储的信息刷新一遍。尽管对各个基本存储电路在读出或写入时都进行了刷新，但对存储器中各单元的访问具有随机性，无法保证一个存储器中的每一个存储单元都能在 2ms 内进行一次刷新，所以需要系统地对存储器进行定时刷新。

对整个存储系统来说，各存储器芯片可以同时刷新。对每块 DRAM 芯片来说，则是按行刷新，每次刷新一行，所需时间为一个刷新周期。如果某存储器有若干块 DRAM 芯片，其中容量最大的一种芯片的行数为 128，则在 2ms 之中至少应安排 128 个刷新周期。

在存储器刷新周期中，将一个刷新地址计数器提供的行地址发送给存储器，然后执行一次读操作，便可完成对选中行的各基本存储电路的刷新。每刷新一行，计数器加 1，所以它可以顺序提供所有的行地址。因为每一行中各个基本存储电路的刷新是同时进行的，故不需要列地址，此时芯片内各基本存储电路的数据线为高阻状态，与外部数据总线完全隔离，所以，尽管刷新进行的是读操作，但读出数据不会送到数据总线上。

5.2.2.2 动态 RAM 芯片 Intel 2164A

Intel 2164A 芯片的存储容量为 64K ×1 位，采用单管动态基本存储电路，每个单元只有一位数据，其内部结构如图 5-11 所示。2164A 芯片的存储体本应构成一个 256 ×256 的存储矩阵，为提高工作速度（需减少行列线上的分布电容），将存储矩阵分为 4 个 128 × 128 矩阵，每个 128 ×128 矩阵配有 128 个读出放大器，各有一套 I/O 控制（读/写控制）电路。

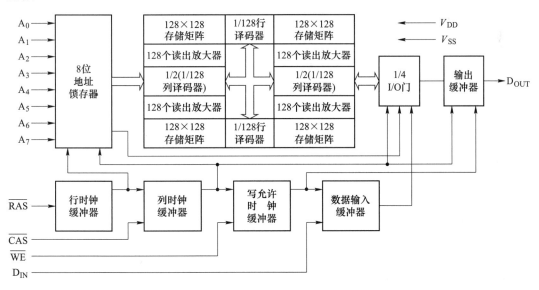

图 5-11 Intel 2164A 内部结构示意图

64K 容量本需 16 位地址，但芯片引脚（见图 5-12）只有 8 根地址线，$A_0 \sim A_7$ 需分时复用。在行地址选通信号 $\overline{RAS}$ 控制下先将 8 位行地址送入行地址锁存器，锁存器提供 8 位

行地址 $RA_7 \sim RA_0$，译码后产生两组行选择线，每组 128 根。然后在列地址选通信号 $\overline{CAS}$ 控制下将 8 位列地址送入列地址锁存器，锁存器提供 8 位列地址 $CA_7 \sim CA_0$，译码后产生两组列选择线，每组 128 根。行地址与列地址选择 4 个 128×128 矩阵之一。因此，16 位地址是分成两次送入芯片的，对于某一地址码，只有一个 128×128 矩阵和它的 I/O 控制电路被选中。$A_0 \sim A_7$ 这 8 根地址线还用于刷新时提供行地址，因为刷新是一行一行进行的。

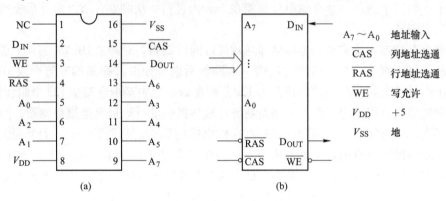

图 5-12   Intel 2164A 引脚与逻辑符号
（a）引脚；（b）逻辑符号

2164A 的读/写操作由 $\overline{WE}$ 信号来控制，读操作时，$\overline{WE}$ 为高电平，选中单元的内容经三态输出缓冲器从 D_{OUT} 引脚输出；写操作时，$\overline{WE}$ 为低电平，D_{IN} 引脚上的信息经数据输入缓冲器写入选中单元。2164A 没有片选信号，实际上用行地址和列地址选通信号 $\overline{RAS}$ 和 $\overline{CAS}$ 作为片选信号，可见，片选信号已分解为行选信号与列选信号两部分。

5.3　只读存储器

ROM 有多种类型，且每种只读存储器都有各自的特性和适用范围。从制造工艺及其功能上分，ROM 有五种类型，即掩膜编程的只读存储器 MROM（Mask-programmed ROM）、可编程的只读存储器 PROM（Programmable ROM）、可擦除可编程的只读存储器 EPROM（Erasable Programmable ROM）、可电擦除可编程的只读存储器 EEPROM（Electrically Erasable Programmable ROM）和快闪读写存储器（Flash Memory）。

5.3.1　EPROM

PROM 虽然可供用户进行一次编程，但仍有局限性。可擦除可编程 ROM 在实际中得到了广泛应用，这种存储器利用编程器写入信息，此后便可作为只读存储器来使用。

5.3.1.1　EPROM 的基本存储电路

初期的 EPROM 使用元件是浮栅雪崩注入 MOS（FAMOS），它的集成度低，用户使用不方便，速度慢，因此很快被性能和结构更好的叠栅注入 MOS（SIMOS）取代。SIMOS 管结构如图 5-13（a）所示。它属于 NMOS，与普通 NMOS 不同的是有两个栅极，一个是控制栅 CG（Control Gate），另一个是浮栅 FG（Floating Gate）。FG 在 CG 的下面，被 SiO₂ 所包围，与四周绝缘。单个 SIMOS 管构成一个 EPROM 存储元件，如图 5-13（b）所示。

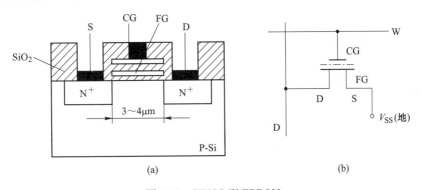

图 5-13　SIMOS 型 EPROM
（a）SIMOS 管结构；（b）SIMOS EPROM 元件电路

与 CG 连接的线 W 称为字线，读出和编程时作选址用。漏极与位线 D 相连接，读出或编程时输出、输入信息。源极接 V_{SS}（接地）。当 FG 上没有电子驻留时，CG 开启电压为正常值 V_{CC}，若 W 线上加高电平，源、漏间也加高电平，SIMOS 形成沟道并导通，称此状态为"1"。当 FG 上有电子驻留，CG 开启电压升高超过 V_{CC}，这时若 W 线加高电平，源、漏间仍加高电平，SIMOS 不导通，称此状态为"0"。人们就是利用 SIMOS 管 FG 上有无电子驻留来存储信息的。因 FG 上电子被绝缘材料包围，不获得足够能量很难跑掉，所以可以长期保存信息，即使断电也不丢失。

SIMOS EPROM 芯片出厂时 FG 上是没有电子的，即都是"1"信息。对它编程，就是在 CG 和漏极都加高电压，向某些元件的 FG 注入一定数量的电子，把它们写为"0"。EPROM 封装方法与一般集成电路不同，需要有一个能通过紫外线的石英窗口。擦除时，将芯片放入擦除器的小盒中，用紫外灯照射约 20min，若读出各单元内容均为 FFH，说明原信息已被全部擦除，恢复到出厂状态。写好信息的 EPROM 为了防止因光线长期照射而引起信息破坏，常用遮光胶纸贴于石英窗口上。

EPROM 的擦除是对整个芯片进行的，不能只擦除个别单元或个别位，擦除时间较长，且擦写均需离线操作，使用起来不方便。因此，能够在线擦写的 E²PROM 芯片近年来得到广泛应用。

5.3.1.2　EPROM 芯片 Intel 2716

EPROM 芯片有多种型号，以 27 开头，如 27C020（256K×8）是一片 2M Bits 容量的 EPROM 芯片，还有 2716（2K×8）、2732（4K×8）、2764（8K×8）、27128（16K×8）、27256（32K×8）等。

A　2716 的内部结构和外部引脚

2716 EPROM 芯片采用 NMOS 工艺制造，双列直插式 24 引脚封装。其引脚、逻辑符号及内部结构如图 5-14 所示。

$A_0 \sim A_{10}$：11 条地址输入线。其中 7 条用于行译码，4 条用于列译码。

$O_0 \sim O_7$：8 位数据线。编程写入时是输入线，正常读出时是输出线。

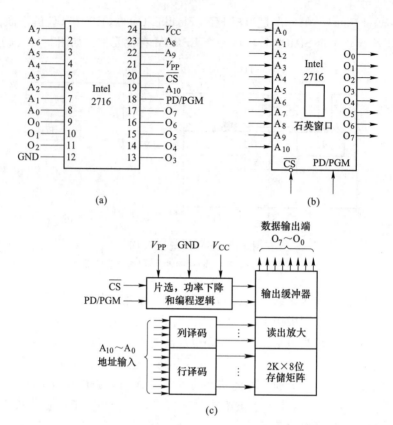

图 5-14　Intel 2716 的引脚、逻辑符号及内部结构

（a）引脚；（b）逻辑符号；（c）内部结构

$\overline{CS}$：片选信号。当 $\overline{CS}=0$ 时，允许 2716 读出。

PD/PGM：待机/编程控制信号，输入。

V_{PP}：编程电源。在编程写入时，$V_{PP}=+25V$；正常读出时，$V_{PP}=+5V$。

V_{CC}：工作电源，为 +5V。

B　2716 的工作方式

如表 5-1 所示，共 6 种工作方式。

（1）读出方式：当 $\overline{CS}=0$ 时，此方式可以将选中存储单元的内容读出。

（2）未选中：当 $\overline{CS}=1$ 时，不论 PD/PGM 的状态如何，2716 均未被选中，数据线呈高阻态。

（3）待机（备用）方式：当 PD/PGM＝1 时，2716 处于待机方式。这种方式和未选中方式类似，但其功耗由 525mW 下降到 132mW，下降了 75%，所以又称为功率下降方式。这时数据线呈高阻态。

（4）编程方式：当 $V_{PP}=+25$ V，$\overline{CS}=1$，并在 PD/PGM 端加上 52 ms 宽的正脉冲时，可以将数据线上的信息写入指定的地址单元。数据线为输入状态。

（5）校验编程内容方式：此方式与读出方式基本相同，只是 $V_{PP}=+25V$。在编程后，可将 2716 中的信息读出，与写入的内容进行比较，以验证写入内容是否正确。数据线为输出状态。

（6）禁止编程方式：此方式禁止将数据总线上的信息写入 2716。

表 5-1　2716 的工作方式

方式	引脚			
	PD/PGM	$\overline{CS}$	V_{pp}/V	数据线状态
读出	0	0	+5	输出
未选中	×	1	+5	高阻
待机	1	×	+5	高阻
编程输入	宽 52ms 的正脉冲	1	+25	输入
校验编程内容	0	0	+25	输出
禁止编程	0	1	+25	高阻

表 5-2 列出了一些常用 EPROM 芯片及其主要参数。

表 5-2　常用的 EPROM 芯片

型号	参　数				
	容量结构	最大读出时间/ns	制造工艺	需用电源/V	封装
2708	1K×8bit	350~450	NMOS	±5，+12	DIP24
2716	2K×8bit	300~450	NMOS	+5	DIP24
2732A	4K×8bit	200~450	NMOS	+5	DIP24
2764	8K×8bit	200~450	HMOS	+5	DIP28
27128	16K×8bit	250~450	HMOS	+5	DIP28
27256	32K×8bit	200~450	HMOS	+5	DIP28
27512	64K×8bit	250~450	HMOS	+5	DIP28
27513	4×64K×8bit	250~450	HMOS	+5	DIP28

5.3.2　E²PROM

E²PROM 是一种采用金属-氮-氧化硅（MNOS）工艺生产的可擦除可编程的只读存储器。擦除时只需加高压对指定单元产生电流，形成"电子隧道"，将该单元信息擦除，其他未通电流的单元内容保持不变。E²PROM 具有对单个存储单元在线擦除与编程的能力，而且芯片封装简单，对硬件线路没有特殊要求，操作简便，信息存储时间长。因此，E²PROM 给需要经常修改程序和参数的应用领域带来了极大的方便。但与 EPROM 相比，E²PROM 具有集成度低、存取速度较慢、完成程序在线改写需要较复杂的设备等缺点。

Intel 2816 是 2K×8 位的 E²PROM 芯片，有 24 条引脚，单一+5V 电源，其引脚配置见图 5-15。表 5-3 列出了其 6 种工作方式。

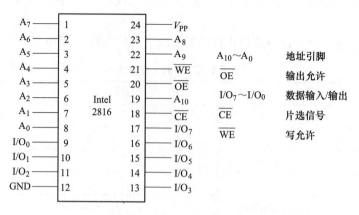

图 5-15　Intel 2816 的引脚

表 5-3　2816 的工作方式

方式	引脚			
	$\overline{CE}$	$\overline{OE}$	V_{pp}/V	数据线状态
读出	0	0	+4 ~ +6	输出
待机（备用）	1	×	+4 ~ +6	高阻
字节擦除	0	1	+21	输入为全1
字节写入	0	1	+21	输入
整片擦除	0	+9 ~ +15V	+21	输入为全1
擦写禁止	1	×	+4 ~ +22	高阻

（1）读出方式。当 $\overline{CE}=0$，$\overline{OE}=0$，并且 V_{PP} 端加+4 ~ +6V 电压时，2816 处于正常的读工作方式，此时数据线为输出状态。

（2）待机（备用）方式。当 $\overline{CE}=1$，$\overline{OE}$ 为任意状态，且 V_{PP} 端加+4 ~ +6V 电压时，2816 处于待机状态。与 2716 芯片一样，待机状态下芯片的功耗将下降。

（3）字节擦除方式。当 $\overline{CE}=0$，$\overline{OE}=1$，数据线（$I/O_0 \sim I/O_7$）都加高电平且 V_{PP} 加幅度为+21V、宽度为 9~15ms 的脉冲时，2816 处于以字节为单位的擦除方式。

（4）整片擦除方式。当 $\overline{CE}=0$，数据线（$I/O_0 \sim I/O_7$）都为高电平，$\overline{OE}$ 端加+9 ~ +15V 电压及 V_{PP} 加 21V、9~15ms 的脉冲时，约经 10ms 可擦除整片的内容。

（5）字节写入方式。当 $\overline{CE}=0$，$\overline{OE}=1$，V_{PP} 加幅度为+21V、宽度为 9~15ms 的脉冲时，来自数据线（$I/O_0 \sim I/O_7$）的数据字节可写入 2816 的存储单元中。可见，字节写入和字节擦除方式实际是同一种操作，只是在字节擦除方式中，写入的信息全为"1"而已。

（6）禁止方式。当 $\overline{CE}=1$，V_{PP} 为+4 ~ +22V 时，不管 $\overline{OE}$ 是高电平还是低电平，2816 都将进入禁止状态，其数据线（$I/O_0 \sim I/O_7$）呈高阻态，内部存储单元与外界隔离。

表 5-4 列出了一些常用 E^2PROM 芯片及其主要参数。

表 5-4 常用的 E^2PROM 芯片

型号	参 数					
	取数时间/ns	读电压 V_{PP}/V	写/擦电压 V_{PP}/V	字节擦写时间/ms	写入时间/ms	封装
2816	250	5	21	10	10	DIP24
2816A	200~250	5	5	9~15	9~15	DIP24
2817	250	5	21	10	10	DIP28
2817A	200~250	5	5	10	10	DIP28
2864A	250	5	5	10	10	DIP28

E^2PROM 一般即插即用（Plug & Play），常用在接口卡中，用来存放硬件设置数据，也常用在防止软件非法拷贝的"硬件锁"中。在一个 E^2PROM 中，计算机在使用时可频繁地对其重编程，E^2PROM 的寿命是一个很重要的设计考虑参数。

5.3.3 闪存 Flash Memory

快闪存储器也是一种 E^2PROM。它无须存储电容，制造成本低于 DRAM，既有 SRAM 读写的灵活性和较快的访问速度，又有 ROM 断电不丢失信息的特点。Flash 存储器使用方便，是可以直接在主板上修改内容而不需要将 IC 拔下的内存，当电源关掉后储存在里面的资料不会流失，但在写入资料时必须先将原本的资料清除掉，然后才能再写入新的资料。

Flash 的特点是结构简单，同样工艺和同样晶元面积下可以得到更高容量，集成度高。但缺点是操作麻烦，所以在 MCU 中 Flash 结构适于存储不需要频繁改写的程序。目前，用 Flash 存储器生产的半导体固态盘（市场称为 U 盘）已被广泛使用。

因为闪存不像 RAM（随机存取存储器）一样以字节为单位改写数据，因此不能取代 RAM。

闪存卡（Flash Card）是利用闪存（Flash Memory）技术达到存储电子信息的存储器，一般应用在数码相机，掌上电脑，MP3 等小型数码产品中作为存储介质，所以样子小巧，犹如一张卡片，所以称之为闪存卡。根据不同的生产厂商和不同的应用，闪存卡大概有 U 盘、SmartMedia（SM 卡）、Compact Flash（CF 卡）、Multi Media Card（MMC 卡）、Secure Digital（SD 卡）、Memory Stick（记忆棒）、XD-Picture Card（XD 卡）和微硬盘（Micro Drive）。这些闪存卡虽然外观、规格不同，但是技术原理都是相同的。

Flash 存储器根据其内部架构和实现技术可以分为 AND、NAND、NOR 和 NiNOR 几种，目前占据主流市场的有 NOR Flash 和 NAND Flash 两大类。

两种 Flash 技术各有优、缺点以及各自适用的场合。

NOR 闪存是由 Intel 公司开发的一种随机访问设备，以并行的方式连接存储单元，具有专用的控制、地址和数据线（和 SRAM 类似），以字节的方式进行读写，允许对存储器当中的任何位置进行访问，这使得 NOR 闪存是传统的只读存储器（ROM）的一种很好的替代方案。NOR Flash 具有较快的读速度，能够提供片上执行的功能；但写操作和擦除操作的时间较长，且容量低、价格高。因此，NOR Flash 多被用于手机、计算机的 BIOS 芯片以及嵌入式系统中进行代码存储。

NAND 闪存最初由东芝公司研发，强调降低每位的成本、更高的性能，并且像磁盘一样可以通过接口轻松升级。NAND Flash 以串行的方式连接存储单元，没有专用的地址线，不能直接寻址，复用端口分时传输控制、地址和数据信号，通过一个间接的、类似 I/O 的接口来发送命令和地址进行控制。这就意味着 NAND 闪存只能够以页的方式进行访问，由于对一个存储单元的访问需要多次地址信号的传输，且每次访问 512B、2KB 或 4KB 的数据，NAND Flash 的读取速度较慢。但写操作和擦除操作相比 NOR Flash 较快，且容量大、价格较低。因此，NAND Flash 多被用于数码相机、MP3 播放器、U 盘、笔记本电脑中进行数据存储。

对比 NOR 闪存，NAND 闪存只需要更少的逻辑门就可以存储相同数量的位，因此，NAND 闪存比 NOR 闪存体积更小，存储密度更大。NOR 闪存的读取速度要比 NAND 闪存稍快一些；但是 NAND 闪存的写入速度要比 NOR 闪存快许多。NAND 闪存执行擦除操作比较简单，只需要擦除整个块即可。NOR 闪存进行擦除时，需要把所有的位都写为"1"。NOR 闪存虽然具备更快、更简单的访问过程，但是存储能力比较低，因此，比较适合用来进行程序的存储。NAND 闪存可以提供极高的单元存储密度（当前单个芯片具备了32GB 的存储能力），比较适合存储大量的数据，并且写入和擦除的速度也很快；此外，NAND 闪存的读写操作单元通常是一个扇区的大小（即 512KB），这使得 NAND 闪存和磁盘的行为非常类似。

NOR Flash 和 NAND Flash 都将存储单元组织为块阵列，每个块又包含许多个页（通常包括 32、64 或 128 个页），一个页通常是 512B、2KB 或 4KB。因为闪存最初开发的目的是为了取代磁盘，因此，一个闪存页的大小和磁盘扇区大小保持了一致。块是擦除操作的最小单位，擦除操作将块内所有的位置为"1"。页是读、写操作的基本单位。在对页进行写操作（也叫编程操作）之前需要判断该页内所有的位是否为"1"。如果全部为"1"，则可以进行写操作；否则，需要先对整块进行擦除操作。一个页不仅包括数据区域存储用户数据，还包含了一个额外的、小的备用区域，或者称为带外数据（OOB，Out of Band）区域，它存储一系列的管理信息，包括：（1）错误纠正码（ECC，error correcting codes）；（2）与存储在数据区域中的数据对应的逻辑页面编号；（3）页面状态。在写数据的同时，就可以顺便把管理信息写入这些备用区域，额外开销有时候可以忽略不计。对应的大小通常为 512B-32B、2KB-64B、4KB-128B。每个 Flash 页的状态可以是以下三种状态中的一种：（1）有效；（2）无效；（3）自由/擦除。当没有数据被写入一个页时，这个页就处于擦除状态，这时，页中的所有位都是"1"。一个写操作只能针对处于擦除状态的页，然后把这个页的状态改变为有效。异地更新会导致一些页面不再有效，它们被称为无效页。

Flash 存储器在价格、访问延迟、传输带宽、密度和能耗等方面弥补了 RAM 和磁盘之间的差异。与其他存储介质相比，Flash 存储器具有如下优点：

（1）与低读、写延迟和包含机械部件的磁盘相比，Flash 存储器的读、写延迟较低；

（2）统一的读性能，寻道和旋转延迟的消除使得随机读性能与顺序读性能几乎一致；

（3）低能耗，能量消耗显著低于 RAM 和磁盘存储器；

（4）高可靠性，MTBF 比磁盘高一个数量级；

（5）能适应恶劣环境，包括高温、剧烈振动等。

5.4　高速缓冲存储器

CPU 与存储器之间的速度常常是不匹配的，数据存取常常成为计算瓶颈。处理器速度越快，与主存速度之间的差距就越大，所以要采用高速缓冲存储器技术解决 CPU 与主存之间的速度匹配问题。高速缓存是一个容量小、读写速度比内存更快的存储器，插在容量大、速度慢的主存与处理器之间，用来缓解计算机处理器处理指令和数据的速度比从存储器中获取指令和数据速度快的问题。

Cache 的出现主要解决 CPU 不直接访问主存，只与 Cache 交换信息。通过大量典型程序的分析，发现 CPU 从主存取指令或取数据在一定时间内，只是对主存局部地址区域的访问。这是由于指令和数据在主存内都是连续存放的，并且有些指令和数据往往会被多次调用（如子程序、循环程序、递归程序和一些常数等），也即指令和数据在主存的地址分布不是随机的，而是相对的簇聚，使得 CPU 在执行程序时，访存具有相对的局部性，这就叫程序访问的局部性原理。根据这一原理，只要将 CPU 近期要用到的程序和数据提前从主存送到 Cache，那么就可以做到 CPU 在一定时间内只访问 Cache。一般 Cache 采用高速的 SRAM 制作，其价格比主存贵，但因其容量远小于主存，因此能很好地解决速度和成本的矛盾。

当 CPU 向内存中写入或读出数据时，这个数据也被存储进高速缓冲存储器中。当 CPU 再次需要这些数据时，CPU 就从高速缓冲存储器读取数据，而不是访问较慢的内存，当然，如需要的数据在 Cache 中没有，CPU 会再去读取内存中的数据。

5.4.1　Cache 的工作原理

为了充分发挥 Cache 的能力，使得机器的速度能够切实得到提高，必须要保障 CPU 访问的指令或数据大多情况下都能够在 Cache 中找到，这要依靠程序访问的局部性原理。

程序访问的局部性原理是指：对于绝大多数程序来说，程序所访问的指令和数据在地址上不是均匀分布的，而是相对簇聚的。程序访问的局部性包含时间局部性和空间局部性两个方面。

时间局部性（temporal locality）：当前正在使用的指令和数据，在不久的将来还会被使用到。如果使用了指令和数据，将这些指令和数据放入到 Cache 中，后面再用的时候直接从 Cache 中获取。

空间局部性（spatial locality）：当前正在使用的指令和数据，在不久的将来相邻的数据或指令可能会被使用到。这是因为大程序和大数据结构经常是按顺序存放和按顺序访问的。如果使用了指令和数据，需要将相邻的指令和数据也放入到 Cache 中。

所以放入 Cache 中的数据是以块（Line）为单位的，块是数据交换的最小单位。块包含了当前正在使用的指令和数据和相邻的指令和数据，块的大小一般为 4~128 字节。

Cache 的结构原理如图 5-16 所示，主要由以下三大部分组成：

（1）Cache 存储体：存放由主存调入的指令与数据块；

（2）地址映像变换部件：建立目录表（信息标记表）以实现主存地址到缓存地址的转换；

（3）替换算法部件：在缓存已满时按一定策略进行数据块替换，并修改地址转换部件。

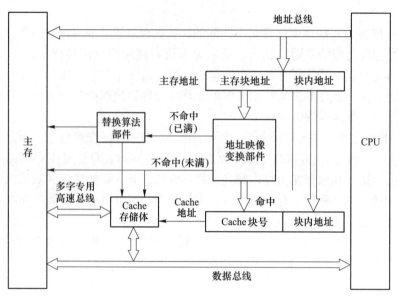

图 5-16　Cache 的结构原理

主存由 2^n 个可编址的字组成，每个字有唯一的 n 位地址。为了与 Cache 映射，将主存与缓存都分成若干块，每块内又包含若干个字，并使它们的块大小相同（即块内的字数相同）。这就将主存的地址分成两段：高 m 位表示主存的块地址，低 b 位表示块内地址，则 $2^m = M$ 表示主存的块数。同样缓存的地址也分为两段：高 c 位表示缓存的块号，低 b 位表示块内地址，则 $2^c = C$ 表示缓存块数，且 C 远小于 M。主存与缓存地址中都用 b 位表示其块内字数，即 $B = 2^b$ 反映了块的大小，称 B 为块长。

任何时刻都有一些主存块处在缓存块中。CPU 欲读取主存某字时，有两种可能：一种是所需要的数据已在缓存中，即可直接访问 Cache（CPU 与 Cache 之间通常一次传送一个字），此种情况称为 CPU 访问 Cache 命中（Cache Hit）；另一种是所需的数据不在 Cache 内，此时需将该数据所在的主存整个字块一次调入 Cache 中，此种情况称 CPU 访问 Cache 不命中（Cache Miss）。如果主存块已调入缓存块，则称该主存块与缓存块建立了对应关系。

由于缓存的块数 C 远小于主存的块数 M，因此，一个缓存块不能唯一地、永久地只对应一个主存块，故每个缓存块需设一个标记用来表示当前存放的是哪一个主存块，该标记的内容相当于主存块的编号。CPU 读信息时，要将主存地址的高 m 位（或 m 位中的一部分）与缓存块的标记进行比较，以判断所读的信息是否已在缓存中。

Cache 的容量与块长是影响 Cache 效率的重要因素，通常用"命中率"来衡量 Cache 的效率。命中率是指 CPU 要访问的信息已在 Cache 内的比率。一般而言，Cache 容量越大，其 CPU 的命中率就越高。当然也没必要太大，太大会增加成本，而且当 Cache 容量达到一定值时，命中率已不因容量的增大而有明显的提高。因此，Cache 容量是总成本价与命中率的折衷值。如 80386 的主存最大容量为 4GB，与其配套的 Cache 容量为 16KB 或

32KB，其命中率可达95%以上。

块长与命中率之间的关系更为复杂，它取决于各程序的局部特性。当块由小到大增长时，起初会因局部性原理使命中率有所提高。由局部性原理指出，在已被访问字的附近，近期也可能被访问，因此，增大块长，可将更多有用字存入缓存，提高其命中率。可是，倘若继续增大块长，很可能命中率反而下降，是因为所装入缓存的有用数据反而少于被替换掉的有用数据。由于块长的增大，导致缓存中块数的减少，而新装入的块要覆盖旧块，很可能出现少数块刚刚装入就又被覆盖，因此命中率反而下降。再者，块增大后，追加上的字，距离所访问的字更远，也更少会在近期用到。块长的最优值是很难确定的，一般每块取4至8个可编址单位（字或字节）较好，也可取一个主存周期所能调出主存的信息长度。

5.4.2 Cache 的读写操作

CPU 按照主存地址编址读取指令和数据，在访问主存之前 CPU 先访问高速缓冲存储器，判断该指令和数据是否在 Cache 中，如果在 Cache 内，则为"命中"，直接对 Cache 进行操作，不再访问主存；不在，则为"不命中"，此时要访问主存，速度就会降下来。

图 5-17 是 CPU 完成读操作的流程图。

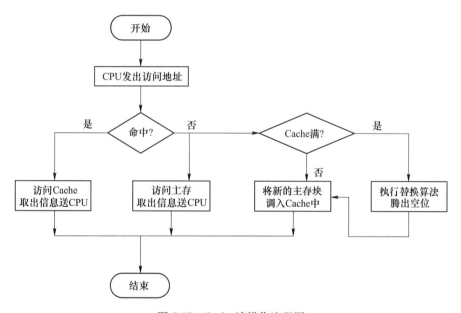

图 5-17　Cache 读操作流程图

Cache 写操作比较复杂，目前主要采用以下几种方法：①写直达法；②写回法；③信息只写入主存，同时将相应的 Cache 块有效位置"0"，表明此 Cache 块已失效，需要时从主存调入。还有一种可能，被修改的单元根本不在 Cache 内，因此写操作只对主存进行。关于前两种方法将在 5.4.3 节中介绍。

将主存地址映射到缓存中定位称为地址映射，将主存地址变换成缓存地址称为地址变换，当新的主存块需要调入缓存中，而它的可用位置又被占用时，需根据替换算法解决调入问题。

　　CPU 是按主存地址进行访问的，当命中时，主存的地址长于 Cache 地址，如何把长地址转换成 Cache 短地址，这需要地址变换硬件逻辑电路。另外主存内容放到 Cache 中的什么地方？如何存放？这称为地址映射方法。

5.4.2.1　直接映射的 Cache 方式

　　一个主存块只能映射到 Cache 中的唯一一个指定块的地址映射方式称为直接映射（Direct Mapping）。

　　以 Cache 存储体容量为单位，将主存储体划分为若干个和 Cache 存储体大小相等的区域。每个区的大小和 Cache 存储体的大小相等，每个区包含的字块数和 Cache 存储体包含的字块数相等。每个区的字块进行编号时，可以编号 2^c-1，在进行映射的时候，任何一个区的第 0 块只能存放在 Cache 存储的第 0 块，任何一个区的第 1 块只能存放在 Cache 存储的第 1 块中。即每个缓存块 i 可以和若干个主存块对应，每个主存块 j 只能和一个缓存块对应。

　　对于这种方式，如果 CPU 给出一个地址，可以把地址分为三部分：主存字块标记，Cache 字块地址，块内偏移。主存字块标记对应主存字块编号，Cache 字块地址对应 Cache 字块地址，块内偏移就是块内地址。

　　因为 Cache 中的第 0 块，装载的可以是主存储体中任意一个区域的第 0 块，所以要把区号写在标记中。当 CPU 给出地址访问 Cache 的时候，先通过 Cache 字块地址确定读取的是 Cache 中的哪一个块，再通过比较器比较这个块的标记和 CPU 给定地址的主存字块标记是否相等，如果是，则表示要访问的数据已经被加载进了 Cache，可以直接从 Cache 中进行获取。

　　假设某机主存容量为 1MB，Cache 为 4KB，按 256 字节大小划分为一块，那么主存划分为 4096 块，主存块地址长度为 12 位，Cache 将划分为 16 块，Cache 块地址长度为 4 位，主存与 Cache 的块内地址都为 8 位，如图 5-18（b）所示，主存按 Cache 大小划分成 256 个区，每个区都是 16 块、每个区的第 0 块只能装入 Cache 中的第 0 块，每个区的第 1 块只能入 Cache 中的第 1 块，…，依此类推，每个区的第 15 块只能放入 Cache 中的第 15 块中。这样主存的 12 位块地址，又可再分为最高 8 位代表区地址，中间 4 位为区内块号，它对应 Cache 的块地址，主存地址如何转换到 Cache 地址的关键是建立一个块表（即 Cache 信息标志表），如图 5-18（a）所示，块表共有 16 个单元行，每个单元行存放主存的相应块是否在 Cache 中的信息。例如，块表第 0 行，采用直接映射方式，第 1 区的第 0 块若在 Cache 中，则块表第 0 行存放第 1 区的区号；若第 j 区的第 i 块在 Cache 中，则块表第 i 行存放第 j 区的区号；依此类推，i 可以等于 j。也就是说块表中第 k 行单元存放的区号，表明主存该区内的第 k 块已调入 Cache 第 k 块中。

　　地址变换方法如图 5-18（a）所示，$b=8$，$c=4$，$t=8$，CPU 给出 1M 内存的 20 位地址，先按中间 4 位地址（表示区内块号地址）查找 Cache 信息标记表（简称块表），块表的行数等于 Cache 块数（本例中共有 16 行），找到对应行、块表中每行装有区号，把表中对应行的区号取出与主存地址的区号比较，如果相等，则命中（即本区的第 k 块在 Cache 中），此时把主存区内块号与字块内地址相拼形成 Cache 地址，按 Cache 地址存取相应单元内容。如果失败则转失败处理。

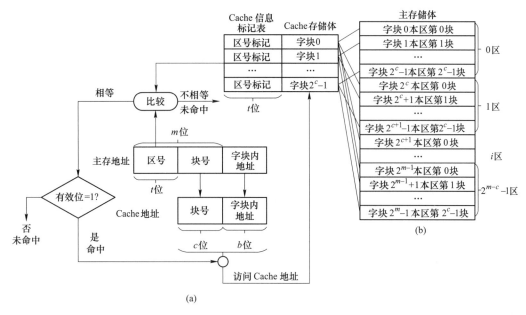

图 5-18 Cache 的直接映射和地址变换方法

（a）地址变换方法；（b）Cache 的直接映射

块表存放在高速小容量存储器中，其中包括两部分：数据块在主存的区号和有效位。块表的容量与缓存的块数相同。

直接映射方式的优点是地址变换方法的硬件实现简单，特别是块表可采用静态存储器构成，另外可以直接根据块号确定 Cache，Cache 地址可从主存地址中直接提取生成，根据区号判断要读取的块是否被加载进了 Cache。它的缺点是不太灵活，Cache 的存储空间得不到充分利用。由于任何一个区的第 0 块只能存放在 Cache 存储的第 0 块，任何一个区的第 1 块只能存放在 Cache 存储的第 1 块中，就算有其他空闲也不能存入。例如，需将主存第 1 区第 0 块和第 254 区第 0 块同时复制到 Cache 中，按规定它们只能映射到 Cache 中第 0 块，即使 Cache 其他块空闲，也只能有一个块调入 Cache 中，另一块不能调入，只好两块数据轮流调入/调出 Cache。这种映射使得 Cache 的利用率很低，Cache 在调入的时候，冲突的概率很大，命中率低。

5.4.2.2 全相联映射

内存中的每一块可映射到 Cache 中的任何块称为全相联映射，如图 5-19（b）所示。其工作方式为只要 Cache 中有空闲块，主存就可调入，直到 Cache 装满后才有冲突。全相联映射的地址变换方法如图 5-19（a）所示。

主存地址分为两段：块号和字块内地址。全相联映射方式中块表由两部分内容构成，第一部分为主存块号标志区，用来存放主存块号，第二部分为 Cache 块号区用来存放 Cache 块号。此块表由相联存储器构成。按照主存块号与块表中主存块号标志区进行比较（比较是逐一比较），若有相等的，则从块表中取出 Cache 块号与块内地址拼接形成 Cache 地址；若全部比较后没有相等的，则需要淘汰某块，调入此块。

全相联方式在 Cache 中的块全部装满后才会出现块冲突，而且可以灵活地进行块的分

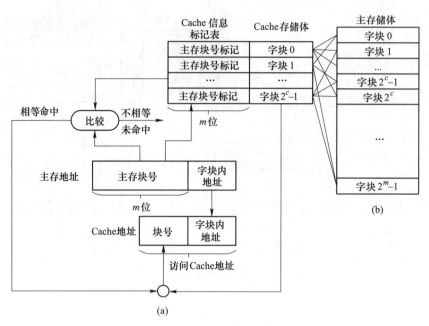

图 5-19　Cache 的全相联映射和地址变换方法
（a）地址变换方法；（b）Cache 的全相联映射

配，所以块冲突的概率低，Cache 的利用率高。但全相联需要一个复杂硬件实现替换策略，而且块表必须采用价格昂贵的相联存储器（集成度低，不能做大），所以全相联方式一般用于容量比较小的 Cache 中。它的另一个缺点是速度比较慢，因为 CPU 发出取数据地址，要确定要读取的数据是否在 Cache 中，需要和 Cache 中所有块的标记进行比较，如果相等就命中；而且需要使用主存字块进行比较是否命中，参加比较的位数比较长，比较器的位数也比较长。

5.4.2.3　组相联映射

组相联映射指的是将存储空间分成若干组，一组内再分成若干块，组与组之间采用直接映射，组内块与块之间采用全相联映射。它是前两种方式的融合。主存也按 Cache 的容量分区，每个区又分成若干个组，每个组包含若干个块，Cache 也进行同样的分组。

比如主存为 1MB，Cache 为 4KB，块大小为 256B，Cache 分成 4 个组，每组分为 4 块；主存分为 256 区，每区分成 4 组，每组分为 4 个块。映射规则为主存每个区中的第 0 号组只能直接映射到 Cache 中的第 0 组，依此类推，每区中的第 3 组只能直接映射到 Cache 中的第 3 组；组内各块采用全相联映射，即主存中某组内 4 块的任何一块，可映射到对应 Cache 组内 4 块中的任一块。例如主存中第 0 区第 1 组的第 2 块，可映射到 Cache 中第 1 组内的任何一块。如图 5-20（b）所示，组相联映射的地址变换方法如图 5-20（a）所示。主存地址分成 4 段，高字段是区号，然后是组号，第三段是组内块号，用于确定该块是组中第几块，低字段是块内地址段。Cache 地址由三部分组成：组号、组内块号和块内地址。

本例中，$t=8$，$r=2$，$c=4$，$b=8$。当 CPU 给出主存地址时：（1）根据主存地址中的组号，查找到块表 16 个单元中的 4 个单元（一块一个单元，一组中有 4 块，对应 4 个单元）；（2）将块表中这 4 个单元的内容与主存 8 位区号和 2 位组内块号进行相联比较，若

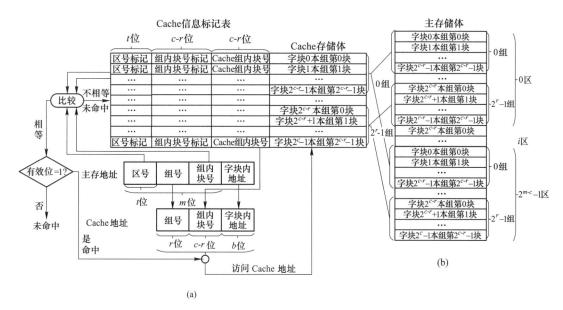

图 5-20　Cache 的组相联映射和地址变换方法

（a）地址变换方法；（b）Cache 的组相联映射

相等则命中；（3）把块表命中单元的 Cache 组内块号放入 Cache 地址中的组内块号，再拼上组号及块内地址就形成了 Cache 地址，若不相等，则转失效处理，进入替换算法，把主存块调入 Cache 中，同时修改块表内容。

这种方式，和直接映射相比，对于主存储器中的每个块，可以放入到 Cache 一组中的多个位置，只要这组中有一个位置空闲，就能被调入。和全相联相比，只需要确定这个块是否在当前组中即可。组相联映射方式虽然结构比较复杂，但是 Cache 利用率高，获取数据效率高，计算简单。对于这种方式，如果 Cache 只有一组，就变成了全相联映射，如果 Cache 每组只有一块（$r=0$），就变成了直接映射。

组相联映射是直接映射和全相联映射的　种折中，其优缺点也介于两者之间，其地址变换机构比全相联映射简单，Cache 利用率和命中率又比直接映射高。

综上：对于以上的三种方式，在不同容量的 Cache 中使用是不一样的。中小容量 Cache 采用全相联映射，此时地址转换机构硬件开销能够容忍，速度影响小，并且 Cache 利用率高。大容量 Cache 采用直接映射，以提高转换速度，减少硬件开销，另外 Cache 块可做大一些，命中率不会降低太多。中容量 Cache 可采用组相联映射，其优、缺点介于两者之间。早期奔腾 80386 采用组相联映射，其 Cache 达到 8KB。另外随着集成技术的提高，当今 Cache 都与 CPU 集成在一个硅晶片上（片内集成），所以微处理器本身都带 Cache，在奔腾 4（P4）微处理器中还单独增加一块晶片用来作二级缓冲存储器，它与 CPU 封装在一起，可更好地解决 CPU 与主存之间速度不匹配的问题。在赛扬微处理器中由于没有二级缓冲存储器，所以它的价格比 P4 要便宜。

以上三种方式在多级 Cache 中使用也不同的。对于接近 CPU 的 Cache，因为需要高速度，所以使用的是直接映射或者是 Cache 每组块个数比较少的组相联映射。中间的层次，采用组相联映射方式。距离 CPU 最远的 Cache，可以采用全相联映射方式，因为距离 CPU

越远，对速度的要求越低，对 Cache 利用率的要求越高。

5.4.2.4　替换策略

当 Cache 已装满，而执行的程序不在 Cache 中，又要把一块内存调入 Cache 里时，就产生淘汰 Cache 中的哪一块的问题。在直接映射方式下，直接淘汰对应块，无须算法决定，因为它们是一一对应的。在全相联和组相联映射方式下，主存中的块可写入 Cache 中的若干位置，这就需要一个算法来确定替换掉 Cache 中的哪一块。

综合命中率、实现的难易及速度的快慢各种因素，替换策略有随机法、先进先出法、最近最少使用法等。

（1）随机替换法（RAND）。随机地确定替换的存储块。设置一个随机数产生器，依据所产生的随机数，确定替换块。这种方法简单、易于实现，但比较盲目，命中率比较低。

（2）先进先出算法（First In First Out，FIFO）。这种算法是对进入 Cache 的块按先后顺序排队，需要替换时，先淘汰最早进入的块。这种算法简单，易于实现，因程序一般多为顺序执行，有其合理性。但当最先调入并被多次命中的块，很可能被优先替换，它不符合访存局部性原理，因为最先调入的存储信息可能是以后还要用到的，或者经常要用到的。这种方法的命中率比随机法好些，但还不满足要求。

（3）最近最少使用算法（Least Recently Used，LRU）。为 Cache 的各块建立一个 LRU 目录，按某种方法记录它们的调用情况，当需要替换时，将最近一段时间内使用最少的块内容予以替换。显然，这是按调用频繁程度决定淘汰顺序的，比较合理，它使 Cache 的访问命中率较高，因而使用较多。但它较 FIFO 算法复杂一些，系统开销稍大。实现 LRU 策略的方法有多种，如计数器法、寄存器栈法及硬件逻辑比较对法等。

特别需要指出的是，因为将主存块调入 Cache 的任务全由机器硬件自动完成，Cache 对用户是透明的，即用户编程时所用到的地址是主存地址，用户根本不知道这些主存块是否已调入 Cache 内。

5.4.3　Cache 与主存的存取一致性

Cache 的内容是主存内容的一部分，是主存的副本，内容应该与主存一致。由于 CPU 写 Cache，没有立即写主存；或 I/O 处理机或 I/O 设备写主存等，从而造成 Cache 与主存对应块的内容不一致的情况，这就产生了更新策略问题。

对 Cache 进行写操作时引起的不一致性有两种解决办法：

（1）接下来直接改写主存单元内容（Write Through），称为写直达法，写操作时数据既写入 Cache 又写入主存，写操作时间就是访问主存的时间，Cache 块退出时，不需要对主存执行写操作，更新策略比较容易实现。

该方法简便易行，在块替换时，可直接扔掉，因 Cache 与主存块始终保持内容一致。但可能影响 CPU 速度，带来系统运行效率不高的问题。

（2）拖后改写主存单元内容（Write Back），称为写回法，写操作时只把数据写入 Cache，并用标志将该块加以注明，而不写入主存，当 Cache 数据被替换出去时才写回主存，使 Cache 与主存保持一致。写操作时间就是访问 Cache 的时间。Cache 块退出时，被替换的块需写回主存，增加了 Cache 的复杂性，但可以提供更高的系统运行效率。这种方法又称标志交换式。

该方法不在快速写入 Cache 中插入慢速的写主存操作，可以保持程序运行的快速性。但因主存中的字块未经随时修改，可能失效，使得可靠性差。

5.4.4 Cache 的分级体系结构

为增加计算机系统中的 Cache 容量，通常可以在已有的 Cache 存储器系统之外，再增加一个容量更大的 Cache，由动态 RAM 构成。此时原有 Cache 为 L1 Cache（例如奔腾机微处理机芯片内的 Cache），新增加的 Cache 则成为 L2 Cache。L2 Cache 的容量比 L1 Cache 的容量要大得多，在 L1 Cache 中保存的信息也一定保存在 L2 Cache 中，但保存的信息比 L1 Cache 中更多。当 CPU 访问 L1 Cache 出现未命中情况时，就去访问 L2 Cache。

若 L1、L2 Cache 的命中率均为 90%，则它们合起来后的命中率为 $1-(1-90\%)\times(1-90\%)=99\%$，而不是 81%。

现在的缓存可分为片载（片内）缓存和片外缓存两级，并将指令缓存和数据缓存分开设置，如 Pentium 有 8K 指令 Cache 和 8K 数据 Cache；Power PC 620 有 32K 指令 Cache 和 32K 数据 Cache。

在大多数 CPU 上，L1 缓存和核心设计在一块芯片上，即片载（片内）缓存，这样使 CPU 可以从最近最快的地方得到数据。如果 CPU 需要的数据不在 L1 缓存中，即"Cache Miss"，从存储设备取数据就要很长时间。通过增加更大容量的 L2 缓存，可提高系统效率。

5.5 虚拟存储器

随着计算机系统软件和应用软件的功能不断增强，某些程序需要很大的内存才能运行，但是计算机本身的物理内存容量比较小，而且在多用户多任务系统中，多用户或多个任务共享全部主存，要求同时执行多道程序。这些同时运行的程序到底占用实际内存中的哪一部分，在编制程序时是无法确定的，必须等到程序运行时才动态分配。在程序运行时，分配给每个程序一定的运行空间，由地址转换部件（硬件或软件）将编程时的地址转换成实际内存的物理地址。如果分配的内存不够，则只调入当前正在运行的或将要运行的程序块（或数据块），其余部分暂时驻留在辅存中。一个大程序在执行时，其一部分地址空间在主存，另一部分在辅存，当所访问的信息不在主存时，则由操作系统而不是程序员来安排 I/O 指令，把信息从辅存调入主存。从效果上来看，好像为用户提供了一个存储容量比实际主存大得多的存储器，用户无需考虑所编制的程序在主存中是否放得下或放在什么位置等问题。称这种存储器为虚拟存储器。

虚拟存储器主要用来解决计算机中主存容量不足的问题，同时要求具备主存的操作速度。它只是一个容量非常大的存储器的逻辑模型，不是任何实际的物理存储器。它借助于磁盘等辅助存储器来扩大主存容量，使之为更大或更多的程序所使用。虚拟存储器指的是主存-外存层次，它以透明的方式为用户提供了一个比实际主存空间大得多的程序地址空间。采用虚拟存储器技术使得内存逻辑容量由内存容量和外存容量之和所决定；存取运行速度接近于内存速度；存储器每位的成本却接近于外存。

所有计算机都遇到主存容量不够的问题，例如，在微机中 Windows 2000 操作系统本身有两百多兆容量，而内存条只有 256MB 容量，当内存全部装入操作系统（OS）后，Office Word 和 Photoshop 大程序就无法再装入内存运行，在计算机中只有装入内存的程序才能由 CPU 取出执行，它不会到硬盘中取程序运行，即硬盘中的程序是 CPU 无法执行的程序，所以按照上面的假设 Word 和 Photoshop 无法装入内存，也就无法执行了。采用虚拟存储技术能把整个硬盘空间全部当成内存使用，通过操作系统的存储管理模块，只把当前要运行的一小段程序调入内存中，大部分不马上运行的程序留在硬盘中，这样内存中就可放入多个用户程序或多个任务程序，也就解决了上面的问题。

虚拟存储器也是利用程序访问局部性原理，一个程序虽然很长，但单位时间内是集中在某个区域中执行的。当 CPU 执行的程序不在主存中时，由操作系统把所需的一个程序从硬盘调进主存。

在虚拟存储器中把用户编写程序的地址叫虚拟地址（也称虚地址或逻辑地址），虚拟地址由编译程序生成，其对应的存储空间称为虚存空间或逻辑地址空间；而计算机物理内存的访问地址则称为实际地址（也称实地址或物理地址），其对应的存储空间称为物理存储空间或主存空间。每个程序的虚地址空间可以远大于实地址空间，也可以远小于实地址空间。有了虚拟机制后，应用程序就可以透明地使用整个虚存空间。每个程序就可以拥有一个虚拟的存储器，它具有辅存的容量和接近主存的访问速度。

程序运行时，将程序由硬盘装入主存供 CPU 执行，就必须进行虚地址到实地址的变换，这个过程称为程序的再定位。根据虚地址变换到实地址的方法不同，可将虚拟存储器的管理方式分成页式、段式和段页式三种虚拟存储器。目前 CPU 已将有关的存储管理硬件集成在 CPU 芯片之内，支持操作系统选用上述三种方式之一。

5.5.1 页式虚拟存储器

页式虚拟存储器是把虚拟存储空间和实际存储空间（主存空间）等分成固定容量的页，各虚拟页（或逻辑页）可装入主存中不同的实际页面位置。主存中的这个页面存放位置称为页框架（page frame）。一个页一般为 1KB、2KB、4KB~64KB。在页式虚拟存储器中，程序中的逻辑地址由基号、虚页号和页内地址三部分组成，实际地址分为页号和页内地址两部分，地址变换机构将虚页号转换成主存的实际页号。基号是操作系统给每个程序产生的地址附加的地址字段，以便区分不同程序的地址空间。在任一时刻，每个虚拟地址都对应一个实际地址，这个实际地址可能在内存中，也可能在辅存中。这种把存储空间按页分配的存储管理方式称为页式管理。

页式管理的关键用硬件构成一个页表，页表长度等于该程序的虚页个数，页表的每一行包括主存页号、页装入位和访问方式等信息。虚页号对应于该页在页表中的行号，页的大小是固定的，因此不在页表中表示。页表是虚拟页号（或称逻辑页号）与实际页号的映像表，它类似 Cache 管理。每个进程所需的页数并不固定，所以页表的长度是可变的。

在页式地址转换过程中，首先根据基号查找页基址表，页基址表一般是 CPU 中的专门寄存器组，其中每一行代表一个运行的程序的页表信息，包括页表起始地址和页表长度。从页基址表中查出页表的起始地址，然后用虚页号在页表中查找实页号，同时判断该页是否装入内存。如果该页已装入内存，则从页表中取出实页号，与页内地址拼接在一起构成物理地址。

例如，在一个采用页式管理的虚拟存储器中，假设某程序地址空间由 16 个页面组成，而主存由 8 个页面组成，用户程序的第 0 页装到内存的第 3 个页框架，第 1 页装到内存的第 5 个页框架，第 2 页装到内存的第 7 个页框架，第 3 页~第 15 页没有装入内存，仍驻留在辅存中，如图 5-21 (a) 所示。它的地址变换方法如图 5-21 (b) 所示。

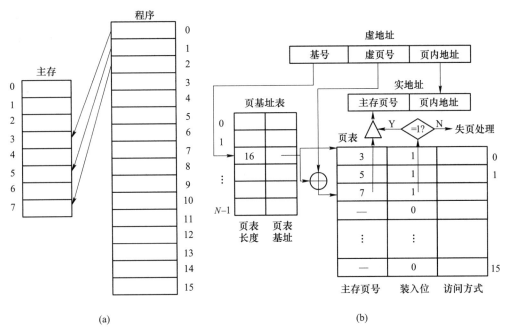

(a)   (b)

图 5-21 页式虚拟存储器

（a）装入内存情况；（b）地址变换方法

根据虚拟地址基号查找页基址表对应行，从页基址表对应行中找到本程序的页表起始地址（页表通常占用一部分内存空间），这个起始地址由操作系统事先分配好。本例中页表包含 16 行，一行表示一个虚页的信息，第 0 行中存放的主存页号为 3，装入位为 1（表示第 0 号虚页已装入内存，放在内存的第 3 页中）；第 1 行中存放的主存页号为 5，装入位为 1；第 2 行中存放的主存页号为 7，装入位为 1；第 3 行中装入位为 0，表示第 3 号虚页未装入主存，第 4 号虚页~第 15 号虚页都未装入主存。页表行数由虚页个数决定。地址变换时以虚页号为页表地址，在页表对应行中先查找装入位，若为"1"，则把本行的主存页号取出，放入实地址高位，再拼接虚地址中的页内地址就得到实地址，去访问主存；若为"0"，则表示本虚页不在主存中，转失页处理，由操作系统负责从硬盘中调入该页。

虚页的替换策略及更新策略与高速缓存 Cache 方法一致，它适合虚拟存储器。

页式存储管理方式的优点是它是面向内存的物理结构，虚、实页面大小都相等，页面的起点和终点地址是固定的，方便编造页表，便于主存与辅存间的调进/调出，不要求程序页面有连续的内存空间，碎片浪费最大以页为单元（碎片：一个程序长度 mod 页长度 = X，页长度−X = 一个碎片），这使存储空间利用率高；只要有空白页，新页就可以调入内存。缺点是内存较大，而页面划分又过小时，则页表太大，页表本身占用的存储空间将很大，页表也要分页管理，工作效率将降低；页长与程序的逻辑大小不相关，不是逻辑上的独立程序实体；一个程序被分配在不连续的内存空间中，这将难以实现存储保护和存储共享，所以处理、保护和共享信息不如段式方便。

由于页表通常在主存中，因而即使逻辑页已经在主存中，也至少要访问两次物理存储器才能实现一次访存，这将使虚拟存储器的存取时间加倍。为了克服读取一次数据访问两次内存的问题（一次查页表，一次读内存），引入快速页表（转换旁路缓冲器，TLB，translation lookaside buffer）。TLB 完全由快速硬件实现，但容量较小，采用类似于 Cache 的关联存储器方式进行访问。

5.5.2　段式虚拟存储器

把辅存上的程序按段的大小装入主存的方式称为段式管理，采用段式管理的虚拟存储器称为段式虚拟存储器。操作系统把大程序按逻辑功能分成若干段，也叫按模块化分段，每个运行的程序只能访问分配给该程序的段对应的主存空间，每个程序都以段内地址访问存储器，如图 5-22（a）所示。操作系统形成的虚拟地址（也叫逻辑地址）由基号、段号和段内地址三部分组成。它的地址变换方法如图 5-22（b）所示。

基号是操作系统为每个用户或任务分配的一个标识号，段号是一个用户或一个任务按程序的模块数分成的若干段，段内地址为用户编写的某模块程序内的逻辑地址，它从 0 开始。

段基址表每个用户或任务占用一行信息，是 CPU 中的专门寄存器组，它指出一个用户的段表起始地址及该用户的段表长度。段表包括段基址、装入位和段长等信息。段号是查找段表所用的序号，一个段号对应段表相应行的信息，段基址中存放该段在内存中的起始地址（由操作系统分配），装入位表示该段是否已装入主存，段长是该段的长度，用于检查访问地址是否越界。段表还包括访问方式字段，如只读、可写和只能执行等，以提供段的访问方式保护。

从虚拟地址（逻辑地址）变换到实地址（内存地址）的过程如下。首先根据基号查找段基址表，从表中取出段表起始地址（段表也存在内存中），然后与段号相加，得到该段在段表中对应的行地址，从段表中取出该段在内存中的起始地址，同时判断该段是否装入内存，如果该段已装入内存，则把段起始地址与段内地址相加，构成被访问数据的物理地址；如果未装入，则转失效处理，采用替换策略装入新段。段表信息也存放在一个段中，常驻内存。

分段通常对程序员是可见的，因而分段为组织程序和数据提供了方便。

段式存储管理方式的优点是段的分界与程序的自然分界对应，段逻辑上的独立性，使其易于编译、管理、修改和保护，也便于多道程序共享；段长可以根据需要动态改变，允

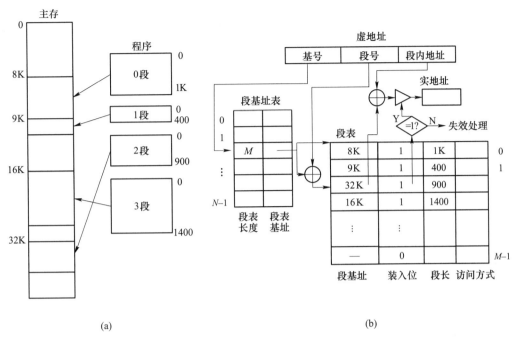

图 5-22　段式虚拟存储器
（a）装入内存情况；（b）地址变换方法

许自由调度，以便有效利用主存空间。缺点是主存空间分配比较麻烦；容易在段间留下许多外碎片，造成存储空间利用率降低；由于段长不一定是 2 的整数次幂，因而不能简单地像分页方式那样用虚地址和实地址的最低若干二进制位作为段内偏移量，并与段号进行直接拼接，必须用加法操作通过段地址与段内偏移量的求和运算求得物理地址。因此，段式存储管理比页式存储管理方式需要更多的硬件支持。

5.5.3　段页式虚拟存储器

段式管理和页式管理各有优点和缺点。段页式管理是两者的结合，它将存储空间按逻辑模块分成段，每段又分成若干个页。这种访/存通过一个段表和若干个页表进行。段的长度必须是页长的整数倍，段的起点必须是某一页的起点。在段页式虚拟存储器中，虚拟地址被分为基号、段号、页号和页内地址 4 个字段。在地址映像时，首先根据基号查找段基址表，从表中查出段表的起始地址，然后用段号从段表中查找该段的页表的起始地址，之后根据段内页号从页表中查找该页在内存中的起始地址，即实页号。同时判断该段是否装入内存，如果装入，再查页表，判断该页是否装入，该页若装入，生成实地址，若没有装入，转失页处理，如果该段没有装入，则转失段处理，不再查页表。实页号与页内地址拼接在一起构成被访问数据的物理地址。这种方法如图 5-23 所示。

段页式管理的段页式虚拟存储器的优点是页式和段式二者优点的结合，它同时允许段长大于内存空间；其缺点是在由虚地址向主存地址的映射过程中要经过三次读内存操作，第一次读段表得到页表首地址，第二次读页表得到实页号，第三次才形成实地址读得数

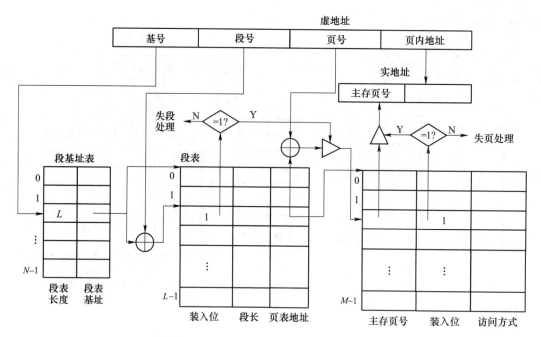

图 5-23　段页式虚拟存储器地址转换方法

据，需要花费时间，降低了地址变换的速度，因而实现复杂度较高。为解决此问题可采用相联存储器，在 CPU 内建立快表，使变换加快，快表是把段表与页表的部分内容复制到 CPU 中。大型机采用段页式管理，高档 Pentium 微机也采用段页式存储管理，早期的微机采用段式管理，早期的小型机采用页式管理。

　　虚拟存储器也涉及替换策略及更新策略，与 Cache 方法类似。虚存的替换算法与 Cache 的替换算法区别在于：

　　（1）Cache 的替换全部靠硬件实现，而虚拟存储器的替换算法有操作系统的支持。

　　（2）虚存缺页对系统性能的影响比 Cache 未命中要大得多（因为调页需要访问辅存，并且要进行任务切换）。

　　（3）虚存页面替换的选择余地很大，属于一个进程的页面都可替换。

　　对于将被替换出去的页面，假如该页面调入主存后没有被修改，就不必进行处理。否则，把该页重新写入外存，以保证外存中数据的正确性。为此，在页表的每一行应设置修改位。

5.5.4　Cache 与虚拟存储器的异同

　　Cache 与虚拟存储器的相同点：

　　（1）两者都是为了提高存储系统的性能价格比，即使存储系统的性能接近高速存储器。

　　（2）都是基于程序局部性原理。一个程序运行时，只会用到程序和数据的一小部分，仅把这部分放到比较快速的存储器中即可，其他大部分放在速度低、价格便宜、容量大的存储器中，这样可以以较低的价格实现较高速的运算。

Cache 与虚拟存储器的不同点：

（1）在虚拟存储器中未命中的性能损失要远大于 Cache 系统中未命中的损失。因为主存和 Cache 的速度相差 5~10 倍，而外存和主存的速度相差上千倍。

（2）Cache 主要解决主存与 CPU 的速度差异问题，而虚拟存储器主要解决存储容量问题。

（3）CPU 与 Cache 和主存之间均有直接访问通路，Cache 不命中时可直接访问主存。而虚拟存储器所依赖的辅存与 CPU 之间不存在直接的数据通路，当主存不命中时只能通过调页解决，CPU 最终还是要访问主存。

（4）Cache 的管理完全由硬件完成，对系统程序员和应用程序员均透明。而虚拟存储器管理由软件（操作系统）和硬件共同完成，虚拟存储器对实现存储管理的程序员是不透明的（段式和段页式管理对应用程序员"半透明"）。

5.6　半导体存储器扩展技术

在实际应用中，由于单片存储芯片的容量总是有限的，很难满足实际存储容量的要求，因此需要将若干个存储芯片连接在一起，构成大容量的存储器，这就是存储器的扩展。需要考虑多块芯片与系统总线之间的数据线的连接、地址线的连接和控制线的连接。存储器芯片的扩展通常有位扩展、字扩展，以及字和位同时扩展三种方式。

5.6.1　位扩展

位扩展（增加存储字长）是指存储芯片的字数（单元个数）满足要求而位数不够，需对每个存储单元的位数进行扩展。图 5-24 给出了使用 8 片 8K×1 位的 RAM 芯片通过位扩展构成 8K×8 位的存储器系统的连线图。

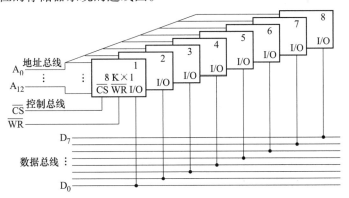

图 5-24　用 8K×1 位芯片组成 8K×8 位的存储器

位扩展的基本步骤：

（1）确定每个芯片的地址管脚数、数据管脚数；

（2）整个存储空间与存储芯片的地址空间一致，所以其所需的地址总线也是一样；

（3）计算所需存储器芯片的数量，确定每个存储器芯片在整个存储空间中的地址空间范围、位空间范围；

（4）所有芯片的地址管脚全部连接到地址总线对应的地址线上；

（5）同一字空间的存储芯片片选信号连在一起；

（6）不同位空间的数据线连接到对应的数据总线上；

（7）所有芯片的片选逻辑连接在一起；

（8）统一读写控制。

由于存储器的字数与存储器芯片的字数一致，$8K = 2^{13}$，故只需 13 根地址线（$A_{12} \sim A_0$）对各芯片内的存储单元寻址，每一芯片只有一条数据线，所以需要 8 片这样的芯片，将它们的数据线分别接到数据总线（$D_7 \sim D_0$）的相应位。在此连接方法中，每一条地址线有 8 个负载（同时接到 8 片存储器相同的位），每一条数据线有一个负载（只接到 1 片存储器）。位扩展法中，所有芯片都应同时被选中，各芯片片选端可直接接地，也可并联在一起，根据地址范围的要求，与高位地址线译码产生的片选信号相连。对于此例，若地址线 $A_0 \sim A_{12}$ 上的信号为全 0，即选中了存储器 0 号单元，则该单元的 8 位信息由各芯片 0 号单元的 1 位信息共同构成。

可以看出，位扩展的连接方式是将各芯片相应的地址线、片选 $\overline{CS}$、读/写控制线并联，而数据线要分别引出。

5.6.2　字扩展

字扩展（增加存储字的数量）用于存储芯片的位数满足要求而字数不够（存储单元数不够）的情况，是对存储单元数量的扩展。图 5-25 给出了用 4 个 16K×8 位芯片经字扩展构成一个 64K×8 位存储器系统的连接方法。

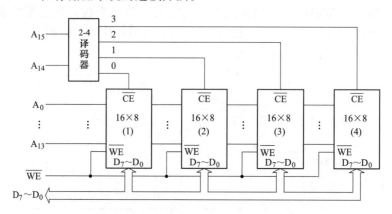

图 5-25　用 16K×8 位芯片组成 64K×8 位的存储器

图中 4 个芯片的数据端都与数据总线 $D_7 \sim D_0$ 相连；地址总线低位地址 $A_{13} \sim A_0$ 与各芯片的 14 位地址线连接（$16K = 2^{14}$），用于进行存储器芯片的片内寻址；为了区分 4 个芯片的地址范围，还需要两根高位地址线 A_{14} 和 A_{15}，经 2-4 译码器译出 4 根片选信号线，分别和 4 个芯片的片选端相连。各芯片的地址范围见表 5-5。

可以看出，字扩展的连接方式是将各芯片的地址线、数据线、读/写控制线并联，而由片选信号来区分各片地址。也就是将低位地址线直接与各芯片地址线相连，以选择片内的某个单元；用高位地址线经译码器产生若干不同片选信号，连接到各芯片的片选端，以确定各芯片在整个存储空间中所属的地址范围。

表 5-5　图 5-25 中各芯片地址空间分配表

片号	$A_{15}A_{14}$	$A_{13}A_{12}A_{11}\cdots A_1A_0$	说明
1	00	000…00	最低地址（0000H）
	00	111…11	最高地址（3FFFH）
2	01	000…00	最低地址（4000H）
	01	111…11	最高地址（7FFFH）
3	10	000…00	最低地址（8000H）
	10	111…11	最高地址（BFFFH）
4	11	000…00	最低地址（C000H）
	11	111…11	最高地址（FFFFH）

5.6.3　字位扩展

在实际应用中，往往会遇到字数和位数都需要扩展的情况。

若使用 $l\times k$ 位存储器芯片构成一个容量为 $M\times N$ 位（$M>l$，$N>k$）的存储器，那么这个存储器共需要 $(M/l)\times(N/k)$ 个存储器芯片。连接时可将这些芯片分成 M/l 个组，每组有 N/k 个芯片，组内采用位扩展法，组间采用字扩展法。

图 5-26 给出了用 2114（1K×4bit）RAM 芯片构成 4KB 存储器的连接方法。

图中将 8 片 2114 芯片分成了 4 组（RAM1、RAM2、RAM3 和 RAM4），每组 2 片。组内用位扩展法构成 1K×8bit 的存储模块，4 个这样的存储模块用字扩展法连接便构成了 4K×8bit 的存储器。用 $A_9 \sim A_0$ 10 根地址线对每组芯片进行片内寻址，同组芯片应被同时选

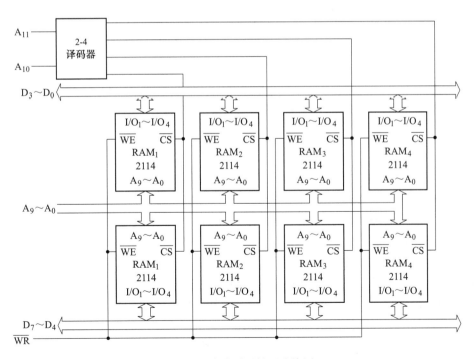

图 5-26　字位同时扩展连接图

中，故同组芯片的片选端应并联在一起。本例用 2-4 译码器对两根高位地址线 $A_{10} \sim A_{11}$ 译码，产生 4 根片选信号线，分别与各组芯片的片选端相连。

5.7 半导体存储器设计及实例

CPU 对存储器进行访问时，首先要在地址总线上发地址信号，选择要访问的存储单元，还要向存储器发出读/写控制信号，最后在数据总线上进行信息交换。因此，存储器与 CPU 的连接实际上就是存储器与三总线中相关信号线的连接。

（1）存储器与控制总线的连接。在控制总线中，与存储器相连的信号线为数不多，如 8086/8088 最小方式下的 $M/\overline{IO}$（8088 为 $\overline{M}/IO$）、$\overline{RD}$ 和 $\overline{WR}$，最大方式下的 $\overline{MRDC}$、$\overline{MWTC}$、$\overline{IORC}$ 和 $\overline{IOWC}$ 等。连接也非常简单，有时这些控制线（如 $M/\overline{IO}$）也与地址线一同参与地址译码，构成片选信号。

（2）存储器与数据总线的连接。对于不同型号的 CPU，数据总线的数目是不同的，连接时要特别注意。

8086 CPU 的数据总线有 16 根，其中高 8 位数据线 $D_{15} \sim D_8$ 接存储器的高位库（奇地址库），低 8 位数据线 $D_7 \sim D_0$ 接存储器的低位库（偶地址库），根据 $\overline{BHE}$（选择奇地址库）和 A_0（选择偶地址库）的不同状态组合决定对存储器做字操作还是字节操作。图 5-27 给出了由两片 6116（2K ×8bit）构成的 2K 字（4K 字节）的存储器与 8086 CPU 的连接情况。

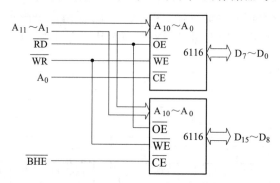

图 5-27　6116 与 8086 CPU 的连接

8088 CPU 的数据总线有 8 根，存储器为单一存储体组织，没有高低位库之分，故数据线连接较简单。

（3）存储器与地址总线的连接。前面已经提到，对于由多个存储芯片构成的存储器，其地址线的译码被分成片内地址译码和片间地址译码两部分。片内地址译码用于对各芯片内某存储单元的选择，而片间地址译码主要用于产生片选信号，以决定每一个存储芯片在整个存储单元中的地址范围，避免各芯片地址空间的重叠。片内地址译码在芯片内部完成，连接时只需将相应数目的低位地址总线与芯片的地址线引脚相连。片选信号通常要由高位地址总线经译码电路生成。地址译码电路可以根据具体情况选用各种门电路构成，也可使用现成的译码器，如 74LS138（3-8 译码器）等。

片间地址译码一般有线选法、部分译码和全译码等方法。

（1）线选法是直接将某高位地址线接某存储芯片片选端，该地址线信号为 0 时选中所连芯片，然后再由低位地址对该芯片进行片内寻址。线选法不需要外加专门的逻辑电路和译码电路，线路的连接简单。线选法的缺点是可寻址的地址范围减少，即寻址能力的利用率太低，使大量地址空间浪费，不能充分利用系统的存储空间。可用于小型微机系统或芯片较少时。

（2）全译码是除了地址总线中参与片内寻址的低位地址线外，其余所有高位地址线全部参与片间地址译码。全译码法不会产生地址码重叠的存储区域，对译码电路要求较高。

（3）部分译码是线选法和全译码相结合的方法，即利用高位地址线译码产生片选信号时，有的地址线未参加译码。这些空闲地址线在需要时还可以对其他芯片进行线选。部分译码会产生地址码重叠的存储区域。

存储器系统设计时还需考虑以下问题：

（1）CPU 总线的负载能力：CPU 的总线驱动能力有限。一般输出线的直流负载能力为一个 TTL 负载，存储芯片多为 MOS 电路，直流负载很小，主要负载为电容负载。因此小型系统中，CPU 可直接与存储芯片连接；当构成大容量存储器系统时，还应考虑总线的驱动问题。

（2）CPU 时序与存储芯片存取速度配合：设计存储器系统时必须考虑存储芯片的工作速度是否能与 CPU 的读/写时序匹配的问题，应从存储芯片工作时序和 CPU 时序两方面考虑。

【例 5-1】　设有一处理器有 16 位地址线，采用 2114（1K×4bit）芯片扩展组成容量为 4K×8bit 存储器，要求采用全译码方式，并写出各芯片的地址范围。

分析：由于需要进行字、位同时扩展才能满足存储器的容量要求。图 5-26 也可实现要求的存储器容量设计，但是采用的是部分译码方式。题目要求采用全译码方式，故所有高位地址（$A_{15} \sim A_{10}$）均参与译码，存储器芯片与 CPU 的连接电路如图 5-28，根据连接线路可以写出各组芯片的地址范围如表 5-6。

表 5-6　各组芯片的地址范围

片号	地 址		
	$A_{15} \sim A_{10}$	$A_9 \sim A_0$	地址范围
1	000000	0000000000 1111111111	最低地址（0000H） 最高地址（03FFH）
2	000001	0000000000 1111111111	最低地址（0400H） 最高地址（07FFH）
3	000010	0000000000 1111111111	最低地址（0800H） 最高地址（0BFFH）
4	000011	0000000000 1111111111	最低地址（0C00H） 最高地址（0FFFH）

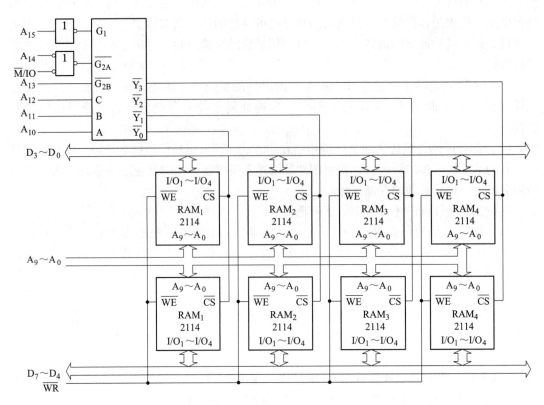

图 5-28　字位同时扩展连接图

【例 5-2】　用 6264(8K×8bit) 芯片组成一个存储容量为 8K 字（即 16KB）的存储空间，需要多少个芯片？若采用全译码方法寻址，地址范围为 A8000H～ABFFFH，请画出其与 8086 CPU 的连接线路图。

分析：（1）16KB/8KB＝2，所以需要 2 个芯片。

（2）要使地址范围为 A8000H～ABFFFH，其地址线状态为：

A_{19}	A_{18}	A_{17}	A_{16}	A_{15}	A_{14}	A_{13}	A_{12}	⋯	A_0
1	0	1	0	1	0	0	0	⋯	0
				⋯					
1	0	1	0	1	0	1	1	⋯	1

可以看出，需要 A_{19}～A_{14} 状态为 101010。采用全译码方法，A_{13}～A_1 为片内寻址地址线；A_{16}～A_{14} 为 74LS138 译码器的输入，译码器输出 $\overline{Y_2}$ 为芯片片选信号，具体连接电路图如图 5-29 所示。

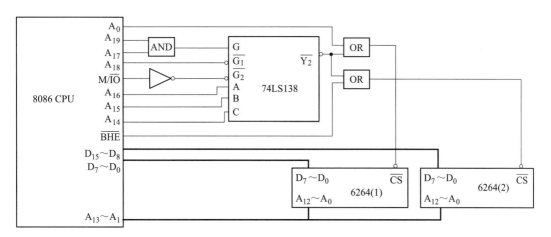

图 5-29　存储器设计接线电路图

习　题

5-1 单选题

1. 已知某 EPROM 芯片的地址线为 $A_0 \sim A_{18}$，数据线为 $D_0 \sim D_7$，则它的容量为_____。

  A. 128KB 　　　　　　 B. 256KB 　　　　　　 C. 512KB 　　　　　　 D. 1024KB

2. 16K 字节的 SRAM 芯片应有_____根地址输入端。

  A. 12 　　　　　　　　 B. 13 　　　　　　　　 C. 14 　　　　　　　　 D. 15

3. 由 16K×4 位芯片组成 32KB 存储器模块需要_____片 RAM。

  A. 2 　　　　　　　　　 B. 4 　　　　　　　　　 C. 8 　　　　　　　　　 D. 16

4. 主存和 CPU 之间增加高速缓存的目的是_____。

  A. 解决 CPU 和主存之间的速度匹配问题　　 B. 解决 CPU 和辅存之间的速度匹配问题

  C. 扩大存储器容量　　　　　　　　　　　　 D. 既扩大内存容量，又提高存取速度

5. 要使 74LS138 译码器的 $\overline{Y_0} \sim \overline{Y_7}$ 引脚的某一位为低电平 L，则正确的控制端电平为_____。

  A. G=L，$\overline{G_{2A}}$=L，$\overline{G_{2B}}$=L 　　　　　　　 B. G=H，$\overline{G_{2A}}$=H，$\overline{G_{2B}}$=H

  C. G=H，$\overline{G_{2A}}$=L，$\overline{G_{2B}}$=L 　　　　　　　 D. G=L，$\overline{G_{2A}}$=H，$\overline{G_{2B}}$=H

6. 下面关于半导体存储器组织叙述中，错误的是_____。

  A. 存储器的核心部分是存储体，由若干存储单元构成

  B. 存储单元由若干存放 0 和 1 的存储元件构成

  C. 一个存储单元有一个编号，就是存储单元地址

  D. 同一个存储器中，每个存储单元的宽度可以不同

7. 需要定时刷新的半导体存储器芯片是_____。

  A. SRAM 　　　　　　 B. DRAM 　　　　　　 C. EPROM 　　　　　 D. Flash Memory

8. 计算机的存储器采用分级方式是为了_____。

  A. 方便编程　　　　　　　　　　　　　　　 B. 解决容量、速度、价格三者之间的矛盾

  C. 保存大量数据方便　　　　　　　　　　　 D. 操作方便

9. 在 Cache 存储器系统中，当程序正在执行时，由_____完成地址变换。

  A. 程序员 　　　　　 B. 硬件 　　　　　 C. 硬件和软件 　　　　 D. 操作系统

10. 在 Cache 中，常用的替换策略有：随机法、先进先出法、近期最少使用法，其中局部性原理有关的是_____。

    A. 随机法　　　　　　　B. 先进先出法　　　　　C. 近期最少使用法　　D. 都不是

11. 关于虚拟存储器，下列说法正确的是_____。

    （1）虚拟存储器利用了局部性原理

    （2）页式虚拟存储器的页面如果很小，主存中存放的页面数较多，导致缺页频率较低，换页次数减少，最终可以提升操作速度

    （3）页式虚拟存储器的页面如果很大，主存中存放的页面数较少，导致页面调度频率较高，换页次数增加，降低操作速度

    （4）段式虚拟存储器中，段具有逻辑独立性，易于实现程序的编译、管理和保护，也便于多道程序共享

    A.（1）（2）（3）　　B.（1）（3）（4）　　C.（1）（2）（4）　　D.（2）（3）（4）

12. 若由高速缓存、主存和硬盘构成三级存储系统，则 CPU 访问该存储系统时发送的地址为_____。

    A. 高速缓存地址　　　B. 虚拟地址　　　　　C. 主存物理地址　　　D. 磁盘地址

5-2　填空题

1. 存储器中存放计算机系统工作所需的信息有_____。

2. Intel 6116（2K×8bit）芯片的地址线为_____条，数据线为_____条。

3. Intel 2114（1K×4bit）芯片的地址线为_____条，数据线为_____条。

4. Intel 2732A（4K×8bit）芯片的地址线为_____条，数据线为_____条。

5. 用 8 片 2164 DRAM（64K×1bit）芯片可构成_____容量的存储器，地址线为_____条，数据线为_____条。

5-3　应用题

1. 现有 1024K×1bit 静态 RAM 芯片，若要组成存储容量为 64K×8bit 的存储器，共需要多少片 RAM 芯片？应分为多少组芯片？共需要多少根片内地址选择线？共需要多少根芯片选择线？

2. 设有一个具有 20 位地址和 32 位字长的存储器，问：（1）该存储器能存储多少个字节的信息？（2）如果存储器由 512K×8 位的 SRAM 芯片组成，需多少片？（3）需多少位地址作芯片选择？

6 输入输出和中断技术

本章在介绍接口电路基本概念的基础上，介绍 CPU 与输入/输出设备间的信号，I/O 接口的功能及基本组成，CPU 与外设间的四种数据传送方式（无条件传送方式、查询传送方式、中断传送方式及 DMA 传送方式）的原理与应用。详细介绍中断的基本概念、中断处理过程、中断优先级及中断嵌套，然后介绍 8086/8088 中断源类型、中断向量表、中断服务程序的设计，以可编程中断控制器 8259A 为例介绍其结构和功能、工作方式、与 CPU 的连接及编程应用。最后介绍可编程 DMA 控制器 8237A 的结构、功能及应用编程。

6.1 输入输出系统

6.1.1 I/O 接口概述

微型计算机无论是用于科学计算、数据处理或实时控制，都需要与输入/输出设备或被控对象之间频繁地交换信息。例如要通过输入设备把程序、原始数据、控制参数、被检测的现场信息送入计算机处理，而计算机则要通过输出设备把计算结果、控制参数、控制状态输出、显示或送给被控对象。

CPU 和外界交换信息的过程称为输入/输出（Input/Output，简称 I/O），即通信。常用的输入设备有键盘、鼠标、摄像头、扫描仪、光笔、手写输入板、游戏杆、语音输入装置等等；常用的输出设备有 CRT 显示终端、打印机、绘图仪、影像输出系统、语音输出系统、软、硬磁盘机等。输入设备和输出设备统称为外部设备，简称外设或 I/O 设备。

由此可见，为了完成一定的实际任务，微型计算机都必须与外界广泛地进行信息交换和传输。一般来说，任何一台外部设备都不能直接与微机系统相连，都必须通过 I/O 接口电路与微机系统总线相连，这是因为：

（1）外部设备的种类繁多、速度不匹配。外部设备可以是机械的、机电式的或其他形式的，传送的速率相差较大，可以是手动式键盘（输入字符速度为秒级），也可以是磁盘机，它能以几兆/秒甚至更高的速度传送信息。

（2）信号类型和电平幅度不匹配。输入、输出的信号类型不同，可以是数字量、模拟量（电压、电流）也可以是开关量，但 CPU 使用的信号都是二进制数字信号，且是标准的 TTL 电平，即数据表示采用二进制，+5V 等价于逻辑"1"，0V 等价于逻辑"0"。

（3）信号格式不匹配。输入、输出信号的类型等也是各种各样，有串行的，有并行的等等，CPU 系统总线传送的都是并行数据。

（4）时序不匹配。各种外设工作原理不同、结构不同，都有适应自己工作原理的定时和控制逻辑，而这些定时与 CPU 的时序往往是不一样的。

总之，由于输入/输出设备的多样性，使得它不可能直接与 CPU 相连，必须通过一个中间环节——I/O 接口来协调这些矛盾，实现信息交换。

I/O 接口：就是使微处理器（CPU）和外部设备连接起来，并使二者之间正确进行信息交换而专门设计的逻辑电路，是计算机和外设进行信息交换的中转站。

因此，外部设备不能与 CPU 直接相连，需要通过相应的电路来完成它们之间的速度匹配、信号转换，并完成某些控制功能。通常把介于主机和外设之间，用来完成它们之间的速度匹配、信号转换，以及某些控制功能的一种缓冲电路称为 I/O 接口电路，简称 I/O 接口（Interface）。一台微型计算机的输入/输出系统应该包括 I/O 接口、I/O 设备及相关的控制软件。

6.1.2　CPU 与输入/输出设备间的信号

CPU 与输入/输出设备之间交换的信息可分为数据信息、状态信息和控制信息三类。

6.1.2.1　数据信息

在微型计算机中，数据通常是 8 位、16 位或 32 位的，它们大致可分为数字量、模拟量和开关量三种类型。

（1）数字量：数字量是计算机可以直接发送、接收和处理的数据。例如，由键盘、显示器、打印机及磁盘等 I/O 外设与 CPU 交换的信息，它们是以二进制形式表示的数或以 ASCII 码表示的字符等。

（2）模拟量：当微机用于控制系统时，现场通常都是连续变化的物理量，如电流、电压、压力、温度、湿度、位移、转速等，这些物理量通过各种传感器转换为模拟的电信号，再通过 A/D 转换器转换为数字电信号之后送入计算机处理；处理之后又必须通过 D/A 转换器输出模拟信号，经功率放大去驱动控制对象。

（3）开关量：开关量可表示两个状态，如开关的断开和闭合，机器的运转与停止，阀门的打开与关闭等。这些开关量通常要经过相应的电平转换才能与计算机连接。

开关量只要用一位二进制数 0 或 1 即可表示。

6.1.2.2　状态信息

状态信息作为 CPU 与外设之间交换数据时的联络信息，是用来反映输入、输出设备当前工作状态的信号，由外设通过接口送往 CPU。CPU 通过对外设状态信号的读取，可得知输入设备的数据是否准备好、输出设备是否空闲等情况。

对于输入设备，一般用准备好（READY）信号的高低电平来表明待输入的数据是否准备就绪；对于输出设备，则用忙（BUSY）信号的高低电平表示输出设备是否处于空闲状态，如为空闲状态，则可接收 CPU 输出的信息，否则 CPU 要暂停传送数据。

6.1.2.3　控制信息

控制信息是 CPU 通过接口传送给外设的，CPU 通过发送控制信息设置外设（包括接口）的工作模式、控制外设的工作。如读信号、写信号、外设的启动信号和停止信号就是常见的控制信息。

虽然数据信息、状态信息和控制信息含义各不相同，但在微型计算机系统中，CPU 通过接口和外设交换信息时，只能用输入指令（IN）和输出指令（OUT）传送数据，所以状态信息、控制信息也是被作为数据信息来传送的，即把状态信息作为一种输入数据，而把控制信息作为一种输出数据，这样，状态信息和控制信息也通过数据总线来传送。但在接口中，这三种信息是在不同的寄存器中分别存放的。

6.1.3 I/O 接口的基本功能及基本组成

6.1.3.1 I/O 接口的基本功能

I/O 接口是用来连接微机和外设的一个中间部件，因此，I/O 接口电路要面对主机和外设两个方面进行协调和缓冲。面向主机的部分是标准的、统一的，因为不同外设面对的 CPU 都是相同的，所以接口与 CPU 间的连接与控制是标准的，而接口电路面对外设的部分则随外设的不同而不同，是非标准的，但就一般而言，I/O 接口通常应具有下列功能：

（1）能对传送数据提供缓冲功能，用以协调主机与外设间的定时及数据传输速度的差异。

（2）数据格式变换功能，如逻辑极性变换和串、并行变换等。

（3）能反映外设当前的工作状态（如是否就绪，是否空闲）、接收 CPU 的控制信号。

（4）能提供信号电平的匹配功能。如用 MOS 工艺制造的微处理器，其输入、输出电平和扇出能力与外设相匹配时，其间必须要加缓冲电路。又如串行接口通常用的非 TTL 电平，这就需要接口电路提供 TTL 电路与非 TTL 电平的变换。

（5）数据输入、输出功能。即能在 CPU 和外设间提供双向的数据传送，这是接口电路的最基本功能。

（6）能对外设进行中断管理。如暂存中断请求，中断优先级排队，提供中断类型码等。

（7）能进行设备选择（或地址译码）功能，即判断当前 CPU 启动的是否是与本接口电路所连接的外设。

（8）定时与控制功能。提供接口内部工作所需的时序以及与 CPU 时序的协调。

此外，对接口电路来说还应有错误检测功能等。当然，对一个具体的接口电路来说，不一定要同时具备上述功能。

6.1.3.2 I/O 接口的基本组成

不同的外设需要配备不同的接口电路，不同的 I/O 接口其内部结构各不相同，但不论哪种 I/O 接口，就一般而言，都必须具有以下基本部件：

（1）数据输入、输出寄存器（或称数据锁存器），用来实现接口电路的数据缓冲功能。即和缓冲器一起实现对输入、输出数据的缓冲。

（2）命令寄存器，用来接收 CPU 的各种控制命令，以实现 CPU 对外设的具体操作的控制。

（3）状态寄存器，用来反映外设的当前工作状态或接口电路本身的工作状态，用状态寄存器中的某一位反映外设的状态，常用的两个状态位是准备就绪信号 READY 和忙信号 BUSY。

（4）译码电路，用来将系统的地址信息转变为对接口电路芯片的片选信号。

（5）控制逻辑，用来提供接口电路内部工作所需要的时序及向外发出各种控制信号或状态信号，是接口电路的核心部件。

图 6-1 所示是 I/O 接口电路基本组成及其与系统的连接。

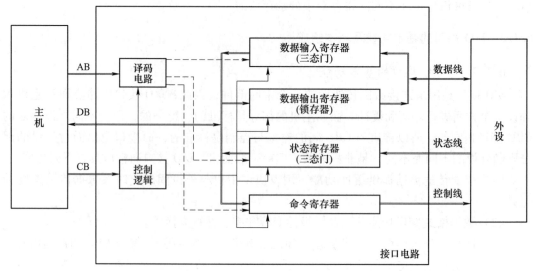

图 6-1　I/O 接口电路基本组成框图

由图 6-1 可知，从结构上来说，接口电路既要与主机系统相连，又要与不同的 I/O 设备相连，由于 I/O 设备的多样性，使得各种具体接口电路的内部结构和功能因所连接的 I/O 设备的不同而差别很大。随着大规模集成电路技术的发展，目前大多数 I/O 接口电路都已制成大规模集成电路芯片的形式，并且已标准化、系统化，而且许多芯片都是可编程的，这就为简化微机应用系统的设计提供了方便。所有的 I/O 接口电路中，与系统总线相连的部件结构都是非常类似的，因为不同的接口都是连接在同一个总线上的。

图 6-1 的 I/O 接口只是一个基本部件，实际上为了支持接口逻辑，系统中还需配置许多其他支持逻辑电路，如较大的系统中还要配置总线收发器以提高数据总线的驱动能力等。

6.1.4　I/O 端口的编址方式

6.1.4.1　I/O 端口及端口地址

由图 6-1 可知，每一个 I/O 接口电路中都包含有一组寄存器，主机和外设进行数据传送时，各类信息（数据信息、控制信息和状态信息）在进入接口电路以后分别进入不同的寄存器，通常把接口电路中 CPU 可以直接访问的每一个寄存器或控制电路称为一个 I/O 端口。为便于 CPU 的访问，每一个 I/O 端口都有一个地址，称为 I/O 端口地址。

在一个接口电路中可能含有多个 I/O 端口，其中用来接收 CPU 的数据或将外设数据送往 CPU 的端口称为数据端口；用来接收 CPU 发出的各种命令以控制接口和外设操作的端口称为控制端口；用来接收反映外设或接口本身工作状态的端口称状态端口。

可见，CPU 对外部设备的输入、输出操作实际上是通过接口电路中的 I/O 端口实现的，即输入、输出操作归结为对相应 I/O 端口的读/写操作。

对一个具有双向工作（即可输入又可输出）的接口电路，通常有四个端口，即数据输入端口、数据输出端口、控制端口和状态端口，其中数据输出端口和控制端口是只能写入的，而数据输入端口和状态端口是只读的。实际中，系统为了节省地址空间，往往将数据输入、输出端口对应，赋予同一端口地址，这样，当 CPU 利用该端口地址进行读操作时，实际是从数据输入端口读取数数据，而当进行写操作时，实际是向数据输出端口写入数据。同样，状态端口和控制端口也赋予同一端口地址。

6.1.4.2 I/O 端口的编址方式

为便于 CPU 对 I/O 端口的访问，每个端口有一个端口地址。那么，系统如何来给每个端口分配端口地址呢？这就是 I/O 端口的编址方式。通常，系统对 I/O 端口的地址分配有两种编址方式：统一编址和独立编址。

A　I/O 端口统一编址方式

统一编址方式也称为存储器映象 I/O 编址方式。该编址方式是将每一个 I/O 端口作为存储器的一个单元看待，即每一个端口占一个存储单元地址，即存储器和 I/O 共处统一的地址空间，系统设计时，划分一部分存储空间作为 I/O 地址空间。这时存储器与 I/O 设备的唯一区别仅是所占用的地址空间不同，如图 6-2 所示。

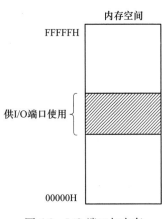

图 6-2　I/O 端口与内存单元统一编址

一般指定 I/O 端口占用存储空间的高地址端，并选用地址最高位作为 I/O 寻址"标志"，例如，对于 64KB 的存储空间，当 A_{15} 为"1"时，高端的 32KB 空间作为 I/O 端口地址空间；而当 A_{15} 为"0"时，低端 32KB 地址空间作为存储器地址空间。之所以选用地址最高位为 I/O 寻址标志，是因为对于地址最高位，软件较容易控制。将地址空间的一半划给 I/O 端口，实际中可能只用了极少的一部分，所以有时也可对部分高位地址进行译码，以确定具体的 I/O 空间。

采用统一编址方式的特点：

（1）CPU 对 I/O 设备的管理，是用访问内存的指令实现的。任何对存储器操作的指令都可用于对 I/O 端口的访问。这就大大增加了程序设计的灵活性，并使 CPU 对外部设备的控制更方便。例如，可用传送指令 MOV 实现 CPU 内寄存器和 I/O 端口间进行数据传送，可以用逻辑指令（AND，OR，TEST）来控制或测试 I/O 端口中一些位的状态。

（2）在统一编址方式下，CPU 是对存储器访问还是对 I/O 端口进行访问是通过地址总线的最高位状态（1 或 0）以及读、写控制信号决定的。实际上，不论对哪个空间进行访问，CPU 均一视同仁地把它看成一个存储单元，是读出还是写入由读、写控制信号决定，至于是访问哪个空间（I/O 空间还是存储器单元），只要程序员编程时予以注意（给出合适地址）即可。

统一编址的不足之处是 I/O 端口占用了一定的内存可寻址空间，会给程序设计带来一些不便。

B　独立编址方式

独立编址方式就是将存储器和 I/O 端口建立两个完全独立的地址空间，且二者可以重迭，如图 6-3 所示。

8086/8088 的 I/O 端口采用独立编址方式，端口地址 16 位，能取 $2^{16}=64K$ 个不同的

I/O 端口地址。任何两个连续的 8 位端口可作为一个 16 位端口，称为字端口。字端口类似于存储器的字地址。I/O 地址空间不分段。

采用独立编址方式的特点是：

（1）I/O 端口地址空间与存储器空间完全独立；

（2）CPU 使用专门的信号来区分是对存储器访问还是对 I/O 端口进行访问。

例如，在 8086 中，用 M/$\overline{\text{IO}}$（8088 中用 IO/$\overline{\text{M}}$）信息来确定是对存储器访问还是对 I/O 端口进行访问。当 M/$\overline{\text{IO}}$ = 1（高

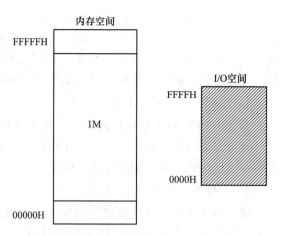

图 6-3　I/O 端口与内存单元独立编址

电平）时，表示 CPU 是对存储器进行访问（即进行读/写操作）；当 M/$\overline{\text{IO}}$ = 0（低电平）时，表示 CPU 是对 I/O 端口进行访问。

（3）独立编址时，CPU 对 I/O 端口的访问必须用专门的输入/输出指令（IN 和 OUT 指令）来实现数据的传送，而输入/输出数据的通道则与存储器共享系统总线。

一般在微机中，CPU 是用地址总线的低位对 I/O 端口寻址，在 8086 中用地址总线的低 16 位来进行 I/O 寻址，可提供的 I/O 端口地址空间为 64KB。

独立寻址和统一编址这两种 I/O 寻址方式各有其优缺点。独立编址方式的优点是：由于采用和存储器独立的控制结构，所以 I/O 部分可以分开进行设计。其次，由于采用专门的 I/O 指令，对于 I/O 部分的编程和阅读 I/O 程序都较方便，而且 I/O 指令简单，需要的硬件控制电路简单，执行速度快。其缺点是 I/O 指令功能弱、类型单一，这给输入、输出带来不便。其次需要专设控制 I/O 读写的引脚信号（如 M/$\overline{\text{IO}}$），这会增加 CPU 的引脚数。

统一编址方式（即存储器映象方式）的优点是：由于访问内存指令也可用于访问 I/O 端口，而访问内存指令一般功能较强，可直接对输入、输出数据进行处理，这对改善程序效率，提高处理速度是有利的。其次，统一编址可使 I/O 接口得到较大的寻址空间，这对于如大型测控和数据通信系统是有利的。统一编址方式后，I/O 部分的控制逻辑可以比较简单。统一编址的缺点是由于 I/O 端口占据一定内存可寻址空间，如果主机需要较大寻址空间时就不宜采用这种方式，当然在实际的微机系统中这种情况是不存在的，系统设计时已协调好的。其次由于访内存指令一般均较长，比使用 IN，OUT 指令需要较长的执行时间。

6.1.5　I/O 端口地址分配和地址译码

了解系统的 I/O 端口地址分配，对于微机应用系统设计者来说是很重要的，当需要往系统中增加外设时就必须要占用 I/O 端口地址，那么系统中哪些地址已被占用，哪些是空闲的，可供用户使用，必须十分清楚，否则无法进行 I/O 接口电路的设计，下面我们以 IBM-PC/XT 机为例说明系统 I/O 端口地址的分配及 I/O 端口地址的译码方法。

6.1.5.1 I/O 端口地址分配

IBM-PC/XT 机中使用独立的 I/O 寻址方式，使用 $A_9 \sim A_0$ 共 10 位地址可对 $2^{10} = 1024$ 个 I/O 端口进行寻址，硬件上 I/O 接口分成如下两部分：

（1）位于系统主板上的 I/O 接口芯片：如 DMA 控制器、中断控制器、并行接口、定时器/计数器、键盘接口等。

（2）位于系统扩展槽上的 I/O 接口卡：每个扩展槽上可输入一个 I/O 接口板（卡），如磁盘驱动器，打印机接口卡、显示卡等。

因此，系统将 1024 个 I/O 端口空间分成两部分。前 512 个（即 $A_9 = 0$）端口地址分配给系统板上的 I/O 接口电路；后 512 个端口地址（即 $A_9 = 1$），分配给 I/O 扩展槽上的 I/O 接口卡用。系统板上接口芯片的端口地址和扩展槽上接口控制卡的端口地址分配表分别如表 6-1 和表 6-2 所示。注意，其中有一部分是给 DOS 系统占用的，未列出来。

表 6-1　系统板上接口芯片的端口地址

I/O 芯片名称	端口地址	I/O 芯片名称	端口地址
DMA 控制器 1	000H~00FH	定时器	040H~05FH
DMA 控制器 2	0C0H~0DFH	并行接口（键盘）	060H~06FH
DMA 页面寄存器	080H~09FH	RT/CMOS RAM	070H~07FH
中断控制器 1	020H~03FH	协处理器	0F0H~0FFH
中断控制器 2	0A0H~0BFH		

表 6-2　扩展槽上接口控制卡的端口地址

I/O 接口名称	端口地址	I/O 接口名称	端口地址
游戏控制卡	200H~20FH	单显 MDA	3B0H~3BFH
并行口控制卡 1	370H~37FH	彩显 CGA	3D0H~3DFH
并行口控制卡 2	270H~27FH	彩显 EGA/VGA	3C0H~3CFH
串行口控制卡 1	3F8H~3FFH	硬驱控制卡	1F0H~1FFH
串行口控制卡 2	2F8H~2FFH	软驱控制卡	3F0H~3F7H
原型插件板（用户可用）	300H~31FH		
同步通信卡 1	3A0H~3AFH	PC 网卡	360H~36FH
同步通信卡 2	380H~38FH		

6.1.5.2 I/O 端口地址译码

A　I/O 端口地址译码方法

I/O 端口地址译码方法分两步：选择芯片和选择端口。

CPU 为了对 I/O 端口进行读/写操作，必须要确定访问的 I/O 端口位于哪个 I/O 接口电路芯片内，以及具体的 I/O 端口（寄存器）。为此，要将 I/O 端口地址的高位及指示 I/O 设备操作的控制信号送到译码器的输入端，当 I/O 指令执行时，译码器的输出便可产生使 I/O 接口芯片工作的片选信号（$\overline{\text{CS}}$）；将端口地址的低位直接连到 I/O 接口芯片的端口选择端来选择具体的 I/O 端口。

B　I/O 端口地址译码电路

I/O 端口的地址译码方法是灵活多样的，当采用独立编址方案时，地址译码分两步进行：第一步，选择芯片；第二步，选择芯片上的某一端口。一般用译码器（如 74LS138）或逻辑门电路来产生片选信号和端口选择信号。通常用地址线的高位部分和控制信号（如 M/$\overline{\text{IO}}$，$\overline{\text{RD}}$，$\overline{\text{WR}}$ 等）进行组合（译码）产生 I/O 接口电路的片选信号（$\overline{\text{CS}}$），用地址线的低位部分直接连到 I/O 接口芯片实现端口的选择。

　　通常用逻辑门电路译码产生的端口地址是固定的或单一的，如图 6-4 所示，可译出 2E7H 写操作端口地址；当接口电路中需使用多个端口地址时，可采用译码器进行译码，如图 6-5 所示是用 74LS138 译码器（3-8 译码器）产生位于 PC 机系统板上的 I/O 端口地址。

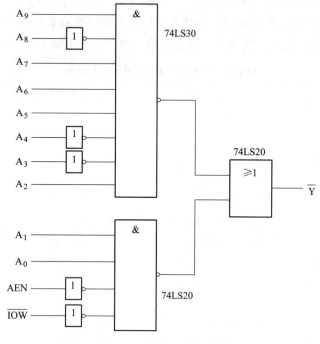

图 6-4　逻辑门电路译码

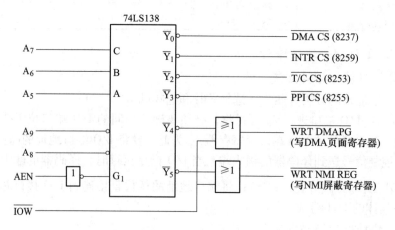

图 6-5　74LS138 译码器译码

6.2 基本输入输出方式

CPU 为与各种不同的外设进行数据传送，必须采用多种控制方式。CPU 与外设的数据传送控制方式通常有四种：无条件传送方式、查询方式、中断方式和 DMA 方式。

6.2.1 无条件传送方式

无条件传送方式是一种最简单的输入/输出传送方式，用在外设或外部控制过程的定时是固定的或已知的条件下进行数据传送的一种方式。在该方式中，外设总被认为已处于准备就绪或准备接收状态，程序不必查询外设的状态，当需要与之交换数据时，直接执行输入、输出指令，就开始发送或接收数据。无条件传送一般只用于简单、低速的外设的操作，如开关、继电器、LED 显示器等。由于简单外设在作为输入设备时，输入数据的保持时间相对于 CPU 的处理时间长得多，故可以直接使用三态缓冲器与系统总线相连，所需的硬件和软件都比较简单，图 6-6 所示为无条件传送方式的工作原理图。

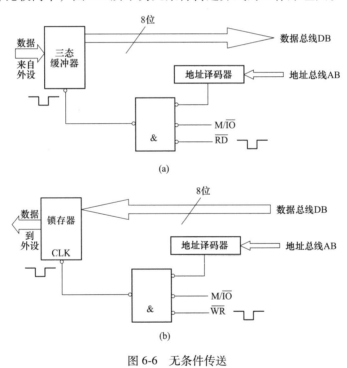

图 6-6 无条件传送
(a) 输入方式；(b) 输出方式

输入时（图 6-6 (a)），来自外设的数据输入至三态输入缓冲器，CPU 执行端口输入 IN 指令，指定的端口地址经地址总线的低位部分送到地址译码器，CPU 进入数据输入周期（读周期）。选中的地址信号（译码器输出）和 M/$\overline{\text{IO}}$ 及 $\overline{\text{RD}}$ 信号相"与"后，选通（打开）输入三态缓冲器，将外设的数据经数据总线输入 CPU。显然，这样做的条件是当 CPU 执行 IN 指令时，确信外设的数据已准备好，否则会出错。

输出时（见图 6-6 (b)），一般要求接口具有锁存功能，即 CPU 输出的数据经数据总线加到输出锁存器的输入端，端口地址由地址总线送入地址译码器，CPU 执行端口输出 OUT 指令使 M/$\overline{\text{IO}}$，$\overline{\text{WR}}$信号有效，并与地址译码输出信号相"与"去选通锁存器将 CPU 输出的数据保存到锁存器，并由它输出给外设。同样，当 CPU 执行 OUT 指令时也必须确信所选中外设的锁存器是空的，即外设已做好接收准备。

6.2.2　查询方式

查询方式也称条件传送方式，这种方式的特点是：在数据传送之前，CPU 要执行查询程序去查询外设的当前状态，只有当外设处于准备就绪（输入设备）或空闲状态（输出设备）时，才执行输入或输出指令进行数据传送，否则，CPU 循环等待，直至外设准备就绪为止，可见，查询方式完成一次数据传送的步骤是：

（1）CPU 测试外设当前状态；

（2）当未准备就绪（如 READY = 0）或忙（BUSY = 1），则等待，重复步骤（1）否则执行下一步（3）；

（3）CPU 执行 IN 或 OUT 指令进行数据传送；

（4）传送结束后，使外设暂停。

查询方式的流程如图 6-7 所示。

查询式输入方式的接口电路如图 6-8 所示。当输入设备准备好输入数据后便向接口发出一个选通信号，该信号一方面把数据输入锁存器，另一方面使 D 触发器置"1"，给出准备就绪信号 READY。数据和状态必须从不同的端口输入到数据总线。当 CPU 要求外设输入数据时，CPU 首先发一个读状态信号（执行一条 IN 指令），检查数据是否准备好，当数据已准备好（设状态口 READY 位为 D_1），则发读数据端口信号（即执行 IN 指令）打开数据缓冲器，数据经总线送入 CPU，数据传送完毕，使状态位清 0，输入过程结束。

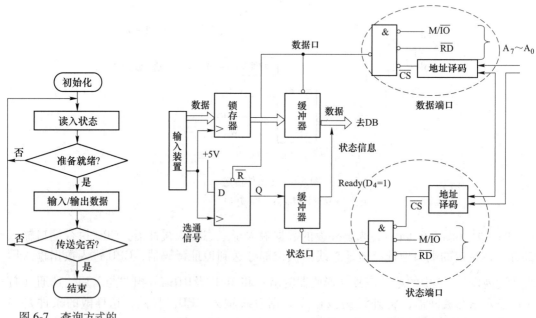

图 6-7　查询方式的
流程图

图 6-8　查询式输入方式接口电路图

【**例 6-1**】 设数据口地址为 60H，状态口地址为 61H，传送的字节数为 100，状态位 $D_1 = 1$ 表示外设准备就绪，输入的数据存放在以 SI 为间址寄存器的内存中，则查询式数据输入的程序如下：

```
        MOV   SI, 0          ;地址指针初始化
        MOV   CX, 100        ;字节计数器初始化
LP1：   IN    AL, 61H        ;读状态位
        TEST  AL, 02H        ;检测数据准备就绪否？
        JZ    LP1            ;未就绪，则等待
        IN    AL, 60H        ;读数据口
        MOV   [SI], AL       ;存数据
        INC   SI             ;修改地址指针
        DEC   CX
        JNZ   LP1
        HLT
```

查询式输出方式的接口电路如图 6-9 所示。

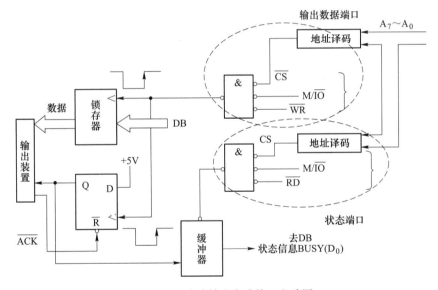

图 6-9 查询式输出方式接口电路图

当 CPU 要向接口输出一个数据时，必须先读取外设的状态了解外设是否空闲，若外设的数据寄存器为空可以接收 CPU 输出的数据，则 CPU 执行 OUT 指令进行数据输出，否则就等待。因此，接口电路中也必须有状态端口。

当输出设备把 CPU 输出的数据取走后，会向接口发出一个回答信号 $\overline{ACK}$，使 D 触发器置 "0"，也即使 BUSY 线为 0，当 CPU 读回这个状态口信息后，得知外设为空，于是执行输出指令，一方面把数据总线上的数据输出到输出锁存器，另一方面使 D 触发器置 "1"，以通知外设，CPU 已准备好数据，外设可以取走，同时也建立一个 "忙" 状态信号，（即 BUSY = 1）表示当前外设处于 "忙" 状态，禁止 CPU 输出新的数据，接口中数据

口为 8 位，状态口仅 1 位。

【例6-2】 设某接口电路的输出数据口地址为 300H，状态口地址为 301H，状态口中 D_0 位为 0 表示输出装置空闲，待输出数据存放在内存 BUF 中，试编写用查询方式实现输出 100 个字节数据的程序。程序如下：

```
        LEA   SI,   BUF
        MOV   CX,   100
LP1：   MOV   DX,   301H
        IN    AL,   DX
        TEST  AL,   01H
        JNZ   LP1
        MOV   AL,   [SI]
        MOV   DX,   300H
        OUT   DX,   AL
        INC   SI
        LOOP  LP1
        HLT
```

6.2.3　中断方式

虽然查询方式比无条件传送要可靠，但在查询方式中，CPU 处于主动地位，它要不断地读取状态字来检测外设状态，真正用于数据传送的时间实际很短，大部分时间是在查询等待，CPU 效率很低，特别是当系统中有多个外设时，CPU 必须逐个查询，而由于外设的工作速度各不相同，显然，CPU 不能及时满足外设提出的输入/输出服务的要求，实时性较差。为了提高 CPU 的利用率和使系统具有较好的实时性，可采用中断传送方式。中断方式的特点是，CPU 的主动查询改为被动响应，当输入设备准备好数据或输出设备处于空闲时向 CPU 发中断申请信号，请求 CPU 为它们服务（输出数据或从接口读取数据）。这时，CPU 暂时中断当前正在执行的程序（即主程序）转去执行为输入/输出设备服务的中断处理程序，服务完毕，又返回到被中断的程序处继续执行。这样，CPU 就不用花大量时间查询外设状态，而使 CPU 和外设并行工作，只是当外设状态就绪时或准备好时，用很短时间去处理一下，处理完毕又继续回到主程序执行，大大提高了 CPU 的工作效率。

图 6-10 是中断方式进行数据输入的接口电路。其工作过程是：当外设（输入设备）准备好一个数据时，便向接口发一个选通信号，从而将数据锁入接口中的数据锁存器中，并同时使中断请求触发器置"1"，这时，如果中断屏蔽触发器的值为"1"，即允许接口发中断申请信号，则产生一个中断申请信号送至 CPU 的中断请求 INTR 引脚。CPU 收到中断请求信号 INTR 后，如果 CPU 内部的中断允许触发器为 1（IF=1），则在当前指令执行完后，响应中断。通过 INTA 引脚向接口发一个中断响应信号。接口电路收到 INTA 信号后，将中断类型码送上数据总线，同时将中断请求触发器复位，CPU 根据中断类型码从中断向量表中找到对应的中断服务程序的入口地址，从而进入中断服务程序。中断处理程序的主要功能是读取接口电路中输入锁存器中的数据，经数据总线送入 CPU。中断服务程序

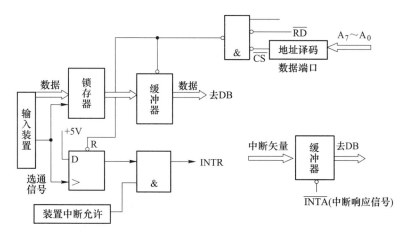

图 6-10 中断方式数据输入的接口电路

执行完毕后，CPU 返回断点处继续执行刚才被中断的程序。

利用中断方式，在一定程度上提高了 CPU 的效率，对那些传送速率要求不高，数据量不大而有一定实时性要求的场合常使用中断方式进行数据传送。

6.2.4 直接存储器存取方式

采用中断控制方式，CPU 与外设间的数据传送是依靠 CPU 执行中断服务程序来完成的。所以每传送一个数据，CPU 就要执行一次中断操作，CPU 要暂停当前程序的执行，转去执行相应的中断服务程序，而执行中断服务程序的前后及执行过程中，要做很多辅助操作，如保护现场（即保存 CPU 内的相关寄存器的值，将其压入堆栈）、保护断点，返回前还要恢复现场和恢复断点，这些操作会花费 CPU 大量时间。此外，数据传送过程也是由 CPU 通过执行程序完成的。对于输出操作，CPU 要通过程序将数据从内存读出，送入 CPU 内的累加器，再从累加器经数据总线输出到 I/O 端口；对于输入，过程正好相反，这样每次过程都要花费几十甚至几百微秒的 CPU 时间。此外，当系统中连有多台外设时，CPU 为每台设备服务，必须轮流查询每台外设，而外设的要求是随机的，这样就可能出现对那些任务紧迫而优先级又低的外设不能及时得到服务，而丢失数据，使系统的实时性差。所以中断方式对于那些高速外设，如磁盘、磁带、数据采集系统等就不能满足传送速率上的要求。于是，提出了一种新的传送控制方法，该方法的基本思路是：外设与内存间数据传送不经过 CPU，传送过程也不需要 CPU 干预，在外设和内存间开设直接通道由一个专门的硬件控制电路来直接控制外设与内存间的数据交换。从而提高传送速度和 CPU 的效率，CPU 仅在传送前及传送结束后花很少的时间做一些处理。这种方法就是直接存储器存取（Direct Memory Acess）方式，简称 DMA 方式，用来控制 DMA 传送的硬件控制电路就是 DMA 控制器。

6.2.4.1 DMA 控制器的基本功能及组成

根据上述 DMA 方式的基本原理，DMA 控制器应具有以下基本功能：

（1）能接收外设的 DMA 请求，并能向 CPU 发总线请求，以便取得总线使用权。

（2）能接收 CPU 的总线允许信号以及对总线的控制。

（3）在获得总线控制权后能提供访问存储器和 I/O 端口的地址，并在数据传送过程中能自动修改地址指针，以指向下一个要传送的数据。

（4）在 DMA 期间向存储器和 I/O 设备发出所需要的控制信号（主要是读/写控制信号）。

（5）能控制数据传送过程的结束，为此应具有一个字节计数器以控制传送何时结束。

（6）当 DMA 传送结束时，能向 CPU 发 DMA 结束信号，以便 CPU 恢复对总线的控制。

根据 DMA 控制器应具有的基本功能，DMA 控制器在硬件结构上应该具有以下基本部件：

（1）地址寄存器，其作用是接收 CPU 预置的存储器起始地址，以及在传送过程中自动修改地址，以指出下一个要访问的存储单元。

（2）字节计数器，其作用是接收 CPU 预置的数据传送的总字节数，以及在传送过程中控制传送过程何时结束，为此，该字节计数器应具有自动减 1 功能。

（3）控制寄存器，其作用是接收 CPU 的命令，以决定 DMA 传送方向及传送方式，例如是输出（从内存到外设）还是输入（从外设到内存），是传送一个数据还是一批数据等。

（4）状态寄存器，用来反映 DMA 控制器及外部设备的当前工作状态等。

（5）内部定时与控制逻辑，用来产生 DMA 控制器内部定时信号和外部控制信号。

图 6-11 所示是单通道 DMA 控制器的基本组成及对外连接线。

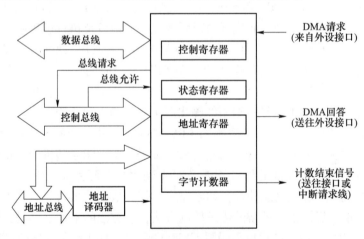

图 6-11　单通道 DMA 控制器的基本组成

6.2.4.2　DMA 控制器的工作方式

DMA 传送通常用于高速外设（如磁盘机、磁带机等）与存储器间的大批量数据传送。因此，它可以控制数据从外设到内存的传送（输入过程），也可以控制数据从内存到外设的传送（输出过程），不论是输入还是输出，DMA 传送时，有以下几种工作方式：

（1）单字节传送方式。即每进行一次 DMA 传送只传送一个字节的数据，DMA 控制器就释放总线，交出总线控制权。这种模式下，CPU 至少可以得到一个总线周期做其他的处理。DMA 控制器若仍要获得总线控制权继续数据传送，还可再提出总线请求。

（2）成批传送方式。成批传送方式也叫块传送方式，就是一次 DMA 传送连续传送一批数据，然后才释放总线，交出总线控制权。

（3）请求传送方式。该方式与成批传送方式类似，只不过每传送一个数据后总要测试外设的 DMA 请求信号（如 DREQ），当该信号仍有效时，则连续传送，若该信号已无效，则暂停 DMA 传送，待该信号再次有效后，继续传送。

（4）级联传送方式。级联传送方式就是用多个 DMA 控制器级联起来，同时处理多台外设的数据传送。当系统中接有多台高速外设时采用该方式。

对一个实际的 DMA 系统具体采用哪种方式要视具体要求而定。

6.2.4.3 DMA 操作过程

一个完整的 DMA 操作过程大致可分三个阶段，即准备阶段（初始化）、数据传送阶段和传送结束阶段。

准备阶段主要是 DMA 控制器接受 CPU 对其进行初始化，初始化的内容包括设置存储器的地址、传送的数据字节数，决定 DMA 控制器工作方式和传送方向等控制字，以及对相关的各接口电路初始化设置。

传送结束阶段主要是 DMA 控制器在传送完成后向 CPU 发结束信号，以便 CPU 撤消总线允许信号收回总线控制权。

综上所述，DMA 控制器是一个特殊的接口部件，从工作方式来说，在它未取得总线控制权之前，如同一个普通外设接口，同样要接受 CPU 的控制，如初始化等，这时它是一个从模块；当它获得总线控制权后，它又像一个 CPU 一样，控制外设与内存间的数据传送，这时它成为总线主模块。

6.3 中 断 技 术

中断技术是现代计算机发展中的一种重要技术，最初中断技术的引入，只是为了解决采用程序查询方式对 I/O 接口进行控制所带来的处理器低效率问题，但随着计算机系统结构的不断改进以及应用技术的日益提高，中断技术不断被赋予新的功能，如计算机故障检测与自动处理、实时信息处理、多道程序分时操作和人机交互等。中断技术在计算机系统中的应用，不仅可以实现 CPU 与外部设备并行工作，而且可以及时处理系统内部和外部的随机事件，使系统能够更加有效地发挥效能。

6.3.1 中断的基本概念

6.3.1.1 中断

"中断"是微处理器程序运行的一种方式。计算机在执行正常程序的过程中，当出现某些紧急情况，异常事件或其他请求时，CPU 会暂时中断正在运行的程序，转而去执行对紧急情况或其他请求的操作处理。处理完成以后，CPU 回到被中断程序的断点处接着往下继续执行，这个过程称为中断。

相对被中断的原程序来说，中断处理程序是临时嵌入的一段程序，所以，一般将被中断的原程序称为主程序，而将中断处理程序称为中断服务子程序。能够引起计算机中断的事件，称为中断源。主程序被中止的地方，称为断点，也就是 CPU 返回主程序时执行的第一条指令的地址。中断服务子程序一般存放在内存中一个固定的区域内，它的起始地址称为中断服务子程序的入口地址。中断过程示意图如图 6-12 所示。

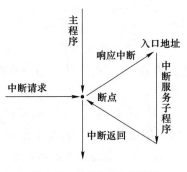

图 6-12　中断过程示意图

中断是一项十分重要而复杂的技术，由计算机的软硬件共同完成。为实现中断功能而设置的硬件电路和与之相应的软件，称为中断系统。一个完整的中断系统一般具有下面一些功能：

（1）能实现中断响应、中断处理、中断返回和中断屏蔽；

（2）能实现中断优先级排队；

（3）能实现中断嵌套。

6.3.1.2　中断源

CPU 要响应中断，必须有外部设备或应用程序向 CPU 发出中断请求，这种引起中断的设备或事件称之为中断源。

中断源一般分为硬件中断源和软件中断源两类。

其中，硬件中断源，又称为外部中断源，包括以下几种：

（1）外部 I/O 设备：如键盘、显示器、打印机等；

（2）数据通道：如软盘、硬盘、光盘等；

（3）实时时钟：如外部的定时电路；

（4）用户故障源：如电源掉电、奇偶校验错误等。

软件中断源，又称为内部中断源，包括以下几种：

（1）CPU 执行指令过程出错：如除数为 0、运算结果溢出等；

（2）执行中断指令：如 INT 21H；

（3）为调试程序设置的断点：如断点、单步执行等；

（4）非法操作或指令引起异常处理。

6.3.1.3　中断优先级

在一个实际的计算机系统中，一般存在多个中断源，但是，由于 CPU 引脚的限制，只有一个中断请求输入引脚 INTR。于是，当有多个中断源同时发出请求的时候，就要求 CPU 能够识别是哪些中断源产生的中断请求，并且需要根据各设备的轻重缓急，为每个中断源进行排队，并给出优先级顺序编号，这就确定了每个中断源在接受 CPU 服务时的优先等级，称之为中断优先级。

当有多个中断源同时向 CPU 请求中断时，中断控制逻辑能够自动地按照中断优先级进行排队，称之为中断优先级判优，选中当前优先级最高的中断进行处理。对于不同级别的中断请求，一般的处理原则是：

（1）CPU 按优先级由高到低依次处理；

（2）高优先级中断可以打断低优先级中断；

（3）低优先级中断不可以打断高优先级中断；

（4）中断处理时，出现同级别请求，应在当前中断处理结束以后再处理新的请求。

在微机系统中通常用三种方法来确定中断源的优先级别，即软件查询法、硬件排队电路法和专用中断控制芯片法。

A　软件查询法

软件查询法是识别中断源最简单的一种方法。这种方法利用软件的查询程序，当有外部设备申请中断时，CPU响应中断后，在中断服务程序中通过查询，确定是哪些外设申请中断，并根据预先的定义判断它们的优先权。应用软件查询方式还需要一个简单的硬件电路配合来进行，以8个中断源为例，其硬件电路如图6-13所示，将8个外设的中断请求组合起来作为一个端口，并将各个外设的中断请求信号相"或"，产生一个总的INT信号。

采用软件查询法来识别中断源的过程，其实就是用软件逐个测试中断源状态的过程。在中断处理程序的开始，先把中断寄存器的内容读入CPU，再对寄存器内容进行逐位查询，查到某位状态为1，表示与该位相连的外设有中断请求，于是转到与其相应的中断服务程序，同时该外设撤消其中断请求信号。查询的顺序实际上就是中断源的中断优先级顺序。软件查询法流程图如图6-14所示。

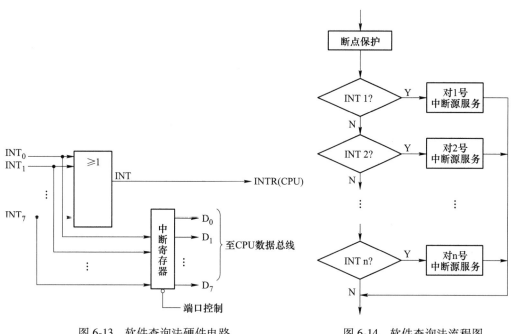

图6-13　软件查询法硬件电路　　　　图6-14　软件查询法流程图

软件查询的程序段如下：

```
IN    AL, n
TEST  AL, 80H    ;D_7 有请求?
JNZ   LP1        ;有，转对应中断服务程序
TEST  AL, 40H    ;D_6 有请求?
JNZ   LP2        ;有，转对应中断服务程序
      ⋮
```

软件查询方式的特点如下：

（1）灵活性好。因为用程序对设备进行查询的顺序实际上就是中断源的中断优先级顺序，而查询顺序是用户可以通过软件任意改变的。这是软件查询法的主要优点。

（2）节省硬件。不需要有判断和确定优先权的硬件排队电路。

（3）响应速度太慢，服务效率低。如果要响应优先级最低的中断源的中断请求，必须先将优先级高的中断源全部查询一遍，特别是在中断源比较多的时候，可能导致优先级低的中断源得到中断服务的时间会很久。这是软件查询法的缺点之一。

（4）无法实现中断嵌套。如果 CPU 开始处理一个优先级别较低的中断服务，之后又有高优先级别的中断源发出中断请求，此时，也只能等到 CPU 处理完低优先级的中断，再去响应高优先级的中断，不允许高优先级的中断请求打断低优先级的中断服务，即无法实现中断嵌套。

B　硬件排队电路法

为了提高识别中断源的速度，采用硬件来完成中断源的排队，这种方法称为硬件排队电路法。采用硬件排队电路法，各个外设的优先级与其接口在排队电路中的位置有关。

常用的硬件优先权排队电路有链式优先权排队电路、硬件优先级编码加比较器的排队电路等。图 6-15 给出了一个链式优先级排队电路。

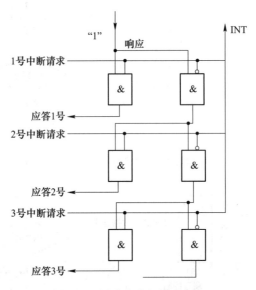

图 6-15　链式优先级排队电路

在图 6-15 中，不同的中断源按链式结构依次排列在 CPU 周围，响应信号沿链式电路进行传递，最靠近 CPU 并发出中断请求的中断源将最先得到响应。在 CPU 响应相应外设中断服务的同时，便封锁低级别中断源的中断请求。在 CPU 执行完相应外设的中断服务程序后，便撤消其中断请求，并解除对低级别外设的封锁。另外，链式优先级排队电路在相应软件的配合下，允许高级别的请求打断低级别的服务，即实现中断嵌套功能。

例如，当 CPU 收到中断请求信号并响应中断时，若 1 号外设有中断请求，则立即向 1 号外设接口发出应答信号，同时封锁 2 号、3 号等外设的中断请求，转去对 1 号外设服务；

若 1 号外设没有中断请求，而 2 号外设有请求时，响应信号便传递给 2 号外设，向 2 号外设接口发出应答信号，同时封锁 3 号外设的中断请求；若在 CPU 为 2 号外设进行中断服务时，1 号外设发出了中断请求，CPU 会挂起对 2 号外设的服务转去对 1 号外设服务，1 号外设处理结束后，再继续为 2 号外设服务。

硬件排队电路法的特点如下：

（1）采用硬件电路来实现，可节省 CPU 的时间，而且速度较快，但是成本较高；

（2）优先级别高的中断请求将自动封锁优先级别低的中断请求的处理；

（3）允许高级别的请求打断低级别的服务，以实现中断嵌套功能。

目前在微机系统中，解决中断优先级管理最常用的办法是采用可编程中断控制器。这种控制器中的中断请求寄存器、中断屏蔽寄存器都是可编程的，当前中断服务寄存器也可以用软件进行控制，而且优先级排列方式也可以通过程序来设置，使用起来十分方便，这样的控制器在各种微机系统中得到普遍应用。6.4 节将介绍广泛应用于 80x86 微机系统中的专用可编程中断控制芯片 8259A。

6.3.1.4 中断嵌套

在有多个中断源的微机系统中，当 CPU 响应了某一个中断请求，正在执行该中断服务程序时，又有另一个中断源向 CPU 发出了中断请求，由于中断源具有不同的优先级别，CPU 响应将会分为两种情况：（1）如果新来中断的优先级等于或低于当前正在响应中断的优先级，这时，CPU 将新来的中断排到中断队列中，继续执行当前的中断服务程序，执行完毕后再去执行新的中断；（2）但如果新来的请求优先级高于正在执行中断的优先级，CPU 则不得不打断正在执行的中断服务程序而去处理新的、更高一级的中断，处理完后再返回低级别中断服务程序，这个过程称为中断嵌套，中断嵌套示意图如图 6-16 所示。

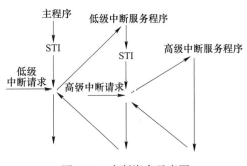

图 6-16 中断嵌套示意图

CPU 执行主程序时，在开头位置安排一条开中断指令，以便开放可屏蔽中断。CPU 响应中断请求后，在进入中断服务程序前，硬件会自动实现关中断，以保证在中断响应期间 CPU 不被打扰。为了实现中断嵌套，应在低级别中断服务程序的开始处加一条开中断指令 STI，以便实现中断嵌套。

6.3.2 中断处理过程

对于一个中断源的中断处理过程应包括以下几个步骤，即中断请求、中断响应、保护断点、中断处理和中断返回。

6.3.2.1 中断请求

当某一中断源需要 CPU 为其进行中断服务时，就输出中断请求信号，使中断控制系统中的中断请求触发器置位（为"1"），向 CPU 申请中断。系统要求中断请求信号一直保持到 CPU 对其进行中断响应为止。

但是在某种情况下，CPU 可能不能响应中断，此时当中断源向 CPU 申请中断后，CPU 就不能终止当前正在运行的程序并转到中断服务程序，这种情况称之为禁止中断。一般在 CPU 内部有一个中断允许触发器，只有当该触发器的状态为允许状态时，CPU 才能响应外部中断，否则 CPU 就不能响应中断。中断允许触发器可以通过指令进行置位和复位。

在另外一种情况下，比如当 CPU 正在进行中断处理，此时 CPU 可以有选择的响应其他中断请求，这种情况称为中断屏蔽。中断屏蔽可以通过中断控制系统中的中断屏蔽触发器来实现，将中断源对应的中断屏蔽触发器置"1"，则该中断源的中断请求被屏蔽，否则该中断源的中断请求被允许。

可见，要想产生一个外部中断请求信号，需满足两个条件：一是 CPU 允许中断，二是中断源未被屏蔽。

6.3.2.2 中断响应

CPU 对系统内部中断源提出的中断请求必须响应，而且会自动获取中断服务子程序的入口地址，执行中断服务子程序。对于外部中断，CPU 在每条指令执行的最后一个时钟周期去检测中断请求输入端 INTR 引脚，判断有无中断请求。若 CPU 查询到中断请求信号有效，且此时 CPU 内部的中断允许触发器的状态为"1"（即 IF＝1），则 CPU 在现行指令执行完后，向发出中断请求的外设回送一个低电平有效的中断应答信号 $\overline{INTA}$，作为对中断请求 INTR 的应答，系统自动进入中断响应周期。

在中断响应周期内，CPU 要通过内部硬件自动完成以下三个操作：

（1）关中断 。CPU 响应中断后，输出中断响应信号 $\overline{INTA}$ ，自动将状态标志寄存器的内容压入堆栈保护起来，然后将中断标志位 IF 与跟踪标志位 TF 清零，从而自动关闭外部硬件中断。因为 CPU 刚进入中断时要保护现场，主要涉及堆栈操作，此时不能再响应中断，否则将造成系统混乱。

（2）保护断点。保护断点就是将代码段寄存器 CS 和指令指针寄存器 IP 的当前内容压入堆栈保存，即保存断点处指令地址，以便中断处理完毕后能返回被中断的主程序继续执行，这一过程也是由 CPU 自动完成。

（3）形成中断服务程序的入口地址。当系统中有多个中断源时，一旦有中断请求，CPU 必须确定是哪一个中断源提出的中断请求，并由中断控制器给出中断服务子程序的入口地址，分别装入 CS 与 IP 两个寄存器，CPU 转入相应的中断服务子程序开始执行。

6.3.2.3 中断处理

CPU 一旦响应中断，便可转入中断服务程序的执行。CPU 在中断处理过程中所需完成以下工作：

（1）保护现场。主程序和中断服务子程序都要使用 CPU 内部寄存器等资源，为使中断处理程序不破坏主程序中寄存器的内容，应先将断点处各寄存器的内容压入堆栈保护起来，然后再进入中断处理。保护现场是由用户使用 PUSH 入栈指令来实现的。

（2）开中断。此时，开中断的目的是允许实现中断嵌套。开中断是由用户使用 STI 指令来实现的。

（3）中断服务。中断服务是执行中断的主体部分，不同的中断请求，有各自不同的中断服务内容，需要根据中断源所要完成的功能，事先编写相应的中断服务子程序存入内存，等待中断请求响应后调用执行。

（4）关中断。此时，关中断的目的是确保恢复现场的工作不受干扰。

（5）恢复现场。当中断处理完毕后，用户通过 POP 出栈指令依次将保存在堆栈中的各个寄存器的内容弹出，以恢复主程序断点处寄存器的原值。

（6）开中断。此处的开中断与恢复现场前的关中断对应，以便中断返回后，其他的可屏蔽中断请求能再次得到响应。

（7）中断返回。执行完中断服务程序，返回到原先被中断的程序，此过程称为中断返回。为了能正确返回到原来程序的断点处，在中断服务程序的最后应放置一条中断返回指令（如 8086/8088 的 IRET 指令）。该指令将断点处的 IP 和 CS 值依次从堆栈中弹出，即恢复断点地址和标志寄存器中的内容，以便继续执行主程序。

6.3.3 8086/8088 中断系统

6.3.3.1 8086/8088 中断源分类

8086/8088 微处理器可以处理多达 256 种不同类型的中断，每个中断对应一个中断类型号，分别为 0~255。这 256 种中断源分为两大类：一类来自外部，即由硬件产生，称为硬件中断，又称外部中断；另一类来自内部，即由软件（中断指令）产生，或者满足某些特定条件后引发 CPU 中断，称为软件中断，又称内部中断。8086/8088 的中断源结构如图 6-17 所示。

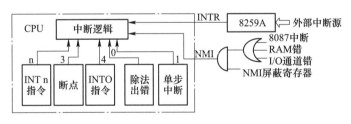

图 6-17　8086/8088 中断源结构

A　硬件中断

硬件中断是由 8086/8088 CPU 的外部中断请求引脚 NMI 和 INTR 引起的中断过程，又分为非屏蔽中断和可屏蔽中断两种。

a　非屏蔽中断 NMI

若 CPU 的 NMI 引脚接收到一个有效高电平持续 2 个时钟周期以上的上升沿信号时，则可能会产生一次中断，由于这种中断的响应不受中断允许标志 IF 的控制，故称为非屏蔽中断。

非屏蔽中断主要应用于处理系统的故障或意外事件，如电源掉电、奇偶校验错误或受到严重的干扰。在 IBM PC/XT 机中的非屏蔽中断源有三种：浮点运算协处理器 8087 的中断请求、系统板上 RAM 的奇偶校验错和扩展槽中的 I/O 通道错。以上三者中的任何一个都可以单独提出中断请求，但是否真正形成 NMI 信号，还要受 NMI 屏蔽寄存器的控制。当这个屏蔽寄存器的 $D_7 = 1$ 时才允许向 CPU 发送 NMI 请求，否则即使有中断请求，也不能发出 NMI 信号。NMI 屏蔽寄存器的端口地址为 A0H，可以用 OUT 指令对这一位写入 1 或 0 达到允许或禁止 NMI 的效果。

Intel 公司在设计 8086 芯片时，已将非屏蔽中断 NMI 的中断类型号预先定义为 2 号，因此，当 CPU 响应 NMI 请求时，不需要外部设备提供中断类型号，CPU 在总线上也不发送 $\overline{\text{INTA}}$ 中断应答信号，而是自动转入相应的中断服务程序。

　　b　可屏蔽中断 INTR

可屏蔽中断是由用户定义的外部硬件中断，其请求信号是电平触发的，由 CPU 的 INTR 引脚接收。可屏蔽中断源向 CPU 发送一个高电平中断请求信号时，该信号必须保持到当前指令的结束。因为 CPU 只在每条指令的最后一个时钟周期才对 INTR 引脚的状态进行采样，如果 CPU 采样到有可屏蔽中断请求产生，即 INTR 引脚为高电平，是否去响应还要取决于中断允许标志位 IF 的状态。当中断允许标志位 IF = 0 时，INTR 的中断请求被屏蔽，CPU 不予响应；当 IF = 1 时，则 CPU 响应该可屏蔽中断请求，即执行中断响应的总线周期，具体操作是：通过 $\overline{\text{INTA}}$ 引脚向产生中断请求的中断源发送两个连续的中断应答信号 INTA 的负脉冲，外部中断源在接收到第二个 INTA 负脉冲时，其接口电路自动将中断类型号送上数据总线，CPU 将自动从数据总线上获取该中断类型号，由中断类型号就可在中断向量表中找到中断服务程序的入口地址。

　　B　软件中断

软件中断又称内部中断，属于执行指令引起的中断。8086/8088 CPU 有着丰富的内部中断功能，通常分为以下几类。

　　a　除法出错中断

CPU 在执行除法指令 DIV 或 IDIV 时，若发现除数为 0 或商超过了有关寄存器的数值范围，则立即产生一个类型号为 0 的除法出错中断。

　　b　单步中断（陷阱中断）

若 CPU 内的标志寄存器中的跟踪标志位 TF = 1，且中断允许标志 IF = 1 时，每执行完一条指令，CPU 将引起一次类型号为 1 的内部中断，称为单步中断。单步中断是一种很有用的调试方法，CPU 每执行完一条指令后就停下来，显示当前所有寄存器的内容和标志位的值以及下一条要执行的指令，便于用户检查该条指令执行的操作以及预期结果是否正确。通常程序编制好后，在 DEBUG 调试程序时可使用单步中断检查程序，通过跟踪命令来实现单步运行。

　　c　断点中断

8086/8088 CPU 通过断点中断给用户提供调试手段，其中断类型号为 3。通常在 DEBUG 调试程序时，可在程序中任意指定断点地址，当 CPU 执行到断点处时便产生中断，同时显示当前各寄存器的内容和标志位的值以及下一条要执行的指令，供用户检查在断点以前的程序运行是否正常。

d 溢出中断

在执行溢出中断指令 INTO 时，若标志寄存器中的溢出标志位 OF=1，则会产生一个类型号为 4 的内部中断，称为溢出中断。对有符号数来说，溢出就意味着出错（加、减运算），应及时发现并处理，因此通常在带符号数的加、减法运算后面总是跟着 INTO 指令。当溢出标志位 OF=0 时，则 INTO 指令不产生中断，CPU 继续运行原程序；当溢出标志位 OF=1 时，进入溢出中断处理程序，打印出一个出错信息，在中断处理程序结束时，不返回原程序继续运行，而是把控制交给操作系统。如下面的指令用来测试加法的溢出：

ADD AX，VAR
INTO

e 指令中断

当 8086/8088 CPU 执行中断指令 INT n 时，会产生一个软件中断，其中 n 为中断类型号，理论上 n 可取值 0~255。实际上执行 INT n 软件中断指令所引起的中断很像由 CALL 指令所引起的子程序调用，因此，用户在调试外部中断服务程序时，可以用 INT n 指令来代替，只要使类型号 n 与该外设的中断类型号相同即可，从而控制程序转入对该外设的中断服务程序。

另外，微机系统的 ROM-BIOS 和 DOS 功能调用已定义了许多中断类型，其操作大多涉及外部设备的输入/输出操作。例如 DOS 功能调用 INT 21H，具有很强的功能。

与硬件中断相比，软件中断的特点有：执行软件中断，CPU 不需要从外部接口中读取中断类型号，也不发送中断响应信号，即 CPU 不执行中断响应的总线周期；除单步中断以外，所有的软件中断都不能被屏蔽；硬件中断是随机产生的，由 I/O 设备引起，而软件中断是由程序事先安排好的，并不具备随机性；除单步中断外，所有软件中断的优先权都比硬件中断的优先权高。8086/8088 CPU 的中断优先级由高到低的顺序排列如下：

（1）除法出错中断、INT n、INTO；

（2）非屏蔽中断 NMI；

（3）可屏蔽中断 INTR；

（4）单步中断。

6.3.3.2 中断向量表

通常对于每个中断源都会有一个中断服务程序存放在内存中，而每个中断服务程序都有一个入口地址，CPU 只需取得中断服务程序的入口地址便可转到相应的处理程序去执行。

中断向量是指中断服务程序的入口地址，包括段地址与偏移地址。每个中断向量占据内存 4 个连续的字节单元，两个高字节单元存放中断服务程序入口的段地址 CS，两个低字节单元存放中断服务程序入口的段内偏移地址 IP。8086/8088 微处理器可以处理 256 种不同类型的中断，存放这些中断向量共需内存空间为：$256 \times 4 = 1024B = 1KB$，这样内存储器的最低 1KB 字节空间用来存放 256 个中断向量，称这一片内存区为中断向量表，地址范围是 0~3FFH，其作用就是按照中断类型号从小到大的顺序存储对应的中断向量，中断向量表反映了中断类型码与中断服务程序入口地址之间的联系。如图 6-18 所示。

那么各种中断如何转入各自的中断服务程序呢？

对于软件中断，指令本身提供了中断类型码；对于硬件中断，在中断响应过程中，CPU 通过从接口电路获取的中断类型号，计算对应中断向量在表中的位置，并从中断向量表中获取中断向量，将程序流程转向中断服务程序的入口地址。

具体计算方法是：将中断类型号 n 乘以 4 得到中断向量在中断向量表中的地址 $4n$，而向量表地址对应的前 2 个字节单元地址（$4n$，$4n+1$）中的内容为中断服务程序入口的偏移地址（IP），即 $(IP) = (4n，4n+1)$，后 2 个字节单元地址（$4n+2$，$4n+3$）中的内容为中断服务程序入口的段地址（CS），即 $(CS) = (4n+2，4n+3)$，于是 CPU 即可转到 n 号中断的中断服务程序，其地址为 $(CS) \times 16 + (IP)$。

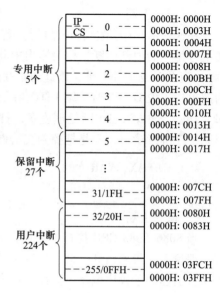

图 6-18　8086/8088 中断向量表

上述这种 CPU 根据中断类型号找到该中断源的中断服务程序入口地址的中断方式，称为向量中断，又称为矢量中断。IBM PC/XT 微机系统中断类型码定义如表 6-3 所示。

表 6-3　IBM PC/XT 中断类型表

地址	类型码	中断名称	地址	类型码	中断名称
0~3	0	除法出错	4C~4F	13	软盘/硬盘/I/O 调用
4~7	1	单步	50~53	14	通信 I/O 调用
8~B	2	不可屏蔽	54~57	15	盒式磁带 I/O 调用
C~F	3	断点	58~5B	16	键盘 I/O 调用
10~13	4	溢出	5C~5F	17	打印机 I/O 调用
14~17	5	打印屏蔽	60~63	18	常驻 BASIC 入口
18~1B	6	保留	64~67	19	引导程序入口
1C~1F	7	保留	68~6B	1A	时间调用
20~23	8	定时器	6C~6F	1B	键盘 CTR-BREAK 控制
24~27	9	键盘	70~73	1C	定时器报时
28~2B	A	保留	74~77	1D	显示器参数表
2C~2F	B	通信口 2	78~7B	1E	软盘参数表
30~33	C	通信口 1	7C~7F	1F	字符点阵结构参数
34~37	D	硬盘	80~83	20	程序结束，返回 DOS
38~3B	E	软盘	84~87	21	系统功能调用
3C~3F	F	打印机	88~8B	22	结束地址
40~43	10	显示 I/O 通用	8C~8F	23	CTRL-BREAK 退出地址
44~47	11	装置检查调用	90~93	24	标准错误出口地址
48~4B	12	存储器容量检查调用	94~97	25	绝对磁盘读

续表 6-3

地址	类型码	中断名称	地址	类型码	中断名称
98~9B	26	绝对磁盘写	1A0~1FF	68~7F	不用
9C~9F	27	程序结束，驻留内存	200~217	80~85	BASIC 使用
A0~FF	28~3F	为 DOS 保留	218~2C3	86~F0	BASIC 解释程序
100~17F	40~5F	保留	3C4~3FF	F1~FF	未用
180~19F	60~67	为用户软中断			

6.3.3.3 8086/8088 CPU 的中断处理过程

8086/8088 CPU 每执行完一条指令后都要检测是否有中断请求，如果有中断请求且满足一定条件时，就去响应中断。8086/8088 CPU 的中断处理过程如图 6-19 所示，图中（1）~（5）是 CPU 的内部处理，由硬件自动完成。所有软件中断和非屏蔽中断不需要从数据总线上读取中断类型码，而可屏蔽中断需要由 CPU 读取中断类型码，其中断类型码由发出可屏蔽中断申请信号的接口电路提供。图 6-19 所示的中断处理过程还反映出了8086/8088 系统中各中断源优先级的高低。

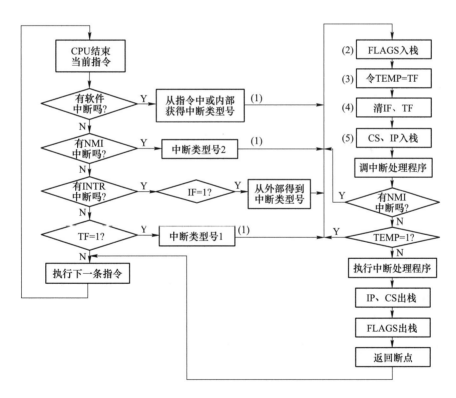

图 6-19　8086/8088 CPU 中断处理过程

6.3.4 中断服务程序设计

中断服务程序包括主程序和中断服务子程序两部分。

6.3.4.1　主程序

主程序的功能主要是对整个中断过程进行控制，包括主、子程序间的转换。在主程序中一般要进行初始化设置，内容包括：

（1）中断向量的设置或装入，即将中断向量装入中断向量表；

（2）如果是可屏蔽中断，设置可编程中断控制器 8259A 的屏蔽寄存器的屏蔽位，以决定中断的开放或禁止；

（3）设置 CPU 中断允许标志 IF。

下面介绍中断向量的装入方法，有关 8259A 的内容将在 6.4 节介绍。

中断向量的装入有两种方法：一种是 DOS 系统功能调用法（INT 21H）；另一种是直接装入法。

A　DOS 系统功能调用法（INT 21H）

功能号：

　　　AH＝25H

入口参数：

　　　AL＝中断类型号

　　　DS＝中断向量的段地址

　　　DX＝中断向量的偏移地址

【例 6-3】　用 DOS 系统功能调用法将中断类型号为 60H 的中断向量装入中断向量表。

```
PUSH   DS                    ;保护 DS
MOV    DX, OFFSET INT60      ;取中断向量的偏移地址
MOV    AX, SEG INT60         ;取中断向量的段地址
MOV    DS, AX
MOV    AH, 25H               ;送功能号
MOV    AL, 60H               ;送中断类型号
INT    21H                   ;DOS 功能调用
POP    DS                    ;恢复 DS
```

B　直接装入法

直接装入法是指用传送指令直接将中断向量置入中断向量表中。

【例 6-4】　用直接装入法将中断类型号为 60H 的中断向量装入中断向量表。

由于中断类型号为 60H，则对应的中断向量在中断向量表中的地址为：60H×4 = 0180H，即从 0180H 开始的四个连续存储单元。程序段如下：

```
XOR   AX, AX
MOV   DS, AX
MOV   AX, OFFSET INT60
MOV   DS: [0180H], AX        ;装入中断向量的偏移地址
MOV   AX, SEG INT60
MOV   DS: [0180H+2], AX      ;装入中断向量的段地址
```

6.3.4.2 中断服务子程序

中断服务子程序操作步骤如下：

（1）保护现场，即将一些需要保护的寄存器依次压入堆栈；

（2）开中断，即执行 STI 指令，使中断允许标志位 IF=1，以允许中断嵌套；

（3）执行中断处理程序；

（4）关中断，即执行 CLI 指令，使中断允许标志位 IF=0；

（5）恢复现场，按照后进先出的顺序依次弹出保护现场时压入堆栈的寄存器；

（6）执行中断返回指令 IRET，返回主程序。

【例6-5】 编写一个完整的中断程序，要求：当内存变量 NUM 大于 100 时，产生一个中断类型号为 40 的中断。

程序设计如下：

```
        CODE     SEGMENT   PARA
                 ASSUME    CS：CODE，DS：CODE
        INT40    PROC      FAR
                 PUSH      AX
                 PUSH      BX
                 PUSH      CX
                 PUSH      DX
                 PUSH      DS
                 PUSH      ES                          ;保护现场
                 STI                                   ;开中断
                 JMP       START
        NUM      DB        ?                           ;定义内存变量
        STR1     DB        'The NUM is overflow!'      ;定义中断后要显示的字符串
                 DB        0DH，0AH，'$'
        START：  PUSII     CS                          ;中断服务程序开始
                 POP       DS                          ;设 DS=CS
                 CMP       NUM，100                    ;判断 NUM>100？
                 JBE       RETURN                      ;若 NUM≤100，则关中断
                 LEA       DX，STR1
                 MOV       AH，9
                 INT       21H                         ;显示 The NUM is overflow!
                 MOV       AH，1
                 INT       21H                         ;从键盘输入一个字符，用于暂停
        RETURN： CLI                                   ;关中断
                 POP       ES
                 POP       DS
                 POP       DX
                 POP       CX
```

```
              POP       BX
              POP       AX                        ;恢复现场
              IRET                                ;中断返回
INT40         ENDP
MAIN          PROC      FAR                        ;主程序
              LEA       DX,     INT40             ;DX 放中断向量的偏移地址
              MOV       AX,     SEG INT40
              MOV       DS,     AX                 ;DS 放中断向量的段地址
              MOV       AL,     40                 ;AL 放中断类型号
              MOV       AH,     25H                ;送功能号
              INT       21H                        ;将中断类型号 40 的中断向量装入
                                                    中断向量表
              MOV       NUM，200
              INT       40                         ;执行 40 号中断测试
              MOV       AH，4CH
              INT       21H
MAIN          ENDP
CODE          ENDS
              END   MAIN
```

6.4　可编程中断控制器 8259A

在一个微机系统中，中断控制器是专门用来管理 I/O 中断的器件，它的功能是接收外部中断源的中断请求，并对中断请求进行处理后再向 CPU 发出中断请求，然后由 CPU 响应中断并进行处理。在 CPU 响应中断的过程中，中断控制器仍然负责管理外部中断源的中断请求，从而实现中断的嵌套或禁止中断。

Intel 系列的 8259A 芯片就是一个可编程的中断控制器，即可以由软件编程设置其工作模式，使用时非常灵活方便。另外，1 片 8259A 能管理 8 级中断，即对 8 个中断源实现优先级控制。利用多片 8259A 级联可以对更多的中断源控制，在不增加任何其他电路的情况下，最多可以用 9 片 8259A 来管理 64 级中断，可根据不同中断源向 CPU 提供不同的中断类型码。本节主要介绍中断控制器 8259A 的内部结构、工作原理和工作方式，并且介绍它的编程和使用方法。

6.4.1　8259A 的内部结构与外部引脚

6.4.1.1　8259A 的内部结构

8259A 的内部结构如图 6-20 所示，它由中断请求寄存器 IRR（Interrupt request register）、中断服务寄存器 ISR（In service register）、中断屏蔽寄存器 IMR（Interrupt mask register）、中断优先级判别器 PR（Priority resolver）、级联缓冲/比较器、读写控制逻辑、控制电路、数据总线缓冲器组成。

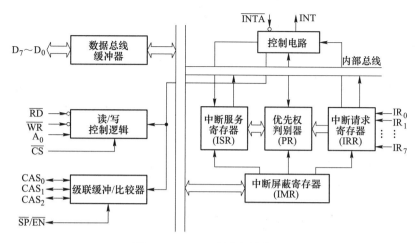

图 6-20　8259A 的内部结构图

（1）中断请求寄存器 IRR：中断请求寄存器是一个 8 位寄存器，该寄存器的 8 位（$D_7 \sim D_0$）用来存放由外部中断源输入的中断请求信号 $IR_0 \sim IR_7$，当某个输入端为高电平时，该寄存器的相应位置 1。当某个中断请求被响应时，IRR 中的相应位被自动清零，并且该中断输入线上的中断请求应及时撤消，否则在中断服务程序处理完后，该中断输入线上的高电平可能会引起又一次中断服务。

（2）中断优先级判别器 PR：用于对存放在中断请求寄存器 IRR 中的中断请求进行优先级识别，判别哪个中断请求具有最高优先级，并在接收到中断响应脉冲 $\overline{\text{INTA}}$ 期间，将最高级别的中断请求送到中断服务寄存器 ISR 中；当出现多重中断时，PR 还可以判定是否允许新出现的中断请求去打断正在被处理的中断。

（3）中断服务寄存器 ISR：中断服务寄存器是一个 8 位寄存器，$ISR_0 \sim ISR_7$ 分别对应 $IR_0 \sim IR_7$，用来存放正在处理中的中断请求。当任何一级中断被响应，CPU 要去执行它的中断服务程序时，ISR 相应位置 1，当中断嵌套时，ISR 中可有多位被置 1。当 8259A 收到"中断结束"命令时，ISR 中的相应位会被清零。当 8259A 采用中断自动结束方式时，ISR 中刚被置 1 的位在中断响应结束时被自动复位。

（4）中断屏蔽寄存器 IMR：中断屏蔽寄存器 IMR 也是一个 8 位寄存器，其每一位分别与 $IR_0 \sim IR_7$ 相对应，用来存放对各级中断请求的屏蔽信息，实现对各级中断的有选择的屏蔽。当用软件编程使 IMR 中某位置 1 时，则表示中断请求寄存器 IRR 中对应的中断请求被屏蔽，该中断请求被禁止进入中断优先级判别器 PR；当 IMR 中某位被清零时，则表示允许对应的中断请求进入中断优先级判别器 PR。

（5）级联缓冲/比较器：级联缓冲/比较器主要用于多片 8259A 的级联结构，通过级联，最多可将中断源由 8 级扩展到 64 级。级联时，有 1 片 8259A 主片和最多 8 片 8259A 从片，主片 8259A 的级联缓冲/比较器可通过 $CAS_2 \sim CAS_0$ 三条引脚与所有从片级联缓冲/比较器的 $CAS_2 \sim CAS_0$ 引脚相联，主片通过这三个引脚输出从片的编号，从片 8259A 接收之，并和 ICW3（初始化命令字）中的主片标识码进行比较匹配（详见 6.4.4），若匹配成功，表示选中该从片。此时，主片 8259A 的 $\overline{SP}/\overline{EN}$ 端接高电平（非缓冲方式）或作为输出引脚（缓冲方式），从片 8259A 的 $\overline{SP}/\overline{EN}$ 端接低电平，且从片 8259A 的 INT 输出引脚接到主片的中断输入端 IR 上。因为最多可接 8 个从片，所以最多可管理 64 级中断。

（6）读写控制逻辑：读写控制逻辑用来接收来自 CPU 的读/写命令，并完成规定的操作。1 片 8259A 占用两个 I/O 端口地址，用地址线 A_0 来选择端口，用读命令 $\overline{RD}$ 和写命令 $\overline{WR}$ 控制数据线的传输方向，即读出内部寄存器的内容和写入控制命令。

（7）数据总线缓冲器：数据总线缓冲器是 8 位双向三态缓冲器，用于与系统数据总线传送信息。传送的信息包括：CPU 向 8259A 写入的编程命令字、CPU 从 8259A 读取的状态信息，以及 8259A 向 CPU 提供的中断类型码。

（8）控制电路：控制电路是 8259A 的内部控制器，用来按 CPU 设置的工作方式控制 8259A 的全部工作。当有某个中断源向 8259A 发出请求信号时，中断请求寄存器 IRR 的相应位被置 1，若中断未被屏蔽，该中断请求送到中断优先级判别器 PR 进行判别，若判定该中断源是当前最高优先级，则向 CPU 发出中断请求信号 INT，当接收到 CPU 的中断响应信号 $\overline{INTA}$ 后，中断服务寄存器 ISR 的相应位置 1，并将 IRR 中的相应位清零，同时 8259A 将该中断源的中断类型号送数据总线，供 CPU 读取。

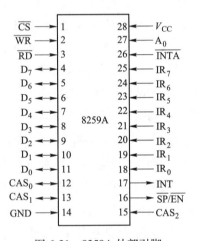

图 6-21　8259A 外部引脚

6.4.1.2　8259A 的外部引脚及功能

8259A 是 28 引脚的双列直插式芯片，其外部引脚如图 6-21 所示。8259A 的引脚可分为三个部分：与 CPU 连接的引脚、与外设连接的引脚及用于级联的引脚。

A　与 CPU 连接的引脚

$D_7 \sim D_0$：8 位双向三态数据线，与系统数据总线相连，用来传送控制字、状态字和中断类型号。

A_0：端口选择信号线，输入。当 $A_0 = 0$ 时，选中偶地址端口；当 $A_0 = 1$ 时，选中奇地址端口。在系统中，必须分配给 8259A 两个端口地址，其中一个为偶地址，一个为奇地址，并且要求偶地址较低，奇地址较高。该引脚一般与 CPU 的某根地址线相连，用来表明是哪一个端口被访问。

在 8088 系统中，由于系统的数据总线是 8 位的，因此 8259A 的 $D_7 \sim D_0$ 可以直接与系统的数据总线相连，而此时 8259A 的 A_0 引脚也可以直接与系统中地址总线的 A_0 引脚相连，这样 8259A 就被分配了两个相邻的一奇一偶的端口地址，从而满足了 8259A 对端口地址的要求。

但是，在一个 8086 系统中，由于数据总线是 16 位的，因此 8259A 的 A_0 引脚连接方式就与 8088 系统中不同。较为简单的解决方式是将 8086 系统中 16 位数据总线中的高 8 位弃之不用，直接将 8259A 的 $D_7 \sim D_0$ 8 位数据线与 CPU 数据总线的低 8 位相连。但是，需要注意一点，此时分配给 8259A 芯片的两个端口地址在系统中并不是相邻的一奇一偶地址，而是相邻的两个偶地址，此时 8259A 的 A_0 引脚与系统中地址总线的 A_1 引脚相连，而偶地址时系统地址总线的 A_0 引脚总是为 0，这样就满足了 8259A 对端口地址的要求。

在实际的 8086 系统中，对 8259A 端口地址的分配就是按照上述的方法，即分配给 8259A 两个相邻的偶地址。其中一个 $A_1 = 0$，$A_0 = 0$，这个地址较低，另外一个 $A_1 = 1$，$A_0 = 0$，这个地址较高。

$\overline{WR}$：写控制信号，输入，低电平有效。用来通知 8259A 从数据线上接收 CPU 发送的控制命令字。

$\overline{RD}$：读控制信号，输入，低电平有效。用来通知 8259A 将其内部某个寄存器的内容送上数据总线。

$\overline{CS}$：片选信号，输入，低电平有效。通过地址译码器与地址总线相连。只有当 $\overline{CS} = 0$ 时，CPU 才能对 8259A 进行读/写操作。

INT：中断请求信号线，输出，高电平有效。与 CPU 的可屏蔽中断请求输入引脚 INTR 相连，用于向 CPU 发出中断请求。

$\overline{INTA}$：中断响应信号，输入，低电平有效。与 CPU 的 $\overline{INTA}$ 引脚相连，用于接收来自 CPU 的中断响应信号。中断响应信号由两个负脉冲组成，第一个负脉冲用来通知 8259A，表示 CPU 即将响应中断，第二个负脉冲要求 8259A 将中断类型号送上数据总线。

B　与外设连接的引脚

$IR_7 \sim IR_0$：这 8 个引脚分别用来接收外部 I/O 设备的中断请求。在多片 8259A 组成的主从式系统中，主片 $IR_7 \sim IR_0$ 分别与各从片的 INT 端相连，而各从片的 $IR_7 \sim IR_0$ 端则直接与外部 I/O 设备相连，这样就实现了主从式级联结构。

C　用于多片级联的引脚

可以采用多片 8259A 级联方式管理多于 8 个的中断源，指定一片 8259A 为主片，其他为从片，由于一片 8259A 有 8 个中断请求输入端 $IR_7 \sim IR_0$，最多连接 8 个 8259A 从片，允许 64 个中断请求 IR 输入。用于多片级联的引脚如下：

$CAS_2 \sim CAS_0$：级联控制信号，双向。主片 8259A 与所有从片 8259A 的这三个引脚分别连在一起，用来分时选中各从片。对于 8259A 主片来说，这三条引脚为输出信号，对于 8259A 从片来说，这三条引脚则为输入信号，作为从片的标识码。当某从片 8259A 提出中断请求时，主片 8259A 通过 $CAS_2 \sim CAS_0$ 向该从片输出相应的标识码，以通知从片中断请求已被响应。

$\overline{SP}/\overline{EN}$：级联/缓冲允许双功能信号，双向。该引脚是作为输入还是输出与 8259A 的工作方式有关。

如果 8259A 工作在缓冲方式下，则 $\overline{SP}/\overline{EN}$ 引脚作为输出，此时，该引脚与总线驱动器的允许端相连，8259A 通过该引脚发出总线驱动器的驱动信号。

如果 8259A 工作在非缓冲方式下，此时，$\overline{SP}/\overline{EN}$ 引脚作为输入端，当系统中只有单片的 8259A 芯片时，$\overline{SP}/\overline{EN}$ 端必须接高电平，如果系统是由多片 8259A 组成的主从式系统，则主片的 $\overline{SP}/\overline{EN}$ 端接高电平，从片的 $\overline{SP}/\overline{EN}$ 接低电平。

6.4.2   8259A 与 CPU 的连接

6.4.2.1   单片 8259A

单片 8259A 与 8088 CPU 的连接如图 6-22 所示。

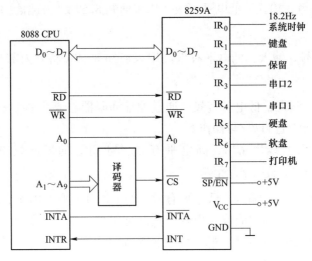

图 6-22   单片 8259A 与 8088 CPU 的连接

6.4.2.2   多片 8259A 级联

8086/8088 CPU 使用一片 8259A 芯片管理 8 个外部中断源，当申请中断的外设多于 8 个时，可以将多片 8259A 级联使用。在级联系统中，只能有一片 8259A 作为主片，其余的 8259A 均作为从片，多片 8259A 级联的连接图如图 6-23 所示。

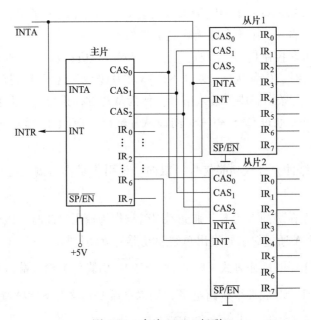

图 6-23   多片 8259A 级联

在图 6-23 中，主片 8259A 的 IR_2 和 IR_6 两个中断请求输入引脚分别接从片 1 和从片 2 的中断请求输出信号 INT。主片的中断请求输出信号 INT 连接到 CPU 的中断请求输入端 INTR，CPU 的中断响应输出线 $\overline{INTA}$ 连接到所有 8259A 的中断响应输入端 $\overline{INTA}$。在多片主从式系统中，若系统数据总线的连接方式为非缓冲方式，则主片的 $\overline{SP}/\overline{EN}$ 端接 +5V；若系统数据总线的连接方式为缓冲方式，则主片的 $\overline{SP}/\overline{EN}$ 端和数据总线驱动器的输出允许端 $\overline{OE}$ 相连。从片的 $\overline{SP}/\overline{EN}$ 端始终接地。主片的 $CAS_2 \sim CAS_0$ 三条引脚分别与从片的 $CAS_2 \sim CAS_0$ 相连，而主片正是靠这三条引脚来通知从片发出的中断请求是否得到响应，下面以图 6-23 为例，说明在 8259A 级联方式下的中断过程。

在 8259A 级联方式下，主片在初始化时通常设置为特殊全嵌套工作方式，当从片 2 的 IR_3 中断请求输入引脚收到一个中断请求时，从片 2 的中断请求寄存器 IRR 即被设置成 08H(00001000B)。经内部中断优先级判别器判决后，产生从片 2 的中断请求信号 INT，同时向主片 IR_6 申请中断，若主片的中断屏蔽寄存器 IMR 未对连接该从片的 IR_6 位进行屏蔽，此时主片的 IRR 应被设置成 40H(01000000B)。

经过主片的优先权判别器裁决后，若当前从片 2 的中断请求为最高优先级，则从片 2 的 INT 请求就可以通过主片的中断请求输出信号 INT 向 CPU 申请中断。在 CPU 响应中断时，主片在接到 CPU 的第一个中断响应脉冲 $\overline{INTA}$ 后，将中断服务寄存器 ISR 设置为 40H，同时将中断请求寄存器 IRR 中的对应位清零，并且将从片的标识号 110 送到 $CAS_2 \sim CAS_0$ 线上，此时，从片 2 判断自身的标号是否与 $CAS_2 \sim CAS_0$ 线上的取值一致，如果一致，则从片 2 对信号 $\overline{INTA}$ 予以响应，将本片的中断服务寄存器 ISR 设置为 08H，同时将中断请求寄存器 IRR 中的对应位清零。当 CPU 发送第二个中断响应脉冲 $\overline{INTA}$ 时，从片 2 将中断类型号送到数据总线上，CPU 自动从 $D_7 \sim D_0$ 上获得中断类型号，转去执行相应的中断服务程序。

当 CPU 正在执行中断服务程序时，若从片 2 又接收到由 IR_0 引入的中断请求，则从片 2 的 IRR 寄存器即被设置为 01H(00000001B)。由于 IR_0 的优先级大于 IR_3，因此从片 2 再次向主片 8259A 的 IR_6 端申请中断。由于主片 8259A 事先已设置为特殊全嵌套工作方式，因此允许同级中断再次向 CPU 发送中断申请。同样在 CPU 响应中断时，主片 ISR 的状态并不变，仍为 40H，从片 2 的 ISR 被设置为 01H。将主片和从片 2 的 IRR 寄存器相应位清零后，CPU 暂停执行原来的中断服务程序，转去执行更高级别的中断服务程序，从而实现级联方式下中断的特殊全嵌套。

6.4.3　8259A 的工作方式

单片 8259A 可以管理 8 级外部中断，在多片 8259A 级联方式下，最多可以管理 64 级外部中断，通过编程可以设置中断优先权判别、中断嵌套、中断屏蔽和中断结束等多种工作方式。

6.4.3.1　中断优先权方式

8259A 中断优先权的管理方式有固定优先权方式和自动循环优先权方式两种。

A　固定优先权方式

固定优先权方式是 8259A 的默认方式，也是最常用的中断优先权方式。该方式下 8259A 的中断请求输入端 $IR_7 \sim IR_0$ 引入的中断源具有固定的优先级序列，它们由高到低的优先级顺序是：$IR_0 > IR_1 > IR_2 > IR_3 > IR_4 > IR_5 > IR_6 > IR_7$，其中，$IR_0$ 的优先级最高，IR_7 的优先级最低。当有多个 IR_i 请求时，中断优先级判决器 PR 将它们与当前正在处理的中断源的优先级进行比较，选出当前优先级最高的 IR_i，向 CPU 发出中断请求 INT。

B　自动循环优先权方式

在自动循环优先权方式中，8259A 的中断请求输入端 $IR_7 \sim IR_0$ 引入的中断源优先权级别是可以改变的。其变化规律是：当某一个中断请求 IR_i 服务结束后，该中断源的优先级自动降为最低，而原来比它低一级的中断请求 IR_{i+1} 的优先级自动升为最高。

例如，若初始优先级从高到低依次为 IR_0，IR_1，…，IR_7，若当前 8259A 的中断请求输入端 IR_3 和 IR_6 有中断请求，则优先处理 IR_3，当 CPU 为 IR_3 服务完毕时，IR_3 优先级自动降为最低，而其后的 IR_4 的优先级升为最高，这时中断源优先级从高到低的顺序为 IR_4、IR_5、IR_6、IR_7、IR_0、IR_1、IR_2、IR_3。

在自动循环优先权方式中，按确定循环时的最低优先权的方式不同，又分为普通自动循环方式和特殊自动循环方式两种。普通自动循环方式的特点是：$IR_0 \sim IR_7$ 中的初始最高优先级是固定的，即系统指定 IR_0 的优先级最高，以后按右循环规则进行循环排队。而特殊自动循环方式的特点是：$IR_7 \sim IR_0$ 中的初始最低优先级是由用户通过编程指定的。例如，当用户编程设置为特殊自动循环方式时，可同时指定初始优先级顺序，例如指定 IR_i 为最高优先级，当 CPU 为 IR_i 服务完毕时，则 IR_{i+1} 为最高优先级，其他依此排列。

6.4.3.2　中断嵌套方式

8259A 的中断嵌套方式有两种：全嵌套方式和特殊全嵌套方式。

A　全嵌套方式

全嵌套方式是 8259A 在初始化时自动进入的一种最基本的优先权管理方式。其特点是：中断优先权管理为固定方式，即 IR_0 优先权最高，IR_7 优先权最低，在 CPU 中断服务期间（即执行中断服务子程序过程中），若有新的中断请求到来，只允许比当前服务的中断请求的优先级"高"的中断请求进入，禁止同级与低级中断请求进入。

B　特殊全嵌套方式

特殊全嵌套方式是 8259A 在多片级联方式下使用的一种最基本的优先权管理方式。其特点是：中断优先权管理为固定方式，$IR_7 \sim IR_0$ 的优先顺序与完全嵌套规定相同；与全嵌套方式不同之处是在 CPU 中断服务期间，除了允许高级别的中断请求进入外，还允许同级的中断请求进入，从而实现了对同级中断请求的特殊嵌套。此方式主要用于多片 8259A 级联时主片 8259A 的优先级设置。

例如，在级联方式下，主片 8259A 通常设置为特殊全嵌套方式，从片 8259A 设置为完全嵌套方式。当主片为某一个从片的中断请求服务时，从片中的 $IR_7 \sim IR_0$ 的请求都是通过主片中的某个 IR_i 请求引入的。因此从片的 $IR_7 \sim IR_0$ 对于主片 IR_i 来说，它们属于同级，只有主片工作于特殊完全嵌套方式时，才能保证从片实现完全嵌套。

6.4.3.3 中断屏蔽方式

中断屏蔽是对 8259A 的外部中断源 $IR_7 \sim IR_0$ 实现屏蔽的一种中断管理方式，有普通屏蔽和特殊屏蔽两种方式。

A 普通屏蔽方式

普通屏蔽方式是通过对 8259A 的中断屏蔽寄存器 IMR 操作，来实现对中断请求 IR_i 的屏蔽。由编程写入操作命令字 OCW_1，将 IMR 中的 D_i 位置 1，以达到对 $IR_i(i=0\sim7)$ 中断请求的屏蔽。例如，通过编程对 OCW_1 写入 55H(01010101B)，则相应屏蔽了从 IR_0、IR_2、IR_4、IR_6 四个中断源的中断请求。

B 特殊屏蔽方式

在某些场合，希望一个中断服务程序能动态地改变系统的优先级结构。特殊屏蔽方式允许低优先级中断请求中断正在服务的高优先级中断。这种屏蔽方式通常用于级联方式中的主片，对于同一个请求 IR_i 上连接有多个中断源的场合。

在特殊屏蔽方式中，可在中断服务子程序中用中断屏蔽命令来屏蔽当前正在处理的中断，同时可使 ISR 中的对应当前中断的相应位清零，这样不仅屏蔽了当前正在处理的中断，而且也真正开放了较低级别的中断请求。

在这种情况下，虽然 CPU 仍然继续执行较高级别的中断服务子程序，但由于 ISR 中对应当前中断的相应位已经清零，如同没有响应该中断一样。所以，此时对于较低级别的中断请求，8259A 仍然能产生 INT 中断请求，CPU 也会响应较低级别的中断请求。

例如，当前正在执行 IR_2 的中断服务程序，设置了特殊屏蔽方式后，再对 OCW_1 写入命令使 IMR 中的第 2 位置 1，就会在屏蔽 IR_2 的同时，使当前中断服务寄存器 ISR 中对应位自动清零，这样可屏蔽当前正在处理的中断，又开放了较低级别的中断，即系统可以响应任何未被屏蔽的中断请求，好像优先级规则不起作用一样。待中断服务程序结束前，应将 IMR 中的第 2 位复位，并撤消特殊屏蔽方式。

6.4.3.4 中断结束方式

中断结束方式是指在中断服务程序结束时，CPU 应及时清除中断服务标志位，否则就意味着中断服务还在继续，致使优先级低的中断请求无法得到响应。中断服务标志位存放在中断服务寄存器 ISR 中，当某个中断源 IR_i 被响应后，ISR 中的 D_i 位被置 1，服务完毕后应及时清除。

8259A 提供了以下三种中断结束方式。

A 自动结束方式

自动结束方式是利用中断响应信号 $\overline{INTA}$ 的第二个负脉冲的后沿，将 ISR 中的中断服务标志位清除，这种中断服务结束方式是由硬件自动完成的。

需要注意的是：ISR 中中断服务标志位的清除是在中断响应过程中完成的，并非在中断服务子程序结束时，若在中断服务子程序的执行过程中，有另外一个比当前中断优先级低的请求信号到来，由于 8259A 并没有保存任何标志来表示当前服务尚未结束，致使低优先级的中断请求进入，从而打乱正在服务的程序，因此这种方式只能用在只有单片 8259A 且多个中断不会嵌套的系统中，主从式结构一般不用中断自动结束方式。

B　普通结束方式

普通结束方式是通过在中断服务子程序中编程写入操作命令字 OCW_2，向 8259A 传送一个普通自动结束 EOI（End of interrupt）命令来清除 ISR 中当前优先级别最高的位，即结束当前正在处理的中断。

由于这种结束方式是清除 ISR 中优先级别最高的那一位，适合使用在完全嵌套方式下的中断结束。因为在完全嵌套方式下，中断优先级是固定的，8259A 总是响应优先级最高的中断，保存在 ISR 中的最高优先级的对应位，一定对应于正在执行的服务程序。

EOI 结束命令必须放在中断返回指令 IRET 之前，若没有 EOI 结束命令，ISR 中对应位仍为 1，即使中断服务程序已执行完，还在继续屏蔽同级或低级的中断请求；若 EOI 结束命令放在中断服务程序中的其他位置，会引起同级或低级中断在本次中断未处理完之前进入，产生嵌套错误。

C　特殊结束方式

特殊结束方式是通过在中断服务子程序中编程写入操作命令字 OCW_2，向 8259A 传送一个特殊 EOI 命令来清除 ISR 中的指定位。

在特殊 EOI 命令中需明确指出复位 ISR 中的哪一位，以避免因嵌套结构出现错误。因此，它可以用于完全嵌套方式下的中断结束，更适用于嵌套结构有可能遭到破坏的中断结束。

6.4.3.5　中断触发方式

8259A 中断请求输入端 $IR_7 \sim IR_0$ 的触发方式有电平触发和边沿触发两种。

A　电平触发方式

在电平触发方式下，8259A 检测到 $IR_i(i = 0 \sim 7)$ 端有高电平时产生中断。在这种触发方式中，要求触发电平必须保持到中断响应信号 $\overline{INTA}$ 有效为止，并且在 CPU 响应中断后，应及时撤消该请求信号，以防止 CPU 再次响应，出现重复中断现象。

B　边沿触发方式

在边沿触发方式下，8259A 检测到 IR_i 端有由低电平到高电平的跳变信号时产生中断。需要注意的是：当 IR_i 端产生上升沿后，应保持高电平直到中断被响应为止。

6.4.3.6　总线连接方式

8259A 数据线与系统数据总线的连接有两种方式：缓冲方式和非缓冲方式。

A　缓冲方式

一般在多片 8259A 级联系统中，8259A 通过数据总线缓冲器与系统数据总线相连，此时 8259A 工作在缓冲方式。在此方式下 8259A 的 $\overline{SP}/\overline{EN}$ 为输出引脚，在 8259A 输出中断类型号的时候，$\overline{SP}/\overline{EN}$ 输出一个低电平，用以锁存或开启数据总线缓冲器。

B　非缓冲方式

当系统中只有一片 8259A 或少量几片 8259A 级联时，一般将它直接与系统数据总线相连，此时 8259A 工作在非缓冲方式。

6.4.4　8259A 的编程

在使用 8259A 时，除按各引脚规定的信号接好电路外，还必须编程来选定其工作方式，如各中断请求信号的优先级分配、中断屏蔽、中断类型号及中断的触发方式等等。8259A 的工作方式是由 CPU 通过命令字进行控制的。

8259A 有两类命令字：初始化命令字 ICW（Initialization Command Words）和操作命令字 OCW（Operation Command Words）。

初始化命令字有 4 个：ICW_1、ICW_2、ICW_3 和 ICW_4。通常是系统开机时，由初始化程序给出，而且在整个系统工作过程中保持不变。

操作命令字有 3 个：OCW_1、OCW_2 和 OCW_3。操作命令字在 8259A 应用程序中使用，可在初始化后根据需要随时写入，并且在写入次序上没有严格的要求。

6.4.4.1　8259A 的初始化命令字

在 8259A 的 4 个初始化命令字中，ICW_1 被写入偶地址端口，$ICW_2 \sim ICW_4$ 被写入奇地址端口。

A　ICW_1——初始化字

ICW_1 称作芯片控制初始化命令字，要求写入偶地址端口，各位的具体含义如图 6-24 所示。

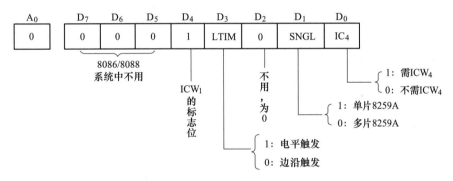

图 6-24　ICW_1 各位的含义

$D_7 \sim D_5$：这 3 位在 8086/8088 系统中不用，通常设为 0。

D_4：该位设置为 1，是 ICW_1 的标志位。因为后面的 OCW_2 与 OCW_3 这两位操作命令字也是填入 8259A 的偶地址端口，为了区别，OCW_2 与 OCW_3 的 D_4 位总是为 0，这样 8259A 就可以识别填入的是哪一个命令字了。

D_3（LTIM）：该位用来设定中断请求信号的触发方式。如果 LTIM = 0，则为边沿触发方式；如果 LTIM = 1，则为电平触发方式。

D_2：该位在 8086/8088 系统中不用，通常设为 0。

D_1（SNGL）：该位用来表明本片是否与其他 8259A 芯片处于级联状态，如果 SNGL = 1，表明系统中只有一片 8259A；如果 SNGL = 0，表明系统中有多片 8259A。

D_0（IC_4）：该位用来表明初始化程序是否设置 ICW_4 命令字，如果需要设置则该位必须为 1。在 8086/8088 系统中，ICW_4 命令字是必须设置的，也就是说，该位必须设置为 1。

【例 6-6】　某 8086/8088 微机系统中，使用单片 8259A，中断申请信号为上升沿触发，端口地址为 20H、21H，则其初始化命令字应为：00010011B = 13H，设置 ICW_1 的指令为：

　　　　MOV　AL，13H

　　　　OUT　20H，　AL

B　ICW_2——中断类型码

ICW_2 用来设定中断类型码，必须写入奇地址端口，各位的具体含义如图 6-25 所示。

图 6-25　ICW_2 各位的含义

一个 8259A 芯片能接受 8 种不同类型的中断，因此对应的中断类型码也有 8 个，8259A 指定中断类型码的高 5 位与 ICW_2 的高 5 位相同，而中断类型码的低 3 位则由引入中断的引脚序号来决定。例如，若由 IR_0 引脚引入中断，则低 3 位自动取值为"000"，以此类推，若由 IR_7 引脚引入中断，则低 3 位自动取值为"111"。因此，在设置 ICW_2 的初始化命令字时，只有高 5 位是有效的。

【例 6-7】　设 $IR_0 \sim IR_7$ 引脚上的中断类型号为 08H ～ 0FH，端口地址为 21H，则设置 ICW_2 的指令为：

　　　　MOV　AL，08H　　；ICW_2 = 08H

　　　　OUT　21H，AL

C　ICW_3——主从片级联设置

ICW_3 用来设定主片/从片标志，需写入奇地址端口，ICW_3 的具体格式则与该 8259A 是主片还是从片有关。只有在多片 8259A 级联时，该命令字才有意义。由于 ICW_1 的 D_1 位用来指明系统中是否有多片 8259A，因此，只有当 ICW_1 的 D_1 位为 0 时，才需要设置 ICW_3。

8259A 主片的 ICW_3 格式如图 6-26 所示。若 8259A 为主片，则它的 $IR_7 \sim IR_0$ 引脚必然要与从片的 INT 端相连接，ICW_3 的 $D_7 \sim D_0$ 就是用来表明哪几个引脚连接了从片，如果某位取值为 1，则对应的引脚上连接有从片；如果某位取值为 0，则对应的引脚上未接从片。比如当 ICW_3 = AAH（10101010B）时，表明在 IR_7、IR_5、IR_3、IR_1 这 4 个引脚上连接有从片，而其余的引脚则未接从片。

图 6-26　主片 8259A ICW_3 各位的含义

如果该 8259A 为从片，则 ICW$_3$ 的格式如图 6-27 所示。D$_7$ ~ D$_3$ 位不用，一般都赋 0。D$_2$ ~ D$_0$ 位的取值则与从片的 INT 端连接在主片的哪个中断请求输入引脚有关。比如，某个从片连接到主片的 IR$_5$ 引脚上，则 ICW$_3$ 中的 D$_2$ ~ D$_0$ 位取值为 "101"。

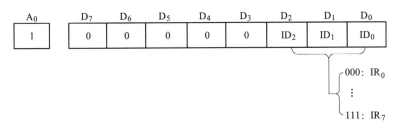

图 6-27 从片 8259A ICW$_3$ 各位的含义

D ICW$_4$——方式控制字

ICW$_4$ 用于设置 8259A 工作方式，如是否缓冲方式以及中断结束方式，必须写入奇地址端口。当 ICW$_1$ 的 D$_0$ 位（IC$_4$）为 1 时，必须设置 ICW$_4$。ICW$_4$ 的具体格式如图 6-28 所示。

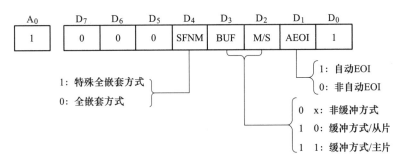

图 6-28 ICW$_4$ 各位的含义

D$_7$ ~ D$_5$：这 3 位总设置为 0。

D$_4$（SFNM）：如果该位取值为 1，说明系统工作在特殊全嵌套方式下；如果取值为 0，则工作在全嵌套方式下。

D$_3$（BUF）：如果该位取值为 1，说明 8259A 工作在缓冲方式下；如果取值为 0，则说明 8259A 工作在非缓冲方式下。

D$_2$（M/S）：当 8259A 工作在缓冲方式下时，即 D$_3$（BUF）位为 1 时，该位有效。如果 M/S 为 1，表明该片为主片；如果 M/S 为 0，则表明该片为从片。

D$_1$（AEOI）：如果该位为 1，则 8259A 工作在中断自动结束方式下；如果为 0，则 8259A 工作在非自动结束方式下。

D$_0$：该位取值为 1，则表明该系统为 8086/8088 系统；如果取值为 0，则为 8080 或 8085 系统。

6.4.4.2 8259A 的初始化流程

8259A 必须通过初始化命令字对其进行初始化编程才能正常工作，并且初始化命令字必须按照一定的顺序写入，8259A 的初始化流程按以下步骤进行：

（1）通过 ICW_1 设置 8259A 是否级联、中断请求信号格式以及是否设置 ICW_4。

（2）通过 ICW_2 设置中断类型码。

（3）判断系统是否为级联方式，如果是，则转向（4），否则转向（5）。

（4）根据当前 8259A 的情况（主片或从片），设置 ICW_3。

（5）如果不需要设置 ICW_4，则结束初始化流程；如果需要设置，则通过 ICW_4 设置是否为特殊全嵌套方式、是否为缓冲方式、是否为自动结束中断方式、是否为 8086/8088 系统。

【例 6-8】 单片 8259A，边沿触发，与 8088 系统连接采用非缓冲方式，IR_0 中断类型号为 08H，优先级设置为全嵌套中断方式，自动结束中断方式试对其进行初始化编程。

分析：首先写出 8259A 的各个初始化命令字，由于是单片 8259A，因此不需要设置 ICW_3。

ICW_1：00010011B = 13H

ICW_2：00001000B = 08H　　　　;中断向量高 5 位为 00001B

ICW_4：00000011B = 03H

初始化程序如下：

```
MOV    AL, 13H
OUT    20H, AL      ;初始化 ICW₁
MOV    AL, 08H
OUT    21H, AL      ;初始化 ICW₂
MOV    AL, 03H
OUT    21H, AL      ;初始化 ICW₄
```

6.4.4.3　8259A 的操作命令字

8259A 有 3 个操作命令字，分别为 OCW_1、OCW_2 和 OCW_3。其中 OCW_1 必须写入奇地址端口，OCW_2 和 OCW_3 必须写入偶地址端口。与初始化命令字不一样，在写入时并没有严格的次序要求，可以在任何需要时写入。

A　OCW_1

OCW_1 称为中断屏蔽操作命令字，要求写入奇地址端口，该命令字各位的具体含义如图 6-29 所示。

图 6-29　OCW_1 各位的含义

当 OCW_1 中的某位为 1 时，则与之对应的中断请求 IR_i 被屏蔽；如果某位为 0，则对应的中断请求 IR_i 被允许。比如，OCW_1 = 17H（00010111），则 IR_7、IR_6、IR_5、IR_3 上的中

断请求被允许，其余的中断请求则被屏蔽。

B OCW$_2$

OCW$_2$是用来设置优先级循环方式和结束方式的操作命令字，必须写入偶地址端口，它的具体格式定义如图 6-30 所示。

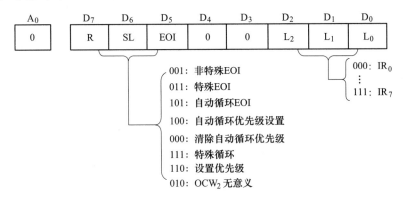

图 6-30 OCW$_2$ 各位的含义

D$_7$（R）：该位为 1 时，系统的中断优先级按循环方式设置；如果该位为 0，则为非循环方式。

D$_6$（SL）：若该位为 1，则 D$_2$～D$_0$ 这 3 位有效；若该位为 0，则 D$_2$～D$_0$ 这 3 位无效。

D$_5$（EOI）：如果 8259A 不是工作在自动中断结束方式下，必须通过对该位的设置来结束中断。当该位为 1 时，则复位当前 8259A 中断服务寄存器的对应位。

D$_4$～D$_3$：OCW$_2$ 的特征位，均为 0。

D$_2$～D$_0$：与 D$_7$、D$_6$、D$_5$ 这 3 位配合使用，可以实现不同的功能。一方面，它们可以设定 8259A 的优先级循环方式；另一方面，它们可向 8259A 发出中断结束命令，下面将对这 3 位取值的各种组合作详细解释。

当 R=1、SL=0、EOI=0 时，D$_2$～D$_0$ 3 位无效，且同时设置 8259A 工作在优先级自动循环方式下。

当 R=1、SL=1、EOI=0 时，D$_2$～D$_0$ 3 位有效，且同时设置 8259A 工作在优先级特殊循环模式下，此时 D$_2$～D$_0$ 3 位的取值确定一个级别最低的优先级，这样 8259A 的初始优先级便确定了。比如 D$_2$D$_1$D$_0$=101 时，则 IR$_5$ 为最低优先级，这样系统初始的优先级队列由高到低依次为 IR$_6$、IR$_7$、IR$_0$、IR$_1$、IR$_2$、IR$_3$、IR$_4$、IR$_5$。

当 R=0、SL=0、EOI=0 时，8259A 结束优先级自动循环方式。

当 R=0、SL=1、EOI=0 时，OCW$_2$ 无意义。

当 R=0、SL=0、EOI=1 时，D$_2$～D$_0$ 3 位无效，则 OCW$_2$ 用来使当前正在被处理的中断所对应 ISR$_i$ 位清 0，即通知 8259A 当前中断处理程序已经结束，此时 8259A 仍工作在优先级自动循环方式，但优先级次序左移一位。

当 R=1、SL=1、EOI=1 时，D$_2$～D$_0$ 3 位有效，此时 8259A 中指定的 ISR$_i$ 位清 0，用来通知 8259A 对应的中断已经处理完毕，而 ISR$_i$ 取值则由 D$_2$～D$_0$ 3 位的取值来确定。如 D$_2$D$_1$D$_0$=101 时，则对应于 ISR$_5$。该命令一般用于优先级特殊循环方式。执行完该命令后，8259A 的当前最低优先级为 ISR_i。

当 $R=1$、$SL=0$、$EOI=1$ 时，$D_2 \sim D_0$ 3 位无效，则 OCW_2 用来使当前正在处理的中断所对应的 ISR_i 位清 0，并使 8259A 工作在非循环的工作方式下，该编码用于全嵌套的工作方式下。

当 $R=0$、$SL=1$、$EOI=1$ 时，$D_2 \sim D_0$ 3 位有效，此时 8259A 指定的 IS_i 位被清除，IS_i 的取值由 $D_2 \sim D_0$ 3 位来确定，系统仍工作在非循环的工作方式下。

C OCW_3

OCW_3 有三个功能，分别是：设置和撤消特殊屏蔽方式、设置中断查询方式以及设置对 8259A 内部寄存器的读出。OCW_3 必须写入偶地址端口，它的具体格式如图 6-31 所示。

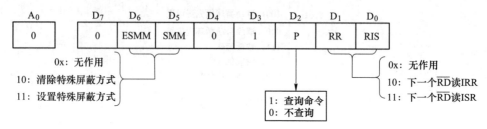

图 6-31 OCW_3 各位的含义

D_7：该位无作用，通常设为 0。

D_6（ESMM）：该位是特殊屏蔽方式允许位。当 ESMM 位设置为 1 时，D_5（SMM）位有效；当 ESMM 位设置为 0 时，D_5（SMM）位无效。

D_5（SMM）：当 D_6（ESMM）为 1 时，该位有效。如果 SMM 位为 1，表示设置特殊屏蔽方式；如果 SMM 位为 0，则表示清除特殊屏蔽方式。

D_4 与 D_3：这两位为 OCW_3 的特征位，必须设定为 01。

D_2（P）：该位是查询方式位，当 P 位设置为 1 时，8259A 工作在查询方式下，此时的 D_1（RR）和 D_0（RIS）位是无效的。当 CPU 向 8259A 输出该查询命令字后，紧接着应执行一条输入指令，8259A 就自动将查询字送到数据总线上。该查询字的格式如图 6-32 所示。

图 6-32 中断查询字

其中，$I=1$ 表明该 8259A 芯片 $IR_7 \sim IR_0$ 中有中断请求产生，$W_2 \sim W_0$ 表明了请求服务的最高优先权编码，比如该 3 位取值为 101，则说明当前优先权最高的中断请求为 IR_5。$I=0$ 则表示无请求。CPU 可以反复对 8259A 查询，但每次查询前都应先送一次 $D_2=1$ 的 OCW_3。该查询字是用输入指令从偶地址端口读入的。

D_1（RR）与 D_0（RIS）：这两位配合使用，可以读出 8259A 内部寄存器 IRR 和 ISR 的内容。与读查询字类似，也是发出读命令字后，再紧接着从偶地址读入寄存器内容。当 D_2（P）$=0$ 时，则该两位有效。此时若 $D_1D_0=10$，表明紧接着要读出 IRR 的值；此时若 $D_1D_0=11$，表明紧接着要读出 ISR 的值。

例如，设置特殊屏蔽，OCW_3 的控制字为：01101000B＝68H；撤消特殊屏蔽 OCW_3 的控制字为：01001000B＝48H。设置查询命令 OCW_3 的控制字为：00001100B＝0CH。读中断请求寄存器 IRR 时，OCW_3 的控制字为：00001010B＝0AH；读中断服务寄存器 ISR 时，OCW_3 的控制字为：00001011B＝0BH。

需要说明的是，读中断屏蔽寄存器 IMR 时，无需设置 OCW_3 控制字，直接读 OCW_1 控制字即可。

【例 6-9】　试编写一段程序，以实现将 8259A 的 IRR、ISR 和 IMR 三个寄存器的内容读出并送入从 0080H 开始的内存单元中，设 8259A 的端口地址分别为 20H，21H。

分析：用 OCW_3 读取 8259A 的 IRR 和 ISR 寄存器的内容时，应先指出读哪个寄存器，然后再用 IN 指令读出；而读取 IMR 的内容时不必指出，直接从奇地址端口读取即可。

参考程序如下：

```
    MOV   AL, 0000 1010B        ;OCW3=0AH，读取 IRR
    OUT   20H, AL
    IN    AL, 20H               ;读回 IRR 的内容
    MOV   [0080H], AL           ;存入内存
    MOV   AL, 00001011B         ;OCW3=0BH，读取 ISR
    OUT   20H, AL
    IN    AL, 20H               ;读回 ISR 的内容
    MOV   [0081H], AL           ;存入内存
    IN    AL, 21H               ;读回 IMR
    MOV   [0082H], AL           ;存入内存
```

前面介绍了 8259A 的 4 个初始化命令字和 3 个操作命令字，对于这 7 个命令字，在编程时 CPU 除了可用输出指令对它们逐一地写入外，在查询状态时还可用输入指令将其内容读出。为了寻址各个命令字，除了用地址信号 A_0 进行端口选择外，还需要用这些命令字的某些位作为其特征位，或者按写入的先后顺序来进行区别，比如 ICW_2、ICW_3、ICW_4 总是跟在 ICW_1 后面写入；而 OCW_1 总是单独写入。表 6-4 列出了对 8259A 各个命令字读写时的信号关系。

表 6-4 8259A 命令字的读写表

$\overline{CS}$	A_0	$\overline{RD}$	$\overline{WR}$	D_4	D_3	读写操作
0	0	1	0	0	0	写 OCW_2
0	0	1	0	0	1	写 OCW_3
0	0	1	0	1	×	写 ICW_1
0	1	1	0	×	×	写 ICW_2、ICW_3、ICW_4、OCW_1
0	0	0	1			读 IRR、ISR、中断查询字
0	1	0	1			读 IMR

6.4.5 8259A 的应用举例

【例 6-10】　在某个 8088 最小方式系统中，通过 74LS138 译码器接有一片 8259A 中断

控制器芯片，电路如图 6-33 所示。有一外设中断请求信号从 8259A 的 IR_1 引脚输入，设 8259A 工作在全嵌套、非缓冲、非自动 EOI 方式下，其中断类型号为 C1H，中断申请信号为上升沿触发，试编写 8259A 的初始化程序。

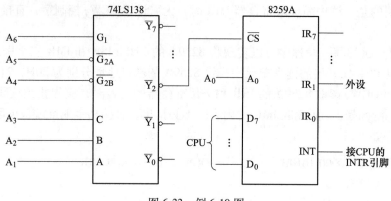

图 6-33　例 6-10 图

　　分析：由图 6-33 可以看出，74LS138 译码器的 Y2 输出端接 8259A 的 CS 片选信号，因此可以译出 8259A 芯片的两个地址，分别为：44H 和 45H。

　　根据题意，可以写出 8259A 的初始化命令字，分别为：$ICW_1 = 13H$，$ICW_2 = C0H$，$ICW_4 = 01H$，由于是单片 8259A，因此不需要设置 ICW_3。

　　8259A 的初始化程序如下：

```
MOV   AL, 13H
OUT   44H, AL          ;写 ICW₁
MOV   AL, 0C0H
OUT   45H, AL          ;写 ICW₂
MOV   AL, 01H
OUT   45H, AL          ;写 ICW₄
```

【例 6-11】　某系统有两片 8259A，如图 6-34 所示，从片 8259A 接主片的 IR_2，主片的 IR_4 和 IR_5 有外部中断引入，从片 IR_0 和 IR_3 上也分别有外设中断引入。主片中断类型号分别为 64H 和 65H，地址分别为 20H 和 21H。从片中断类型号分别为 40H 和 43H，地址分别为 A0H 和 A1H。试分别写出主、从片 8259A 的初始化程序。

　　（1）对主片 8259A 设定如下要求：

　　1）主片 8259A 有级联，从 IR_2 引入；

　　2）中断请求信号为边沿触发方式；

　　3）中断类型号为 60H~67H；

　　4）采用特殊全嵌套方式；

　　5）采用非自动结束 EOI，非缓冲方式；

　　6）屏蔽 IR_2、IR_4 和 IR_5 以外的中断源。

　　解：主片 8259A 的初始化程序如下：

```
MOV    AL,   11H
OUT    20H，AL                ;写 ICW₁
MOV    AL，60H
OUT    21H，AL                ;写 ICW₂
MOV    AL，04H
OUT    21H，AL                ;写 ICW₃
MOV    AL，11H
OUT    21H，AL                ;写 ICW₄
       ……
MOV    AL，0CBH
OUT    21H，AL                ;写 OCW₁
MOV    AL，20H
OUT    20H，AL                ;写 OCW₂
       ……
```

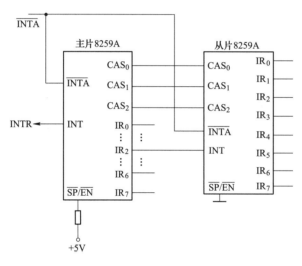

图 6-34　例 6-11 图

（2）对从片 8259A 设定如下要求：

1）从片 8259A 接在主片 IR_2 上；

2）中断请求信号为边沿触发方式；

3）中断类型号为 40H~47H；

4）采用特殊全嵌套方式；

5）采用非自动结束 EOI，非缓冲方式；

6）屏蔽 IR_0 和 IR_3 以外的中断源。

解： 从片 8259A 的初始化程序如下：

```
MOV    AL,   11H
OUT    0A0H，AL              ;写 ICW₁
MOV    AL，40H
```

```
OUT   0A1H, AL              ;写 ICW₂
MOV   AL, 02H
OUT   0A1H, AL              ;写 ICW₃
MOV   AL, 11H
OUT   0A1H, AL              ;写 ICW₄
      ……
MOV   AL, 0F6H
OUT   0A1H, AL              ;写 OCW₁
MOV   AL, 20H
OUT   0A0H, AL              ;写 OCW₂
      ……
```

【例 6-12】 图 6-35 为 IBM PC/XT 系统中 8259A 的连接示意图。从图中可以看出，8259A 的 IR₁ 端引入键盘中断，要求编程序实现每次按下任意键，CPU 响应中断时屏幕显示字符串"Hello，World！"。

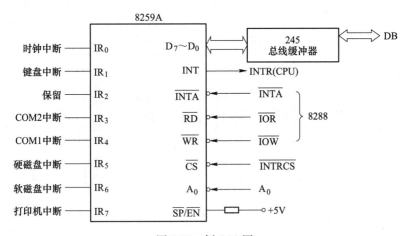

图 6-35　例 6-12 图

已知：8259A 的中断类型号为 08H~0FH，端口地址分别为 20H、21H。中断请求信号为边沿触发方式，采用特殊全嵌套、非自动结束 EOI、非缓冲方式。

参考程序如下：

```
DATA  SEGMENT
      BUF   DB 'Hello, World!', 0AH, 0DH, '$'
DATA  ENDS
CODE  SEGMENT
      ASSUME CS：CODE, DS：DATA
START：MOV   AL, 13H
      OUT   20H, AL              ;写 ICW₁
      MOV   AL, 08H
      OUT   21H, AL              ;写 ICW₂
```

```
          MOV     AL，11H
          OUT     21H，AL                ;写 ICW₄
          MOV     AX，SEG INT9
          MOV     DS，AX
          MOV     DX，OFFSET INT9
          MOV     AL，09H                ;AL=09H
          MOV     AH，25H                ;AH=25H
          INT     21H                   ;设置中断向量表
          IN      AL，21H                ;读中断屏蔽寄存器
          AND     AL，0FDH               ;OCW₁=11111101，开放 IR₁ 中断
          OUT     21H，AL                ;写 OCW₁
          STI
LP：      JMP     LP                    ;等待中断
INT9：    MOV     AX，DATA               ;中断服务程序
          MOV     DS，AX
          MOV     DX，OFFSET BUF
          MOV     AH，09
          INT     21H                   ;显示每次中断的提示信息
          MOV     AL，20H
          OUT     20H，AL                ;写 OCW₂，发出 EOI 结束中断
          IN      AL，21H                ;读中断屏蔽字 OCW₁
          OR      AL，02H                ;OCW₁=00000010 屏蔽 IR₁ 中断
          OUT     21H，AL                ;写 OCW₁
          STI
          MOV     AH，4CH
          INT     21H
          IRET
CODE      ENDS
END       START
```

6.5　DMA 控制器 8237A

6.5.1　8237A 概述

Intel 8237A 是一种有 40 个引脚的高性能可编程 DMA 控制器，采用主频 5MHz 的 8237A 传送速度可达到 1.6MB/s。

8237A 的主要特点如下：

（1）一个 8237A 芯片有 4 个独立的 DMA 通道，每个通道均可独立地传送数据，可控制 4 个 I/O 外设进行 DMA 传送。

（2）每个通道的 DMA 请求都可以分别允许或禁止。每个通道的 DMA 请求有不同的

优先权，可以是固定的优先权，也可以是循环的优先权。

（3）每个通道均有 64KB 的寻址和计数能力，即一次 DMA 传送的数据最大长度可达 64KB。

（4）可以在存储器与外设间进行数据传送，也可以在存储器的两个区域之间进行传送。

（5）8237A 有四种 DMA 传送方式，分别为单字节传送、数据块传送、请求传送方式和级联方式。

（6）8237A 芯片有一条结束处理的输入信号，允许外界用此输入端结束 DMA 传送或重新初始化。

（7）8237A 可以级联，扩展更多的通道。

8237A 有两种不同的工作状态，分别为从态方式（从属）和主态方式（主控）。

（1）在 DMA 控制器未取得总线控制权时必须由 CPU 对 DMA 控制器进行编程，以确定通道的选择、数据传送的方式和类型、内存单元起始地址、地址是递增还是递减，以及要传送的总字节数等，CPU 也可以读取 DMA 控制总线的状态。这时，CPU 处于主控状态，而 DMA 控制器就和一般的 I/O 芯片一样，是系统总线的从设备，这种工作方式称为从态方式。

（2）当 DMA 控制器取得总线控制权后，系统就完全在它的控制下，使 I/O 设备和存储器之间或存储器与存储器之间进行直接的数据传送，这种工作方式称为主态方式。

6.5.2   8237A 内部结构与引脚功能

6.5.2.1   8237A 的内部结构

8237A 的内部结构如图 6-36 所示，主要由 3 个基本控制逻辑单元、3 个地址/数据缓冲器单元和 1 组内部寄存器组成。

A   控制逻辑单元

控制逻辑单元包括定时和控制逻辑、命令控制逻辑和优先级控制逻辑，其功能如下：

（1）定时和控制逻辑：根据初始化编程所设置的工作方式寄存器的内容和命令，在输入时钟信号的控制下，产生 8237A 的内部定时信号和外部控制信号。

（2）命令控制逻辑：主要是在 CPU 控制总线时（即 DMA 处于空闲周期），将 CPU 在初始化编程送来的命令字进行译码；当 8237A 进入 DMA 服务时，对 DMA 的工作方式控制字进行译码。

（3）优先级控制逻辑：用来裁决各通道的优先权顺序，解决多个通道同时请求 DMA 服务时可能出现的优先权竞争问题。

B   地址/数据缓冲器单元

缓冲器包括 I/O 缓冲器 1、I/O 缓冲器 2 和输出缓冲器，其功能如下：

（1）I/O 缓冲器 1：8 位双向、三态地址/数据缓冲器，作为 8 位数据 $D_7 \sim D_0$ 输入/输出和高 8 位地址 $A_{15} \sim A_8$ 输出缓冲。

（2）I/O 缓冲器 2：4 位地址缓冲器，作为地址 $A_3 \sim A_0$ 输出缓冲。

（3）输出缓冲器：4 位地址缓冲器，作为地址 $A_7 \sim A_4$ 输出缓冲。

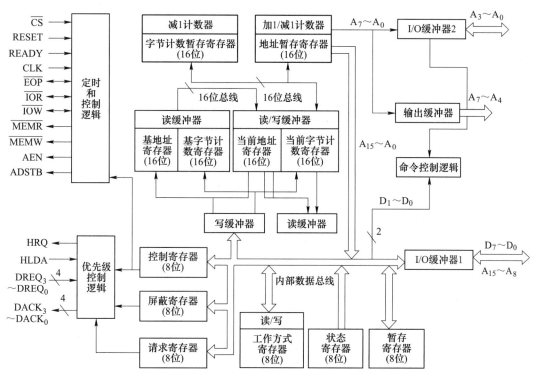

图 6-36　8237A 的内部结构图

C　内部寄存器

8237A 内部寄存器共有 12 个，如表 6-5 所示。

表 6-5　8237A 的内部寄存器

名　　称	位数	数量	CPU 访问方式
基地址寄存器	16	4	只写
基字节计数寄存器	16	4	只写
当前地址寄存器	16	4	可读可写
当前字节计数寄存器	16	4	可读可写
地址暂存寄存器	16	1	不能访问
字节计数暂存寄存器	16	1	不能访问
控制寄存器	8	1	只写
工作方式寄存器	8	4	只写
屏蔽寄存器	8	1	只写
请求寄存器	8	1	只写
状态寄存器	8	1	只读
暂存寄存器	8	1	只读

6.5.2.2　8237A 的引脚

8237A 采用双列直插式，有 40 个引脚，其引脚排列如图 6-37 所示。

DB$_7$～DB$_0$：8 位地址/数据线。当 CPU 控制总线时，DB$_7$～DB$_0$ 作为双向数据线，由 CPU 读/写 8237A 内部寄存器；当 8237A 控制总线时，DB$_7$～DB$_0$ 输出被访问存储器单元的高 8 位地址信号 A$_{15}$～A$_8$，并由 ADSTB 信号锁存。

A$_3$～A$_0$：地址线，双向。当 CPU 控制总线时，A$_3$～A$_0$ 为输入，作为 CPU 访问 8237A 时内部寄存器的端口地址选择线。当 8237A 控制总线时，A$_3$～A$_0$ 为输出，作为被访问存储器单元的地址信号 A$_3$～A$_0$。

A$_7$～A$_4$：地址线，单向。当 8237A 控制总线时，A$_7$～A$_4$ 为输出，作为被访问存储器单元的地址信号 A$_7$～A$_4$。

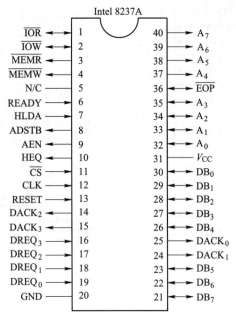

图 6-37　8237A 引脚

$\overline{\text{CS}}$：片选信号，低电平有效。当 CPU 控制总线时，$\overline{\text{CS}}$为低电平，选中指定的 8237A。

$\overline{\text{IOR}}$（I/O read）：I/O 读信号，双向，低电平有效。当 CPU 控制总线时，$\overline{\text{IOR}}$为输入信号，CPU 读 8237A 内部寄存器的状态信息；当 8237A 控制总线时，$\overline{\text{IOR}}$为输出信号，与$\overline{\text{MEMW}}$配合控制数据由外设传至存储器。

$\overline{\text{IOW}}$（I/O write）：I/O 写信号，双向，低电平有效。当 CPU 控制总线时，$\overline{\text{IOW}}$为输入信号，CPU 写 8237A 内部寄存器；当 8237A 控制总线时，$\overline{\text{IOW}}$为输出信号，与$\overline{\text{MEMR}}$配合控制数据由存储器传至外设。

$\overline{\text{MEMR}}$（memory read）：存储器读信号，输出，低电平有效，与$\overline{\text{IOW}}$配合控制数据由存储器传至外设。

$\overline{\text{MEMW}}$（memory write）：存储器写信号，输出，低电平有效，与$\overline{\text{IOR}}$配合控制数据由外设传至存储器。

DREQ$_3$～DREQ$_0$（DMA request）：四个通道的 DMA 请求输入信号，由请求 DMA 传送的外设输入，其有效极性和优先级可以通过编程设定。

DACK$_3$～DACK$_0$（DMA acknowledge）：四个通道的 DMA 响应信号，作为对请求 DMA 传送外设的应答信号，其有效极性可以通过编程设定。

HRQ（hold request）：总线请求信号，输出，高电平有效，与 CPU 的总线请求信号 HOLD 相连。当 8237A 接收到 DREQ 请求后，使 HRQ 变为有效电平。

HLDA（hold acknowledge）：总线应答信号，输入，高电平有效。与 CPU 的总线响应信号 HLDA 相连。当 HLDA 有效后，表明 8237A 获得了总线控制权。

CLK（clock）：时钟信号。作为芯片内部操作的定时，并控制数据传送的速率。

RESET：复位信号，高电平有效。芯片复位后，屏蔽寄存器置 1，其他寄存器被清 0，8237A 处于空闲周期，可接受 CPU 的初始化操作。

READY（I/O device ready）：外设准备就绪信号，输入，高电平有效。READY = 1，表示外设已经准备就绪，可以进行读/写操作；READY = 0，表示外设未准备就绪，需要在总线周期中插入等待周期。

AEN（address enable）：地址允许信号，输出，高电平有效。当 AEN 有效时，将8237A 控制器输出的存储器单元地址送系统地址总线，禁止其他总线控制设备使用总线。在 DMA 传送过程中，AEN 信号一直有效。

ADSTB（address strobe）：地址选通信号，输出，高电平有效，作为外部地址锁存器选通信号。当 ADSTB 信号有效时，$DB_7 \sim DB_0$ 传送的存储器高 8 位地址信号（$A_{15} \sim A_8$）被锁存到外部地址锁存器中。

$\overline{EOP}$（end of process）：DMA 传送结束信号，双向，低电平有效。当 8237A 的任一通道数据传送计数停止时，产生$\overline{EOP}$输出信号，表示 DMA 传送结束；也可以由外设输入$\overline{EOP}$信号，强迫当前正在工作的 DMA 通道停止计数，数据传送停止。无论是内部停止还是外部停止，当$\overline{EOP}$有效时，立即停止 DMA 服务，并复位 8237A 的内部寄存器。

V_{CC}：+5V 电源。

GND：接地。

NC：未用。

6.5.3　8237A 工作方式及初始化编程

8237A 有主控和从属两种工作状态，当它没有获得总线控制权时，作为从属设备由CPU 控制，如初始化操作。8237A 一旦获得总线控制权，由从属状态变为主控状态，控制DMA 进行数据传送。数据传送完毕，将总线控制权交还给 CPU，又由主控状态变为从属状态。

6.5.3.1　8237A 的工作方式

8237A 共有四种工作方式，分别是：单字节传送方式、数据块传送方式、请求传送方式和级联传送方式。

A　单字节传送方式

在这种工作方式下，每进行一次 DMA 操作，只传送一个字节的数据。8237A 每完成一个字节的传送，计数器便自动减 1，地址寄存器的值加 1 或减 1。接着，8237A 释放系统总线，把控制权交还给 CPU。但是 8237A 在释放总线后，会立即对 DREQ 端进行测试，一旦 DREQ 有效，则 8237A 会立即发送总线请求，在获得总线控制权后，又成为总线主模块而进行 DMA 传送。

单字节传送方式的特点是：一次 DMA 传送 1 个字节的数据，占用 1 个总线周期，然后释放系统总线。这种传送方式效率较低，但它会保证在两次 DMA 传送之间，CPU 有机会获得总线控制权，执行一次 CPU 总线周期。

B　块传送方式

在这种数据传送方式下，8237A 一旦获得总线控制权，就会连续地传送数据块，直到当前字节计数器减到 0 或由外设产生$\overline{EOP}$信号时，才终止 DMA 传送，释放总线控制权。

数据块传送方式的特点是：一次请求传送一个数据块，效率高，但在整个 DMA 传送期间，CPU 长时间无法控制总线，无法响应其他 DMA 请求或处理其他中断。

C　请求传送方式

请求传送方式与数据块传送方式类似，也是一种连续传送数据的方式。

8237A 在请求传送方式下，每传送一个字节就要检测一次 DREQ 信号是否有效，若有效，则继续传送下一个字节；若无效，则停止数据传送，结束 DMA 过程。但 DMA 的传送现场全部保持（当前地址寄存器和当前字节计数器的值），待请求信号 DREQ 再次有效时，8237A 接着原来的计数值和地址继续进行数据传送，直到当前字节计数器减到 0 或由外设产生$\overline{EOP}$信号时，终止 DMA 传送，释放总线控制权。

请求传送方式的特点是：DMA 操作可由外设利用 DREQ 信号控制数据传送的过程。

D　级联传送方式

当一片 8237A 通道不够用时，可通过多片级联的方式增加 DMA 通道，如图 6-38 所示，由主、从两级构成，从片 8237A 的 HRQ 和 HLDA 引脚与主片 8237A 的 DREQ 和 DACK 引脚连接，一片主片最多可连接四片从片。在级联方式下，从片进行 DMA 传送，主片在从片与 CPU 之间传递联络信号，并对从片各通道的优先级进行管理。

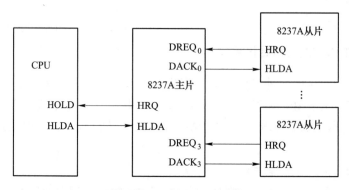

图 6-38　二级 8237A 级联

级联方式的特点是：可扩展多个 DMA 通道。

8237A 有四个 DMA 通道，它们的优先权有两种方式，但不论采用哪种优先权方式，经判决某个通道获得服务后，其他通道无论其优先权高低，均被禁止，直到已服务的通道结束数据传送，DMA 传送不存在嵌套。

（1）固定优先权方式：四个通道的优先权是固定的，即通道 0 的优先权最高，通道 1 其次，通道 2 再次，通道 3 最低。

（2）循环优先权方式：四个通道的优先权是循环变化的，即在每次 DMA 操作周期（不是 DMA 请求，而是 DMA 服务）之后，各个通道的优先权都发生变化。刚刚服务过的通道的优先权降为最低，它后面通道的优先权变为最高。

6.5.3.2 8237A 内部寄存器结构

8237A 的内部寄存器有两类。一类称为通道寄存器，每个通道包括：基地址寄存器、当前地址寄存器、基字节计数器、当前字节计数器和工作方式寄存器，这些寄存器的内容在初始化编程时写入。另一类为控制寄存器和状态寄存器，这类寄存器是四个通道公用的，控制寄存器用来设置 8237A 的传送类型和请求控制等，初始化编程时写入。状态寄存器存放 8237A 的工作状态信息，供 CPU 读取查询。8237A 内部寄存器的端口地址分配及读/写功能见表 6-6。

表 6-6 8237A 内部寄存器端口地址分配及读/写操作功能

通道号	A_3	A_2	A_1	A_0	地址	读操作（$\overline{IOR}=0$）	写操作（$\overline{IOW}=0$）
0	0	0	0	0	DMA+00H	当前地址寄存器	基（当前）地址寄存器
	0	0	0	1	DMA+01H	当前字节计数器	基（当前）字节计数器
1	0	0	1	0	DMA+02H	当前地址寄存器	基（当前）地址寄存器
	0	0	1	1	DMA+03H	当前字节计数器	基（当前）字节计数器
2	0	1	0	0	DMA+04H	当前地址寄存器	基（当前）地址寄存器
	0	1	0	1	DMA+05H	当前字节计数器	基（当前）字节计数器
3	0	1	1	0	DMA+06H	当前地址寄存器	基（当前）地址寄存器
	0	1	1	1	DMA+07H	当前字节计数器	基（当前）字节计数器
公用	1	0	0	0	DMA+08H	状态寄存器	控制寄存器
	1	0	0	1	DMA+09H		请求寄存器
	1	0	1	0	DMA+0AH		单通道屏蔽寄存器
	1	0	1	1	DMA+0BH		方式寄存器
	1	1	0	0	DMA+0CH		清除先/后触发器
	1	1	0	1	DMA+0DH	暂存寄存器	主清除（软件复位）
	1	1	1	0	DMA+0EH		清除屏蔽寄存器
	1	1	1	1	DMA+0FH		四通道屏蔽寄存器

注：DMA 地址由 $\overline{CS}$ 信号和 8237A 页面寄存器提供。

A 当前地址寄存器

当前地址寄存器用来保存 DMA 传送的当前地址，每次传送后，这个寄存器的值自动加 1 或减 1。当前地址寄存器由 CPU 写入或读出。

B 当前字节计数器

当前字节计数器用来保存 DMA 传送的剩余字节数，每次传送后减 1。这个计数器的值可由 CPU 写入和读出。当前字节计数器的值从 0 减到 FFFFH 时，终止计数。

C 基地址寄存器

基地址寄存器中存放着与当前地址寄存器相同的初始值。初始化时，CPU 将起始地址同时写入基地址寄存器和当前地址寄存器，但是基地址寄存器不会自动修改，且不能读出。

D 基字节计数器

基字节计数器中存放着与当前字节计数器相同的初始值。初始化时，CPU 将传送数据的字节数，同时写入基字节计数器和当前字节计数器，但是基字节计数器不会自动修改，且不能读出。由于字节计数器从 0 减 1 到 FFFFH 时，才终止计数，所以，实际传送的字节数要比写入字节计数器的值多 1，因此，如果需要传送 N 个字节的数据，初始化编程时写入字节计数器的值应为 $N-1$。

　　E　工作方式寄存器

　　工作方式寄存器中存放相应通道的方式控制字，如图 6-39 所示。地址加 1 或减 1 是指每传送一个字节的数据，当前地址寄存器的值（即存储器单元地址）加 1 或减 1。自动预置是指当字节计数器从 0 减 1 到 FFFFH 产生 $\overline{EOP}$ 信号时，当前字节计数器和当前地址寄存器会自动从基字节计数器和基地址寄存器中获取初始值，从头开始重复操作。

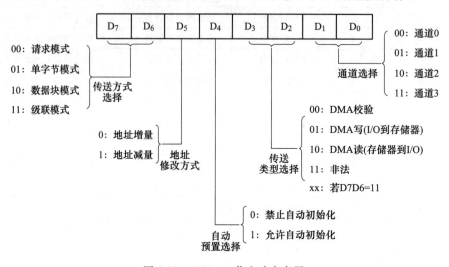

图 6-39　8237A 工作方式寄存器

　　F　控制寄存器

　　控制寄存器存放 8237A 的控制字，如图 6-40 所示。它用来设置 8237A 的操作方式，

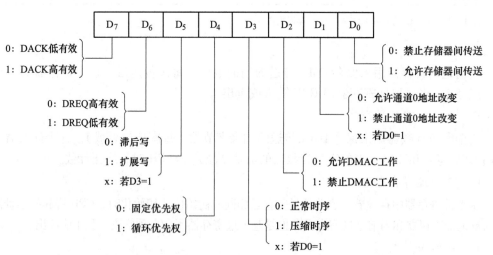

图 6-40　8237A 控制寄存器

影响每个通道。复位时，控制寄存器被清 0。在系统性能允许的范围内，为获得较高的传输效率，8237A 能将每次传输时间从正常时序的三个时钟周期变成压缩时序的两个时钟周期。

G 请求寄存器

8237A 除了可以利用硬件 DREQ 信号提出 DMA 请求外，当工作在数据块传送方式时，也可以通过软件发出 DMA 请求。请求寄存器如图 6-41 所示。在执行存储器与存储器之间的数据传送时，由通道 0 从源数据区读取数据，由通道 1 将数据写入目标数据区，此时启动 DMA 过程是由内部软件 DMA 请求来实现的，即对通道 0 的请求寄存器写入 04H，产生 DREQ 请求，使 8237A 产生总线请求信号 HRQ，启动 DMA 传送。

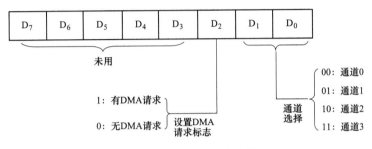

图 6-41 8237A 请求寄存器

H 屏蔽寄存器

8237A 的每个通道都有一个屏蔽位，当该位为 1 时，屏蔽对应通道的 DMA 请求。屏蔽位可以用两种命令字置位或清除，单通道屏蔽字和四通道屏蔽字分别如图 6-42 和图 6-43 所示。

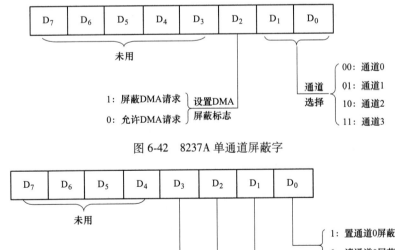

图 6-42 8237A 单通道屏蔽字

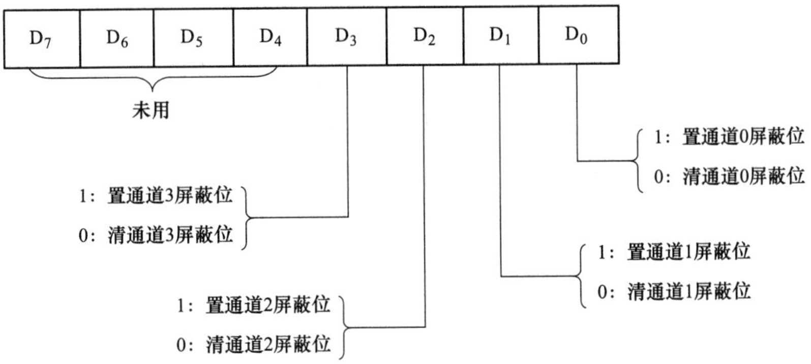

图 6-43 8237A 四通道屏蔽字

I 状态寄存器

状态寄存器用来存放各通道的工作状态和请求标志，如图 6-44 所示。低 4 位对应表示各通道的终止计数状态。当某通道终止计数或外部$\overline{EOP}$信号有效时，则对应位置 1。高 4 位对应表示各通道的请求信号 DREQ 输入是否有效。这些状态位在复位或被读出后，均被清 0。

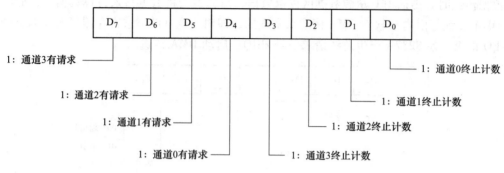

图 6-44   8237A 状态寄存器

J 暂存寄存器

8237A 进行从存储器到存储器的数据传送时，通道 0 先把从源数据区读出的数据，送入暂存寄存器中保存，然后由通道 1 从暂存寄存器中读出数据，传送至目标数据区中。传送结束时，暂存寄存器只会保留最后一个字节数据，可由 CPU 读出。复位时，暂存寄存器内容被清 0。

注意，清除命令不需要通过写入控制寄存器来执行，只需要对特定的 DMA 端口执行一次写操作即可完成。主清除命令的功能与复位信号 RESET 类似，可以对 8237A 进行软件复位。只要对 $A_3 \sim A_0 = 1101B$ 的端口执行一次写操作，便可以使 8237A 处于复位状态。

6.5.3.3   8237A 初始化编程

8237A 初始化编程分为以下几个步骤：

（1）发主清除命令：向 DMA+0DH 端口执行一次写操作，就可以复位内部寄存器；

（2）写地址寄存器：将传送数据块的首地址（末地址）按照先低位后高位的顺序写入基地址寄存器和当前地址寄存器；

（3）写字节计数器：将传送数据块的字节数 N（写入的值为 $N-1$）按照先低位后高位的顺序写入基字节计数器和当前字节计数器；

（4）写工作方式寄存器：设置工作方式和操作类型；

（5）写屏蔽寄存器：开放指定 DMA 通道的请求；

（6）写控制寄存器：设置 DREQ 和 DACK 的有效极性，启动 8237A 工作；

（7）写请求寄存器：只有用软件请求 DMA 传送（存储器与存储器之间的数据块传送）时，才需要写该寄存器。

6.5.4   8237A 应用举例

【例 6-13】   编写使用 DMA 从接口往内存传输一个数据块的程序。

编程时，分别对 DMA 控制器和接口初始化以下信息：

（1）对 DMA 控制器的字节计数器写入初始值，以决定数据块传输长度；

（2）对 DMA 控制器的地址寄存器写入初始值，以确定存放数据块的内存首地址；

（3）对 DMA 控制器设置控制字，指出数据传输的方向，是否块传输，并启动 DMA 操作；

（4）对接口部件设置控制字，指出数据传输的方向，并启动 I/O 操作。

程序段如下：

```
STA:   IN    AL, INTSTAT          ;状态寄存器 D₂ 位为 I/O 设备忙
       TEST  AL, 04H
       JNZ   STA
       MOV   AX, COUNT            ;数据块长度
       OUT   BYTE_REG, AX
       LEA   AX, BUFFER           ;内存单元首地址
       OUT   ADD_REG, AX
       MOV   AL, DMAC             ;DMA 控制器 D₃ 位为 1，接受 DMA 请求
       OR    AL, 09H              ;DMA 控制寄存器 D₀ 位为传输方向控制
       OUT   DMA_CON, AL          ;1：输入；0：输出
       MOV   AL, INTC             ;接口控制寄存器 D₂ 位为 1，启动 I/O 操作
       OR    AL, 05H              ;接口控制寄存器 D₀ 位为数据传输方向
       OUT   INT_CON, AL          ;1：输入；0：输出
       HLT
```

【例 6-14】 8237A 编程寄存器的应用实例。

在 IBM PC/XT 微机中 8237A 的具体应用是：8237A 占据 00H～0FH 16 个端口地址。它的通道 0 用于动态 RAM 刷新，通道 1 提供网络通信传输功能，通道 2 和通道 3 分别用来进行软盘驱动器和硬盘驱动器与内存之间的数据传输。系统采用固定优先级。4 个 DMA 请求信号和应答信号中，只有 DREQ0、DACK0 是和系统主板相连的，而 DREQ1～DREQ3 和 DACK1～DACK3 接到总线扩展槽，与对应的网络接口板、软盘接口板、硬盘接口板相关信号连接。

（1）对 8237A 进行初始化编程

```
       MOV   AL, 04H
       OUT   08H, AL             ;发控制命令，关闭 8237A
       MOV   AL, 00H
       OUT   0DH, AL             ;发复位命令
       MOV   DX, 00H             ;取通道 0 地址寄存器的端口地址
       MOV   CX, 04H
       MOV   AL, 0FFH
W1:    OUT   DX, AL              ;写地址低 8 位
       OUT   DX, AL              ;写地址高 8 位，16 位地址为 0FFFFH
```

```
        INC    DX
        INC    DX
        LOOP   W1                ;使4个通道地址寄存器的值均为0FFFFH
        MOV    AL, 58H           ;对通道0模式选择：单字节读传输，地址加1
                                 ;变化，设置自动预置功能
        OUT    0BH, AL
        MOV    AL, 41H           ;通道1模式选择：单字节校验传输，地址加1
                                 ;变化，无自动预置功能
        OUT    0BH, AL
        MOV    AL, 42H
        OUT    0BH, AL           ;通道2模式选择：同通道1
        MOV    AL, 43H           ;通道3模式选择：同通道1
        OUT    0BH, AL
        MOV    AL, 00H           ;设置控制命令，DACK为低电平有效
        OUT    08H, AL           ;DREQ为高电平有效，固定优先级，启动工作
        MOV    AL, 00H
        OUT    0FH, AL           ;设置综合屏蔽命令：对4个通道清除屏蔽
        HLT
```

此时，4个通道开始工作，只有通道0真正进行传输，通道1~3为校验传输。校验传输是一种虚拟传输，并不真正进行传输，所以不修改地址，地址寄存器的值不变。

（2）对8237A通道1~3地址寄存器的值进行测试，程序如下：

```
        MOV    DX, 02H           ;取通道1的地址寄存器端口地址
        MOV    CX, 03H           ;通道数为3
R1:     IN     AL, DX            ;读地址低8位
        MOV    AH, AL
        IN     AL, DX            ;读地址高8位
        CMP    AX, 0FFFFH        ;比较读取的值与写入的0FFFFH是否相等
        JNZ    STOP              ;若不等，则转STOP
        INC    DX
        INC    DX
        LOOP   R1                ;对3个通道均进行测试
        … …
STOP：  HLT                      ;测试出错，停机等待
```

习　题

6-1 简要解释下列概念：I/O接口、I/O端口、DMA。

6-2 I/O接口电路的作用是什么？

6-3 简述I/O接口电路的基本组成。

6-4　I/O 接口中通常有哪几类端口？CPU 与外设间传送的信号有哪几类？

6-5　常用的 I/O 端口编址方式有哪几种？各自的特点如何？8086/8088 中采用的是哪一种？

6-6　I/O 端口地址的常用译码方法是哪些？常用译码电路有哪几种？各自特点是什么？

6-7　某 I/O 端口译码电路如图 6-45 所示，请指出 $\overline{Y_0}$ 的端口地址范围。

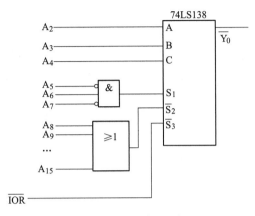

图 6-45　习题 6-7 图

6-8　CPU 与外设间数据传送的控制方式有哪几种，简述各种方式的控制过程（含义）及各自特点。

6-9　设数据口地址为 200H，状态口地址为 201H，传送的字节数为 200，状态位 $D_3 = 1$ 表示外设准备就绪，输入的数据存放在 Buff 开始的内存中，请编写查询方式输入数据的程序。

6-10　设某接口电路的输出数据口地址为 80H，状态口地址为 81H，状态口中 D_2 位为 0 表示输出装置空闲，待输出数据存放在内存 BUFF 中，试编写用查询方式实现输出 100 个字节数据的程序。

6-11　CPU 响应可屏蔽中断的条件是什么？说明 8086CPU 对中断的响应过程。

6-12　请说明怎样为外设编写中断服务程序，画出程序流程图。

6-13　说明中断优先级的作用及确定优先级时要考虑的问题。

6-14　中断向量表的功能是什么？简述 CPU 利用中断向量表转入中断服务程序的过程。

6-15　简述 8259A 的内部结构和主要功能。

6-16　8259A 分别有哪几个初始化命令字和操作命令字，各起什么作用？

6-17　假设 8086 CPU 从 8259A 中读取的中断类型号为 59H，其中断向量在中断向量表中的地址是多少？

6-18　某 8088 系统有 2 片 8259A，其中主片定义为：上升沿触发，中断类型号为 08H~0FH，在 IR_4 引脚级联从片，非自动结束 EOI、全嵌套、非缓冲方式，端口地址是 20H、21H；从片定义为：上升沿触发、中断类型号为 70H~78H、级联到主片的 IR_4 引脚，非自动结束 EOI、全嵌套、非缓冲方式，端口地址是 C0H、C1H。试分别编写主、从片 8259A 的初始化程序。

6-19　DMA 控制器具有哪些功能？它有几种工作模式？简述这些工作模式的含义。

6-20　简述 8237A 初始化编程的步骤。

7 常用可编程接口芯片

本章首先以可编程并行接口芯片 8255A、可编程定时/计数器芯片 8253/8254 为例，分别介绍其基本功能、内部结构、引脚功能及应用举例。然后，介绍可编程串行接口 8251A 的基本功能、内部结构、引脚功能及应用举例。最后，介绍了模拟量的输入输出，包括模拟接口组成，模数转换技术，数/模（D/A）转换器，模/数（A/D）转换器。

7.1 可编程并行接口 8255

随着计算机科学技术的发展和应用，计算机之间及计算机与数据设备之间的并行通信成为一个新的热点。计算机之间通信的目的是为了实现在不同的计算机之间交换数据等信息，传统的计算机之间及计算机与数据设备之间的通信大多采用串行通信。其原因主要是为了降低通信线路的成本。然而串行通信的传输速率低，比较适合远距离通信。而并行通信的传输速率高，但需要并行通信线路，通信线路的成本高。因此，并行通信往往适用于信息传输率要求较高而传输距离较短（几米至几十米）的场合。

7.1.1 并行通信概述

以传送 8 位数据 01101010 为例，并行通信与串行通信的过程如图 7-1 所示。

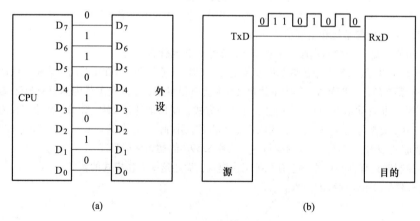

图 7-1 并行通信与串行通信示意图
（a）并行通信；（b）串行通信

并行通信是将传送数据的各位分别用一根线同时进行传输，同时并行传送的二进位数就是数据宽度，而实现与外设并行通信的接口电路就是并行接口。同一般的接口电路一样，并行接口是一组能实现连接 CPU 与外部设备并加以控制的逻辑电路。由于各种 I/O

设备和被控对象多为并行数据线连接，CPU 用并行接口组成应用系统很方便，故使用十分普遍。

一个并行接口可以设计为只作为输出接口或只作为输入接口，也有既作输出又作输入的接口。同一个并行接口可以通过编程实现不同的形式。双向输入/输出接口有两种实现方法：一种方法是利用一个接口中的两个通路，一个作为输入通路，另一个作为输出通路；另一种方法是用一个双向通路，既可输入又可输出。这些都是具体电路的不同表现形式。

7.1.1.1 并行通信接口的特点

（1）并行接口最基本的特点是在多根数据线上以数据字节为单位与 I/O 设备或被控对象传送信息。如打印机接口，A/D、D/A 转移器接口，IEEE-488 接口，开关量接口，控制设备接口等。与此相应的有串行接口，它是在一根线上以数据位为单位与 I/O 设备或通信设备传送信息。如 CRT，键盘及调制解调器接口等。因此，并行口的"并行"含义不是指接口与系统总线一侧的并行数据线而言，而是指接口与 I/O 设备或被控对象一侧的并行数据线。

（2）在并行接口中，除了少数场合之外，一般都要求在接口与外设之间设置并行数据线的同时，至少还要设置两根联络信号，以便互锁异步握手方式的通信。握手信号线在有些接口芯片中是固定的，如 Z-80PIO 中提供 Ready 和 Strobe 进行握手联络。而在另一些接口芯片中握手信号线是通过软件编程指定的，如在后面讲到的 8255A。

（3）在并行接口中，每次以 8 位或 16 位为单位进行同时传送。因此，当采用并行口与外设交换数据时，即使是只用到其中的一位，也要一次输入/输出 8 位或 16 位。

（4）并行传送的信息，不要求固定的格式。这与串行传送的信息有数据格式的要求不同。例如，起步式异步串行通信的数据帧格式是一个包括起始位、数据位、检验位和停止位等的数据。

（5）从并行接口的电路结构来看，并行口有硬件连接接口和可编程接口之分。硬件连接接口的工作方式及功能用硬件连接来设定，用软件编程的方法不能改变；如果接口的工作方式及功能可以用软件编程序的方法改变，称作可编程接口。

7.1.1.2 并行通信的基本原理

A 典型的并行接口结构

通常，一个可编程并行接口应包括下列组成部分：

（1）两个或两个以上具有缓冲能力的数据寄存器。

（2）可供 CPU 访问的控制及状态寄存器。

（3）片选和内部控制逻辑电路。

（4）与外设进行数据交换的控制与联络信号线。

（5）与 CPU 用中断方式传送数据的相关中断控制电路。

典型的可编程并行接口及其与 CPU 和外设的连接示意图如图 7-2 所示。

由图 7-2 可以看出，可编程并行接口电路内部具有接收 CPU 控制命令的"控制寄存器"，提供各种状态信息的"状态寄存器"以及用来同外设交换数据的"输入缓冲寄存器"。可编程并行接口与外设之间除了必不可少的并行输入数据线和并行输出数据线之外，

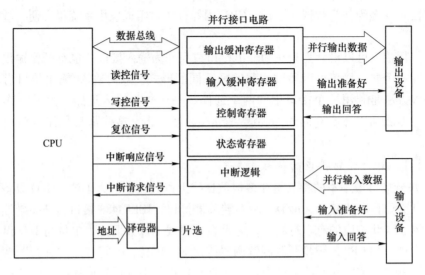

图 7-2　可编程并行接口及其与 CPU 和外设的连接

还有专门用于两者之间进行数据传输的应答信号，也称"握手（Handshaking）信号"。既然是握手，就一定是双方的动作，所以这种信号线总是成对出现的，如图 7-2 所示的"输出准备好"与"输出回答"就是一对握手信号，"输入准备好"与"输入回答"是另一对握手信号。它们在接口与外设的数据传送及交换中起着定时协调与联络作用，将在下面予以具体说明。

B　可编程并行接口的数据输入输出过程

在通过可编程并行接口进行数据传输时，需采用"握手"的方法进行定时协调与联络。用这种方法进行数据传输的基本思想是在通信中的每一过程都有应答，彼此进行确认。新过程必须在对方对上一过程进行应答之后发生。

在数据输入过程中，外设先使状态线"数据输入准备好"为高电平（有效），数据接收到输入缓冲寄存器中，将"输入回答"信号置成高电平（有效），并发给外设，外设在接到回答信号后，将撤消"数据输入准备好"的信号，当接口收到数据后，会在状态寄存器中设置"数据输入准备好"状态位，以便 CPU 对其进行查询或中断输入。

在数据输出过程中，当外设从接口接收到一个数据后，接口的输出缓冲寄存器"空"，使状态寄存器"数据输出准备好"状态位为高电平有效，CPU 将输出数据送到接口的输出缓冲寄存器，接口向外设发送一个启动信号，启动外设接收数据，外设接收到数据后，向接口回送一个"输出回答"信号，接口电路收到该信号后，自动将接口状态寄存器中的"数据输出准备好"状态位重新置为高电平"1"。

从以上说明的可编程并行接口数据输入、输出过程可以看出，"握手"信号在数据传输中起着重要的协调与联络作用。关于它们在实际的可编程并行接口片中的具体情况，将在 7.1.2 节讨论和介绍。

7.1.2　8255A 的引脚与功能

下面以微机系统中应用较为广泛的并行输入/输出接口芯片 Intel 8255A 为例，介绍并行接口的结构、功能、工作方式和应用。

Intel 8255A 是一种通用的可编程并行输入/输出接口芯片。其功能可通过程序设定，通用性强。通过它可以直接将 CPU 数据总线与外部设备连接起来，使用方便灵活，可以方便地应用在 Intel 系列微处理器系统中。

Intel 8255A 接口芯片有 3 个 8 位并行输入/输出端口，可利用编程方法设置 3 个端口作为输入端口或输出端口。芯片的工作方式分别为基本输入/输出、选通输入/输出和双向输入/输出方式。在与 CPU 的数据总线传送数据时可以选择无条件传送方式、查询传送方式和中断传送方式的任意一种。Intel 8255A 芯片的 3 个端口中，端口 C 既可作为数据端口也可作为控制端口。当 C 口作为数据端口时，既可作为 8 位数据口，也可分别作为两个 4 位数据口，还可对 C 口的每一位进行操作，设置某一位为输入或输出，为位控提供便利条件。

7.1.2.1　8255A 的内部结构

8255A 的内部结构如图 7-3 所示，包括四个部分：数据总线缓冲器、读写控制逻辑、A 组控制部件和 B 组控制部件、端口 A、B、C。

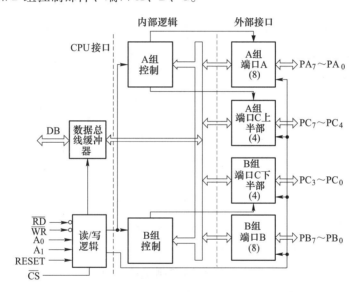

图 7-3　8255A 内部结构示意图

A　端口 A、端口 B、端口 C

8255A 芯片内部有三个 8 位端口，分别为 A 口、B 口和 C 口。这三个端口可与外部设备相连接，用来与外设进行数据信息、控制信息和状态信息的交换。各端口可由程序设定为输入和输出端口，但三个端口有着各自的功能特点。

端口 A 包含一个 8 位数据输出锁存器/缓冲器和一个 8 位数据输入锁存器。所以用端口 A 作为输入端口或输出端口时，数据均受到锁存。

端口 B 和端口 C 均包含一个 8 位输入缓冲器和一个 8 位数据输出锁存器/缓冲器。在使用中，端口 A 和端口 B 常常作为独立的输入或者输出端口。端口 C 除了可以作独立的输入或输出端口外，还可配合端口 A 和端口 B 的工作。具体来说，端口 C 可分成两个 4 位的端口，分别作为端口 A 和端口 B 的控制信号和状态信号。

B　A 组控制和 B 组控制

端口 A 和端口 C 的高 4 位（$PC_7 \sim PC_4$）构成 A 组，由 A 组控制部件对它进行控制；端口 B 和端口 C 的低 4 位（$PC_3 \sim PC_0$）构成 B 组，由 B 组控制部件对它进行控制。这两个控制部件各有一个控制单元，接收来自数据总线的控制字，并根据控制字确定各端口的工作状态和工作方式。

C　数据总线缓冲器

数据总线缓冲器是一个双向三态的 8 位数据缓冲器，与 CPU 系统数据总线相连。输入数据、输出数据、控制命令字均需要通过数据总线缓冲器进行传送。

D　读/写控制逻辑

读/写控制逻辑接收来自 CPU 地址总线的信号和控制信号，并发出命令到两个控制组（A 组和 B 组），将 CPU 发出的控制命令字或输出的数据通过数据总线缓冲器送到相应的端口，或者把外设的状态或输入的数据从相应的端口通过数据总线缓冲器送到 CPU。

7.1.2.2　8255A 的引脚功能与特性

8255A 是 40 引脚双列直插式芯片，包括与外设连接的 3 个 8 位 I/O 端口数据线 $PA_7 \sim PA_0$、$PB_7 \sim PB_0$、$PC_7 \sim PC_0$，与 CPU 连接的双向、三态数据线引脚 $D_7 \sim D_0$ 及输入控制引脚 RESET、$\overline{CS}$、$\overline{RD}$、$\overline{WR}$、A_1、A_0，以及电源线 V_{CC}、GND，如图 7-4 所示。对于 $PC_7 \sim PC_0$，其中若干根复用线用于"联络"信号或状态信号，其具体定义与端口的工作方式有关。

输入控制引脚用来接收 CPU 送来的地址和控制信息，这些引脚分别是：

RESET：复位信号，高电平有效。当 RESET 信号有效时，所有内部寄存器（包括控制寄存器）均被清零。同时，A 口、B 口和 C 口被自动设置为输入数据工作方式。

$\overline{CS}$：片选信号，低电平有效。该信号的控制是通过译码电路的输出端提供，只有当其有效时，读信号 $\overline{RD}$ 和写信号 $\overline{WR}$ 才对 8255A 有效。

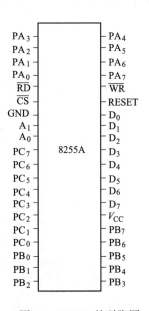

图 7-4　8255A 的引脚图

$\overline{RD}$：读信号，低电平有效。该信号有效时，CPU 可从 8255A 读取输入数据或状态信息。

$\overline{WR}$：写信号，低电平有效。该信号有效时，CPU 可向 8255A 写入控制字或输出数据。

A_1、A_0：片内端口选择信号，用于指明哪个端口被选中。8255A 有三个数据端口和一个控制端口。数据端口用来传送数据，控制端口用来接受 CPU 传送来的控制字。

数据和控制字都是通过 CPU 的数据总线传送给 8255A。8255A 根据端口选择信号 A_1、A_0 的组合把数据总线传送来的信息传送到相应的端口。$\overline{CS}$、$\overline{RD}$、$\overline{WR}$、A_1、A_0 五个信号的组合决定了对三个数据端口和一个控制端口的读写操作，如表 7-1 所示。

表 7-1 8255A 端口选择和基本操作

A_1	A_0	$\overline{RD}$	$\overline{WR}$	$\overline{CS}$	功能
0	0	0	1	0	端口 A→数据总线
0	1	0	1	0	端口 B→数据总线
1	0	0	1	0	端口 C→数据总线
0	0	1	0	0	数据总线→端口 A
0	1	1	0	0	数据总线→端口 B
1	0	1	0	0	数据总线→端口 C
1	1	1	0	0	数据总线→控制字寄存器
×	×	×	×	1	数据总线→三态
1	1	0	1	0	非法操作
×	×	1	1	0	数据总线→三态

7.1.3 8255A 的控制字

8255A 共有两个控制字，即方式选择控制字和 C 口置位/复位控制字。这两个控制字共用一个地址，即控制端口地址。用控制字的 D_7 位来区分这两个控制字。$D_7 = 1$ 为方式选择控制字，$D_7 = 0$ 为端口 C 置位/复位控制字。

7.1.3.1 方式选择控制字

8255A 的方式选择控制字格式和各位的含义如图 7-5 所示。方式选择控制字用来设定 A 口、B 口和 C 口的数据传送方向和工作方式。工作方式分别是方式 0、方式 1 和方式 2。A 口可工作在三种方式中的任何一种方式下，B 口可工作在方式 0 或方式 1，C 口只能工作在方式 0 下。如果设定 A 口为方式 0 输出，B 口为方式 0 输入，C 口高四位作为输出、低 4 位作为输入，那么，相应的方式选择控制字应为 10000011B（83H）。设在 8086 系统中 8255A 控制口的地址为 D6H，则执行如下两条指令即可实现上述工作方式的设定。

```
MOV   AL,   83H
OUT   0D6H,   AL          ;将方式选择控制字写入控制口
```

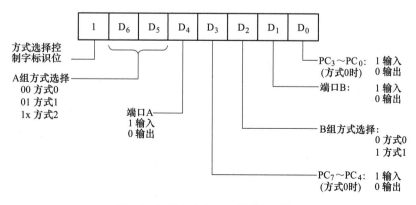

图 7-5 8255A 的方式选择控制字格式

7.1.3.2   PC口置位/复位控制字

端口C的置位/复位控制字可实现对端口C的每一位进行控制。置位使该位为1，复位使该位为0。控制字的格式如图7-6所示。

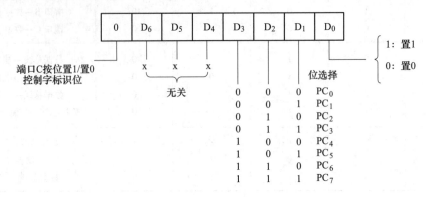

图7-6   C口置位/复位控制字格式

D_7位是特征位，$D_7 = 0$为置位/复位控制字。D_4、D_5、D_6三位无意义，可是任意值。D_0位用来选择对所选定的端口C的位是置位（为1）还是复位（为0）。D_3、D_2、D_1三位用来选择对端口C的具体某一位进行操作。

使用8255A芯片前，必须先对其进行初始化。初始化只要CPU执行一条输出指令，把控制字写入控制寄存器即可。例如，要实现对端口C的PC_6置位"0"，则控制字应为00001100B（0CH）。那么，若在8086系统中设8255A的控制口地址为0D6H，则执行下列指令即可实现指定的功能。

```
MOV   AL,   0CH
OUT   0D6H,   AL    ;将"端口C按位置1/置0控制字"写入控制口，实现
                      对PC₆位置"0"
```

7.1.4   8255A 的工作方式

8255A有三种工作方式，工作方式的选择可通过向控制端口写入控制字来实现。

7.1.4.1   方式0

方式0为基本输入/输出方式，没有规定固定的应答联络信号，可用A、B、C三个口的任一位充当查询信号，其余I/O口仍可作为独立的端口和外设相连。其应用场合有两种：一种是同步传送；一种是查询传送。

A   方式0的特点

（1）方式0是一种基本输入输出工作方式。通常不用联络信号，或不使用固定的联络信号。因此，所谓I/O方式是指查询方式传送，也包括无条件传送。方式0下8255A的24条I/O线全部由用户分配功能，不设置专用联络信号。这种方式不能采用中断和CPU交换数据。只能用于简单（无条件）传送，或应答（查询）传送。输出锁存，输入只有缓冲能力而无锁存功能。

在方式0下，也可以采用应答传送，此时，用A口和B口传送数据，而把C口的上、

下半部作应答用的控制与状态信号线。但是这种情况与方式 1 中固定的专用联络信号线不同，C 口中的哪根线充当何种应答功能是不固定的，可以由用户来任意指定。

（2）方式 0 下 8255A 分成彼此独立的两个 8 位和两个 4 位并行口，共 24 根 I/O 线，全部由用户支配。这四个并行口都能被指定作为输入或者输出用，共有 16 种不同的使用组态。要特别强调的是，在方式 0 下，只能把 C 口的高 4 位为一组同时输入或输出，不能再把 4 位中的一部分作为另一部分作输出。

（3）在方式 0 下不设置专用联络信号线，需要联络时可由用户任意指定 C 口中的某个位线完成某种联络功能。端口信号线之间无固定的时序关系，由用户根据数据传送的要求决定输入输出的操作过程。方式 0 没有设置固定的状态字。

（4）单向 I/O，一次初始化只能指定端口作为输入或输出，不能同时指定端口既作输入又作输出。

B　方式 0 的应用举例

8255 作为打印机接口，工作于方式 0，如图 7-7 所示。

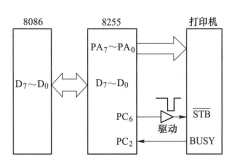

图 7-7　方式 0 与打印机连接示意图

a　打印机工作情况

当打印机正在处理一个字符或正在打印一行字符，打印机忙信号 BUSY = 1，否则，BUSY = 0。在 8086 向打印机送数据前，应先查询打印机状态，当 BUSY = 0 时，可以向打印机送数据。

当 $\overline{STB}$ 有效（负脉冲），把数据线的数据送入打印机内，一方面，使 BUSY = 1，另一方面，打印机内部控制电路控制输出。

b　具体连接

PC_2 输入，用于接收打印机状态（BUSY）。当 PC_2 = BUSY = 1，打印机忙，不能向其送数据。当 PC_2 = BUSY = 0，打印机不忙，可向其送数据。

PC_6 输出，连至打印机 $\overline{STB}$。当把数据送至打印机的数据线上后。应在 $\overline{STB}$ 上输出一个负脉冲，打印机收到该负脉冲后，把数据线上的数据存入其缓冲区。

$PA_7 \sim PA_0$ 输出，连至打印机数据端。

c　工作过程

8255 初始化后，使 PC_6（PC_3）为高电平；查打印机状态（BUSY = PC_2）；若打印机不忙（BUSY = PC_2 = 0），送出数据；使 PC_6（STB）为低，然后使 PC_6（STB）为高，相当于在 $\overline{STB}$ 上输出一个负脉冲，使打印机接收数据。

d　程序设计

设 PA 口地址：0D0H，PB 口地址：0D2H，PC 口地址：0D4H，控制口地址：0D6H。

```
MOV AL, 81H      ;方式选择控制字，PA、PB、PC 均为方式 0；PA 输出，PC₇~PC₄
                    为输出；PC₃~PC₀为输入；PB 未用，规定为输出
OUT 0D6H, AL
MOV AL, 0DH      ;① PC₆ 置 1，0DH = 0000, 1101，即 STB 为高电平
```

```
OUT 0D6H, AL
LPST:
IN AL, 0D4H        ;读 PC 口
AND AL, 04H        ;②打印机忙否（PC₂＝BUSY＝?）
JNZ LPST          ;PC₂＝1，打印机忙，等待
MOV AL, CL
OUT 0D0H, AL       ;③ CL 中的字符送 PA 口
MOV AL, 0CH
OUT 0D6H, AL       ;④置 PC₆＝0，即 STB＝0；00001100＝0CH
INC AL
OUT 0D6H, AL       ;⑤置 PC₆＝1，即 STB＝1，00001101＝0DH
```

7.1.4.2 方式 1

方式 1 是选通 I/O 方式，A 口和 B 口仍作为两个独立的 8 位 I/O 数据通道，可单独连接外设，通过编程分别设置它们为输入或输出。而 C 口则要有 6 位（分成两个 3 位）分别作为 A 口和 B 口的应答联络线，其余 2 位仍可工作在方式 0，可通过编程设置为输入或输出。

A   方式 1 输入组态

图 7-8 给出了 8255A 的 A 口和 B 口方式 1 的输入组态。

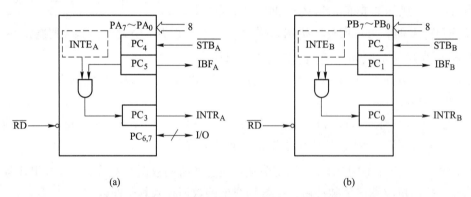

图 7-8 方式 1 输入组态

（a）方式 1（端口 A）；（b）方式 1（端口 B）

$\overline{STB}$：选通输入信号，低电平有效。当它有效时，数据从输入设备输入到 A 口或 B 口锁存器。$\overline{STB}$ 是由外设输入给 8255A 的控制信号。

IBF：输入缓冲器满信号，高电平有效。它是对 $\overline{STB}$ 信号的响应信号。当 $\overline{STB}$ 有效时，把数据传送到输入锁存器，输入锁存器锁存数据后，发出输入缓冲器满 IBF 信号。IBF 信号是由 8255A 发出的状态信号，通常供 CPU 查询使用。当查询到 IBF 为高电平时，说明输入锁存器已有数据，执行输入指令，读信号有效，数据由 8255A 锁存器传送到 CPU，同时读信号 $\overline{RD}$ 的后沿使 IBF 置 0，等待下一个数据的输入。

INTR：中断请求信号，高电平有效。当外部设备把数据输入到输入锁存器锁存后，且

对输入数据的端口（A 口或 B 口）是不屏蔽的，即 INTE 置 1 时，8255A 用 INTR 信号向 CPU 发出中断申请，请求 CPU 将输入锁存器中的数据取走。当 CPU 响应中断，执行输入指令，读信号 $\overline{\text{RD}}$ 的后沿将 INTR 降为低电平，等待下一个数据的输入。

INTE：中断屏蔽信号，高电平有效。此信号用于决定端口 A 和端口 B 是否允许申请中断。当 INTE 为 1 时，使端口处于中断允许状态；当 INTE 为 0 时，使端口处于禁止中断状态。INTE 的置位/复位是通过对 C 口置位/复位控制字实现的。具体说，INTE_A 的置位/复位是通过 PC_4 的置位/复位控制字来控制，INTE_B 的置位/复位是通过对 PC_2 的置位/复位控制字来控制。

在方式 1 输入时，端口 C 的 PC_6 和 PC_7 两位是空闲的，它们具有置位/复位功能，也可用作输入或输出数据，由方式选择控制字的 D_3 位为 1 还是为 0 来决定。

B 方式 1 输出组态

图 7-9 给出了 8255A 的 A 口和 B 口方式 1 的输出组态。

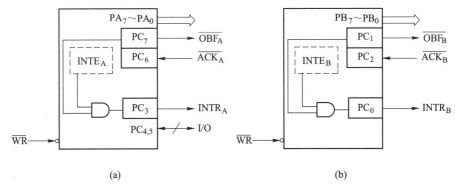

图 7-9 方式 1 输出组态

（a）方式 1（端口 A）；（b）方式 1（端口 B）

$\overline{\text{OBF}}$：输出缓冲器满信号，低电平有效。当 CPU 把数据输入到 8255A 的输出锁存器时，使 OBF 信号置 0，通知外部设备取走数据。OBF 可作为启动外部设备的控制信号。

$\overline{\text{ACK}}$：外设响应信号，低电平有效。当外部设备从 8255A 的输出锁存器取走数据时，向 8255A 发回通知信号，并使 $\overline{\text{OBF}}$ 信号置为高电平。若为查询式输出数据方式，$\overline{\text{OBF}}$ 信号可作为查询外设忙还是不忙的检测信号。

INTR：中断请求信号，高电平有效。当 8255A 的输出锁存器空的时候，且对该端口的数据输出申请是不屏蔽时，向 CPU 发出中断申请信号，请求 CPU 输出下一个数据。

INTE：中断屏蔽信号，与方式 1 输入数据时 INTE 的含义一样。但使 INTE 置位/复位的控制信号是 PC_6 和 PC_2。PC_6 是端口 A 允许还是禁止中断申请的控制信号，PC_2 是端口 B 允许还是禁止中断申请的控制信号。

在方式 1 输出时，端口 C 的 PC_5 和 PC_4 未使用，如果利用这两位进行数据的输入或输出，可通过方式选择控制字的 D_3 位控制。

C 8255A 方式 1 的特点

（1）方式 1 是一种选通输入/输出方式，因此，需设置专用的联络信号线或应答信号线，以便对 I/O 设备和 CPU 两侧进行联络。这种方式通常用于查询（条件）传送或中断传送。数据的输入输出都有锁存能力。

（2）PA 和 PB 为数据口，而 PC 口的大部分引脚分配作专用（固定）的联络信号用，对已经分配做联络信号的 C 口引脚，用户不能再指定做其他用途。

（3）各联络信号之间有固定的时序关系，传送数据时，要严格按照时序进行。

（4）输入/输出操作过程中，产生固定的状态字，这些状态信息可作为查询或中断请求之用。状态字从 PC 口读取。

（5）单向传送。一次初始化只能设置在一个方向上传送，不能同时作两个方向的传送。

D　8255A 方式 1 的应用举例

8255A 作为中断方式下打印机工作过程分析：

DATASTRABE 有效，打印机数据输入线上的数据送入打印机内部缓冲器，同时，打印机一方面处理打印，另一方面发出 ACKNLG（已接收数据的响应信号）。

PC 口配合 PA、PB 以方式 1 工作。

PA：方式 1，输出。PC_3、PC_6、PC_7 配合 PA 工作。

PC_6：STB

PC_7：STB（未用，打印机不使用该信号）

PC_3：INTR

PB：未用

PC_0：打印机选通信号 DATASTRABE

设：A 口地址 0C0H，B 口地址 0C2H，C 口地址 0C4H，控制口 0C6H

主程序：

```
        MAIN: MOV AL, 0A0H      ;方式选择控制字
                                ;PA 方式 1 输出、PB 未用（设为方式 0 输出）
                                ;PC₄~PC₅、PC₀~PC₂ 输出
        OUT 0C6H, AL
        MOV AL, 01H             ;置 PC₀=1，使 STB 无效
        OUT 0C6H, AL
        CLI                     ;替换中断向量前关中断
        MOV AH, 25H             ;替换中断向量的典型方式
        MOV AL, 0BH             ;IR₃ 的类型码为 0BH
        MOV DX, OFFSET ROUTINTR
        PUSH DS
        MOV AX, SEG ROUTINTR
        MOV DS, AX
        INT 21H
        POP DS
        MOV AL, 0DH             ;PA 方式 1 输出，"置 PC₆=1 的操作"
        OUT 0C6H, AL            ;使 8255 允许中断（INTEₐ=1）
```

```
    STI                         ;CPU 开中断
......
```

中断处理程序

```
    ROUTINTR：
    MOV AL，［DI］              ;DI 为打印字符缓冲区地址
        OUT 0C0H，AL
        MOV AL，00H             ;置 PC0 = 0，产生选通信号 STB
        OUT 0C6H，AL
        INC AL                 ;置 PC0 = 1，撤消选通信号 STB
        ......
    IRET
```

需注意以下两点：

（1）方式 1 下，PC 口信号线的分配是固定的。只有按照指定的方式与外设或 CPU 联结，8255A 才能完成其工作。例如，PB 口方式 1 输出时，$INTR_B$ 固定从 PC_0 发出。因此，应将 PC_0 与 8259 的某个 IR 线相连，而不能使用其他 PC 线。PC 口配合 PA、PB 方式 1 工作。

（2）应该注意信号 INTE 的操作方式。例如，PB 口方式 1 输出。置 PC_2 为 1 的软件操作，使 $INTE_B$ 有效。而不是使 PC_2 信号置为 1，因为这时 PC_2 实际是固定作为输入（ACK）。

7.1.4.3 方式 2

方式 2 为双向选通 I/O 方式，即采用中断方式实现 CPU 与外设间的数据传送。只有 A 口才有此方式。这时，C 口有 5 根线用作 A 口的应答联络信号，其余 3 根线可用作方式 0，也可用作 B 口方式 1 的应答联络线。

方式 2 就是方式 1 的输入与输出方式的组合，各应答信号的功能也相同。而 C 口余下的 $PC_0 \sim PC_2$ 正好可以充当 B 口方式 1 的应答线，若 B 口不用或工作于方式 0，则这三条线也可工作于方式 0。

图 7-10 给出了 8255A 的 A 口方式 2 组态。

$PC_4 \sim PC_7$ 分别定义为输入缓冲器满 IBF_A、外设输入选通信号 $\overline{STB_A}$、外设接收到数据后回答信号 $\overline{ACK_A}$ 和输出缓冲器满 $\overline{OBF_A}$。有效电平及含义同方式 1 输入数据和方式 1 输出数据时相同，只有 $INTR_A$ 有双重定义。在输入时，$INTR_A$ 为输入缓冲器满，且中断允许触发器 $INTE_1$ 为 1 时 $INTR_A$ 有效，向 CPU 发出中断申请；在输出时，$INTR_A$ 为输出缓冲器空，且中断允许触发器 $INTE_2$ 为 1 时，$INTR_A$ 有效，向 CPU 发出中断申请。输出中断屏蔽

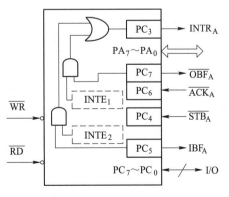

图 7-10 A 口方式 2 组态

信号 $INTE_1$ 的置位/复位控制通过对端口 C 的 PC_6 写入置位/复位控制字来实现；输入中断屏蔽信号 $INTE_2$ 的置位/复位控制通过对端口 C 的 PC_4 写入置位/复位控制字来实现。

7.1.5　8255A 的状态字

8255A 状态字为查询方式提供了状态标志位，如"输入缓冲器满"信号 IBF、"输出缓冲器满"信号 $\overline{OBF}$。另外，当端口 A 工作于方式 2 申请中断时，CPU 还要通过查询状态字来确定中断源，即若 IBF_A 位为"1"表示端口 A 有输入中断请求，$\overline{OBF_A}$ 位为"1"表示端口 A 有输出中断请求。8255A 工作于方式 1 和方式 2 时的状态字是通过读端口 C 的内容来获得的。

7.1.5.1　方式 1 状态字格式

方式 1 状态字格式如图 7-11 所示。

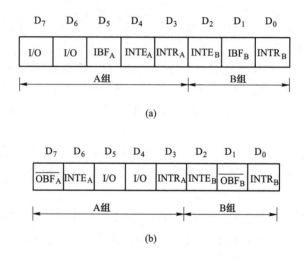

图 7-11　方式 1 状态字格式

（a）方式 1 输入状态字格式；（b）方式 1 输出状态字格式

由图 7-11 可以看出，A 组的状态位占有端口 C 的高 5 位，B 组的状态位占有低 3 位。但需要注意的是，端口 C 状态字各位含义与相应外部引脚信号并不完全相同，如方式 1 输入状态字中的 D_4 和 D_2 位表示的是 $INTE_A$ 和 $INTR_B$，而与这两位对应的外部引脚信号分别是 $\overline{STB_A}$ 和 $\overline{STB_B}$；在方式 1 输出状态字中的 D_6 和 D_2 位表示的也是 $INTE_A$ 和 $INTR_B$，而相应的外部引脚信号为 $\overline{ACK_A}$ 和 $\overline{ACK_B}$。另外，方式 1 输入状态字中的 D_7 和 D_6 位以及方式 1 输出状态字中的 D_5 和 D_4 位分别标至为 I/O，是指这些位用于数据输入/输出（I/O）。

7.1.5.2　方式 2 状态字格式

方式 2 的状态字也是从端口 C 读取。方式 2 状态字格式如图 7-12 所示。

方式 2 状态字中有两位中断允许位，其中 $INTE_1$ 是输出中断允许位，$INTE_2$ 是输入中断新允许位。如前所述，它们是利用"端口 C 按位置 1/置 0 控制字"来使其置位或复位的。另外，在 B 组工作于方式 0 时，端口 C 的 $D_2 \sim D_0$ 位用于数据 I/O，而 B 组工作于方式 1 时，由这三位分别提供输入和输出时的状态信息。

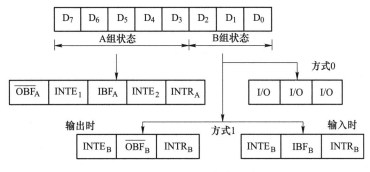

图 7-12 方式 2 状态字格式

7.1.6 8255 应用举例

8255A 作为通用的 8 位并行通信接口芯片，用途非常广泛，可以与 8 位、16 位和 32 位 CPU 相连接，构成并行通信系统。下面通过例子来讨论 8255A 在应用系统中的接口设计方法及编程技巧。

【例 7-1】 8255A 连接开关和 LED 显示器的接口电路设计。要求：8255A 的 B 口连接四个开关 $K_3 \sim K_0$，设置为方式 0 输入，A 口加驱动器连接一个共阳极 LED 显示器，设置为方式 0 输出，将 B 口四个开关输入的 16 种状态 0H~0FH 送 A 口输出显示。8255A 的 A_0、A_1 接地址总线的 A_1、A_2，其端口地址为：0FFF8H、0FFFAH、0FFFCH、0FFFEH。画出接口电路连接图，并编制汇编语言源程序实现上述功能。

分析：根据要求，接口电路如图 7-13 所示。8255A 的 $D_7 \sim D_0$、$\overline{WR}$、$\overline{RD}$ 与 CPU 的 $D_7 \sim D_0$、

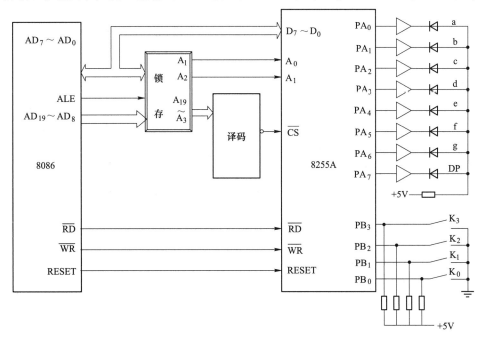

图 7-13 8255A LED 显示器接口电路

$\overline{WR}$、$\overline{RD}$ 对应连接，A_0 和 A_1 与 CPU 的地址线 A_1 和 A_2 连接，$\overline{CS}$ 与译码器输出端连接，B 口的 $PB_3 \sim PB_0$ 连接四个开关 $K_3 \sim K_0$，其输入有 16 种组合状态，即 0000 ~ 1111（0H ~ 0FH），A 口经过 74LS06（六高压输出反向驱动器）驱动之后与 LED 显示器连接，可输出一位十六进制数 0 ~ F。

8255A 的端口地址由地址线 A_0，A_1 和片选信号 $\overline{CS}$ 的逻辑组合确定。如图 7-14 所示，LED 显示器由八个发光二极管组成，其中，七个发光二极管分别对应 a、b、c、d、e、f、g 七个段，另外一个发光二极管为小数点 dp。LED 有共阳极和共阴极两种结构，共阳极 LED 的二极管阳极均接 +5V，输入端为低电平时，二极管导通发亮；共阴极 LED 的二极管阴极均接地，输入端为高电平时，二极管导通发亮。因此，通过七段组合可以显示 0 ~ 9 和 A ~ F 所对应的七段显示代码，见表 7-2。

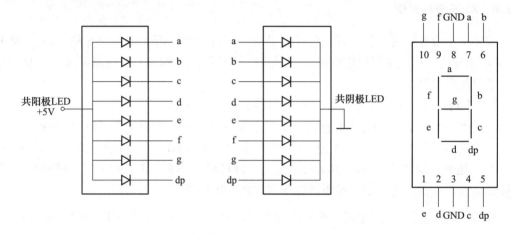

图 7-14　LED 显示器

表 7-2　LED 显示器七段显示代码

显示字符	0	1	2	3	4	5	6	7	8	9	A	B	C	D	E	F
共阴极七段显示代码	3FH	06H	5BH	4FH	66H	6DH	7DH	07H	7FH	6FH	77H	7CH	39H	5EH	79H	71H
共阳极七段显示代码	C0H	F9H	A4H	B0H	99H	92H	82H	F8H	80H	90H	88H	83H	C6H	A1H	86H	8EH

在本例中采用共阳极 LED，当 B 口输入 $K_3 \sim K_0$ 的状态为 0011B 时，A 口对应输出七段显示代码为 B0H，则 LED 显示数字 3。

显示程序如下：

```
DATA      SEGMENT
LIST      DB  0C0H, 0F9H, 0A4H, 0B0H, …, 8EH   ;共阳极七段显示代码表
DATA      ENDS
CODE      SEGMENT
ASSUME  CS：CODE, DS：DATA
START：   MOV  AX, DATA
```

```
           MOV   DS, AX
           MOV   AL, 82H              ;控制字 A 口方式 0 输出，B 口方式 0 输入
           MOV   DX, 0FFFEH           ;控制口地址
           OUT   DX, AL              ;将控制字写入控制端口
L0：       MOV   DX, 0FFFAH           ;B 端口地址
           IN    AL, DX              ;读取 B 口开关状态
           AND   AL, 0FH             ;屏蔽 B 口高 4 位
           MOV   BX, OFFSET LIST      ;共阳极七段显示代码表的首地址送给 BX
           AND   AX, 00FFH            ;屏蔽 AX 的高位字节，保留 B 口的开关状态
           ADD   BX, AX              ;形成显示字符的代码地址
           MOV   AL, [BX]            ;取出显示代码送给 AL
           MOV   DX, 0FFF8H           ;A 端口地址
           OUT   DX, AL              ;显示代码送 A 口显示
           CALL  DELAY               ;调显示延时子程序
           JMP   L0                 ;循环显示
           DELAY  PROC               ;显示延时子程序
           PUSH  CX
           PUSH  AX
           MOV   CX, 0010H
T1：       MOV   AX, 0010H
T2：       DEC   AX
           JNZ   T2
LOOP   T1
           POP   AX
           POP   CX
           RET                      ;子程序返回
           CODE   ENDS
           END    START
```

此程序是循环显示程序，可由 Ctrl+C 强迫中断。

7.2 可编程定时/计数器芯片 8253/8254

在控制系统与计算机中，常常存在定时、计时和计数问题，尤其是计算机系统中的定时技术特别重要，有时需要通过定时来实现某种控制或操作，如定时中断、定时检测、定时扫描等。在微机系统常常需要为处理器和外设提供时间标记，或对外部时间进行计数。例如，分时系统的程序切换，向外设定时周期性地发出控制信号，外部事件发生次数达到规定值后产生中断，以及统计外部事件发生的次数等，因此，需要解决系统的定时问题。

为获得所需要的定时，要求有准确而稳定的时间基准，产生这种时间基准通常采用软件定时和硬件定时两种。

（1）软件定时。它是利用 CPU 内部定时机构，运用软件编程，循环执行一段程序而产生的等待延时。这是常用的一种定时方法，主要用于短时延时。这种方法的优点是不需

增加硬设备，只需编制相应的延时程序以备调用。缺点是 CPU 执行延时时间增加了 CPU 的时间开销，延时时间越长，这种等待开销越大，降低了 CPU 的效率，浪费 CPU 的资源。并且，软件延时的时间随主机频率不同而发生变化，即定时程序的通用性差。

（2）硬件定时。可分为不可编程的硬件定时和可编程的硬件定时，是采用可编程通用的定时/计数器或单稳延时电路产生定时或延时。不可编程的硬件定时尽管定时电路并不很复杂，但这种定时电路在硬件连接好以后，定时值和定时范围不能由程序来控制和改变，使用不灵活；可编程定时/计数器是为方便计算机系统的设计和应用而研制的，定时值及其范围可以很容易地由软件来控制和改变，能够满足各种不同的定时和计数要求，因此得到广泛应用。这种方法不占用 CPU 的时间，定时时间长，使用灵活。尤其是定时准确，定时时间不受主机频率影响，定时程序具有通用性，故得到广泛应用。目前，通用的定时/计数器集成芯片种类很多，如 Intel 8253/8254，Zilog 的 CTC 等。

8253/8254 是 Intel 公司生产的通用定时/计数器。8254 是在 8253 的基础上稍加改进而推出的改进型产品，两者硬件组成和引脚完全相同。本节主要介绍 8253 可编程定时/计数器芯片的功能、引脚、工作方式等。

7.2.1　8253 的引脚及功能

7.2.1.1　内部结构

8253 的每个计数通道都采用减 1 计数，即先给定计数初值，然后每收到一个脉冲，计数值减 1，当计数值为 0 时计数结束。8253 的内部结构如图 7-15 所示。左侧与系统总线相连，分为 3 部分：数据总线缓冲器、读/写控制逻辑、控制字寄存器。右侧为 3 个独立的 16 位计数器通道，分别是计数器 0、计数器 1 和计数器 2。3 个计数器通道和控制字寄存器通过内部总线相连，内部总线再经缓冲器与 CPU 数据总线相接。

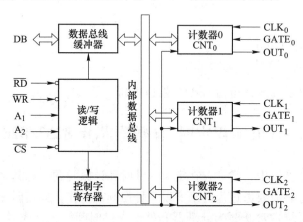

图 7-15　8253 内部结构图

（1）数据总线缓冲器。实现 8253 与 CPU 数据总线连接的 8 位双向三态缓冲器，用以传送 CPU 向 8253 的控制信息、数据信息以及 CPU 从 8253 读取的状态信息，包括某时刻的实时计数值。

（2）控制字寄存器。8 位只写寄存器，用于存放由 CPU 写入芯片的方式选择控制字或命令字，由它来控制 8253 中各计数器通道的工作方式。

（3）计数器通道。三个完全独立的，但结构和功能完全相同的计数器/定时器通道，每个通道的内部结构如图 7-16 所示，只是其中的控制字寄存器并非每个通道各有一个，而是 3 个通道共用一个。每一个通道包含一个 16 位的计数寄存器，用以存放计数初始值，一个 16 位的减法计数器和一个 16 位的锁存器，锁存器在计数器工作的过程中，跟随计数值的变化，在接收到 CPU 发来的读计数值命令时，用以锁存计数值，供 CPU 读取，读取完毕之后，输出锁存器又跟随减 1 计数器变化。

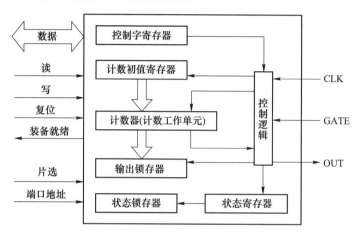

图 7-16　计数器通道内部结构示意图

当写入控制字时，将同时清除计数初值寄存器的内容。计数工作单元（CE）和计数初值寄存器（CR）、输出锁存器（OL）均为 16 位，而内部总线的宽度为 8 位，因此 CR 的写入和 OL 的读出都必须分两次进行。若在初始化时只写入 CR 的一个字节，则另一个字节的内容保持为 0。CE 是 CPU 不能直接读/写的，需要修改其初值时，只能通过写入 CR 实现；需要读 CE 的当前内容时，必须先写入读回命令，将 CE 的内容锁存于 OL，然后再读出 OL 内容。经锁存后的 OL 内容将一直保持至 CPU 读出时为止。在 CPU 读出 OL 之后，OL 又跟随 CE 变化。状态寄存器保持有当前控制字寄存器的内容、输出状态以及 CR 内容是否已装入 CE 的指示状态，同样必须先锁存到状态锁存器，才允许 CPU 读取（8253 中没有状态寄存器和状态锁存器，这是 8254 和 8253 的主要区别之一）。OUT、CLK 和 GATE 是每个通道和外界联系的引脚信号。当某通道用作计数器时，应将要求计数的次数预置到该通道的 CR 中，被计数的事件应以脉冲方式从 CLK_i 端输入，每输入一个计数脉冲，计数器内容减 1，待减至 0 时，OUT_i 端将有信号输出，表示计数次数到。当某通道用作定时器时，由 CLK_i 端输入一定周期的时钟脉冲，同时根据定时的时间长短确定所需的计数值，并预置到 CR 中，每输入一个时钟脉冲，计数器内容减 1，待计数值减到 0 时，OUT_i 端将有输出，表示定时时间到。可见，任一通道无论作计数器用或作定时器用，其内部操作完全相同，区别仅在于前者是由计数脉冲（间隔不一定相同）进行减 1 计数，而后者是由周期一定的时钟脉冲作减 1 计数。作计数器用时，要求计数的次数可直接作为计数初值预置到减 1 计数器；作定时器用时，计数初值即定时系数应根据要求定时的时间和时钟脉冲周期进行如下换算才能得到：

$$定时系数 = \frac{要求定时的时间}{时钟脉冲周期}$$

此外，各通道还可用来产生各种脉冲序列，向各个通道输入的门控信号 $GATE_i$ 的作用也因工作方式不同而异。

（4）读/写控制逻辑接收系统总线来的信号，并产生内部的各种控制信号。其中 A_1、A_0 为端口地址线，用于区别是访问某个计数器通道还是控制字寄存器，通常它与 8088 系统地址总线的 A_1、A_0 相连。$\overline{RD}$ 和 $\overline{WR}$ 用于指明是读操作还是写操作。在片选信号 $\overline{CS}$ 有效时，$\overline{RD}$ 信号与 A_1、A_0 配合，指示是读出哪个计数器通道的 OL 或状态锁存器内容；而 $\overline{WR}$ 信号则与 A_1、A_0 配合，指示是写入控制字寄存器还是写入某个数器通道的 CR。

7.2.1.2　引脚功能

8253 引脚如图 7-17 所示。

8253 与 CPU 的接口引线包括数据线 $D_7 \sim D_0$，它们全部是双向、三态，用来和数据总线相连接。另外还有 5 条输入控制引脚，用来接收 CPU 送来的地址和控制信息，这些引脚分别是：

$\overline{CS}$：片选信号。为低电平时，表示 8253 被选中。通常，该信号的控制是通过译码电路的输出端提供。

$\overline{RD}$：读信号，低电平有效，与 CPU 的 $\overline{RD}$ 控制线相连。当 CPU 执行 IN 输入指令时，该信号有效，将数据信息或状态信息从 8253 读至 CPU。

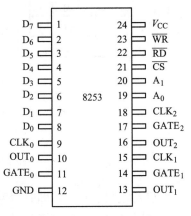

图 7-17　8253 引脚分组示意图

$\overline{WR}$：写信号，低电平有效，与 CPU 的 $\overline{WR}$ 控制线相连。当 CPU 执行 OUT 输出指令时，该信号有效，将数据信息或控制字从 CPU 写入 8253。

A_1、A_0：端口选择信号，用来指明哪一个端口被选中。8253 有三个数据端口和一个控制端口。数据端口用来传送数据，控制端口用来接受 CPU 传送来的控制字。

数据和控制字都是通过 CPU 的数据总线传送给 8253 的。8253 根据端口选择信号 A_1、A_0 的组合把数据总线传送来的信息传送到相应的端口。

每个计数器有三条引线。

CLK：计数时钟，输入。用于输入定时脉冲或计数脉冲信号。CLK 可以是系统时钟脉冲，也可以由系统时钟分频或者是其他脉冲源提供，输入的时钟频率在 1~2MHz 范围内。

GATE：门控信号，输入，由外部信号通过 GATE 端控制计数器的启动计数和停止计数的操作。

OUT：时间到或计数结束输出引脚。当计数器计数到 0 时，在 OUT 引脚有输出。在不同的模式下，可输出不同电平的信号。

8253 的内部端口选择是由引线 A_1、A_0 决定的，它们通常接至地址总线的 A_1、A_0。各个通道的读/写操作的选择如表 7-3 所示。

表 7-3 8253 端口选择表

$\overline{\text{CS}}$	$\overline{\text{RD}}$	$\overline{\text{WR}}$	A_1	A_0	寄存器选择和操作	
0	1	0	0	0		计数器 0
0	1	0	0	1	写入操作	计数器 1
0	1	0	1	0		计数器 2
0	1	0	1	1		控制寄存器
0	0	1	0	0		计数器 0
0	0	1	0	1	读出操作	计数器 1
0	0	1	1	0		计数器 2
0	0	1	1	1	无操作	
0	1	1	×	×		
1	×	×	×	×	禁止	

7.2.1.3 工作原理

对 CLK 信号进行 "减 1 计数"。首先 CPU 把 "控制字" 写入 "控制寄存器"，把 "计数初始值" 写入 "初值寄存器"，然后，定时/计数器按控制字要求计数。计数从计数初始值开始，每当 CLK 信号出现一次，计数值减 1，当计数值减为 0 时，从 OUT 端输出规定的信号（具体形式与工作模式有关）。当 CLK 信号出现时，计数值是否减 1（即是否计数），受到 "门控信号" GATE 的影响，一般，仅当 GATE 有效时，才减 1。门控信号 GATE 如何影响计数操作，以及输出端 OUT 在各种情况下输出的信号形式与定时/计数器的工作模式有关。这里，应该指出以下 3 点：

（1）CLK 信号是计数输入信号，即计数器对 CLK 端出现的脉冲个数进行计数。因此 CLK 端可以输入外部事件，这种情况，对应于定时/计数器作为计数器使用。CLK 端也可接入一个固定频率的时钟信号，即对该时钟脉冲计数，从而达到计时的目的。

（2）OUT 信号在计数结束时，发生变化，可以将 OUT 信号作为外部设备的控制信号，也可以将 OUT 信号作为向 CPU 申请中断的信号。

（3）CPU 可以从 "计数输出寄存器" 中读出当前计数值。一般情况下，"计数输出寄存器" 的值随着计数器的计数值变化，CPU 读取其值之前，应向 "控制寄存器" 发送一个锁存命令，这时，"计数输出寄存器" 的值不再随计数器的值变化，CPU 用输入指令从 "计数输出寄存器" 中读得当前计数值。输入指令（读命令）同时又使 "计数输出寄存器" 的值随计数器的值变化。

7.2.2 8253 的工作方式

8253 共有 6 种工作方式，各方式下的工作状态是不同的，输出的波形也不同，其中比较灵活的是门控信号的作用。由此组成了 8253 丰富的工作方式、波形。

几条基本原则如下：

（1）控制字写入计数器时，所有的控制逻辑电路立即复位，输出端 OUT 进入初始状态。初始状态对不同的模式来说不一定相同。

（2）计数初始值写入之后，要经过一个时钟周期上升沿和一个下降沿，计数执行部件才可以开始进行计数操作，因为第一个下降沿将计数寄存器的内容送减 1 计数器。

（3）通常，在每个时钟脉冲 CLK 的上升沿，采样门控信号 GATE。不同的工作方式下，门控信号的触发方式是有具体规定的，即或者是电平触发，或者是边沿触发，在有的模式中，两种触发方式都是允许的。其中方式 0、方式 2、方式 3、方式 4 是电平触发方式，方式 1、方式 2、方式 3、方式 5 是上升沿触发。如图 7-18 所示。

（4）时钟脉冲的下降沿，计数器作减 1 计数，0 是计数器所能容纳的最大初始值，二进制计数时相当于计数初始值为 216，用 BCD 码计数时，相当于 104。

7.2.2.1 方式 0

方式 0 也称为计数结束产生中断（Interrupt On Terminal Count）方式。典型的事件计数用法，当计数单元 CE 计至 0 时，OUT 信号由低变高，可作为中断请求信号。

方式 0 的波形如图 7-18 所示，当控制字写入控制字寄存器后，输出 OUT 就变低，当计数值写入计数器后开始计数，在整个计数过程中，OUT 保持为低，当计数到 0 后，OUT 变高；GATE 的高低电平控制计数过程是否进行。

从波形图中不难看出，工作方式 0 有如下特点：

（1）计数器只计一遍，当计数到 0 时，不重新开始计数，OUT 保持为高，直到输入一新的计数值，OUT 才变低，开始新的计数；

（2）计数值是在写计数值命令后经过一个输入脉冲，才装入计数器的，下一个脉冲开始计数，因此，如果设置计数器初值为 N，则输出 OUT 在 $N+1$ 个脉冲后才能变高；

（3）在计数过程中，可由 GATE 信号控制暂停。当 GATE = 0 时，暂停计数；当 GATE = 1 时，继续计数；

（4）在计数过程中可以改变计数值，且这种改变是立即有效的，分成两种情况：若是 8 位计数，则写入新值后的下一个脉冲按新值计数；若是 16 位计数，则在写入第一个字节后，停止计数，写入第二个字节后的下一个脉冲按新值计数。

7.2.2.2 方式 1

方式 1 为硬件可重触发单稳（Hardware Retriggerable One-Shot）方式。计数器相当于一个可编程的单稳态电路，方式 1 的波形如图 7-19 所示，CPU 向 8253 写入控制字后 OUT 变高，并保持，写入计数值后并不立即计数，只有当外界 GATE 信号启动后（一个正脉冲）的下一个脉冲才开始计数，OUT 变低，计数到 0 后，OUT 才变高，此时再来一个 GATE 正脉冲，计数器又开始重新计数，输出 OUT 再次变低，……，因此输出为一单拍负脉冲。

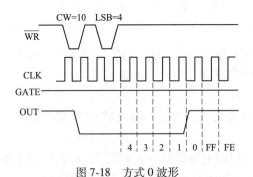

图 7-18 方式 0 波形

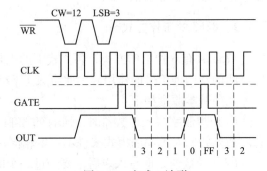

图 7-19 方式 1 波形

从波形图不难看出，方式 1 有下列特点：

（1）输出 OUT 的宽度为计数初值的单脉冲。

（2）输出受门控信号 GATE 的控制，分三种情况：

1）计数到 0 后，再来 GATE 脉冲，则重新开始计数，OUT 变低；

2）在计数过程中来 GATE 脉冲，则从下一 CLK 脉冲开始重新计数，OUT 保持为低；

3）改变计数值后，只有当 GATE 脉冲启动后，才按新值计数，否则原计数过程不受影响，仍继续进行，即新值的改变是从下一个 GATE 开始的。

（3）计数值是多次有效的，每来一个 GATE 脉冲，就自动装入计数值开始从头计数，因此在初始化时，计数值写入一次即可。

7.2.2.3 方式 2

方式 2 为速率发生器（Rate Generator）方式，也叫 n 分频方式。方式 2 的波形如图 7-20 所示，在这种方式下，CPU 输出控制字后，输出 OUT 就变高，写入计数值后的下一个 CLK 脉冲开始计数，计数到 1 后，输出 OUT 变低，经过一个 CLK 以后，OUT 恢复为高，计数器重新开始计数，……，因此在这种方式下，只需写入一次计数值，就能连续工作，输出连续相同间隔的负脉冲（前提：GATE 保持为高），即周期性地输出，方式 2 下，8253 有下列使用特点：

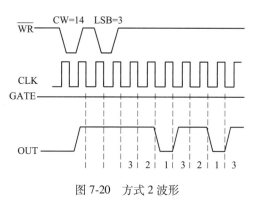

图 7-20　方式 2 波形

（1）通道可以连续工作；

（2）GATE 可以控制计数过程，当 GATE 为低时暂停计数，恢复为高后重新从计数初值开始计数（注意：该方式与方式 0 不同，方式 0 是继续计数）；

（3）重新设置新的计数值即在计数过程中改变计数值，则新的计数值是下次有效的，同方式 1。

7.2.2.4 方式 3

方式 3 也称为方波速率发生器（Square Wave Mode）方式，这种方式下，OUT 端输出的是方波或近似方波信号。它的典型用法是作波特率发生器。

方式 3 的波形如图 7-21 所示，这种方式下的输出与方式 2 都是周期性的，不同的是周期不同，CPU 写入控制字后，输出 OUT 变高，写入计数值后开始计数，不同的是减 2 计数，当计数到一半计数值时，输出变低，重新装入计数值进行减 2 计数，当计数到 0 时，输出变高，装入计数值进行减 2 计数，循环不止。

在方式 3 下，8253 有下列使用特点：

（1）通道可以连续工作；

（2）关于计数值的奇偶，若为偶数，则输出标准方波，高低电平各为 $N/2$ 个；若为奇数，则在装入计数值后的下一个 CLK 使其装入，然后开始减 1 计数，计数至 $(N+1)/2$，OUT 输出状态改变，再减至 0，OUT 又改变状态，重新装入计数值循环此过程，因此，在这种情况下，输出有 $(N+1)/2$ 个 CLK 个高电平，$(N-1)/2$ 个 CLK 个低电平；

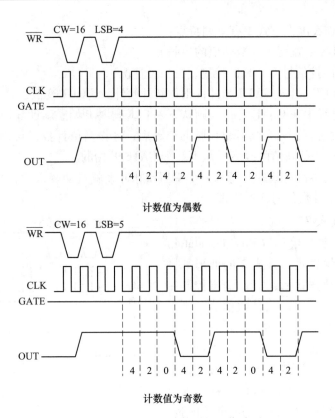

计数值为偶数

计数值为奇数

图 7-21　方式 3 时计数器的工作波形

（3）GATE 信号能使计数过程重新开始，当 GATE = 0 时，停止计数，当 GATE 变高后，计数器重新装入初值开始计数，尤其是当 GATE = 0 时，若 OUT 此时为低，则立即变高，其他动作同上；

（4）在计数期间改变计数值不影响现行的计数过程，一般情况下，新的计数值是在现行计数过程结束后才装入计数器。但若中间遇到有 GATE 脉冲，则在此脉冲后即装入新值开始计数。

7.2.2.5　方式 4

方式 4 也称为软件触发选通（Software Triggered Strobe）方式。这种方式和方式 0 十分相似。方式 4 的波形如图 7-22 所示，在这种方式下，也是当 CPU 写入控制字后，OUT 立即变高，写入计数值开始计数，当计数到 0 后，OUT 变低，经过一个 CLK 脉冲后，OUT 变高，这种计数是一次性的（与方式 0 有相似之处），只有当写入新的计数值后才开始下一次计数。

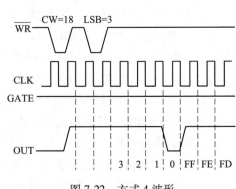

图 7-22　方式 4 波形

方式 4 下，8253 有下列使用特点：

（1）当计数值为 N 时，则间隔 $N+1$ 个 CLK 脉冲输出一个负脉冲（计数一次有效）；

（2）GATE＝0时，禁止计数，GATE＝1时，恢复继续计数；

（3）在计数过程中重新装入新的计数值，则该值是立即有效的（若为 16 位计数值，则装入第一个字节时停止计数，装入第二个字节后开始按新值计数）。

7.2.2.6 方式 5

方式 5 为硬件触发选通（Hardware Triggered Strobe）方式。这种方式与方式 1 十分相似，只不过 CE 计数到 0 时 OUT 端产生的是负选通脉冲。方式 5 的波形如图 7-23 所示，在这种方式下，当控制字写入后，OUT 立刻变高，写入计数值后并不立即开始计数，而是由 GATE 的上升沿触发启动计数的，当计数到 0 时，输出变低，经过一个 CLK 之后，输出恢复为高，计数停止，若再有 GATE 脉冲来，则重新装入计数值开始计数，上述过程重复。

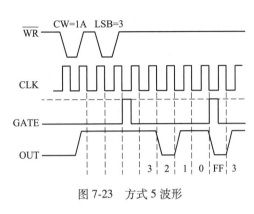

图 7-23 方式 5 波形

方式 5 下，8253 有下列使用特点：

（1）在这种方式下，若设置的计数值是 N，则在 GATE 脉冲后，经过 $N+1$ 个 CLK 后 OUT 才输出一个负脉冲；

（2）若在计数过程中又来一个 GATE 脉冲，则重新装入初值开始计数，输出不变，即计数值多次有效；

（3）若在计数过程中修改计数值，则该计数值在下一个 GATE 脉冲后输入开始按此值计数。

尽管 8253 有 6 种工作模式，但是从输出端来看，仍不外乎为计数和定时两种工作方式。作为计数器时，8253 在 GATE 的控制下，进行减 1 计数，减到终值时，输出一个信号。减到终值时，又自动装入初始值，重新作减 1 计数，于是输出端会不断地产生时钟周期整数倍的定时时间间隔。

7.2.2.7 8253 的工作方式小结

（1）方式 2、方式 4、方式 5 的输出波形是相同的，都是宽度为一个 CLK 周期的负脉冲，但方式 2 连续工作，方式 4 由软件触发启动，方式 5 由硬件触发启动。

（2）方式 5 与方式 1 工作过程相同，但输出波形不同，方式 1 输出的是宽度为 N 个 CLK 脉冲的低电平有效的脉冲（计数过程中输出为低），而方式 5 输出的为宽度为一个 CLK 脉冲的负脉冲（计数过程中输出为高）。

（3）输出端 OUT 的初始状态，方式 0 在写入方式字后输出为低，其余方式，写入控制字后，输出均为高电平。

（4）任一种方式，均是在写入计数初值之后，才能开始计数，方式 0、方式 2、方式 3、方式 4 都是在写入计数初值之后，开始计数的，而方式 1 和方式 5 需要外部触发启动，才开始计数。

（5）六种工作方式中，只有方式 2 和方式 3 是连续计数，其他方式都是一次计数，要继续工作需要重新启动，方式0、方式4由软件启动，方式1、方式5由硬件启动。

（6）门控信号的作用。通过门控信号GATE，可以干预8253某一通道的计数过程，在不同的工作方式下，门控信号起作用的方式也不一样，其中方式0、方式2、方式3、方式4是电平起作用，方式1、方式2、方式3、方式5是上升沿起作用，方式2、方式3对电平上升沿都可以起作用。

（7）在计数过程中改变计数值，各种方式的作用有所不同。

（8）计数到0后计数器的状态，方式0、方式1、方式4、方式5继续倒计数，变为FF、FE…，而方式2、方式3，则自动装入计数初值继续计数。

7.2.3　8253的初始化编程及应用

为了使用8253，必须通过读/写操作对它编程。下列情况下需要对8254编程：

（1）工作之前写入控制字，以确定每个计数器通道的工作方式；

（2）工作之前写入每个计数器通道的计数初值；

（3）工作过程中改变某通道的计数初值；

（4）写入命令字或状态字，以读出某一时刻某一通道的CE内容或状态寄存器内容。

前两项叫初始化编程，后两项为工作编程。本节着重介绍控制字、命令字、状态字格式以及编程方法。

7.2.3.1　8253控制字

要使8253工作，必须由CPU向它的控制字寄存器写入方式选择控制字。方式选择控制字的格式如图7-24所示。

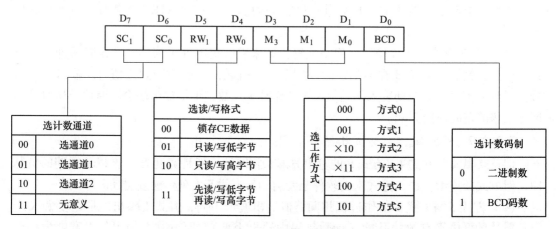

图7-24　8253控制字格式

最高两位SC_1、SC_0用于指明写入本控制字的计数器通道。$SC_1SC_0 = 00$，01，10分别表示选择通道0，通道1，通道2。注意，每写一个控制字，只能选择一个通道的工作方式；要设置三个通道的工作方式，必须对同一地址（控制字寄存器）写入三个控制字才行。SC_1、SC_0不能同时为1。

RW_1、RW_0用于定义对所选计数通道的读/写操作格式，即指明是只读出输出锁存器（OL）或写入计数初值寄存器（CR）的低字节；还是只读/写其高字节；还是先读/写其低字节，再读/写其高字节。例如，如果向计数通道 1 写入的控制字的高 4 位为 0111，那么以后向其 CR 预置初值时必须用两条输出指令，先后将初值的低字节和高字节写入 CR 的低 8 位和高 8 位；同样，从 OL 读数时，也必须相继用两条输入指令先后将其低 8 位和高 8 位读出。而如果控制字的 $RW_1RW_0 = 01$ 或 10，则向 CR 写入初值或从 OL 读出数值时，每次只需一条 OUT 指令或 IN 指令，写入或读出指定的低字节或高字节的内容。RW_1 $RW_0 = 00$ 是将所选通道中 CE 的当前内容锁存到输出锁存器 OL 中，为 CPU 读取当前计数值做准备。这时的控制字实际上就是后面将讲到的锁存命令字。

M_2、M_1、M_0 三位用于指定所选通道的工作方式。

BCD 位是计数码制选择位，用于定义所选通道是按二进制计数还是按 BCD 码计数。

7.2.3.2　命令字和状态字

8253 有两个命令字：计数器锁存命令字和读回命令字。

锁存命令和读回命令使用和控制字相同的地址写入 8253。计数器锁存命令用来将当前的 CE 内容锁存到输出锁存器 OL，供 CPU 读出。其格式如图 7-25 所示。

D_7	D_6	D_5	D_4	D_3	D_2	D_1	D_0
SC_1	SC_0	0	0	×	×	×	×

图 7-25　锁存命令字格式

其中 $D_5D_4 = 00$ 为锁存命令特征值；SC_1、SC_0 的含义和控制字相同，是计数通道选择位，不能同时为 1；$D_3 \sim D_0$ 位可为任意状态，在锁存命令中无任何意义。

读回命令用来将指定计数器通道的 CE 当前内容锁存入 OL 或/和将状态寄存器内容锁存入状态锁存器。和锁存命令不同，它能同时规定锁存几个计数器通道的当前 CE 内容和状态寄存器内容。读回命令的格式如图 7-26 所示。

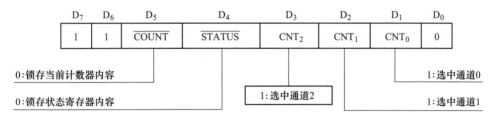

图 7-26　读回命令字格式

$\overline{COUNT}$ 位为 0 时，CNT_2、CNT_1、CNT_0 位选中的通道的当前 CE 内容均锁存，以备 CPU 读取。当某一个计数器被读取后，该计数器自行失锁，但其他计数器并不受影响。如果对同一个计数器发出多次读回命令，但并不立即读取计数值，那么只有第一次发出的读回命令是有效的，后面的无效，即以后读取的计数值仅是第一个读回命令所锁存的数。

同样，若 $\overline{STATUS}$ 位为 0，则 CNT_2、CNT_1、CNT_0 位指定的计数器通道的状态寄存器内容都将被锁存入相应通道的状态锁存器，供 CPU 读取。状态字格式如图 7-27 所示。

其中 $D_5 \sim D_0$ 意义与前面控制字的对应位意义相同。D_7 位（OUT）反映了相应计数器通

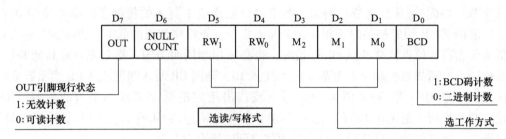

图 7-27 状态字格式

道 OUT 端的现行状态，利用它就可以通过软件来监视计数器输出，减少系统的硬件开销。D_6 位（NULL COUNT）指示 CR 内容是否已装入 CE，若最后写入 CR 的内容已装入 CE，则 D_6 位为 0，表示可读计数；若 CR 内容未装入 CE，则 D_6 位为 1，表示无效计数，读取的计数值将不反映刚才写入的那个新计数值。

与对当前 CE 内容的读回规则一样，若对同一个状态寄存器发了多次读回命令，但每次命令后并未当即读取其状态，那么除第一次读回命令引起的锁存操作有效外，其余均无效。即发多次读回命令后读取的状态，总是第一次命令发出时刻计数器的状态。

如果读回命令的 D_5 位（$\overline{\text{COUNT}}$）、D_4 位（$\overline{\text{STATUS}}$）都为 0，则被选定计数通道的现行 CE 内容和状态同时被锁存，它相当于发出两条单独的 CE 值和状态的读回命令。表 7-4 列出了 6 条读回命令依次写入但均未紧跟读操作时，各命令执行后的结果。

表 7-4 读回命令举例

次序	命令								命令作用	执行结果
	D_7	D_6	D_5	D_4	D_3	D_2	D_1	D_0		
1	1	1	0	0	0	0	1	0	读回通道 0 的计数值和状态	锁存通道 0 的计数值和状态
2	1	1	1	0	0	1	0	0	读回通道 1 的状态	锁存通道 1 的状态
3	1	1	1	0	1	1	0	0	读回通道 2、1 的状态	锁存通道 2 的状态，但对通道 1 无效
4	1	1	0	1	1	0	0	0	读回通道 2 的计数值	锁存通道 2 的计数值
5	1	1	0	0	0	1	0	0	读回通道 1 的计数值和状态	锁存通道 1 的计数值，但对状态无效
6	1	1	1	0	0	0	1	0	读回通道 0 的状态	命令无效，通道 0 的状态早已锁存

最后要说明一点，若通道的计数值和状态都已锁存，则该通道第一次读出的将是状态字，而不管先锁存的究竟是计数值还是状态。下一次或下两次再读出的才是计数值（一次还是两次由编程时方式控制字所规定的计数值字节数而定）。以后的读操作又回到无锁存的计数。

如要读通道 1 的 16 位计数器，编程如下：地址 F8H～FEH。

```
MOV  AL, 40H
OUT  0FEH, AL        ;锁存计数值
```

```
IN   AL, 0FAH
MOV  CL, AL          ;低八位
IN   AL, 0FAH
MOV  CH, AL          ;高八位
```

7.2.3.3 8254 的应用举例

在微机系统中，经常需要采用定时/计数器进行定时或计数控制。如在 PC/XT 系统中，8254 的通道 0 用于系统时钟定时，通道 1 用于 DRAM 刷新定时，通道 2 用于驱动扬声器工作。接口电路如图 7-28 所示。

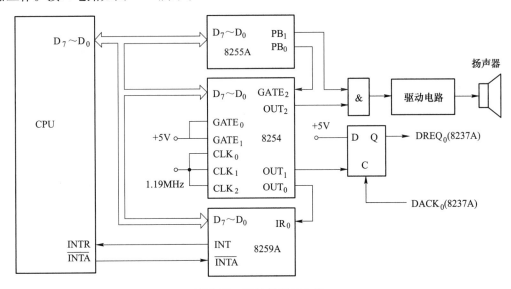

图 7-28   8254 的接口电路

三个通道的时钟信号 $CLK_2 \sim CLK_0$ 由系统时钟 4.77MHz 经四分频后的 1.19MHz 提供。

计数器 0 工作在方式 3，$GATE_0$ 接高电平，OUT_0 接到 8259A 的 IR0（总线的 IRQ_0）引脚，要求每隔 55ms 产生一次定时中断，用于系统实时时钟和磁盘驱动器的电机定时。

计数器 1 工作在方式 2，$GATE_1$ 接高电平，OUT_1 输出经 D 触发器后作为对 DMA 控制器 8237A 通道 0 的 $DREQ_0$ 信号，每隔 15ms 定时启动刷新 DRAM。

计数器 2 工作在方式 3，$GATE_2$ 由 8255A 芯片的 PB_0 控制，OUT_2 输出的方波和 8255A 芯片的 PB_1 信号进行"与"操作，再经过驱动和低通滤波，产生驱动扬声器发声的音频信号。

计数初始值的计算如下。

计数器 0：55ms（54.925493ms）产生一次中断，即每秒产生 18.206 次中断请求，所以，

计数初始值 = 1.19318MHz ÷ 18.206kHz = 65536（即 0000H）

计数器 1：在 PC/XT 计算机中，要求在 2ms 内进行 128 次刷新操作，由此可计算出每隔 2ms ÷ 128 = 15.084ms 必须进行一次刷新操作。所以

计数初始值 = 15.084ms × 1.19318MHz = 17.9979 ≈ 18

计数器 2：假设扬声器的发声频率为 1kHz，则

计数初始值 = 1.19318MHz ÷ 1kHz = 1190

设 8254 的端口地址为 40H~43H，8255A 的端口地址为 60H~63H。下面给出计数器 0 和计数器 1 的初始化程序及计数器 2 的扬声器驱动程序。

计数器 0 初始化程序为：

```
    MOV   AL, 36H      ;计数器0方式3，采用二进制计数，先低字节后高字节
                       ;写入计数初始值
    OUT   43H, AL      ;写入控制端口
    MOV   AL, 0        ;计数初始值0000H
    OUT   40H, AL      ;写计数初始值低字节
    OUT   40H, AL      ;写计数初始值高字节
```

计数器 1 初始化程序为：

```
    MOV   AL, 54H      ;计数器1方式2，采用二进制数计数，只写低字节
    OUT   43H, AL      ;写入控制端口
    MOV   AL, 18       ;计数初始值为18
    OUT   41H, AL      ;写计数初始值
```

计数器 2 的发声驱动程序为：

```
    BEEP  PROC  FAR
    MOV   AL, 0B6H     ;计数器2方式3，采用二进制计数，先低字节后高字节
                       ;写入计数初始值
    OUT   43H, AL      ;写入控制端口
    MOV   AX, 1190     ;计数初始值为1190
    OUT   42H, AL      ;写计数初始值低字节
    MOV   AL, AH
    OUT   42H, AL      ;写计数初始值高字节
    IN    AL, 61H      ;读8255A的B口
    MOV   AH, AL       ;B口数据暂存于AH中
    OR    AL, 03H      ;使PB₁和PB₀均为1
    OUT   61H, AL      ;打开GATE₂门，OUT₂输出方波，驱动扬声器
    MOV   CX, 0        ;循环计数，最大值为216
L0: LOOP  L0          ;循环延时
    DEC   BL          ;BL为子程序入口条件
    JNZ   L0          ;BL=6，发长声（约3s），BL=1，发短声（约0.5s）
    MOV   AL, AH      ;恢复8255A的B口值，停止发声
    OUT   61H, AL
    RET              ;子程序返回
    BEEP ENDP
```

8254 定时/计数器的应用非常广泛，不仅可以为微机系统提供定时信号，在实际工程中可以应用 8254 对外部事件进行计数，还可以通过 8254 驱动扬声器，编写简单的音乐程序等等。

7.3 可编程串行接口 8251

微机内部的数据传送方式为并行方式。若外设采用串行通信方式，则微机与外设之间需加串行接口。串行接口基本功能就是输入数据时，进行串/并转换；输出数据时，进行并/串转换。

相对于并行通信，串行通信的速度比较慢，这种方式所用的传输线少（例如二根），因而在通信时可降低成本，比较经济。另外，它还可以借助于现存的电话网进行数据传送，因此串行通信适合于远距离且传送速度要求不很高的通信。例如，远距离的计算机系统之间都采用串行通信；在近距离系统之间，如同一室的微机之间，也广泛采用串行通信方式；在 PC 机上键盘、鼠标器与主机之间，也采用串行通信方式。

串行通信线路上传送的是数字信号，表示传送数字信号能力的指标为数据速率（Data Rate），其单位为 bps（bit per second），即每秒钟传送的二进制位数。

7.3.1 串行通信概述

串行通信指的是两个功能模块之间只通过一条或两条数据线进行信息交换，发送方将数据分解成二进制位，一位一位地分时经过单条数据线发送。

7.3.1.1 串行通信的分类

串行通信中有两种通信方式，即同步通信 SYNC（Synchronous Data Communication）与异步通信 ASYNC（Asynchronous Data Communication）。

同步通信是通过把多个信息组成一个信息帧进行传输，是一种连续传送数据的方式。

异步通信是指两个被发送的字符之间的传输间隔时间是任意的，每个字符间都要增加分隔位，规定传输字符的开始与结束。

A 异步通信

异步通信以一个字符为传输单位，通信中两个字符间的时间间隔是任意的，然而在同一个字符中的两个相邻位代码间的时间间隔是固定的。在异步通信过程中，CPU 与外设之间必须遵循某些规定，称之为通信协议，一般包括数据格式、传送速率和时钟频率。

（1）数据格式：图 7-29 给出了异步通信的标准数据格式。

图 7-29 异步通信的标准数据格式

由图 7-29 可知，传输的每个字符由四个部分组成：起始位、信息位、奇偶检验位和停止位。一个字符由起始位开始，停止位结束。

　　起始位：数据传输一开始，输出线由"1"跳变为"0"，"0"作为起始信号，占用一位。

　　信息位：起始位的后面是 5 到 8 个信息位，构成一个字符。通常采用 ASCII 码，从最低位开始传送，靠时钟定位。

　　奇偶检验位：信息位后面是奇/偶检验位，检验位可设置也可不设置，设置时，可设为奇检验也可设为偶检验位，只占一位。

　　停止位：用来标示一个字符的结束，用"1"来作停止位。其位数可为 1 位、1.5 位或 2 位。

　　（2）传送速率：也叫波特率（Band Rate），是衡量数据传送速率的指标，表示每秒钟传送的二进制位数。国际上规定了标准波特率系列，最常用的标准波特率是：110 波特、300 波特、600 波特、1200 波特、1800 波特、2400 波特、4800 波特、9600 波特和 19200 波特。例如数据传送速率为 180 字符/s，而每个字符包括一个起始位、8 个数据位和一个停止位，共 10 位，则其传送的波特率为 10×180＝1800 字符/s＝1800 波特。

　　（3）时钟频率：在进行异步通信时，发送方需要用时钟来决定每一位对应的时间长度，接收方也需要用时钟来决定每一位对应的时间长度，前者称为发送时钟，后者称为接收时钟。根据传送的波特率来确定发送时钟和接收时钟的频率，它们的关系是：

$$时钟频率＝n×波特率$$

式中，n 为波特率系数或波特率因子，可以是位传输率的 1 倍、16 倍、32 倍或者 64 倍。

　　B　同步通信

　　同步通信是把多个字符或者多个信息位组成信息帧进行传输，是一种连续传送数据的方式。同步通信用同步字符，即一串特定的二进制序列，去通知接收器串行数据第一位何时到达。串行数据信息以连续的形式发送，每个时钟周期发送一位数据。数据信息间不留空隙，数据信息后是两个错误校验字符。同步通信可采用单同步数据格式（一个同步字符的数据格式）或双同步数据格式（两个同步字符的数据格式），如图 7-30 所示。在同步传送中，要求用时钟来实现发送端与接收端之间的同步。

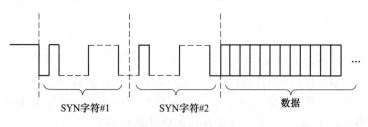

SYN字符#1　　　　SYN字符#2　　　　数据

图 7-30　同步字符

　　同步传送速度高于异步传送，但它要求有时钟来发现发送端与接收端之间的同步，故硬件复杂。

7.3.1.2　串行通信的数据传输方式

串行通信根据数据传送方向的不同有以下三种方式，如图 7-31 所示。

　　A　单工方式（Simplex）

　　仅有单条数据传输线，支持在一个方向上的数据传送。采用该方式时，已经确定了通

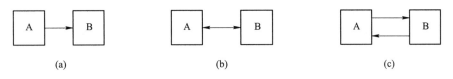

图 7-31　数据传送方式

（a）单工方式；（b）半双工方式；（c）全双工方式

信两点中的一点为接收端，另一点为发送端，即由设备 A 传送到设备 B。在这种传送模式中，A 只作为发送器，B 只作为接收器。反之，不行。

B　半双工方式（Half-duplex）

仅有单条数据传输线，分时实现双向传输数据。即设备 A 为发送器发送数据到设备 B，设备 B 为接收器。也可以设备 B 做发送器发送数据到设备 A，设备 A 为接收器。由于 A、B 之间仅一根数据传送线，它们都有独立的发送器和接收器，所以在同一个时刻只能进行一个方向的传送。

C　全双工方式（Full-duplex）

有两条数据传输线，支持数据在两个方向同时传送。即设备 A 可发送数据到设备 B，设备 B 也可以同时发送数据到设备 A，它们都有独立的发送器和接收器。在计算机串行通信中主要使用半双工和全双工方式。

7.3.2　8251 的引脚及功能

可编程串行接口芯片有多种型号，常用的有 Intel 公司生产的 8251A，Motorola 公司生产的 6850、6952、8654，Zilog 公司生产的 SIO 及 TNS 公司生产的 8250 等。

7.3.2.1　8251A 的基本功能

Intel8251A 是一种可编程的通用同步/异步发送器（USART），其工作方式可以通过编程设置。能够以同步或异步串行通信方式工作，能自动完成帧格式。

Intel8251A 具有独立的接收/发送器。在异步方式下，用于产生 8251 内部时序的时钟 CLK 输入至少应为发送或接收时钟的 4.5 倍。接收/发送（RXC/TXC）时钟应为波特率的 1 倍、16 倍或 64 倍（由 8251A 的工作方式字设定）。被广泛应用 Intel 80X86 为 CPU 的微型计算机中。其基本功能为：

（1）可工作在同步或异步工作方式。工作在同步方式时，波特率为 0~64K；工作在异步方式时，波特率为 0~19.2K。

（2）具有独立的发送器和接收器，能以单工、半双工和全双工方式进行通信。

（3）同步方式时，字符可选择为 5~8bit，可加奇偶校验位，可自动检测同步字符。

（4）异步方式时，字符可选择为 5~8bit，可加奇偶校验位，自动为每个字符添加一个启动位，并允许通过编程选择 1、2.5、或 2 位停止位，可以检查假启动位，自动检测和处理终止字符。波特率因子可选为 1、16、64。

（5）能提供一些基本的控制信号，方便与 MODEM 相连。

7.3.2.2　8251A 的内部结构

8251A 内部结构如图 7-32 所示，共有 5 个部分构成：发送器、接收器、数据总线缓冲器、读/写逻辑控制电路、调制解调器控制。

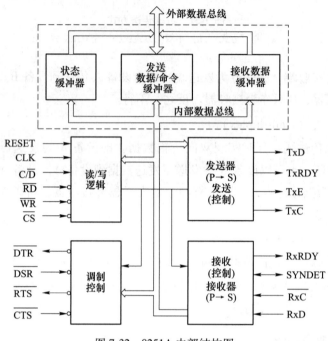

图 7-32　8251A 内部结构图

A　发送器

发送器由发送缓冲器、并串转换器和发送控制电路组成。

发送控制电路用来控制和管理所有的发送操作。在它的管理下，发送缓冲器把来自 CPU 的并行数据变换成串行数据，通过引脚 TxD（第 19 脚）向外发送。

若设定为异步方式，则由发送控制电路自动在其首尾加上起始位、校验位和停止位，然后从起始位开始，经移位寄存器从数据输出线 TxD 逐位串行输出。

若设定为同步方式，则在发送数据之前，发送控制电路在数据中插入同步字符和校验位；如果 CPU 没有提供同步字符，则发送控制电路会自动补上同步字符，然后才逐位串行输出数据。

如果 CPU 与 8251A 之间采用中断方式交换信息，那么 TxRDY 可作为向 CPU 发出的中断请求信号。当发送器中的 8 位数据串行发送完毕时，由发送控制电路向 CPU 发出 TxE 有效信号，表示发送器中移位寄存器已空，CPU 可向 8251A 发送缓冲器写入下一个数据。

B　接收器

接收器由接收缓冲器、串并转换器和接收控制电路组成。

接收控制电路用来控制和管理所有的接收操作。在它的管理下，接收缓冲器接收 RxD（第 3 脚）线上输入的串行数据，并按规定方式将其转变为并行数据，存放在接收数据缓冲寄存器中。

在异步方式下，8251A 在允许接收和准备好接收数据时，在 RxD 线上检测低电平，将检测到的低电平作为起始位，接收器开始接收一帧信息，完成字符装配，并进行奇偶校验、删除起始位和停止位，把已转换的并行数据置入接收数据缓冲器中，同时发出 RxRDY 信号送 CPU，表示已经收到一个可用的数据。

若设定为同步方式，首先搜索同步字符。8251A 检测 RxD 线，每当 RxD 线上出现一个数据位时，接收并送入移位寄存器移位，与同步字符寄存器的内容进行比较，如果不相等，则接收下一位数据，并且重复上述比较过程。当两个寄存器的内容一致时，8251A 的 SYNDET 变为高电平，表示同步字符已经找到，同步已经实现。

采用双同步方式，就要在测得输入移位寄存器的内容与第一个同步字符寄存器的内容相同后，再继续检测此后输入移位寄存器的内容是否与第二个同步字符寄存器的内容相同。如果相同，则认为同步已经实现。

实现同步之后，接收器和发送器间就开始进行数据的同步传输。这时，接收器利用时钟信号对 RxD 线进行采样，并把收到的数据位送到移位寄存器中。在 RxRDY 引脚上发出一个信号，表示收到了一个字符，通知 CPU 取走数据。

C 数据总线缓冲器（I/O 缓冲器）

数据总线缓冲器包含 3 个 8 位、双向、三态的缓冲器，是 8251A 与 CPU 传送数据、状态和控制信息的通道。其中 2 个寄存器分别用来存放 CPU 向 8251A 读取的数据或状态信息。一个寄存器用来存放 CPU 向 8251A 写入的数据或控制。

D 读/写逻辑控制电路

用来接收 CPU 送来的一组控制信号，以决定 8251A 的具体操作。$\overline{CS}$、$C/\overline{D}$、$\overline{RD}$、$\overline{WR}$ 信号配合起来可决定 8251A 的操作，如表 7-5 所示。接收时钟信号 CLK 完成 8251A 的内部定时；接收复位信号 RESET，使 8251A 处于空闲状态。

表 7-5　8251A 读写操作真值表

$\overline{CS}$	$C/\overline{D}$	$\overline{RD}$	$\overline{WR}$	功能
0	0	0	1	CPU 从 8251A 读数据
0	1	0	1	CPU 从 8251A 读状态
0	0	1	0	CPU 写数据到 8251A
0	1	1	0	CPU 写命令到 8251A
1	×	×	×	总线浮空（无操作）

E 调制解调控制电路

调制解调控制电路用来简化 8251A 和调制解调器的连接。远距离通信时提供与 MODEM 联络的信号；近距离串行通信时提供与外设联络的应答信号。

7.3.2.3　8251A 的引脚功能

8251A 采用 28 脚的双列直插式封装，如图 7-33 所示。

8251A 可以作为 CPU 与外设或调制解调器间的接口，其接口信号可以分为两组：一组为与 CPU 接口信号，另一组为与外设（或调制解调器）接口信号。

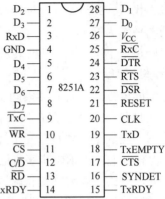

图 7-33　8251A 引脚

A　与 CPU 的接口信号

(1) $\overline{\text{CS}}$：片选信号，低电平有效。

(2) C/$\overline{\text{D}}$：控制/数据信号（Control/Data）：C/$\overline{\text{D}}$ = 1，传送的是命令、控制、状态等控制字；C/$\overline{\text{D}}$ = 0，传送的是真正的数据。

(3) $\overline{\text{RD}}$、$\overline{\text{WR}}$：读、写控制信号，低电平有效，与 $\overline{\text{CS}}$、C/$\overline{\text{D}}$ 配合决定 8251A 操作，如表 7-5 所示。

(4) $D_7 \sim D_0$：三态双向数据总线，直接与 CPU 的数据总线相连，传送 CPU 与 8251A 的命令信息、数据以及状态信息。

(5) CLK：时钟输入，为芯片内部有关电路工作提供的时钟。在同步方式时，CLK 的频率必须大于发送器输入时钟 $\overline{\text{TxC}}$ 和接收器输入时钟 $\overline{\text{RxC}}$ 频率的 30 倍；在异步方式时，CLK 的频率必须大于发送和接收时钟的 4.5 倍。CLK 的周期要在 $0.42 \sim 1.35 \mu s$ 范围内。

(6) RESET：复位信号，当该输入引脚出现一个 6 倍 CLK 时钟周期宽的高电平信号时，芯片复位。复位后，芯片处于空闲状态，等待命令。

(7) TxRDY：发送器准备好信号（Transmitter Ready），高电平有效，TxRDY = 1，发送缓冲器空；TxRDY = 0，发送缓冲器满。只有当 8251A 允许发送（即操作命令字的 TxEN = 1）并且 $\overline{\text{CTS}}$ = 0 和 TxEN = 1 时，通知 CPU 可以向 8251A 写入下一个的字符。CPU 向 8251A 写入下一个字符后，TxRDY 自动复位。当用查询方式时，CPU 可从状态寄存器的 D_0 位检测该信号，判断发送缓冲器所处状态。当用作中断方式时，此信号作为中断请求信号。

(8) TxE：发送移位寄存器空闲信号（Transmitter Empty），高电平有效，TxE = 0，发送移位寄存器满；TxE = 1，发送移位寄存器空，CPU 可向 8251A 的发送缓冲器写入数据。在同步方式时，若 CPU 来不及输出新字符，则 TxE = 1，同时发送器在输出线上插入同步字符，以填充传送间隙。TxE 有效时，TxRDY 必有效；发送数据缓冲器满时，TxE 必无效。

(9) RxRDY：接收器准备好信号（Receiver Ready），高电平有效，RxRDY = 1 表示接收缓冲器已装有输入的数据，通知 CPU 取走数据。若操作命令字的 RxE = 1（允许接收），且当8251A已从RxD端逐位接收了一个字符，并完成了格式变换，接收的字符已以并行数据存放在接收数据缓冲器中时，此信号有效。若用查询方式，可从状态寄存器 D_1 位检测该信号。若用中断方式，可用该信号作为中断申请信号，通知 CPU 输入数据。RxRDY＝0表示输入缓冲器空。

（10）SYNDET/BRKDET：同步/中止检测信号（Synchronous Detect），复用功能引脚，高电平有效。

对于同步方式，SYNDET 是同步检测信号，该信号既可工作在输入状态也可工作在输出状态。内同步工作时，该信号为输出信号。当检测到从 RxD 端输入的一个或两个同步字符后，SYNDET 输出高电平，表示 8251A 已达到同步，若为双同步，此信号在传送第二个同步字符的最后一位的中间变高，表明已经达到同步。当 CPU 执行一次读状态操作时，复位 SYNDET。外同步工作时，该信号为输入信号。当外部检测电路检测到同步字符后，就从该引脚输入一个正跳变信号，接收控制电路会立即脱离对同步字符的搜索过程，8251A 在下一个 $\overline{\text{RxC}}$ 下降沿开始收集数据字符。从 SYNDET 输入的一个正跳变信号至少应维持一个 $\overline{\text{RxC}}$ 周期。当程序指定为外同步方式时，内同步检测就无用了。

当工作于异步方式时，该引脚是中止信号检测端 BRKDET，为输出端。当检测到中止字符后，该引脚输出高电平。中止字符是由在通信线上的连续的 0 组成，它是用来在完全双工通信时中止发生器终端的。只要 8251A 操作命令字中的 SBRK 为 1，则 8251A 就始终发送中止符（TxD 线上一直输出低电平）。若从 RxD 线上接收到 1，BRKDET 端立即变低。

B　与 MODEM 接口的信号线

（1）$\overline{\text{DTR}}$：数据终端准备好信号（Data Terminal Ready），输出，低电平有效。可用软件编程方法控制，将操作命令字中的 D_1 置 1 而变为有效，使 $\overline{\text{DTR}}$ 线输出低电平，表示 CPU 准备就绪。

（2）$\overline{\text{DSR}}$：数据装置准备好信号（Data Set Ready），输入，低电平有效，表示调制解调器或外设准备好。CPU 可通过执行输入指令，检测状态控制字 D_7 位是否为1。该信号实际上是对 $\overline{\text{DTR}}$ 的回答，通常用于接收数据。

（3）$\overline{\text{RTS}}$：请求发送信号（Request To Send），输出，低电平有效。用于通知调制解调器或外设，8251A 要求发送。可由操作命令字的 $D_5＝1$ 而使其有效。

（4）$\overline{\text{CTS}}$：允许传送信号（Clear To Send），输入，低电平有效，是调制解调器或外设对 8251A 的 $\overline{\text{RTS}}$ 信号的回答，表示接收方作好接收数据的准备。将操作命令字中 D_0 位置1，且 $\overline{\text{CTS}}＝0$，8251A 才能串行发送。

（5）TXD：发送数据线（Transmitter Data），当 CPU 送往 8251A 的并行数据被转变为串行数据后，通过 TXD 送往外设。

（6）RXD：接收数据线（Receiver Data），用来接收外设送来的串行数据，数据进入 8251A 后被转变为并行方式。

（7）$\overline{\text{TxC}}$：发送器时钟信号（Transmitter Clock），输入，用来控制发送字符的速度。数据是在 $\overline{\text{TxC}}$ 的下降沿由 TXD 逐位发出。同步方式下，$\overline{\text{TxC}}$ 的频率等于数据波特率；异步

方式下，$\overline{\text{TxC}}$ 的频率由软件定义，可以为数据波特率的 1 倍、16 倍或者 64 倍。

（8）$\overline{\text{RxC}}$：接收器时钟信号（Receiver Clock），输入，用来控制接收字符的速度，其频率和波特率的关系同 $\overline{\text{TxC}}$。

在实际使用时，$\overline{\text{TxC}}$ 和 $\overline{\text{RxC}}$ 往往连在一起，由同一个外部时钟来提供。

7.3.3　8251 的控制字及其工作方式

8251A 芯片的工作方式由其初始化编程确定，其动作过程需要由 CPU 发出一些命令来完成，CPU 还要了解其工作状态，以保证在数据传送中协调 CPU 与外设的数据传送过程。8251A 有三种控制字，分别为工作方式控制字、操作命令控制字和状态字。

8251A 编程主要包括两类：一是由 CPU 发出的控制字，即工作方式控制字和操作命令控制字；二是由 8251A 向 CPU 送出的状态字。

7.3.3.1　工作方式控制字（模式字）

工作方式控制字决定 8251A 是工作在异步方式还是同步方式。异步方式时，关于传送的数据位的位数、停止位的位数、传送速率等的约定；同步方式时，是双同步还是单同步等约定。其格式如图 7-34 所示。

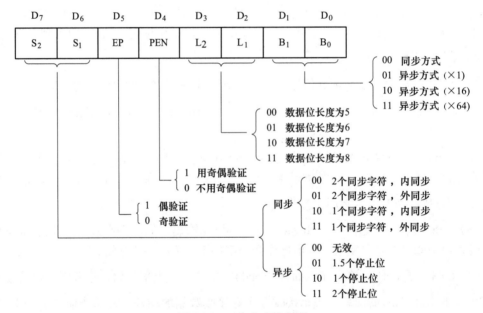

图 7-34　工作方式控制字

D_1D_0 确定通信方式是同步方式还是异步方式；若为异步通信方式，确定其数据传送速率，如×64 表示时钟频率是发送或接收波特率的 64 倍，其他类推。

D_3D_2 确定字符的位数。

D_5D_4 确定奇偶校验的性质。

D_7D_6 在同步方式和异步方式时的意义不同。异步方式时规定停止位的位数；同步方式时确定是内同步还是外同步，以及同步字符的个数。

7.3.3.2 操作命令控制字 (控制字)

要使 8251A 处于发送数据或接收数据状态，通知外设准备接收数据或者发送数据，需通过 CPU 执行输出指令，发出相应的控制字来实现的。操作命令控制字的格式如图 7-35 所示。

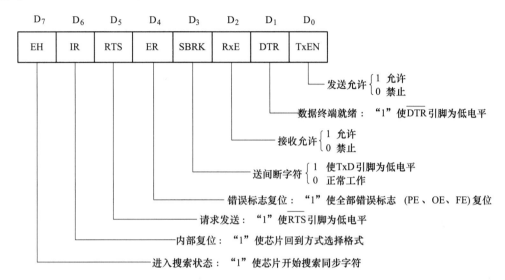

图 7-35 操作命令控制字

D_0、D_2 两位分别决定是否允许 TxD 线向外设串行发送数据，是否允许 RxD 线接收外部输入的串行数据。半双工方式时，CPU 要交替将这两位置 1。

D_1、D_5 两位是调制解调控制电路与外设的握手信号。当 8251A 作为接收数据方，并已准备好接收数据时，$D_1 = 1$，使 $\overline{\text{DTR}}$ 线输出有效信号；当 8251A 作为发送数据方，并已准备好发送数据时，$D_5 = 1$，使 $\overline{\text{RTS}}$ 线输出有效信号。

D_3 选择是否发送间断字符。$D_3 = 1$，TxD 线上一直发 0 信号，即输出连续的空号；$D_3 = 0$，恢复正常工作。正常通信时，$D_3 = 0$。

D_4 是清除错误标志位。用于使状态字中的错误标志位 D_3（奇偶错）、D_4（帧错）、D_5（溢出错）复位。

D_6 是内部复位信号。$D_6 = 1$，迫使 8251A 复位，使 8251A 回到初始化编程阶段。

D_7 为跟踪方式位。同步方式下接收数据时需设置该操作。在同步方式下，使 $D_2 = 1$ 的同时，还必须使 $D_7 = 1$、$D_4 = 1$。这样，RxD 线上开始接收信号，接收器也开始搜索同步字符。当搜索到同步字符时，使 SYNDET 引脚输出为 "1"。此后，再将 D_7 位置 0，作正常接收。

7.3.3.3 状态字

CPU 通过输入指令读取状态控制字，了解 8251A 传送数据时所处的状态，做出是否发出命令，是否继续下一个数据传送的决定。状态字存放在状态寄存器中，CPU 只能读取状态寄存器，而不能对它进行写入操作，状态字的格式如图 7-36 所示。

D_0 是发送准备好标志位，此状态位与引脚 TxRDY 的定义有所不同。只要发送缓冲器

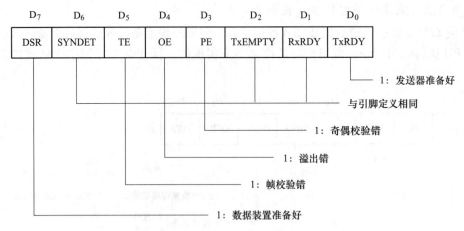

图 7-36　状态字

出现空闲，则该位置 1。而对于引脚 TxRDY，必须在发送缓冲器空，输入引脚 $\overline{CTS}=0$，状态位 $D_0=1$，控制字中 $D_0=1$，并且外设或调制解调器接收数据方可以接收下一个数据时，才能使 TxRDY 引脚有效。

D_6、D_2、D_1 位与引脚 SYNDET、TxEMPTY、RxRDY 的定义完全相同。

D_3、D_4、D_5 分别为奇偶校验错、溢出错、帧校验错的标志位。可通过操作命令控制字的 ER 位对这三个标志位复位。接收器按照事先约定的方式进行奇偶校验计算，然后将奇偶校验位的期望值与实际值进行比较，若不一致，则 $D_3=1$。$D_4=1$ 表示接收缓冲器已准备好一个字符数据，但 CPU 未能及时读取，后面的字符数据就会将前一个字符数据覆盖，造成字符丢失。D_5 仅对异步方式有用，当在任一字符的结尾没有检测到规定的停止位时，$D_5=1$。

D_7 是数据装置准备好位。当输入引脚 $\overline{DSR}$ 有效时，$D_7=1$，表示调制解调器或外设发送方已准备好要发送的数据。

7.3.3.4　初始化编程

在接通电源时，8251A 能通过硬件电路（从 RESET 引脚输入一复位信号）自动进入复位状态，但不能保证总是正确地复位。为了确保送方式字和命令字之前已正确复位，应先向 8251A 的控制口连续写入 3 个 0H，然后再向该端口写入一个是 D_6 位为 1 的复位命令字（40H），用指令使 8251A 可靠复位。

在传送数据前要对 8251A 进行初始化，才能确定发送方与接收方的通信格式，以及通信的时序，从而保证准确无误地传送数据。在系统复位后，必须先写入方式控制字，再写入操作命令字。在一批数据传送完毕后，可以利用操作命令字使 8251A 复位，重新设置 8251A 的工作方式控制字，以完成其他传送任务。需要指出，工作方式控制字必须跟在复位命令之后。

由于 8251A 的方式控制字和操作命令字本身均无特征标志，而且写入同一个端口，因此，为了区分它们，这两个字必须严格按规定顺序写入。初始化编程的过程如图 7-37 所示。

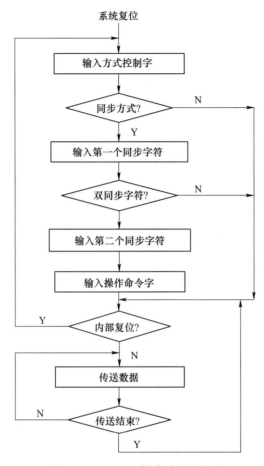

图 7-37　8251A 初始化编程的流程

A　异步方式下初始化举例

假设 8251A 命令寄存器地址为 42H，试按下列要求初始化 8251A：

（1）异步通信方式，波特率系数为 16；

（2）数据位 7 位，偶校验，2 个停止位。

分析：工作方式控制字为：11111010B＝FAH；操作命令字为：00110111B＝37H。

初始化程序：

```
MOV     DX，42H
XOR     AL，AL          ;AL＝00000000B
OUT     DX，AL
OUT     DX，AL
OUT     DX，AL
MOV     AL，40H         ;01000000B
OUT     DX，AL
MOV     AL，0FAH        ;11111010B
OUT     DX，AL
```

```
MOV        AL，37H              ;00110111B
OUT        DX，AL
```

B 同步方式下初始化

假设 8251A 命令寄存器地址为 42H，试按下列要求初始化 8251A：

（1）内同步通信方式，2 个同步字符（设同步字符为 16H）；

（2）数据位 7 位，偶校验。

分析：工作方式控制字为：00111000B＝38H；操作命令字为：10010111B＝97H。

初始化程序：

```
MOV        DX，42H
XOR        AL，AL              ;AL＝00000000B
OUT        DX，AL
OUT        DX，AL
OUT        DX，AL
MOV        AL，40H             ;01000000B
OUT        DX，AL
MOV        AL，38H             ;00111000B
OUT        DX，AL
MOV        AL，97H             ;10010111B
OUT        DX，AL
```

C 读 8251A 状态字

设 8251A 的控制和状态口地址为 42H，数据口地址 40H，初始化为异步通信，7 个数据位，用 1 位偶校验，2 位停止位，波特率系数 16，N 个字符输入后，放在 BUFFER 标号所指的内存缓冲区中。

```
        MOVDX，42H
        XORAL，AL
        OUTDX，AL
        OUTDX，AL
        OUTDX，AL
        MOVAL，40H
        OUTDX，AL
        MOVAL，0FAH
        OUT DX，AL
        MOV AL，35H
        OUTDX，AL
        MOV  DI，0              ;变址寄存器初始化
        MOV  CX，N              ;计数器初始化，共收取 N 个字符
BEGIN：IN AL，42H
        TEST AL，02H            ;测试 RxRDY 位是否＝1
```

```
        JZ BEGIN
        IN    AL，40H              ;读取字符
        MO BUFFER［DI］，AL
        INC   DI                   ;修改缓冲区指针
        IN    AL，52H              ;读取状态字
        TEST   AL，38H            ;测试有无帧校验错，奇/偶校验错和溢出错
        JZ    ERROR               ;如有，则转出错处理程序
        LOOP   BEGIN              ;如没错，则再收下一个字符
        JMP    EXIT               ;如输入满足 80 个字符，则结束
ERROR：CALL   ERR-0UT            ;调用出错处理
EXIT：……
```

7.3.4　8251 串行接口应用举例

7.3.4.1　8251A 与 CPU、RS-232-C 的硬件连接

8251A 作为串行通信接口，与 CPU、RS-232-C 的硬件连接如图 7-38 所示。经 RS-232-C 标准接口，8251A 可连接异步/同步调制解调器等通信设备。

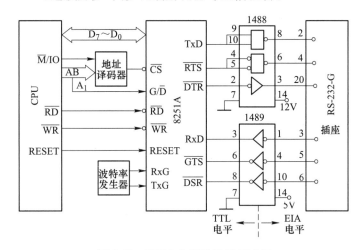

图 7-38　8251A 与硬件连接示意图

7.3.4.2　软件编程控制通信

通过 8251A 实现相距较远的两台微型计算机相互通信的系统连接简化框图如图 7-39 所示。利用两片 8251A 通过标准串行接口 RS-232 实现两台 8086 微机之间的串行通信，可采用异步或同步工作方式。

分析：设系统采用查询方式控制传输过程，异步传送。

初始化程序由两部分组成：

（1）将一方定义为发送器。发送端 CPU 每查询到 TxRDY 有效，则向 8251A 并行输出一个字节数据；

（2）将对方定义为接收器。接收端 CPU 每查询到 RxRDY 有效，则从 8251A 输入一个

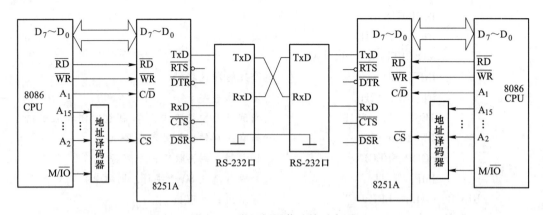

图 7-39　微机间通信连接示意图

字节数据，一直进行到全部数据传送完毕为止。

发送端初始化程序与发送控制程序：

```
STT：MOV   DX, 8251A 控制端口
     MOV   AL, 7FH
     OUT   DX, AL              ;将 8251A 定义为异步方式, 8 位数据, 1 位停止位
     MOV   AL, 11H             ;偶校验, 波特率系数为 64, 允许发送
     OUT   DX, AL
     MOV   DI, 发送数据块首地址   ;设置地址指针
     MOV   CX, 发送数据块字节数   ;设置计数器初值
NEXT：MOV  DX, 8251A 控制端口
     IN    AL, DX
     AND   AL, 01H             ;查询 TxRDY 有效否
     JZ    NEXT                ;无效则等待
     MOV   DX, 8251A 数据端口
     MOV   AL, [DI]            ;向 8251A 输出一个字节数据
     OUT   DX, AL
     INC   DI                  ;修改地址指针
     LOOP  NEXT                ;未传输完, 则继续下一个
     HLT
```

接收端初始化程序和接收控制程序：

```
SRR：MOV   DX, 8251A 控制端口
     MOV   AL, 7FH
     OUT   DX, AL              ;初始化 8251A, 异步方式, 8 位数据
     MOV   AL, 14H             ;1 位停止位,偶校验, 波特率系数 64, 允许接收
     OUT   DX, AL
     MOV   DI, 接收数据块首地址   ;设置地址指针
     MOV   CX, 接收数据块字节数   ;设置计数器初值
```

```
COMT: MOV   DX, 8251A 控制端口
      IN   AL, DX
      ROR  AL, 1              ;查询 RxRDY 有效否
      ROR  AL, 1
      JNC  COMT               ;无效则等待
      ROR  AL, 1
      ROR  AL, 1              ;有效则进一步查询是否有奇偶校验错。
      JC   ERR               ;有错则转出错处理
      MOV  DX, 8251A 数据端口
      IN   AL, DX             ;无错则输入一个字节到接收数据块。
      MOV  [DI], AL
      INC  DI                ;修改地址指针
      LOOP COMT               ;未传输完，则继续下一个
      HLT
 ERR: CALL ERR-OUT
```

7.4　模拟 I/O 接口

在许多工业生产过程中，常常通过微型计算机对外部信号进行采集、处理、分析和实时控制。外部信号如温度、压力、速度、流量、电流、电压等都是连续变化的，都是模拟量，在计算机与外部环境通信时，需要有一种转换器将模拟信号变为数字信号，以便能够输送给计算机进行处理。而计算机送出的控制信号，也必须经过变换器变成模拟信号，才能为控制电路所接受。这种变换器就称为模数（A/D，Analog to Digit）转换器和数模（D/A，Digit to Analog）转换器。CPU 与模拟外设之间的接口电路称为模拟接口。

这一节主要介绍计算机与 A/D 及 D/A 转换器接口，以及有关的应用。

模拟量输入/输出通道是微型计算机与控制对象之间的一个重要接口，也是实现工业过程控制的重要组成部分。

模拟量输入/输出通道的结构如图 7-40 所示，下面分别介绍输入和输出通道中各环节的作用。

（1）模拟量输入通道：典型的模拟量输入通道由传感器、放大器、低通滤波器、多路采样开关、采样保持器、A/D 转换器组成。

1）传感器。传感器是用于将工业生产现场的某些非电物理量转换为电量（模拟电流、电压）的器件。例如，热电偶、压力传感器等。

2）放大器。把传感器输出的信号放大到 ADC 所需的量程范围。一般来讲，传感器输出的电信号都比较微弱，有些传感器的输出甚至是电阻值、电容值等非电量。为了易于与信号处理环节衔接，就需要放大器（变送器）将传感器的输出信号转换成 0～10mA 或 4～20mA 的统一电流信号或者 0～5V 的电压信号。

3）低通滤波器。一般传感器通常安装在现场，环境比较恶劣，其输出常叠加有高频干扰信号。需要用低通滤波器降低噪声、滤去高频干扰，以增加信噪比。低通滤波电路可

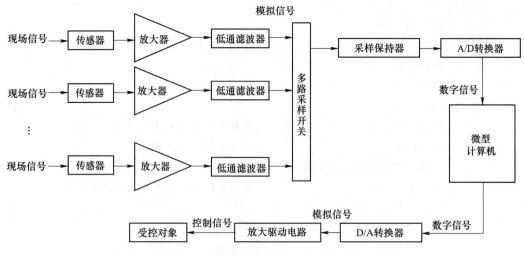

图 7-40　模拟量输入/输出通道的结构

采用如 RC 滤波器或由运算放大器构成的有源滤波电路等。

4）多路采样开关。把多个现场信号分时地接通到 A/D 转换器。在生产过程中，要监测或控制的模拟量往往不止一个，尤其是数据采集系统中，需要采集的模拟量一般比较多，而且不少模拟量是缓慢变化的信号。对这类模拟信号的采集，可采用多路采样开关，使多个模拟信号共用一个 A/D 转换器进行采样和转换，以降低成本。

5）采样保持器。周期性采样连续信号，并在 A/D 转换期间保持不变。由于输入模拟信号是连续变化的，而 A/D 转换器完成一次转换需要一定的时间，即转换时间。不同的 A/D 转换芯片，其转换时间不同。对于变化较快的模拟输入信号，如果不在转换期间保持输入信号不变，就可能引起转换误差。A/D 转换芯片的转换时间越长，对同样频率模拟信号的转换精度的影响就越大。所以，在 A/D 转换器前面要增加一级采样保持电路，以保证在转换过程中，输入信号保持在其采样期间的值不变。

6）模数转换器 A/D。模拟量输入通道的中心环节，将输入的模拟信号转换成计算机能够识别的数字信号，以便计算机进行分析和处理。

（2）模拟量输出通道：计算机输出信号是数字信号，而有些控制执行元件要求模拟输入电流或电压信号驱动，就需要将数字量转换为模拟量，该过程由模拟量输出通道完成。典型的模拟量输出通道由 D/A（Digital to Analog）转换器、放大驱动电路组成。D/A 转换器将数字信号转换为模拟信号。其输出端一般还要加上低通滤波器，以平滑输出波形。另外，为了能够驱动执行器件，还需要设置驱动放大电路将输出的小功率模拟量放大，以驱动执行元件动作。

7.4.1　D/A 及其与 CPU 的接口

D/A 转换器是将数字量转换成模拟量的电路。数字量输入的位数有 8 位、12 位和 16 位等，输出的模拟量有电流和电压两种。按照数字量的传输方式（或与主机的接口方式）来分，可分为串行 D/A 转换器和并行 D/A 转换器两种。串行 DAC 是把待转换数据一位一位地串行传送给 D/A 转换器，因此速度较慢；并行 DAC 是把待转换数据的各位同时传送给 D/A 转换器，因而速度相对较快。D/A 转换器主要由电阻网络、模拟转换开关、基准电源和运算放大器四部分组成，如图 7-41 所示。电阻网络是 D/A 转换器的核心部分，其主要网络形式有权电阻网络和 R-2R 梯形电阻网络，工作原理这里不作介绍。

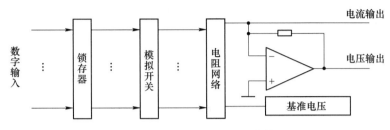

图 7-41   D/A 转换器的组成结构图

集成化的 D/A 转换器通常带有输入数据寄存器，可以和 CPU 的数据总线直接相连。对没有输入数据锁存器的芯片不能直接和 CPU 的数据总线相连。大多数的 D/A 转换器为电流输出型，其求和运算放大器是外接的。

7.4.1.1   D/A 转换器性能参数

描述 D/A 转换器性能的参数很多，主要有分辨率、偏移误差、线性度、精度、温度灵敏度、建立（转换）时间。

（1）分辨率（Resolution）：反映 D/A 转换器对模拟量的分辨能力，是最小输出电压（对应的输入数字量只有 D_0 位为 1）与最大输出电压（对应的输入数字量的所有位全为 1）之比。如 N 位 D/A 转换器，其分辨率为满量程电压/$2N$。例如，一个 D/A 转换器能够转换 8 位二进制数，若转换后的电压满量程为 5V，则它能分辨的最小电压为 5V/256＝20mV。在实际使用中，一般用输入数字量的位数来表示分辨率大小。常说的 8 位 D/A 转换器，12 位 D/A 转换器等等，分辨率取决于 D/A 转换器的位数。

（2）偏移误差（Offset Error）：是指输入数字量为 0 时，输出模拟量对 0 的偏移值。该误差一般可在 D/A 转换器外部用电位器调节到最小。

（3）线性度（Lincarity）：是指 D/A 转换器实际转移特性与理想直线之间的最大误差，或最大偏移。一般情况下，偏差值应小于 ±1/2LSB（LSB 是最低一位数字量变化引起的幅度变化）。

（4）精度（Accuracy）：表明实际模拟输出与理想模拟输出之间的最大偏差。可分为绝对精度和相对精度。绝对精度是指在输入端输入给定数字量时，在输出端实测的模拟量与理论值之间的偏差。相对精度是指当满量程值校准后，输入的任何数字量所对应的模拟输出值与理论值的误差。D/A 转换器的精度与芯片本身的结构和与外接电路的配置有关。外接运算放大器，外接参考电源等都可影响 D/A 转换器的精度。

（5）温度灵敏度（Temperature Sensitivity）：表明 D/A 转换器受温度变化影响的特性。是指数字输入不变的情况下，模拟输出信号随温度的变化。一般 D/A 转换器温度灵敏度为 ±50×10^{-6}/℃。

（6）建立时间（转换时间，Conversion Time）：是指从数字输入端发生变化开始，到输出模拟值稳定在额定值的 ±1/2LSB 时所需时间。该参数是表明 D/A 转换速率快慢的一个重要参数。在实际应用中，要正确选择 D/A 转换器，使其转换时间小于数字输入信号变化的周期。

7.4.1.2　DAC0832 的结构原理及引脚

DAC0832 是美国国家半导体公司采用 CMOS 工艺生产的 8 位电流输出型通用 DAC 芯片，具有与微机连接简单、转换控制方便、价格低廉等特点，得到了广泛的应用。其数据的输入方式有双缓冲、单缓冲和直接输入，适用于要求几个模拟量同时输出的情况。DAC0832 芯片逻辑电平与 TTL 电平兼容，分辨率为 8 位，建立时间为 $1\mu s$，功耗为 20mW。

DAC0832 的逻辑结构框图如图 7-42 所示。

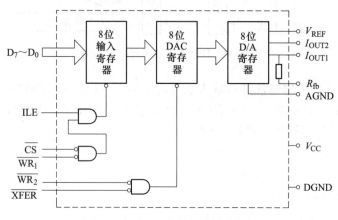

图 7-42　DAC0832 的逻辑结构框图

DAC0832 具有双缓冲功能，即输入数据可分别经过两个寄存器保存。第一个寄存器称为 8 位输入寄存器由 8 个 D 锁存器组成，用来作为输入数据的缓冲寄存器，数据输入端可直接连接到微机的数据总线上。第二个寄存器为 8 位 DAC 寄存器，也由 8 个 D 锁存器组成。8 位输入数据只有经过 DAC 寄存器才能送到 8 位 D/A 转换器进行数模转换。

A　DAC0832 引脚

DAC0832 芯片双列直插式 20 引脚，如图 7-43 所示。

$D_{10} \sim D_{17}$：8 位数据输入端。

ILE：输入锁存允许信号，高电平有效。该信号是控制 8 位输入寄存器的数据能否被锁存的控制信号之一。

$\overline{CS}$：片选信号，低电平有效。该信号与 ILE 信号一起用于控制 $\overline{WR_1}$ 信号能否起作用。

$\overline{WR_1}$：写信号 1，低电平有效。在 ILE 和 $\overline{CS}$ 有效时，该信号用于控制输入数据锁存于输入寄存器中。

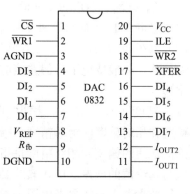

图 7-43　DAC0832 引脚

ILE、$\overline{CS}$、$\overline{WR_1}$ 是 8 位输入寄存器工作的三个控制信号。

$\overline{WR_2}$：写信号 2，低电平有效。在 $\overline{XFER}$ 有效时，该信号用于控制输入寄存器中的数字传送到 8 位 DAC 寄存器中。

$\overline{\text{XFER}}$：传送控制信号，低电平有效。此信号和 $\overline{\text{WR}_2}$ 控制信号是决定 8 位 DAC 寄存器是否工作的控制信号。

8 位 D/A 转换器接收被 8 位 DAC 寄存器锁存的数据，并把该数据转换成相对应的模拟量，输出信号端如下：

I_{OUT1}：DAC 电流输出 1，它是逻辑电平为 1 的各位输出电流之和。当 DAC 寄存器中为全 1 时，输出电流最大，当 DAC 寄存器中为全 0 时，输出电流为 0。

I_{OUT2}：DAC 电流输出 2，它是逻辑电平为 0 的各位输出电流之和。I_{OUT2} 为一常数与 I_{OUT1} 之差，即 $I_{\text{OUT1}} + I_{\text{OUT2}}$ = 常数。

在实际使用时，总是将电流转为电压来使用，即将 I_{OUT1} 和 I_{OUT2} 加到一个运算放大器的输入。为保证转换电压的范围、保证 DAC0832 正常工作，应具有以下几个引线端：

R_{fb}：运算放大器的反馈电阻引脚，该电阻在芯片内，用作运算放大器的反馈电阻，接到运算放大器的输出端。

V_{REF}：参考电压输入引脚，接外部的标准电源，可在 $-10 \sim +10\text{V}$ 范围内选用。

V_{CC}：逻辑电源。可以在 $+5 \sim +15\text{V}$ 内变化。典型使用时用 $+15\text{V}$ 电源。

AGND：模拟地。芯片模拟电路接地点。

DGND：数字地。芯片数字电路接地点。使用时，这两个接地端应始终连在一起。

D/A 转换没有形式上的启动信号，将数据写入 DAC 寄存器的控制信号就是 D/A 转换器的启动信号。而且它也没有转换结束信号，D/A 转换的过程很快，一般还不到一条指令的执行时间。

B　DAC0832 工作过程

(1) CPU 执行输出指令，输出 8 位数据给 DAC0832；

(2) 同时使 ILE、$\overline{\text{WR}_1}$、$\overline{\text{CS}}$ 三个控制信号有效，8 位数据锁存在 8 位输入寄存器中；

(3) 当 $\overline{\text{WR}_2}$、$\overline{\text{XFER}}$ 两个控制信号有效时，8 位数据被锁存到 8 位 DAC 寄存器，此时 8 位 D/A 转换器开始工作，将 8 位数据转换为对应的模拟电流，从 I_{OUT1} 和 I_{OUT2} 输出。

C　DAC0832 的工作方式

根据输入寄存器和 DAC 寄存器的使用方法，DAC0832 有三种工作方式：直通方式、单缓冲方式和双缓冲方式。

(1) 直通方式：两个寄存器都处于数据接收状态，即 ILE = 1、$\overline{\text{CS}} = \overline{\text{WR}_1} = \overline{\text{WR}_2} = \overline{\text{XFER}} = 0$，数据直接送入 D/A 转换器进行 D/A 转换。这种方式应用很少，可用于一些不采用微机的控制系统中。

(2) 单缓冲方式：两个寄存器中的一个处于直通状态（数据接收状态），而另一个则受微机送来的控制信号控制，输入数据只经过一级缓冲送入 D/A 转换器。在这种方式下，只需执行一次写操作，即可完成 D/A 转换，可以提高 DAC 的数据吞吐量。一般将 8 位 DAC 寄存器置于直通方式。

(3) 双缓冲方式：两个 8 位数据寄存器都不处于直通方式，数据需通过两个寄存器锁存后送入 D/A 转换电路，执行两次写操作才能完成一次 D/A 转换。这种方式特别适用于要求同时输出多个模拟量的场合。

7.4.1.3　DAC0832 与微处理器接口

计算机通过输出指令将要转换的数据送到 DAC 芯片实现 D/A 转换，但由于输出指令送出的数据在数据总线上持续时间很短，因此需要数据锁存器锁存 CPU 送来的数据。目前生产的 DAC 芯片有的片内带有锁存器（如 DAC0832），有的则没有。实际应用中若选用了不带锁存器的 DAC 芯片，则需在 CPU 和 DAC 芯片之间增加锁存电路。

DAC 芯片与主机连接时相当于一个"输出设备"，至少需要一级锁存器作为接口电路。考虑到有些 DAC 芯片的数据位数大于主机数据总线宽度，所以分成 2 种情况：主机位数等于或大于 DAC 芯片位数、主机位数小于 DAC 芯片位数，下面分别讨论。

A　主机位数大于或等于 DAC 芯片的连接

以 DAC0832 来说明 8 位 D/A 转换芯片与 ISA 总线的连接问题。如图 7-44 所示，由于 DAC0832 内部有数据锁存器，其数据输入引脚可直接与 CPU 的数据总线相连。图中 $\overline{\text{XFER}}$ 和 $\overline{\text{WR}_2}$ 接地，采用单缓冲方式，由输入寄存器控制数据的输入，当 $\overline{\text{CS}} = \overline{\text{WR}_1} = 0$ 时（ILE 始终为高电平），$\text{DI}_7 \sim \text{DI}_0$ 的数据被送入其内部的 D/A 转换电路进行转换。

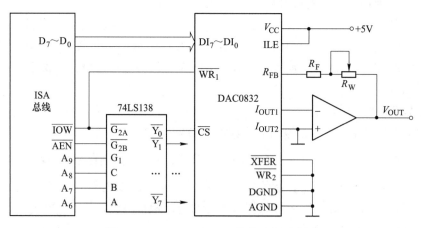

图 7-44　DAC0832 与 ISA 总线连接示意图

要求系统的 V_{OUT} 端输出三角波，最高电压 5V，最低电压 0V。三角波电压范围为 0~5V，所对应输入数据 00H~FFH。三角波上升部分，从 00H 起加 1 直到 FFH。三角波下降部分从 FFH 起减 1 直到 00H。可编程如下：

```
        MOV   DX, 200H          ;端口地址 200H 送 DX
        MOV   AL, 00H           ;设置输出电压值
L1：OUT   DX, AL
        INC   AL                ;修改输出数据
        CMP   AL, 0FFH
        JNZ   L1
L2：OUT   DX, AL
        DEC   AL                ;修改输出数据
        CMP   AL, 00H
```

     JNZ L2

     JMP L1

B 主机位数小于 DAC 芯片的连接

当 DAC 芯片位数大于 8 位，与 8 位微处理器接口连接时，被转换的数据就需要分几次（D/A 位数≤16 时需 2 次）送出。对于片内带数据锁存器的 D/A 芯片，应通过合理地使用控制信号实现数据的锁存；对于没有锁存器的芯片，用户需要设计数据锁存电路。

以片内带有数据锁存器的 12 位 D/A 转换芯片 DAC1210 与外部数据总线为 8 位的 IBM PC/XT 总线的接口为例进行说明。

DAC1210 是美国国家半导体公司生产的 12 位 D/A 转换器芯片，是智能化仪表中常用的一种高性能的 D/A 转换器。其逻辑结构与 DAC0832 类似，不同的是 DAC1210 具有 12 位的数据输入端，且其 12 位数据输入寄存器由一个 8 位的输入寄存器和一个 4 位的输入寄存器组成。两个输入寄存器的输入允许控制都要求 $\overline{CS}$ 和 $\overline{WR_1}$ 为低电平，但 8 位输入寄存器的数据输入还要求字节控制引脚 $B_1/\overline{B_2}$ 端为高电平。

DAC1210 与 IBM PC/XT 总线的连接图如图 7-45 所示。由于 DAC1210 片内的"8 位输入寄存器"（存放待转换数据的高 8 位）和"4 位输入寄存器"（存放待转换数据的低 4 位）的输入允许控制都需要 $\overline{CS} = \overline{WR_1} = 0$，且"8 位输入寄存器"还需要在 $B_1/\overline{B_2} = 1$ 时才能被选通，所以当 DAC1210 与 8 位数据总线相连，送 12 位的待转换数据时，必须首先使 $\overline{CS} = \overline{WR_1} = 0$ 且 $B_1/\overline{B_2} = 1$，以便将数据的高 8 位送到"8 位输入寄存器"锁存；然后使 $B_1/\overline{B_2} = 0$，使数据的低 4 位送到"4 位输入寄存器"进行锁存。

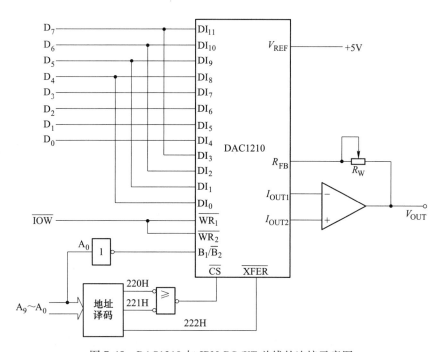

图 7-45 DAC1210 与 IBM PC/XT 总线的连接示意图

若 BX 寄存器中低 12 位为待转换的数字量，下面程序段可完成一次转换输出。

MOV　DX, 220H　　　;端口地址 220H 可保证第一次执行 OUT 指令时，$A_0 = 0$，$B_1 / \overline{B_2}$
　　　　　　　　　　　　　=1，从而将高 8 位数据写入"8 位输入寄存器"中锁存

MOV　CL, 4

SHL　BX, CL　　　　;BX 中的 12 位数左移 4 位

MOV　AL, BH　　　　;高 8 位送 AL

OUT　DX, AL　　　　;高 8 位送"8 位输入寄存器"锁存

INC　DX　　　　　　;端口地址变为 221H，保证下一次执行 OUT 指令时，$A_0 = 1$，$B_1 / \overline{B_2}$
　　　　　　　　　　　　=0，从而将低 4 位数据写入"4 位输入寄存器"中锁存

MOV　AL, BL　　　　;低 4 位送 AL

OUT　DX, AL　　　　;低 4 位送"4 位输入寄存器"锁存

INC　DX　　　　　　;端口地址变为 222H，保证下一次执行 OUT 指令时，将两个寄
　　　　　　　　　　　　存器的内容同时送 12 位的 DAC 寄存器，且使 XFER 有效，以
　　　　　　　　　　　　便启动 D/A 转换

OUT　DX, AL　　　　;启动 D/A 转换

7.4.2　A/D 及其与 CPU 的接口

7.4.2.1　A/D 转换器分类

模数转换主要有积分型转换、逐次逼近型转换、并行转换、流水线转换、折叠插值转换、过采样 Σ-△ 模数转换等。

A　积分型模数转换

在低速、高精度测量领域应用广泛，特别是在数字仪表领域。有单积分和双积分两种转换方式，单积分模数转换的工作原理是将被转换的电信号先变成一段时间间隔，然后再对时间间隔记数，从而间接把模拟量转换成数字量的一种模数转换方法，它的主要缺陷是转换精度不高，主要受到斜坡电压发生器、比较器精度以及时钟脉冲稳定型的影响。为了提高积分型转换器在同样条件下的转换精度，可采用双积分型转换方式，双积分型转换器通过对模拟输入信号的两次积分，部分抵消了由于斜坡发生器所产生的误差，提高了转换精度。双积分型转换方式的特点表现在：精度较高，可以达到 22 位；抗干扰能力强，由于积分电容的作用，能够大幅抑止高频噪声。但是，它的转换速度太慢，转换精度随转换速率的增加而降低，每秒 100~300 次（SPS）对应的转换精度为 12 位。所以这种转换方式主要应用在低速高精度的转换领域。

B　逐次逼近型转换

该方式应用最广泛，它是按照二分搜索法的原理，将需要进行转换的模拟信号与已知的不同参考电压进行多次比较，使转换后的数字量在数值上逐次逼近输入模拟量的对应值。特点是：转换速度较高，可以达到 100 万次/s（MPSP）；在低于 12 位分辨率的情况下，电路实现上较其他转换方式成本低；转换时间确定。缺点是需要数模转换电路，要求较高的电阻或电容匹配网络，限制了其转换精度。

C 并行转换

该方式转换速度最快，是一种直接的模数转换方式。它大大减少了转换过程的中间步骤，每一位数字代码几乎在同一时刻得到，因此，又称为闪烁型转换方式。主要特点是它的转换速度特别快，可达 50MPSP，特别适合高速转换领域。缺点是分辨率不高，一般都在 10 位以下；精度较高时，功耗较大。这主要是受到了电路实现的影响，因为一个 N 位的并行转换器，需要 $2N-1$ 个比较器和分压电阻，当 $N=10$ 时，比较器的数目就会超过 1000 个，精度越高，比较器的数目越多，制造越困难。

D 流水线转换

该方式是对并行转换方式进行改进而设计的一种转换方式。它在一定程度上既具有并行转换高速的特点，又克服了制造困难的问题。以 8 位的两级流水线型为例，它的转换过程首先是进行第一级高 4 位的并行闪烁转换，得到高 4 位信号；然后把输入的模拟信号与第一级转换后数字信号所表示的模拟量相减，得到的差值送入第二级并行闪烁转换器，得到低 4 位信号。除了两级的流水线型转换方式外，还有第三、第四甚至更多级的转换器。特点是：精度较高，可达 16 位左右；转换速度较快，16 位该类型的 ADC 速度可达 5MPSP，较逐次比较型快；分辨率相同的情况下，电路规模及功耗大大降低。但该方式是以牺牲速度来换取高精度，另外还存在转换出错的可能。即第一级剩余信号的范围不满足第二级并行闪烁 ADC 量程的要求时，会产生线性失真或失码现象，需要额外的电路进行调整。

E 折叠插值转换

该方式克服了流水线型分步转换所带来的速度下降，通过预处理电路，同时得到高位和低位数据，但元件的数目却大大减少。预处理电路，即折叠电路，就是把输入较大的信号映射到某一个较小的区域内，并将其转换成数字信号，这个数据为整个数字量的低位数据。然后再找出输入信号被映射的区间，该区间也以数字量表示，这个数据为整个数字量的高位数据。高位和低位数据经过处理，得到最后的数字信号。特点是：数据的两次量化是同时进行的，具有全并行转换的特点，速度较快；电路规模及功耗不大。缺点是信号频率过高时，有所谓"气泡"现象产生，需要额外的处理电路；且当位数超过 8 位时，如要保持较少的比较器数目，折叠插值变得十分麻烦，所以一般只用于 8 位以下的转换器。

F 过采样 Σ-△模数转换

近十几年发展起来的一种模数转换方式，目前在音频领域得到广泛的应用。由 Σ-△调制器和数字滤波器两部分构成，调制器是核心部分，利用积分和反馈电路，具有独特的噪声成型功能，把大部分量化噪声移出基带，因而有着极高的精度，可达 24 位以上。由于在进行 Σ-△调制时，采样频率通常是信号最高频率的 64~256 倍，所以通常把这种模数转换方式称为过采样 Σ-△模数转换。模拟信号经过调制后，得到的是一位的高速 Σ-△数字流，包含着大量的高频噪声。因此还需要进行数字滤波，除去高频噪声和降频，转换后的数字信号以奈奎斯特频率（信号最高频率的 2 倍）输出。主要特点是：转换的精度很高，可达 24 位以上；由于采用了过采样调制、噪声成形和数字滤波等关键技巧，充分发扬了数字和模拟集成技术的长处，使用很少的模拟元件和高度复杂的数字信号处理电路达到高精度（16 位以上）的目的；模拟电路仅占 5%，大部分是数字电路，并且模拟电路对元件的匹配性要求不高，易于用 CMOS 技术实现。但 Σ-△转换方式的采样频率过高，不适合处理高频（如视频）信号，这虽可通过高阶的 Σ-△调制器来解决，但考虑到稳定性，一般只在 3 阶以下。

A/D 转换器通过一定的电路将模拟量转变为数字量。模拟量可以是电压、电流等电信号，也可以是压力、温度、声音等非电信号。但在 A/D 转换前，输入到 A/D 转换器的输入信号必须经各种传感器转换成电压信号。按照输出代码的有效位数分为 4 位、6 位、8 位、10 位、13 位、14 位、16 位、24 位和 BCD 码输出的 3.5 位、4.5 位、5.5 位等多种；按照转换速度可以分为超高速（转换时间 ≤1ns），高速（转换时间 ≤1μs），中速（转换时间 ≤1ms），低速（转换时间 ≤1s）等；按照转换方法可分为逐位比较（逐位逼近）型、积分型、计数型、并行比较型、电压-频率型（即 V/F 型）等；按和计算机的接口方式可分为并行 A/D 转换器和串行 A/D 转换器。

7.4.2.2　A/D 转换器性能参数

（1）分辨率：指 A/D 转换器能分辨的最小模拟输入量。通常用能转换成的数字量的位数表示，如 8 位、10 位等。位数越高，分辨率越高。例如，对于 10 位 A/D 转换器，当输入电压满刻度为 5V 时，其输出数字量的变化范围为 0~3FFH，转换电路对输入模拟电压的分辨能力为 5V/1023 = 4.89mV。

（2）转换时间：A/D 转换器完成一次转换所需的时间。编程时必须考虑此参数。若 CPU 采用无条件传送方式输入 A/D 转换后的数据，从启动 A/D 芯片转换开始，到 A/D 芯片转换结束，需要一定的延时时间，延时等待时间必须大于或等于 A/D 转换时间。

（3）量程：指所能转换的输入电压范围。

（4）精度：指与数字输出量对应的模拟输入量的实际值与理论值之差。A/D 转换电路中与每一个数字量对应的模拟输入量并非是单一的数值，而是一个范围 Δ。如满刻度输入电压为 5V 的 12 位 A/D 转换器，Δ = 5V/FFFH = 1.22mV，定义为数字量的最小有效位 LSB。若理论上输入的模拟量 A，产生数字量 D，而输入模拟量 A±Δ/2 产生数字量还是 D，则称此转换器的精度为 ±1/2 LSB。当模拟电压 A+Δ/2+Δ/4 或 A-Δ/2-Δ/4 还是产生同一数字量 D，则称其精度为 ±1/4 LSB。目前常用的 A/D 转换器的精度为 ±1/4~2LSB。

A/D 转换器转换时间的差别很大，可以在 100μs 到几个 μs 之间选择。位数增加，转换速率提高，A/D 转换器的价格也急剧上升。故应从实际需要出发、慎重选择。

7.4.2.3　ADC0809 的结构及引脚

ADC0809 是逐位逼近型 8 路模拟量输入、8 位数字量输出的 8 位 A/D 转换芯片，CMOS 工艺制造，转换时间为 100μs，单极性输入，量程为 0~+5V，不需零点和满刻度校准，功耗较低（约 15mW），片内带有三态输出缓冲器，可直接与 CPU 总线接口。其性价比较高，是目前广泛采用的芯片之一，可应用于对精度和采样速度要求不高的数据采集场合或一般的工业控制领域。双列直插式 28 引脚封装，内部结构及引脚如图 7-46 所示。

A　内部结构

ADC0809 由三部分组成：8 路模拟量选通输入，8 位 A/D 转换器和三态数据输出锁存器。

a　8 位模拟开关

可采集 8 路模拟信号，通过多路转换开关，实现分时采集 8 路模拟信号。

IN_7~IN_0：8 路模拟信号输入端。ADC0809 对输入模拟量的要求主要有：信号单极性，

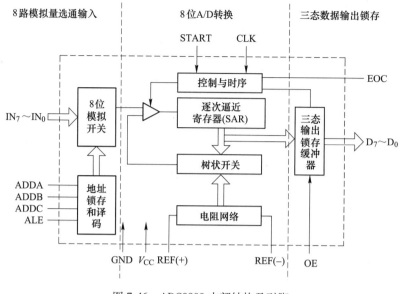

图 7-46 ADC0809 内部结构及引脚

电压范围 0~5V，若信号过小还需进行放大。另外，在 A/D 转换过程中，模拟量输入的值不应变化太快，对变化速度快的模拟量，在输入前应增加采样保持电路。

b 地址锁存和译码

用来控制通道选择开关。ADDA、ADDB、ADDC：地址输入端，ADDA 为低位地址，ADDC 为高位地址，用于选通 8 路模拟输入中的一路。通过对三个地址选择端的译码，控制通道选择开关，接通某一路的模拟信号，采集并保持该路模拟信号，输入到 DAC0809 比较器的输入端。通道选择如表 7-6 所示。

表 7-6   通道选择表

ADDC	ADDB	ADDA	选中模拟通道
0	0	0	IN0
0	0	1	IN1
0	1	0	IN2
0	1	1	IN3
1	0	0	IN4
1	0	1	IN5
1	1	0	IN6
1	1	1	IN7

ALE：地址锁存允许信号，输入，ALE 引脚由低电平变为高电平时，ADDA、ADDB、ADDC 地址状态送入地址锁存器中，控制通道选择开关。ALE = 1 时，接通某一路的模拟信号，ALE = 0 时，锁存该路的模拟信号。

c 逐次逼近 A/D 转换器

逐次逼近 A/D 转换器包括比较器、8 位树状开关 D/A 转换器、逐次逼近寄存器。

START：A/D 转换启动信号，输入，高电平有效。START 上升沿时，所有内部寄存器清 0；START 下降沿时，开始进行 A/D 转换；在 A/D 转换期间，START 应保持低电平。

EOC：A/D 转换结束状态信号，输出。EOC = 0，正在进行转换；EOC = 1，转换结束。该状态信号既可作为查询的状态标志，也可以作为中断请求信号使用。

CLK：时钟脉冲输入端。ADC0809 内部没有时钟电路，所需时钟信号由外界提供。要求时钟频率不高于 640kHz，通常使用频率为 500kHz 的时钟信号。

REF（+）、REF（-）：基准电压，用来与输入的模拟信号进行比较，作为逐次逼近的基准，其典型值为 +5V（REF(+) = +5V，REF(-) = 0V）。

d　8 位锁存器和三态门

经 A/D 转换后的数字量保存在 8 位锁存寄存器中，当输出允许信号 OE 有效时，打开三态门，转换后的数据通过数据总线 $D_7 \sim D_0$ 传送到 CPU。由于 ADC0809 具有三态门输出功能，因而 ADC0809 数据线可直接挂在 CPU 数据总线上。

OE：输出允许信号，用于控制三态输出锁存器向 CPU 输出转换得到的数据。OE = 0，输出数据线呈高电阻；OE = 1，输出转换得到的数据。

B　ADC0809 工作过程

第一步确定 ADDA、ADDB、ADDC 三位地址，决定选择哪一路模拟信号；第二步使 ALE 端接受一正脉冲信号，使该路模拟信号经选择开关达到比较器的输入端；第三步使 START 端接受一正脉冲信号，START 的上升沿将逐次逼近寄存器复位，下降沿启动 A/D 转换；第四步 EOC 输出信号变低，指示转换正在进行。A/D 转换结束，EOC 变为高电平，指示 A/D 转换结束。此时，数据已保存到 8 位锁存器中。EOC 信号可作为中断申请信号，通知 CPU 转换结束，可以读入经 A/D 转换后的数据。中断服务程序完成使 OE 信号变为高电平，打开 ADC0809 三态输出，由 ADC0809 输出的数字量传送到 CPU。EOC 信号也可作为查询信号，查询 EOC 端是否变为高电平状态。若为低电平状态等待，若为高电平状态，使 OE 信号变为高电平，打开 ADC0809 三态门输出数据。

7.4.2.4　ADC0809 与微处理器接口

ADC0809 的接口设计需考虑以下问题：

（1）ADDC、ADDB、ADDA 三端可直接连接到 CPU 地址总线 A_2、A_1、A_0 三端，但每一个模拟输入端对应一个口地址，8 个模拟输入端占用 8 个口地址，对于微机系统外设资源占用太多。因而一般 ADDC、ADDB、ADDA 分别接在数据总线的 D_2、D_1、D_0 端，通过数据线输出一个控制字作为模拟通道选择的控制信号。

（2）ALE 信号为启动 ADC0809 选择开关的控制信号，该控制信号可以和启动转换信号 START 同时有效。

（3）ADC0809 芯片只占用一个 I/O 口地址，即启动转换与输出数据共用此口地址，用 IOR，IOW 信号来区分。

A　8 位 A/D 转换芯片与 CPU 的接口

由于 ADC0809 芯片内部集成了三态数据锁存器，其数据输出线可以直接与计算机的数据总线相连，因此，设计 ADC0809 与计算机的接口主要是对模拟通道的选择、转换启动的控制以及读取转换结果的控制等方面的设计。

可以用中断方式、查询方式或无条件传送方式将转换结果送 CPU。无条件传送即启动转换后等待100μs（ADC0809的转换时间），然后直接读取转换结果。无条件传送方式接口电路简单。如用ADC0809对8路模拟信号进行循环采样，各采集100H个数据分别存放在数据段内的8个数据区中，采用无条件传送方式。接口电路如图7-47所示。

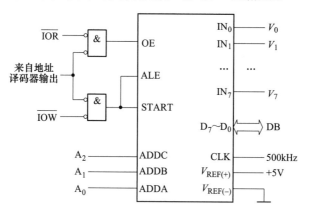

图7-47　ADC0809与微型计算机的接口

设图中通道0~7的地址依次为1F0H~1F7H，编写程序如下：

```
        DATASEGMENT
            COUNT   EQU   100H
        BUFF   DB   COUNT * 8DUP（?）
        DATAENDS
        CODE      SEGMENT
        ASSUME   CS：CODE，DS：DATA，SS：STACK
START：MOV   AX，DATA
        MOV   DS，AX
        MOV   BX，OFFSET BUFF
        MOV   CX，COUNT
OUTL：PUSH   BX
        MOV   DX，1F0H              ;指向通道0
INLOP：OUT   DX，AL                ;锁存模拟通道地址，启动转换
        MOV   AX，0                 ;延时，等待转换结束
WAIT1：DEC   AX
    JNZ   WAIT1
        IN   AL，DX                 ;读取转换结果
        MOV   [BX]，AL
        ADD   BX，COUNT             ;指向下一个通道的存放地址
        INC   DX                    ;指向下一个通道的地址
        CMP   DX，1F8H              ;8个通道都采集？
        JB    INLOP
        POP   BX                    ;弹出0通道的存放地址
```

```
        INC  BX                    ;指向 0 通道的下一个存放地址
        LOOP OUTL
        MOV  AH, 4CH
        INT  21H
    CODE ENDS
        END  START
```

图 7-48 为 ADC0809 芯片通过通用接口芯片 8255A 与 8088 CPU 接口。ADC0809 的输出数据通过 8255A 的 PA 口输入给 CPU，地址锁存信号 ALE 和地址译码输入信号 ADDC、ADDB 和 ADDA 由 8255A 的 PB 口的 $PB_3 \sim PB_0$ 提供。A/D 转换的状态信息 EOC 则由 PC_4 输入。CPU 以查询方式读取 A/D 转换后的结果。

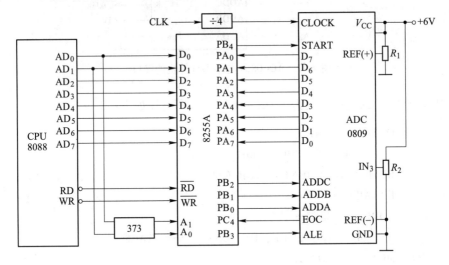

图 7-48 ADC0809 与 CPU 的接口

分析：确定 8255A 的工作方式。8255A 设定 A 口为输入，B 口为输出，均工作在方式 0，PC_4 为输入，设其端口地址为 40H~43H。

编写程序如下：

```
    START: MOV AL, 98H          ;8255A 初始化，方式 0，A 口输入，B 口输出
           MOV DX, 43H          ;8255A 控制字端口地址
           OUT DX, AL           ;送 8255A 方式字
           MOV AL, 0BH          ;选 IN₃ 输入端和地址锁存信号
           MOV DX, 41H          ;8255A 的 B 口地址
           OUT DX, AL           ;送 IN₃ 通道地址
           MOV AL, 1BH          ;START←PB4 = 1
           OUT DX, AL           ;启动 A/D 转换
           MOV AL, 0BH;
           OUT DX, AL           ;START←PB4 = 0
           MOV DX, 42H          ;8255A 的 C 口地址
```

```
TEST:    IN AL, DX          ;读 C 口状态
         AND AL, 10H        ;检测 EOC 状态
         JZ   TEST          ;如果未转换完，再测试；转换完则继续
         MOV DX, 40H        ;8255A 的 A 口地址
         IN   AL, DX        ;读转换结果
```

B　12位A/D转换芯片与CPU的接口

AD574是AD公司生产的12位逐次逼近A/D转换芯片。AD574系列包括AD574、AD674和AD1674等型号的芯片。AD574的转换时间为$15\sim35\mu s$。片内有数据输出锁存器，并有三态输出的控制逻辑。其运行方式灵活，可进行以12位转换，也可作8位转换；转换结果可直接以12位输出，也可先输出高8位，后输出低4位。可直接与8位和16位的CPU接口。输入可设置成单极性，也可设置成双极性。片内有时钟电路，无需加外部时钟。AD574适用于对精度和速度要求较高的数据采集系统和实时控制系统。

图7-49为AD574与ISA总线的连接图。ISA总线最早用于IBM PC/AT机，后来在许多兼容机上被采用，现在的Pentium机上也留有$1\sim3$个ISA插槽，在硬件上保持了向上兼容。由于ISA总线具有16位数据宽度，易于与12位的AD574接口，可以方便地构成12位的数据采集系统。如果对数据采集速度要求不高，为简化硬件设计，可以将A/D转换成的12位数据分两次读入计算机。

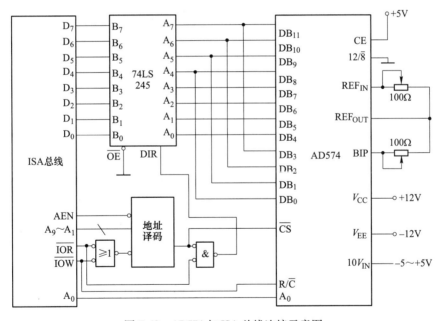

图 7-49　AD574 与 ISA 总线连接示意图

图7-49中双向缓冲器74LS245用于数据总线缓冲，当DIR=1，R/$\overline{C}$=1时，系统通过74LS245读AD574转换结果；当DIR=0，R/$\overline{C}$=0时，系统用写外设操作来启动AD574做双极性A/D转换。由于电压从$10V_{IN}$输入，因而外接+12V和-12V电源即可。译码电路用系统地址线$A_9\sim A_1$、控制线$\overline{IOR}$和$\overline{IOW}$参加译码。信号AEN必须参加译码，以防止DMA

操作时对 AD574 的误操作。

地址 A_0 接 AD574 的 A_0，当用偶地址写 AD574 时，启动 12 位 A/D 转换，否则，启动 8 位 A/D 转换；当用偶地址读 AD574 时，读出高 8 位，否则读出低 4 位。由于 AD574 的转换结束信号 STS 没有考虑，在此使用延时的方法实现转换。

设 AD574 的偶地址和奇地址分别为 280H 和 281H，则采集程序如下：

```
MOV   DX, 280H
OUT   DX, AL              ;写端口启动 12 位 A/D 转换
CALL   DELAY             ;调用延时子程序，等待转换结束
MOV   DX, 280H
IN    AL, DX             ;读高 8 位
MOV   AH, AL
MOV   DX, 281H
IN    AL, DX             ;从数据总线 $D_7 \sim D_4$ 位读入低 4 位
```

7.4.3　模拟量输入输出综合举例

使用 ADC0809 和 DAC0832 来捕获和重放语音信号。图 7-50 给出了相应的电路。要求 ADC0809 采样大约 1s 语音信号并保存到相应存储单元，D/A 转换器将此语音信号经扬声器重放 10 次，然后循环进行上述采样和重放，直到系统关闭。

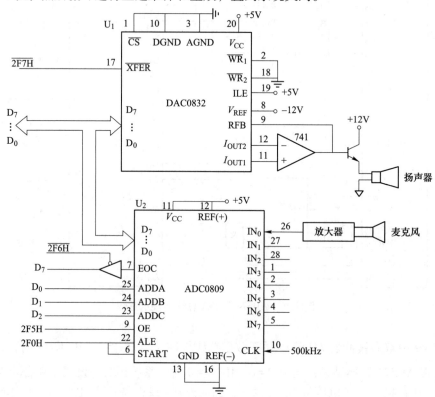

图 7-50　A/D 和 D/A 与 CPU 连接图

分析：（1）DAC0832 的 I/O 端口地址由地址线 $A_9 \sim A_0$、$\overline{IOW}$、$\overline{IOR}$、AEN 等译码产生的地址是 2F7H；ADC0809 的 EOC 状态查询地址为 2F6H；读 ADC0809 转换结果端口地址为 2F5H；启动 A/D 转换端口地址为 2F0H。

（2）该程序读大约 1s 语音信号，然后重放 10 次，重复此进程直到系统被关闭。语音信号被采样存储在 VOICE 存储区中，采样率为每秒钟采样 2048 次。设 DELAY 是延时 1/2048s 的子程序，且数据段中已申请 2048 个单元给 VOICE。

相应的程序如下：

START：	CALL READ	;调用 A/D 采样语音子程序
	MOV CX, 0AH	; 置为 10 次
LOOP1：	CALL WRITE	;调用 D/A 放音子程序
	LOOP LOOP1	;重复放音 10 次
	JMP START	;进入下一次循环
READ PROC NEAR		;A/D 语音采样子程序
	MOV DI, OFFSET VOICE	;寻址数据区
	MOV CX, 0800H	;装入计数器 CX＝2048
READA：	MOV AL, 00H	;选择 IN_0 通道，$D_2 = 0$，$D_1 = 0$，$D_0 = 0$
	MOV DX, 2F0H	;DX 指向 A/D 转换启动端口地址
	OUT DX, AL	;启动 A/D 转换并选中 IN_0 通道
	MOV DX, 2F6H	;寻址 EOC 状态端口地址
READB：	IN AL, DX	;取 EOC 状态
	TEST AL, 80H	;测试是否转换结束
	JZ READB	;未完，则等待
	MOV DX, 2F5H	;寻址数据端口
	IN AL, DX	;取 A/D 转换结果
	MOV [DI], AL	;存到数据区
	INC DI	;寻址下一个单元
	CALL DELAY	;等待 1/2048s
	LOOP READA	;重复 2048 次
	RET	;子程序返回
READ ENDP		
WRITE	PROC NEAR	;D/A 语音重放子程序
	PUSH CX	;CX 压入堆栈
	MOV DI, OFFSET VOICE	;寻址数据区
	MOV CX, 0800H	;装入计数器
	MOV DX, 2F7H	;寻址 DAC
WRITEA：	MOV AL, [DI]	;从数据区取数据
	OUT DX, AL	;发送到 DAC
	INC DI	;寻址下一个单元
	CALL DELAY	;等待 1/2048s

```
        LOOP WRITEA              ;重复 2048 次
        POP CX                   ;CX 弹出堆栈
        RET                      ;子程序返回
WRITE   ENDP
```

习　题

7-1 可编程计数/定时器芯片 8254 有几个通道？每个计数通道与外设接口有哪些信号线，每个信号的用途是什么？有几种工作方式？简述这些工作方式的主要特点。

7-2 设 8254 芯片的计数器 0、计数器 1 和控制口地址分别为 07C0H、07C2H、07C6H。定义计数器 0 工作在方式 3，CLK_0 为 5MHz，要求输出 OUT_0 为 1kHz 方波；定义计数器 1 用 OUT_0 作计数脉冲，计数值为 2000，计数器计到 0 时向 CPU 发出中断请求，CPU 响应这一中断请求后继续写入计数值 2000，开始重新计数，保持每一秒钟向 CPU 发出一次中断请求。试编写出对 8254 的初始化程序，并画出硬件连接图。

7-3 试按如下要求分别编写 8254 的初始化程序，已知 8254 的计数器 0~2 和控制字 I/O 地址依次为 204H~207H。

(1) 使计数器 1 工作在方式 0，仅用 8 位二进制计数，计数初值为 128。

(2) 使计数器 0 工作在方式 1，按 BCD 码计数，计数值为 3000。

(3) 使计数器 2 工作在方式 2，计数值为 02F0H。

7-4 将 8254 定时器 0 设为方式 3（方波发生器），定时器 1 设为方式 2（分频器）。要求定时器 0 的输出脉冲作为定时器 1 的时钟输入，CLK_0 连接总线时钟 4.77MHz，定时器 1 输出 OUT_1 约为 30Hz，试编写一段程序。

7-5 处理器通过 8255 的控制端口可以写入方式控制字和 C 口按位复位/置位控制字，8255 如何区别这两个控制字？

7-6 可编程并行芯片 8255 有几个数据输入输出端口？各有几种工作方式？简述这些工作方式的主要特点。

7-7 有一工业控制系统，有四个控制点，分别由四个对应的输入端控制，现用 8255 的端口 C 实现该系统的控制，见图 7-51。开关 K_0~K_3 打开则对应发光二极管 L_0~L_3 亮，表示系统该控制点运行正常；开关闭合则对应发光二极管不亮，说明该控制点出现故障。编写 8255 的初始化程序和这段控制程序。

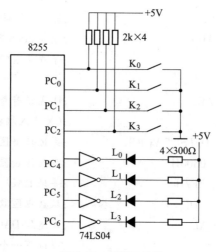

图 7-51　习题 7-7 图

7-8　串行通信和并行通信有什么异同？它们各自的优缺点是什么？

7-9　串行通信有哪几种数据传送模式，各有什么特点？

7-10　串行接口有哪些基本功能？试简述典型异步/同步串行通信接口工作过程？

7-11　8251 内部有哪些寄存器？分别举例说明它们的作用和使用方法。

7-12　试说明 8251A 的工作方式控制字、操作命令控制字和状态控制字各位的含义及它们之间的关系。在对 8251A 进行初始化编程时，应按什么顺序向它的控制口写入控制字？

7-13　某系统中使可编程串行接口芯片 8251A 工作在异步方式，7 位数字，不带校验，2 位停止位，波特率系数为 16，允许发送也允许接受，若已知其控制口地址为 03FFH，试编写初始化程序。

7-14　串行异步通信发送 8 位二进制数 01010101：采用起止式通信协议，使用奇校验和 2 个停止位。画出发送该字符时的波形图。若波特率为 1200bps，则每秒最多能发送多少个数据？

7-15　在图 7-39 中，两台微机串行通信例子中，在不改变硬件的情况下，通信双方的约定改为 1 位停止位、奇校验、波特率系数为 16，其他参数不变，试编写出两机的初始化程序。

7-16　若 8251A 的收、发时钟的频率为 38.4kHz，它的 $\overline{\text{RTS}}$ 和 $\overline{\text{CTS}}$ 引脚相连，试完成分别满足以下要求的初始化程序（设 8251A 的地址为 40H 和 42H）：

（1）半双工异步通信，每个字符的数据位数是 7，停止位为 1 位，偶校验，波特率为 600bps，发送允许。

（2）半双工同步通信，每个字符的数据位数是 8，无校验，内同步方式，双同步字符，同步字符为 16H，接收允许。

8 微型计算机在自动控制系统中的应用

本章以微型计算机在自动控制系统中的部分应用示例，说明微型计算机在控制系统中的应用方法。首先介绍了计算机控制技术发展、应用类型及系统构成。然后，介绍了开环及闭环控制系统的特点及微型计算机在两类控制系统设计案例。最后，介绍了过程控制系统的特点及微型计算机在过程控制系统设计案例。

8.1 计算机控制系统概述

微机控制系统也称计算机控制系统（Computer Control System，CCS），是应用计算机参与控制并借助一些辅助部件与被控对象相联系，以获得一定控制目的而构成的系统。这里的计算机通常指数字计算机，可以有各种规模，如从微型到大型的通用或专用计算机。辅助部件主要指输入输出接口、检测装置和执行装置等。与被控对象的联系和部件间的联系，可以是有线方式，如通过电缆的模拟信号或数字信号进行联系；也可以是无线方式，如用红外线、微波、无线电波、光波等进行联系。

8.1.1 计算机控制技术的发展

自世界第一台电子计算机问世后，计算机首先被用来自动检测化工生产过程的过程参量并进行相关的数据处理，同时也研究了计算机的开环控制。到 20 世纪 60 年代，出现了用于过程控制的计算机，实现了直接数字控制。后经集中式计算机控制系统发展到以微处理器为核心的分层式控制系统控制，通过计算机对生产过程进行集中监视、操作和管理控制等。伴随着计算机处理器等技术的发展，计算机控制技术也随之发生相应的变革，最终应用到工业生产中并对其产生巨大影响。

随着计算机技术、自动控制技术、检测与传感器技术、网络与通信技术、微电子技术、数码显示技术、现场总线智能仪表、软件技术以及自控理论的高速发展，计算机控制的技术水平大大提高，计算机控制系统的应用突飞猛进。利用计算机控制技术，人们可以对现场的各种设备进行远程监控，完成常规控制技术无法完成的任务，微型计算机控制已经被广泛地应用于军事、农业、工业、航空航天以及日常生活的各个领域。可以说，21世纪是计算机和控制技术获得重大发展的时代，大到载人航天飞船的研制成功，小到日用的家用电器，甚至计算机控制的家庭主妇机器人，到处可见计算机控制系统的应用，这些控制应用的实现，绝大部分系统的主机均为不同形式的微型计算机，微机控制技术实际已存在于工作和生活的各个环节，学好微机控制技术，掌握微机以及微机控制系统的工作原理和分析设计方法，具备基本的设计技能，对于全面知识储备、丰富技术手段、增强社会竞争力以及生生体验都具有积极作用和非常意义。

微机控制系统的未来，除了现有成熟先进技术的推广和智能控制系统的深入研究，必将向着网络化、嵌入式和移动式以及节能环保方向更快发展。

8.1.2 计算机控制系统的应用类型

计算机控制过程一般分为三个基本步骤：

（1）实时数据采集：对被控参数的瞬时值进行检测和输入。

（2）实时决策：对采集到的被控参数的状态量进行分析，并按给定的控制规律决定进一步控制过程。

（3）实时控制：根据决策适时向控制机构发出控制信号。

计算机控制系统主要有以下几种应用类型：

（1）数据采集系统（Data Acquisition System，DAS）：在这种应用中，计算机只承担数据的采集和处理工作，而不直接参与控制。它对生产过程各种工艺变量进行巡回检测、处理、记录及变量的超限报警，同时对这些变量进行累计分析和实时分析，得出各种趋势分析，为操作人员提供参考。

（2）直接数字控制系统（Direct Digital Control System，DDCS）：计算机根据控制规律进行运算，然后将结果经过过程输出通道，作用到被控对象，从而使被控变量符合要求的性能指标。与模拟系统不同之处在于，在模拟系统中，信号的传送不需要数字化；而数字系统必须先进行模数转换，输出控制信号也必须进行数模转换，然后才能驱动执行机构。因为计算机有较强的计算能力，所以控制算法的改变很方便。由于计算机直接承担控制任务，所以要求实时性要好、可靠性高和适应性强。

（3）监督计算机控制系统（Supervise Computer Control System，SCCS）：该类系统根据生产过程的工况和已定的数学模型，进行优化分析计算，产生最优化设定值，送给直接数字控制系统执行。监督计算机系统承担着高级控制与管理任务，要求数据处理功能强，存储容量大等，一般采用较高档微机。

（4）现场总线控制系统（Fieldbus Control System，FCS）：该类系统是新一代分布式控制系统。该系统改进了集散控制系统（DCS）成本高，各厂商的产品通信标准不统一而造成不能互联的弱点。近年来，由于现场总线的发展，智能传感器跟执行器也向数字化方向发展，用数字信号取代 $4\sim20\text{mA}$ 模拟信号，为现场总线的应用奠定了基础。现场总线是连接工业现场仪表和控制装置之间的全数字化、双向、多站点的串行通信网络。现场总线被称为 21 世纪的工业控制网络标准。

8.1.3 计算机控制系统的构成

在计算机控制系统中，由于计算机的输入和输出是数字信号，而实际工业现场采集到的或送到执行机构的信号大多是模拟信号，因此与常规的按偏差控制的闭环负反馈系统相比，微机控制系统需要有 D/A 转换和 A/D 转换这两个环节。7.4 节中介绍的模拟量输入/输出通道，就是微机控制系统的组成形式之一。

图 8-1 给出了计算机控制系统的基本组成，包括微机系统、数字接口电路、基本外部设备（显示器、键盘、外存、打印机等）以及用于连接检测传感器和控制对象的外围设备。图中右侧的 8 路通道中，上边 4 路是输入通道，下边 4 路是输出通道，对应于 4 种类

型的检测传感器和被控对象，即模拟量（电压、电流等）、数字量（数字式电压或某些传感器所产生的数字量等）、开关量（行程开关等）、脉冲量（脉冲发生器产生的系列脉冲等）。输入通道通过4种类型的传感器实现对不同信息的检测，输出通道则可以产生相应的控制量。

计算机控制系统由工业控制机和生产过程两大部分组成。工业控制机硬件指计算机本身及外围设备。硬件包括计算机、过程输入输出接口、人机接口、外部存储器等。软件系统是能完成各种功能计算机程序的总和，通常包括系统软件和应用软件。与一般控制系统相同，计算机控制系统可以是闭环的，这时计算机要不断采集被控对象的各种状态信息，按照一定的控制策略处理后，输出控制信息直接影响被控对象。它也可以是开环的，这有两种方式：一种是计算机只按时间顺序或某种给定的规则影响被控对象；另一种是计算机将来自被控对象的信息处理后，只向操作人员提供操作指导信息，然后由人工去影响被控对象。

图8-1是将各种可能的输入/输出都集中在一起，而在实际工程应用中，并非所有系统都包含上述所有变量。图8-2给出了一般情况下的计算机控制系统结构框架。在实际的计算机控制系统中，A/D转换和D/A转换常作为工业控制计算机（简称工控机）中的组成部件，分别实现模拟变量输入和对模拟被控对象的控制。计算机把通过测量元件和A/D转换器送来的数字信号直接与给定值进行比较，然后根据一定的算法（如PID算法）进行运算，运算结果经过D/A转换器送到执行机构，对被控对象进行控制，使被控变量稳定在给定值上，这种系统称为闭环控制系统。

下面将分别介绍计算机在开环控制、闭环控制和过程控制这三种非常典型的自动控制系统中的应用。

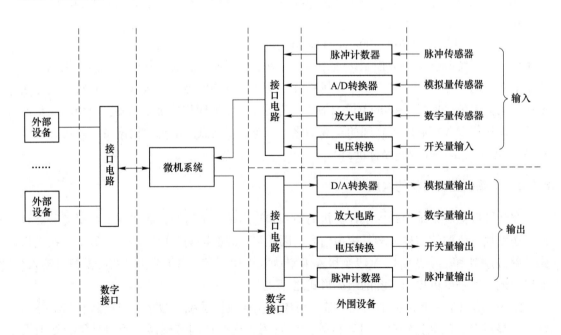

图8-1　计算机控制系统组成

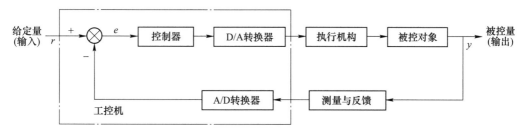

图 8-2 计算机控制系统结构框架

8.2 微机在开环控制系统中的应用

控制系统是指由被控对象和控制装置所构成的，能够对被控对象的工作状态进行调节，使之达到预定的理想状态和性能的系统。开环控制系统是输入信号不受输出信号影响的控制系统，即不将控制的结果反馈回来影响当前控制的系统。

8.2.1 开环控制系统的特点

开环控制是无反馈信息的控制方式。当操作者启动系统，使之进入运行状态后，系统将操作者的指令一次性传输给受控对象。此后，操作者对受控对象的变化便不能作进一步的控制。采用开环控制设计的系统，操作指令的设计十分重要，一旦出错，将产生无法挽回的损失。如打开灯的开关，在按下开关后的一瞬间，控制活动已经结束，灯是否亮起来对按开关的这个活动没有影响。图 8-3~图 8-5 给出了日常生活中典型的开环控制系统。可以看出，从输入到输出是一个串联过程，结构简单，系统搭建成本较低。

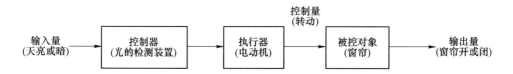

图 8-3 家用窗帘自动控制系统

图 8-4 公园音乐喷泉自动控制系统

图 8-5 火灾自动报警系统

开环控制系统也称为非反馈系统，是一种连续控制系统，一般适用于输入量已知、控制精度要求不高、扰动作用不大的场合。主要具有如下特点：

（1）对输出的结果既不进行测量，也不会将其"反馈"到输入端与输入信号进行比较，输出仅遵循输入命令或设定值。而且对系统参数的变动很敏感。

（2）开环控制系统不清楚输出状况，因此无法对输出结果进行自动修正，即使输出结果与预设值出现较大偏差，也无法自动纠正。

（3）开环控制系统装置简单，成本较低，但因缺乏信息反馈而使其不足以应付各种干扰或变化。

（4）结构简单、维护容易、成本低、不存在稳定性问题。

8.2.2　开环控制系统设计示例

在开环控制系统中采用微型计算机的优点是可以用软件方法来改变控制程序，即一旦硬件针对一台机器设计好了以后，若要改变工作的程序，只要重编控制程序，一般也只需改编控制程序中的若干条指令即可。

考虑本书内容的一致性，本节将以 8088 微处理器作为控制核心，利用所介绍的可编程并行接口电路，通过具体示例描述微机开环控制系统的软硬件计方法，以帮助读者对微机在开环控制系统中的应用有更直观的认知。

【例 8-1】　设计一个十字路口交通灯动态控制系统。要求：

（1）正常情况下，交通灯按以下规律发光与熄灭，直到有任意键按下时退出程序：

1）南北路口的绿灯、东西路口的红灯同时亮（90s）。

2）南北路口的黄灯闪烁 4 次，同时东西路口红灯继续亮。

3）南北路口红灯、东西路口绿灯同时亮（90s）。

4）南北路口的红灯继续亮、同时东西路口的黄灯亮闪烁 4 次。

（2）利用传感器监测车辆通行情况，当某一方向路口在绿灯的 90s 内已过车完毕并在随后的 5s 内再无车继续通过，且另一方向有车等待时，提前切换将绿灯切换为黄灯闪烁，变为灯色。

（3）当有紧急车辆通过时，东西南北四个路口全部红灯亮，以使其他车辆暂停行驶。在紧急车辆通过后自动恢复之前的状态。

解析：（1）这是一个开环控制系统，光电式检测传感器输出为电平信号，可以直接通过 I/O 接输入到处理器。设南北方向两个路口的检测器输出分别为 SN_1 和 SN_2（以下用 SN_x 表示）、西方向两个路口的检测器输出分别为 EW_1 和 EW_2（以下用 EW_x 表示），当检测到有车辆过时，相应路口的检测器输出高电平（SN_x 或 $EW_x = 1$），无车辆通过则 SN_x 或 $EW_x = 0$）。

（2）根据题目要求，设计东西南北 4 个方向三色灯的灯色状态（$Z_1 \sim Z_4$）见表 8-1。表中别用 G、Y、R 表示绿灯、黄灯和红灯，用下标 SN 和 EW 分别表示南北方向和东西方向，用 1 表示灯亮，0 表示不亮，X 表示闪烁。如 $G_{SN} = 1$ 表示南北方向绿灯，$R_{EW} = 1$ 表示东西方向红灯亮，$Y_{SN} = X$ 则表示南北方向黄灯闪烁。

灯色状态	G_{SN}	Y_{SN}	R_{SN}	G_{EW}	Y_{EW}	R_{EW}	说明
Z_1	1	0	0	0	0	1	南北路口绿灯、东西路口红灯同时亮
Z_2	0	X	0	0	0	1	南北路口的黄灯闪,东西路口红灯亮
Z_3	0	0	1	1	0	0	南北路口红灯、东西路口绿灯同时亮
Z_4	0	0	1	0	X	0	南北路口的红灯亮、东西路口黄灯闪
Z_5	0	0	1	0	0	1	东西南北路口全部红灯亮

（3）正常情况下,十字路口交通灯按照题目要求的流程,从 $Z_1 \sim Z_4$ 循环交替变换,并在通行期间（绿灯亮方向）持续检测该方向的车辆通行情况。仅当通行方向有连续 5s 无车辆通行,且相对方向（当前红灯亮方向）有车辆等待时,则提前切换灯色状态。

（4）利用中断控制方式响应紧急车辆的特殊通行。即当检测到有紧急车辆需要通行时（利用图像检测等方式）,向系统 INTR 端发出中断请求,此时 CPU 发出控制命令,启动灯色状态。

设计系统电路连接图如图 8-6 所示。利用可编程并行接口 8255 作为 I/O 接口。用 C 端口输出不同的灯色状态,控制不同方向的交通灯。利用 A 端口作为车辆检测传感器的状态输入。这里,SN_1 和 SN_2 表示南北方向两个路口的车辆检测传感器输出,EW_1 和 EW_2 表示

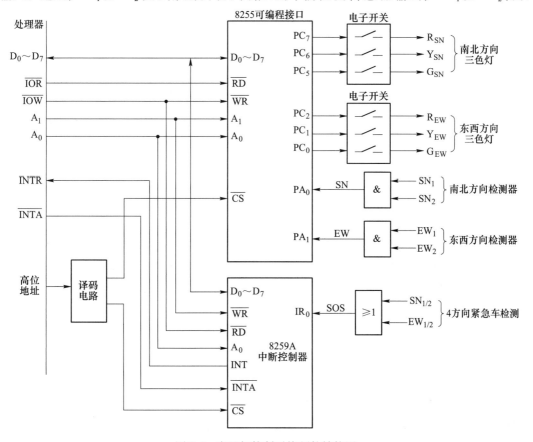

图 8-6 交通灯控制系统硬件结构图

东西方向两个路口的车辆检测传感器输出，当任意一个传感器输出为 0（无车辆通过）时"与"门输出（SN 或 EW）0。CPU 在南北方向（或东西方向）绿灯亮期间，若连续 5s 检测到 SN（或 EW)= 0，则切换灯色状态。

　　程序设计中，为便于控制，可将表 8-1 的交通信号灯的 5 种灯色状态预先定义在数据段中，其中，黄灯的闪烁效果可通过从相应端口不断输出 0 和 1 达到。

　　根据上述讨论的动态交通灯变换规则要求，设计控制流程如图 8-7 所示。图中左侧虚线内为定时检测子程序，右侧为主控程序流程。首先，将红色状态表定义在数据段，然后是初始化，包括调用 8255 初始化程序及变量初始化等。

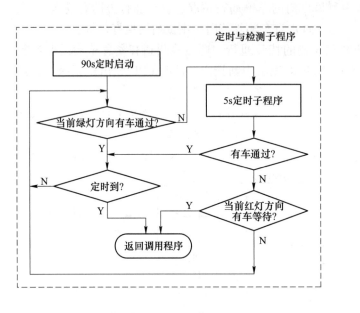
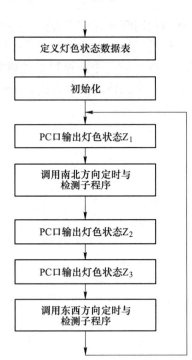

图 8-7　动态交通灯控制系统软件流程图

　　除了动态交通灯控制，采用开环控制的案例还有很多，如游泳池定时注水控制系统、自动升旗控制系统、宾馆自动叫醒服务系统、公共汽车车门开关控制系统等。请读者思考，并尝试设计。

8.3　微机在闭环控制系统中的应用

　　闭环控制是根据控制对象输出反馈来进行校正的控制方式，它是在测量出实际与计划发生偏差时，按定额或标准来进行纠正的。闭环控制是带有反馈信息的系统控制方式。当操作者启动系统后，通过系统运行将控制信息传输向受控对象，并将受控对象的状态信息反馈到输入中，以修正操作过程，使系统的输出符合预期要求。

8.3.1 闭环控制系统的特点

与开环控制系统相比，闭环控制系统的自动控制或者自动调节作用是基于输出信号的负反馈作用而产生的。如调节水龙头，首先在头脑中对水流有一个期望的流量，水龙头打开后由眼睛观察现有的流量大小与期望值进行比较，并不断的用手进行调节形成一个反馈闭环控制。

一个典型的闭环控制系统的基本组成可以用图8-8所示的框图表示。将组成系统的元件按在系统中的作用来划分，主要有以下几种：

（1）给定元件：给出与期望输出对应的输入量。

（2）比较元件：求输入量与反馈量的偏差，常采用集成运算放大器（简称集成运放）来实现。

（3）放大元件：由于偏差信号一般较小，不足以驱动负载，故需要放大元件，包括电压放大及功率放大。

（4）执行元件：直接驱动被控对象，使输出量发生变化。常用的有电动机、调节阀、液压马达等。

（5）测量元件：检测被控量并转换为所需要的电信号。在控制系统中常用的有用于速度检测的测速发电机、光电编码盘等；用于位置与角度检测的旋转变压器、自整机等；用于电流检测的互感器及用于温度检测的热电偶等。这些检测装置一般都将被检测的物理量转换为相应的连续或离散的电压或电流信号。

（6）测量与反馈校正元件：也叫补偿元件，是结构与参数便于调整的元件，以串联或反馈的方式连接在系统中，完成所需的运算功能，以改善系统的性能。根据在系统中所处的位置不同，可分别称为串联校正原件和反馈校正元件。

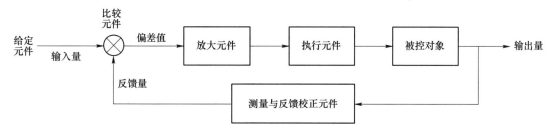

图 8-8 典型闭环控制系统的组成

同开环控制系统相比，不管出于什么原因（外部扰动或系统内部变化），只要被控制量偏离规定值，就会产生相应的控制作用去消除偏差。因此，它具有抑制干扰的能力，对元件特性变化不敏感，并能改善系统的响应特性。但反馈回路的引入增加了系统的复杂性，而且增益选择不当时会引起系统的不稳定。为提高控制精度，在扰动变量可以测量时，也常同时采用按扰动的控制（即前馈控制）作为反馈控制的补充而构成复合控制系统。闭环控制系统主要具有如下特点：

（1）由于输出信号的反馈量与输入量作比较产生偏差信号，利用偏差信号实现对输出量的控制或者调节，所以系统的输出量能够自动地跟踪输入量，减小跟踪误差，提高控制精度，抑制扰动信号的影响。

（2）引入反馈通路后，使得系统对前向通路中元器件参数的变化不灵敏，从而使系统对于前向通路中元器件的精度要求不高，整个系统对于某些非线性影响不灵敏，提高了系统的稳定性。

图 8-9～图 8-11 给出了日常生活中典型的闭环控制系统。可以看出，闭环控制系统充分发挥了反馈的重要作用，充分考虑了难以预料或不确定的因素，使校正行动更准确，更有力。

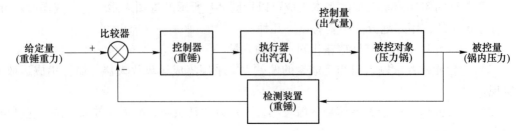

图 8-9　家用压力锅自动控制系统

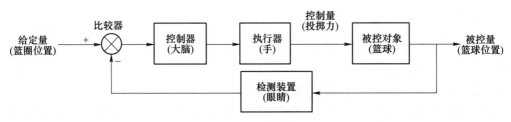

图 8-10　投篮自动控制系统

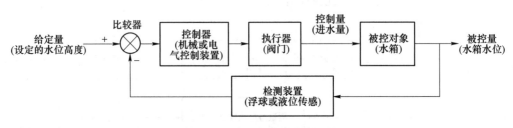

图 8-11　供水水箱水位控制系统

8.3.2 闭环控制系统设计示例

【例 8-2】 利用微机控制锅炉温度，炉温用热电偶测量，要求将炉温控制在允许的范围内（其对应的上限值和下限值分别为 MAX 和 MIN）。若低于下限或高于上限，则调用控制算法子程序 $F(x)$ 对炉温进行调节。

解析：假设利用 8088 微处理器作为控制中心。通过温度传感器检测的锅炉温度通过 A/D 转换器输入到 CPU；CPU 对读取的炉温信号与设定值进行比较，如果输入值超出 MIN-MAX 范围，则调用控制子程序 $F(x)$，驱动执行元件对炉温进行调节。否则继续检测。

设计炉温闭环控制系统硬件结构图如图 8-12 所示。这里的 A/D 转换器和 D/A 转换器可以用 ADC0809 和 DAC0832。利用 8255 作为并行数字接口，8255 的 A 端口读取 A/D 转换结果，C 端口发送包括地址锁存、启动变换、状态检测、缓冲器控制等控制信号。由于有数字输出接口，故 D/A 转换器可以工作在直通方式。

给定硬件电路，设计炉温闭环控制流程图如图 8-13 所示。

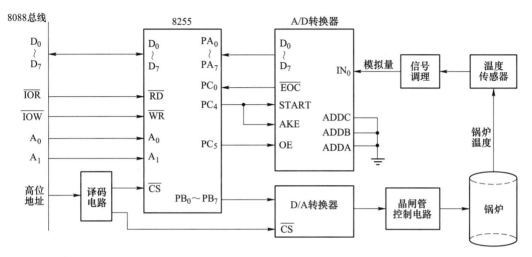

图 8-12　炉温闭环控制系统硬件结构图

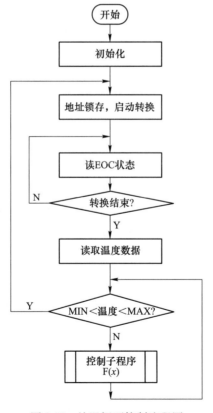

图 8-13　炉温闭环控制流程图

除了炉温控制，采用闭环控制的案例还有很多，如抽水马桶自动控制系统、花房温度控制系统、家用电饭锅保温控制系统等。请读者思考，并尝试设计。

8.4　微机在过程控制系统中的应用

过程控制系统是以保证生产过程的参量为被控制量使之接近给定值或保持在给定范围内的自动控制系统。表征过程的主要参量有温度、压力、流量、液位、成分、浓度等。通过对过程参量的控制，可使生产过程中产品的产量增加、质量提高和能耗减少。

8.4.1　过程控制系统的特点

过程控制技术是自动化技术的重要组成部分，通常是指石油、化工、纺织、电力、冶金、轻工、建材、核能等工业生产中连续的或按一定周期程序进行的生产过程自动化，与其他自动控制系统比较，过程控制具有以下特点：

（1）被控对象复杂多样。过程控制涉及范围很广，如石化过程的精馏塔、反应器，执工过程的换热器、锅炉等；生产过程是一个复杂大系统，其动态特性多为大惯性、大滞后形式，且具有非线性、分布参数和时变特性；工业生产是多种多样的，生产过程机理不同，规模大小不同，生产的产品千差万别。因此，过程控制的被控对象也是复杂多样的。

（2）对象动态特性存在滞后。生产过程大多是在庞大的生产设备内进行，当流入（或流出）对象的质量或能量发生变化时，由于存在容量、惯性和阻力，被控参数不可能立即产生响应，这种现象称为滞后。生产设备的规模越大，物质传输的距离越长，能量传递的阻力越大，造成的滞后就越大。

（3）对象动态特性存在非线性。对象动态特性大多是随负荷变化而变的，即当负荷改变时，其动态特性有明显的不同。因此大多数生产过程都具有非线性特性，如果只以较理想的线性对象的动态特性作为控制系统的设计依据，就难以得到满意的控制结果。

（4）过程控制方案丰富多样。由于工业过程的复杂性和多样性，决定了过程控制系统的控制方案的多样性。为了满足生产过程中越来越高的要求，过程控制方案也越来越丰富。有单变量控制系统，也有多变量控制系统；有常规仪表过程控制系统，也有计算机集散控制系统；有提高控制品质的控制系统，也有实现特殊工艺要求的控制系统；有传统的PID控制，也有先进控制系统，例如自适应控制、预测控制、解耦控制、推断控制和模糊控制等。

被控对象特性各异，工艺条件及要求不同，过程控制系统的控制方案非常丰富，包括常规PID控制、改进PID控制、串级控制、前馈-反馈控制、解耦控制，为满足特定要求而开发的比值控制、均匀控制、选择性控制、推断控制，新型控制系统如模糊控制、预测控制、最优控制等。

（5）定值控制是过程控制的主要形式。在多数工业生产过程中，被控变量的设定值为一个定值，定值控制的主要任务在于如何减小或消除外界干扰，使被控变量尽量接近或于设定值，使生产稳定。

8.4.2 过程控制系统设计示例

【例8-3】 图8-14为直流电机闭环调速系统硬件原理图。用ADC0809完成模拟信号到数字信号的转换，并实现直流电机转速调节。输入模拟信号有A/D转换单元可调电位器提供的0~5V，将其转换后的数字信号读入累加器，作为控制电机的给定转速。用8255的B口作为直流电机的控制信号输出口，通过对电机转速反馈量的运算，调节控制信号，达到控制电机匀速转动的作用。并将累加器中给定的转速和当前测量转速显示在屏幕上。再通过LED灯显示出转速的大小变化。基本要求：

（1）利用A/D转换方式实现模拟量给定信号的采样；

（2）实现PWM方式直流电机速度调节；

（3）LED灯显示当前直流电机速度状态。

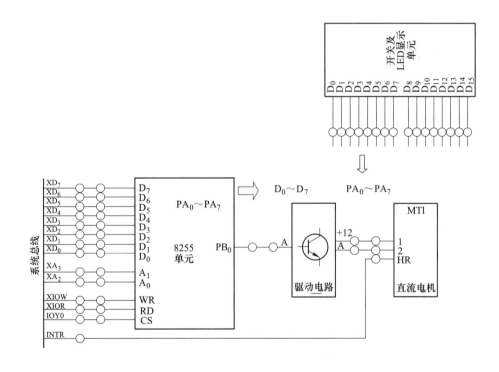

图8-14　直流电机闭环调速系统硬件原理图

解析： 图8-15给出了直流电机闭环调速程序流程图。ADC0809完成模拟信号到数字信号的转换。输入模拟信号有A/D转换单元可调电位器提供的0~5V，将其转换后的数字信号读入累加器，作为控制电机的给定转速。LED灯显示器有8个单色发光二极管构成，在共阳极接法中，各二极管的阳极被连在一起，使用的时候要将它与+5V相连，而把各段的阴极连到器件的相应引脚上。当某个LED灯的引脚为低电平的时候，该灯工作。通过8255的A口信号作为输入信号，控制各灯的工作状态，来显示出此时电机转速的大小变化。

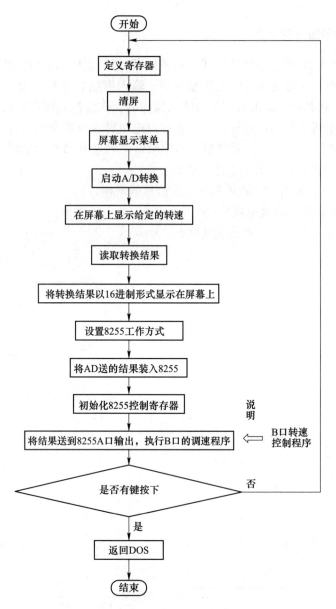

图 8-15   直流电机闭环调速程序流程图

8-1 试说明开环控制、闭环控制的特点。

8-2 试说明工业过程控制的特点。

8-3 请说明计算机在自动控制控制系统的应用中，为什么经常需要使用 A/D 和 D/A 转换器？各有什么用途。

8-4 尝试利用本书所学知识，完成商场火灾自动报警系统的软硬件设计。

8-5 尝试利用本书所学知识，完成温室大棚的温度及湿度监控系统的软硬件设计。

参 考 文 献

［1］吴宁，闫相国．微机原理及应用［M］．北京：机械工业出版社，2020.

［2］戴胜华，付文秀，黄赞武，等．微机原理与接口技术［M］．3 版．北京：清华大学出版社，2019.

［3］孙李娟，李爱群，陈燕俐，等．微型计算机原理与接口技术［M］．北京：清华大学出版社，2019.

［4］https：//blog. csdn. net/liuyez123/article/details/51096914.

［5］王克义．微机原理［M］．2 版．北京：清华大学出版社，2020.

［6］陈星．微型计算机自动控制系统［M］．北京：科学出版社，2017.

［7］董洁，等．微型计算机原理及接口技术［M］．北京：机械工业出版社，2013.

［8］沈美娥，等．计算机组成原理［M］．北京：北京理工大学出版社，2018.